数学の道具箱
Mathematica
基本編

宮岡 悦良 著

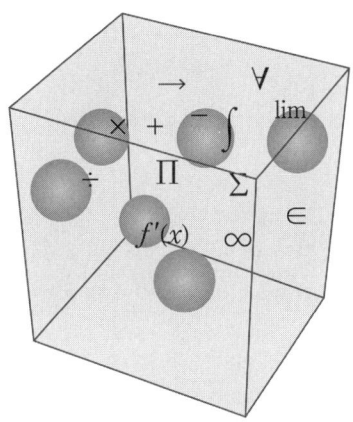

近代科学社

◆ 読者の皆さまへ ◆

平素より，小社の出版物をご愛読くださいまして，まことに有り難うございます．

(株)近代科学社は1959年の創立以来，微力ながら出版の立場から科学・工学の発展に寄与すべく尽力してきております．それも，ひとえに皆さまの温かいご支援があってのものと存じ，ここに衷心より御礼申し上げます．

なお，小社では，全出版物に対してHCD（人間中心設計）のコンセプトに基づき，そのユーザビリティを追求しております．本書を通じまして何かお気づきの事柄がございましたら，ぜひ以下の「お問合せ先」までご一報くださいますよう，お願いいたします．

お問合せ先：reader@kindaikagaku.co.jp

なお，本書の制作には，以下が各プロセスに関与いたしました：

- 企画：小山　透
- 編集：小山　透，安原悦子
- 組版：藤原印刷（LaTeX）
- 印刷：藤原印刷
- 製本：藤原印刷（PUR）
- 資材管理：藤原印刷
- カバー・表紙デザイン：藤原印刷
- 広報宣伝・営業：冨髙琢磨，山口幸治，西村知也

- 本書の複製権・翻訳権・譲渡権は株式会社近代科学社が保有します．
- JCOPY 〈(社)出版者著作権管理機構 委託出版物〉
本書の無断複写は著作権法上での例外を除き禁じられています．
複写される場合は，そのつど事前に(社)出版者著作権管理機構
(https://www.jcopy.or.jp, e-mail: info@jcopy.or.jp) の許諾を得てください．

まえがき

　Mathematica は Stephen Wolfram が考案し，1988 年に最初のバージョンが発表された．その後，数式処理ソフトとして今や定番となる確固とした地位を占め，今は，バージョン 10（2016 年現在）である．その間，インターフェース，機能，関数など数多くの拡張がなされて非常に充実してきており，ホームページ http://www.wolfram.com/ の内容も豊富である．

　Mathematica のメインのインターフェース言語は Wolfram 言語といい，統合環境を Wolfram システムと呼んでいる．実際に計算を行う「カーネル」と，その計算結果を表示するノートブックインターフェースを用いた「フロントエンド」の 2 つの部分から構成されている．また，ホームページを通したオンラインの機能も充実しており，ますます発展を続けている．一番のレファレンスは，*Mathematica* にあるヘルプの Wolfram ドキュメントとホームページである．

　本書は，*Mathematica* の入門書として 1994 年に最初に出版したものだが，何回かの改訂を経て，このたび，近代科学社より，『数学の道具箱 *Mathematica* 基本編』として，新たに刊行するものである．

　内容は，最初の目的である高校数学から大学初年度の数学までの橋渡しと，*Mathematica* をあくまでも道具として利用するための入門書であることに変わりがない．

　なお，本書では，現時点の最新版である Windows 版 *Mathematica*10.3 に則して全面的に見直した．

　本書を刊行するに当たり，近代科学社の小山透氏には多大なご尽力をいただき，ここに謝意をのべたい．

2016 年春

著者

本書を読むに当たって

Mathematicaの環境設定をデフォルトで実行すると，次のように入力 (In) の下に簡単な関数の訳（コードキャプション）と出力 (Out) の後にその出力を用いた次のアクションを提示するメニュー（サジェスチョンバー）を表示する．

環境設定はメニューの「編集 (E)」→「環境設定…(S)」から環境設定画面で変更することができる．

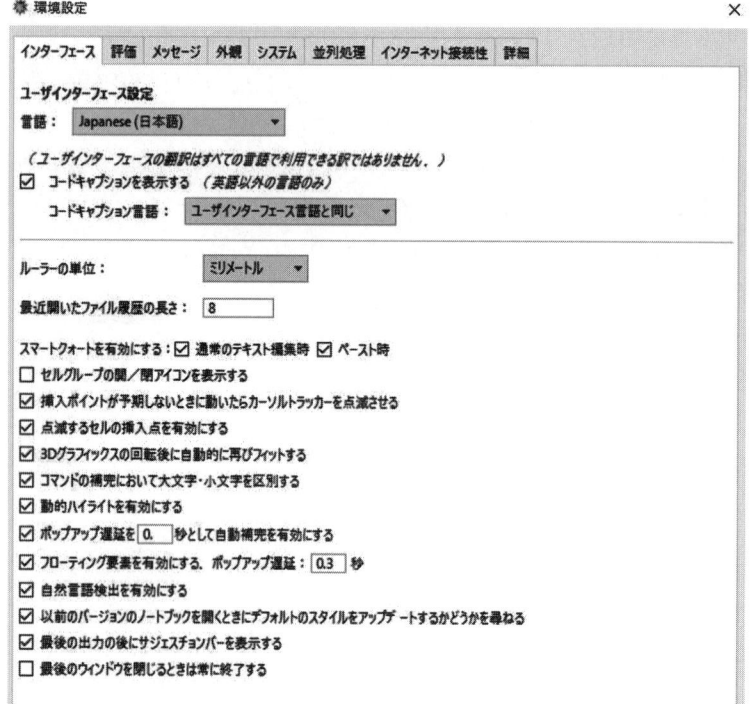

本書では，
  ・コードキャプションを表示する
  ・最後の出力の後にサジェスチョンバーを表示する
のチェックを外して，出力しない設定にしている．

「In[1]:=」などは入力を実行すると自動的に挿入されるが，入力をわかりやすくするために「In[1]:=」と表示している．また，実際に入力することは**太字**にしてある．

*Mathematica*の画面上の書体など表示と本書の文中の表示が違う場合がある．例えば，*Out[ ]=*の書体は本文中ではセンチュリー体で統一してあり，画面の書体とは違うことに注意されたい．

表記について：

本文中でスペルについて，1（数字の一），l（小文字のエル），I（大文字のアイ），0（数字のゼロ），O（大文字のオー）などに注意すること．

・センチュリー体
abcdefghijklmnopqrstuvwxyz
ABCDEFGHILKLMNOPQRSTUVWXYZ
1234567890

・タイプライター体
abcdefghijklmnopqrstuvwxyz
ABCDEFGHILKLMNOPQRSTUVWXYZ
1234567890

`abcdefghijklmnopqrstuvwxyz`
`ABCDEFGHILKLMNOPQRSTUVWXYZ`
`1234567890`

目　次

第0章　始めに
0.1　画面に向かって 2
0.2　ヘルプについて 3
0.3　入力について 5
0.4　変数と代入 6
　　第0章 問題 8

第1章　とにかく計算してみよう
1.1　数値計算 11
1.2　記号計算 17
1.3　関数を定義する 21
　　第1章 問題 29

第2章　とにかくグラフを描いてみよう
2.1　2次元グラフ 34
2.2　3次元グラフ 48
2.3　いろいろなグラフ 53
　　第2章 問題 66

第3章　リストとテーブル
3.1　リスト 69
3.2　テーブル 84

第 3 章 問題 91

第 4 章　絵を描いてみよう

4.1　グラフィックス要素 94
4.2　2 次元グラフィックス要素 94
4.3　3 次元グラフィックス要素 106
第 4 章 問題 109

第 5 章　数と式

5.1　数 113
5.2　整式 124
第 5 章 問題 132

第 6 章　方程式の解法

6.1　1 次方程式 135
6.2　2 次方程式 137
6.3　高次方程式 141
6.4　いろいろな方程式 143
6.5　連立方程式 146
6.6　不等式 150
第 6 章 問題 154

第 7 章　集合・論理・個数の処理

7.1　集合 157
7.2　論理 164
7.3　個数の処理 169
第 7 章 問題 178

第8章　関数 I

- 8.1 関数 181
- 8.2 多項式関数 182
- 8.3 分数関数 190
- 8.4 逆関数と合成関数 193
- 8.5 いろいろな関数 197
- 第 8 章 問題 198

第9章　関数 II

- 9.1 三角関数 201
- 9.2 指数関数と対数関数 214
- 9.3 多変数関数 222
- 第 9 章 問題 226

第10章　極限

- 10.1 数列 228
- 10.2 無限数列の極限 233
- 10.3 関数の極限 244
- 10.4 連続関数 254
- 第 10 章 問題 256

第11章　微分

- 11.1 導関数 259
- 11.2 微分法の応用 269
- 第 11 章 問題 281

第12章　積分

- 12.1 不定積分 285

12.2　定積分 291
12.3　積分法の応用 301
第 12 章 問題 310

第 13 章　ベクトルと行列

13.1　数ベクトル 313
13.2　行列 320
第 13 章 問題 352

第 14 章　平面図形

14.1　幾何ベクトル 358
14.2　直線 369
14.3　2 次曲線 371
14.4　平面上の変換 383
第 14 章 問題 389

第 15 章　立体図形

15.1　空間のベクトル 392
15.2　直線と平面 398
15.3　2 次曲面 401
15.4　空間における変換 408
第 15 章 問題 411

付録

A.　$Mathematica$ の基本操作 414
　A.1　起動と終了 414
　A.2　計算の中断 416
　A.3　保存，印刷 416
　A.4　パレット 417

- B. プログラミング 419
  - B.1 組込み関数 419
  - B.2 純関数 419
  - B.3 ループ 420
  - B.4 条件文 421
  - B.5 特殊な代入 422
- C. ファイルの入出力 424
  - C.1 ディレクトリ 424
  - C.2 ファイルからのコマンドの入力 425
  - C.3 ファイルへの結果の出力 426
  - C.4 定義をした関数のファイルへの保存 426
  - C.5 ファイルからデータの入力 427
- D. 動的な可視化 430

参考文献 435

組込み関数と記号索引 437

用語索引 443

第 0 章

始めに

a	α	A	アルファ (alpha)
b	β	B	ベータ (beta)
g	γ	Γ	ガンマ (gamma)
d	δ	Δ	デルタ (delta)
e	ε	E	イプシロン (epsilon)
z	ζ	Z	ゼータ (zeta)
h	η	H	イータ (eta)
q	θ	Θ	シータ (theta)
i	ι	I	イオタ (iota)
k	κ	K	カッパ (kappa)
l	λ	Λ	ラムダ (lambda)
m	μ	M	ミュー (mu)
n	ν	N	ニュー (nu)
x	ξ	Ξ	クシイ (xi)
o	o	O	オミクロン (omicron)
p	π	Π	パイ (pi)
r	ρ	P	ロー (rho)
s	σ	Σ	シグマ (sigma)
t	τ	T	タウ (tau)
u	υ	Y	ウプシロン (upsilon)
f	ϕ	Φ	ファイ (phi)
c	χ	X	カイ (chi)
y	ψ	Ψ	プシイ (psi)
w	ω	Ω	オメガ (omega)

0.1 画面に向かって

まず，*Mathematica* を起動して[1]，新規ドキュメントのノートブックに，例えば，3 + 8 と入力してみる．（計算を実行させるには，入力した後に Shift キーと Enter(return) キーを同時に押す）すると

$In[1] :=$ **3+8**
$Out[1] =$ 11

と出力される[2]．

In[ ], Out[ ] は *Mathematica* により自動的に付けられ，In[n] は n 番目の入力 (input) を意味し，Out[n] は，n 番目の入力に対する出力 (output) を表している．

次に 1/2 + 1/3 と入力すると，

$In[2] :=$ **1/2+1/3**
$Out[2] =$ $\dfrac{5}{6}$

と出力される．*Mathematica* では分数は分数の形で出力される．また小数での表示に直したければ，次のようにする．

$In[3] :=$ **N[%]**
$Out[3] =$ 0.833333

ここで，N[x] は x の値を小数での近似値に変換をする関数であり，%は直前に出力された内容を指す．一般に，前の結果を利用するのに便利な方法として % を使うやり方がある[3]．

%	直前に得られた結果
%%	2つ前に得られた結果
%%···% (k 回)	k 回前に得られた結果

---

[1] *Mathematica* の起動と終了の仕方は使用しているコンピュータに依存する．設定によっては，サジェスチョンバーが表示される．付録 A を見よ．本書では，サジェスチョンバーは，表示しない．

[2] 本書では，入力する文字は太文字で表すことにする．

[3] *Mathematica* で使われる記号や関数の説明は 四角 の枠で囲んである．

%n	Out[n] の結果

```
In[4]:= 1+2
Out[4]= 3
In[5]:= %+10      (* 直前の結果に 10 を足す *)[4]
Out[5]= 13
In[6]:= %%-4      (* 2 つ前の結果から 4 を引く *)
Out[6]= −1
In[7]:= %5+20     (* Out[5] の結果に 20 を足す *)
Out[7]= 33
```

また，次の関数も前の入出力を参照するのに用いられる．

In[n]	入力行 n を再実行
Out[n]	出力 n を再表示（%n と同じ）

0.2 ヘルプについて

上で使われた N[ ] は *Mathematica* に組み込まれた関数である．この他にも数多くの関数が組み込まれているが，それらの関数に関しての情報が必要なときには次のように入力して調べるか，ノートブック形式の場合はメニューの ヘルプ から「Wolfram ドキュメント」などを選ぶことによって，いろいろな項目一覧のページが表示され，そこからの検索で各関数などの説明を見ることができる．

?関数名	関数の簡単な説明
??関数名	関数のより詳しい説明
?*文字列*	文字列を含む関数の一覧

```
In[1]:= ?N
```
N[*expr*] 式 *expr* の値を数値で与える．

---

[4] *Mathematica* の入出力に関してとくに説明が必要なときは，このような形で説明を入れておく．（0.3 節のコメント参照．）

N[*expr,n*] 可能であれば *n* 桁精度で結果を与える． ≫

N[*expr*] は *expr* の数値を与え，N[*expr, n*] は精度 *n* 桁の数値を与えるという説明が表示される．最後の ≫ をクリックすると詳しいヘルプのページが表示される．

Abs という関数の説明が必要であれば次のようにする．

In[2]:= `?Abs`
`Abs[z]` 実数および複素数 *z* の絶対値を求める． ≫

式を展開するという Expand という関数の詳しい説明が必要であれば次のようにする．

In[3]:= `??Expand`
Expand[*expr*] 式 *expr* における積と正の整数ベキを展開する．
Expand[*expr, patt*] パターン *patt* にマッチする項を含まない式 *expr* の要素の展開を避ける． ≫
`Attributes[Expand]={Protected}`
`Options[Expand]={Modulus->0,Trig->False}`

この関数にはオプションが 2 つ指定できて，その初期設定値（**デフォルト値** (default)[5]）が示してある．オプションの説明が必要であれば，再び ?名前を使う．

In[4]:= `?Trig`
Trig さまざまな多項式操作関数のオプションで，三角関数が多項式の要素として扱われるべきかどうかを指定する． ≫

Plot という文字列が入っている関数が知りたいときは次のようにする．

In[5]:= `?*Plot*`
▶ System`

ArrayPlot	ListVectorPlot
BodePlot	LogLinearPlot
ChromaticityPlot	LogLogPlot
CommunityGraphPlot	LogPlot
・・・・・・・	

---
[5] オプションを指定しないときに用いられる初期値．

*Mathematica*を起動してから終了するまでを1つの**セッション** (session) と呼ぶことにする．現セッションにおけるすべての入出力の一覧を表示することもできる．ただし，長いセッションのときはかなりの量の表示になる．

??In	*Mathematica*を起動してからのすべての入力のリストを表示する
??Out	*Mathematica*を起動してからのすべての出力のリストを表示する

0.3 入力について

*Mathematica*では大文字，小文字を区別して使っているので，大文字で書かれている文字は大文字で，小文字で書かれている文字は小文字で入力しなければならない．

*Mathematica*では，角括弧 [ ]，丸括弧 ( )，波括弧 { } はそれぞれ特有の意味をもつので，指示どおり入力する必要がある．

計算の途中にコメントを次のようにして入れることもできる．

(* コメント *)	(* と *) の間に囲まれている文はコメントと見なされ，計算の対象とならない

```
In[1]:= 2+3    (* caluculate 2 plus 3 *)
Out[1]= 5
```

式の最後にセミコロン (;) を入れると計算はするがその結果は出力されない．

式;	式は実行するが結果を表示しない

```
In[2]:= 4-5;
In[3]:= 10+20;
In[4]:= %2
Out[4]= −1
```

```
In[5]:= %3
Out[5]= 30
```

いくつかの式などを 1 行にまとめてしまうこともできる．

式 1; 式 2; 式 3   式 1，式 2，式 3 を順番に実行，最後の結果だけを表示
式 1; 式 2; 式 3;   式 1，式 2，式 3 を順番に実行，表示はしない

入力は 1 行でおさまらなかったり，見ばえをよくするなどのために，複数行にわたってもかまわない．

0.4 変数と代入

変数 (variable) に値や式を代入するには次のように等号を使う．

変数名=値   変数に値を代入する
変数名=.   変数に代入された値を削除する
Clear[変数名]   変数に代入された値を削除する
Clear[$a, b, c, \ldots$]   変数 $a, b, c, \ldots$ に代入された値を削除する

Mathematica では変数名は英数字からなり，必ず英字から始めなければならない．変数名の長さには制限がないが，途中で空白を入れてはいけない．

等号 (=) は左辺と右辺が論理的に等しいことを表しているのではなく，右辺を左辺に代入することを意味する．例えば，$a = 5$ は a は 5 と等しいということではなく，a という名の変数へ 5 を代入するということである．$a = a + 5$ という式は，いままでの a の値に 5 を加えて，再び a に代入をするという意味である[6]．

例　変数 a に 5 を代入し計算したのち，その値を削除する．

```
In[1]:= a=5                 (* 変数 a に 5 を代入 *)
Out[1]= 5
In[2]:= a                   (* 変数 a に代入されている値をみる *)
Out[2]= 5
In[3]:= a+2
```

---

[6] 論理的等号には，== が用いられる．(第 7 章，7.2 節を参照．)

0.4 変数と代入

```
Out[3]= 7
In[4]:= a+b
Out[4]= 5 + b
In[5]:= a=a-2
Out[5]= 3
In[6]:= a
Out[6]= 3
In[7]:= a=.              (* 変数 a に代入されている値を削除 *)
In[8]:= a
Out[8]= a
In[9]:= a+2
Out[9]= 2 + a
In[10]:= a=-1+2;b=3+4;c=5+6;
In[11]:= a
Out[11]= 1
In[12]:= b
Out[12]= 7
In[13]:= c
Out[13]= 11
In[14]:= y=100;z=200;w=-400;
In[15]:= y
Out[15]= 100
In[16]:= y+z+w
Out[16]= -100
In[17]:= Clear[y,z,w]    (* 変数 y, z, w に代入されている値を削除 *)
In[18]:= y
Out[18]= y
In[19]:= z
Out[19]= z
In[20]:= w
Out[20]= w
```

　ひとたび代入された値は *Mathematica* を終了するか，他の値が代入されるまで割り当てられているので，うっかり代入しているのを忘れて計算をしていると思わぬ結果がでてくることがある．使い終えた変数は，そのつど値を削除しておくのが望ましい．

　変数には数値の他に式や文字列も代入できる．ただし，文字列は" "で囲む．

```
In[21]:= x="Hello"
Out[21]= Hello
In[22]:= x
```

```
Out[22]= Hello
In[23]:= x+2
Out[23]= 2 + Hello
In[24]:= Clear[x]
In[25]:= x
Out[25]= x
In[26]:= 2+x
Out[26]= x+2
In[26]:= x=-9
Out[26]= −9
In[26]:= 2+x
Out[26]= −7
```

第 0 章 問 題

ex.0.1 次を計算せよ．
  (i) $12345 + 67890$ (ii) $68790 - 35421$
  (iii) $123.456 - 0.789$ (iv) $456 + 1230 - 789$

ex.0.2 名前の 1 部に Matrix が含まれる関数の一覧を出力せよ．

ex.0.3 ヘルプを使って，Plus と Times と Mod を調べよ．

ex.0.4 varx という変数に 10 を代入して，varx+10, varx+c を計算せよ．そして，varx に代入されている値を削除せよ．

ex.0.5 string1 という変数に，

        The quick brown fox jumps over the lazy dog.

という文字列を代入せよ．（なお，この文にはすべてのアルファベットが含まれている（パングラムと呼ばれている．））

ex.0.6 vary に $a+b$ を代入し，vary+c, vary+10, varx+vary を計算せよ．そして，vary に代入されている値を削除せよ．

ex.0.7 1/4 と N[1/4] を入力して違いをみよ．

ex.0.8 1/5 + 1/2 と N[1/5 + 1/2] を入力して違いをみよ．

ex.0.9 Date[ ] と入力して現在の日付と時刻がどのように表示されるかをみよ．

ex.0.10 $UserName と入力してみよ．

ex.0.11 ScientificForm[123456.7890] と入力して，どのように表示されるかをみよ．また，その直後に%と入力してなにが出力されるかをみよ．

ex.0.12 EngineeringForm[123456.7890] と入力して，どのように表示されるかをみよ．

また，その直後に%と入力してなにが出力されるかをみよ．

ex.0.13　NumberForm[1234^5,DigitBlock->3] と入力して，どのように表示されるかをみよ．

ex.0.14　In[1] を入力してみよ．

ex.0.15　%, %%, %%%, %1, %2, %3, Out[3] を入力してみよ．

ex.0.16　Now と入力してみよ．また，Today と入力してみよ．

第 1 章
とにかく計算してみよう

$1 = (10^0)$	一	one
10^1	十	ten
10^2	百	hundred
10^3	千	thousand
10^4	万（萬）	ten thousands
10^6	百万	million
10^8	億	hundred millions
10^9	十億	billion （英，独系では 10^{12}）
10^{12}	兆	trillion （英，独系では 10^{18}）
10^{16}	京（けい）	
10^{20}	該（がい）	
10^{28}	穣（じょう）	
10^{48}	極（ごく）	quindecillion
		（英，独系では 10^{90}）
10^{68}	無量大数（むりょうたいすう）	
10^{-1}	分（ぶ）	
10^{-2}	厘（りん）	
10^{-3}	毛（もう）	

1.1 数値計算

1.1.1 四則演算

四則演算などの計算をするために，$Mathematica$ では次の記号が使われる．

+		足し算 (add)
−		引き算 (minus)
*		掛け算 (multiply)
/		割り算 (divide)
^		ベキ（累乗）(power)

```
In[1]:= 123+456
Out[1]= 579
In[2]:= 123-456
Out[2]= −333
In[3]:= 18*685871      (* 18 × 685871 *)
Out[3]= 12345678
In[4]:= 98765432/8     (* 98765432 ÷ 8 *)
Out[4]= 12345679
In[5]:= 5^20           (* 5 の 20 乗 *)
Out[5]= 95367431640625
In[6]:= 123^45         (* 123 の 45 乗 *)
Out[6]= 111104081851319562859107905871764519185591532122680218236290\
7319986611100124274328396612704804
```

NOTE: \ は表示が次の行に続いていることを示す記号である．
掛け算は * の代わりにスペースを用いてもできる [1]．

```
In[7]:= 123 456        (* 123 × 456 *)[2]
Out[7]= 56088
In[8]:= 123*456        (* 123 × 456 *)
Out[8]= 56088
In[8]:= 123^4 5        (* 123^4 × 5 *)
```

[1] スペースはいくつあってもかまわない．
[2] スペースは自動的に × の記号として表示される（例えば，123×456）．

Out[8]= 1144433205

1.1.2 計算の順番

計算は左から順に行われるが，ベキが最初に，また，掛け算，割り算は，足し算，引き算よりも先に行われる．

In[1]:= **1+2-3**
Out[1]= 0
In[2]:= **1+2-3*4**
Out[2]= -9
In[3]:= **1+2-3*4/2**
Out[3]= -3
In[4]:= **2*3^2**　　　　(* $2 \times (3^2)$ *)
Out[4]= 18
In[5]:= **2^3*2**　　　　(* $(2^3) \times 2$ *)
Out[5]= 16
In[6]:= **2^(3*2)**　　　(* $2^{(3 \times 2)}$ *)
Out[6]= 64
In[7]:= **5^4/2**　　　　(* $5^4 \div 2$ *)
Out[7]= $\dfrac{625}{2}$
In[8]:= **5^(4/2)**　　　(* $5^{(4/2)}$ *)
Out[8]= 25

括弧がある場合は括弧内が先に計算されるが，そのときに用いられる括弧は丸括弧 ( ) のみである．角括弧 [ ]，波括弧 { } はそれぞれ特別の意味をもつので，計算の順番のためには用いられない．

In[9]:= **1+(2-3)**
Out[9]= 0
In[10]:= **1+(2-3)*3**
Out[10]= -2
In[11]:= **1+(2-3*(4+5))**
Out[11]= -24
In[12]:= **(1+2-3*(4+5)/3)/2**
Out[12]= -3
In[13]:= **(1+2-3*(4+5))/(2+4)**
Out[13]= -4

1.1.3 数学で用いられる定数

Pi	円周率,	$\pi = 3.14159\ldots$ (π)
E	自然対数の底,	$e = 2.71828\ldots$ (e)
I	虚数単位,	$i^2 = -1$ (i)

NOTE: 大文字, 小文字は間違えずに入力すること.

In[1]:= **I^2**
Out[1]= -1
In[2]:= **I^3**
Out[2]= $-i$
In[3]:= **I^4**
Out[3]= 1
In[4]:= **N[Pi]**　　　(* π の近似値を求める *)
Out[4]= 3.14159
In[5]:= **N[E]**　　　(* e の近似値を求める *)
Out[5]= 2.71828

計算にでてくる記号としては次もある.

Indeterminate	不定
Infinity	正の無限大　∞
$-$Infinity	負の無限大　$-\infty$
ComplexInfinity	方向が明確でない無限量

In[6]:= **0/1**
Out[6]= 0
In[7]:= **1/0**　　　　　　　(* $1 \div 0$ は計算されない *)

　Power::infy: 無限式 $\dfrac{1}{0}$ が見つかりました. ≫

Out[7]= ComplexInfinity　　(* メッセージが表示される *)
In[8]:= **0/0**　　　　　　　(* $0 \div 0$ は不定 *)

　Power::infy: 無限式 $\dfrac{1}{0}$ が見つかりました. ≫

　∞::indet: 不定式 0 ComplexInfinity が見つかりました. ≫

```
Out[8]= Indeterminate
```
(* メッセージが表示される *)

1.1.4 数の出力

Mathematica では，結果をできるだけ正確に出そうとするので，答えが有理数の場合は有理数で，根号や π などの無理数の定数はそのままで出力する．

```
In[1]:= 2/7+8/9
```
$Out[1] = \dfrac{74}{63}$
```
In[2]:= 3+2/9-9/2
```
$Out[2] = -\dfrac{23}{18}$
```
In[3]:= 1/Pi+1/Pi
```
$Out[3] = \dfrac{2}{\pi}$
```
In[4]:= 1/2+Pi
```
$Out[4] = \dfrac{1}{2} + \pi$

1.1.5 近似

分数や，計算の結果を小数で表したりする場合は，N[ ] を用いる．

N[x]	x の近似を出力する
N[x, n]	x の近似を精度 n 桁で出力する

NOTE: *Mathematica* は通常 6 桁（デフォルト値）の有効数字を表すが，実際の計算はもっと多くの桁数の精度で行われる．

```
In[1]:= N[1/2]
Out[1]= 0.5
In[2]:= N[1/3]
Out[2]= 0.333333
In[3]:= N[1/2+1/3]
Out[3]= 0.833333
In[4]:= N[Pi]
Out[4]= 3.14159
In[5]:= N[Pi,40]      (* π の値を 40 桁まで求める *)
Out[5]= 3.141592653589793238462643383279502884197
```

In[6]:= **N[E,30]**   (* e の値を 30 桁まで求める *)
Out[6]= 2.71828182845904523536028747135
In[7]:= **1/Pi**
Out[7]= $\dfrac{1}{\pi}$
In[8]:= **N[%]**
Out[8]= 0.31831
In[9]:= **E^Pi**
Out[9]= e^{π}
In[10]:= **N[%]**
Out[10]= 23.1407

小数点をもつ数は近似値であると見なされる．式の中に小数点をもつ数字が含まれている場合は，結果は小数による近似で表示される．

In[11]:= **1/3+2.0/5**
Out[11]= 0.733333

1.1.6 組込み関数

Mathematica には 1000 以上の関数が組み込まれている．例えば，次のようなものがある．

Sqrt[x]	x の平方根 (square root)
Abs[x]	x の絶対値 (absolute value)
Ceiling[x]	x 以上の最小の整数（切り上げ）
Floor[x]	x 以下の最大の整数（切り下げ）
Round[x]	x にもっとも近い整数（四捨五入）
Max[$a, b, c, \ldots$]	$a, b, c, \ldots$ の中で最大の値のもの
Min[$a, b, c, \ldots$]	$a, b, c, \ldots$ の中で最小の値のもの
Sin[x]	$\sin x$ 正弦関数
Cos[x]	$\cos x$ 余弦関数
Tan[x]	$\tan x$ 正接関数
Sign[x]	符号関数: $x > 0$ ならば 1, $x = 0$ ならば 0, $x < 0$ ならば -1
RandomReal[ ]	0 から 1 までの範囲の擬似乱数実数
RndomReal[{min, max}]	min から max までの範囲の擬似乱数実数

> RandomInteger[{*min*, *max*}]　*min* から *max* までの範囲の擬似乱数整数

NOTE: (i)　関数の引数は角括弧 [ ] で囲まれる．
(ii)　組込み関数名は大文字で始まる．大文字，小文字を間違えないように入力しなければならない．
(iii)　Round 関数では $x.5$ などの中点値では，偶整数に丸めることに注意．

> 関数を適用する場合，普通は
>
> 　　関数名 [引数]
>
> の形であるが，引数を強調する適用の仕方として，
>
> 　　引数//関数名，または，関数名@引数
>
> の形を使うこともできる

NOTE:　//では/と/の間にスペースを入れない．

```
In[1]:= Sqrt[3]
Out[1]= √3
In[2]:= N[Sqrt[3]]
Out[2]= 1.73205
In[3]:= Sqrt[3]//N              (* N[Sqrt[3]] と同じ *)
Out[3]= 1.73205
In[4]:= 4//Sqrt                 (* Sqrt[4] と同じ *)
Out[4]= 2
In[5]:= Sqrt @ 9                (* Sqrt[9] と同じ *)
Out[5]= 3
In[6]:= Ceiling[2.17]
Out[6]= 3
In[7]:= Floor[2.17]
Out[7]= 2
In[8]:= Round[2.17]
Out[8]= 2
In[9]:= Floor[-2.3]
Out[9]= -3
In[10]:= Ceiling[-2.3]
```

```
Out[10]= -2
In[11]:= Round[-2.3]
Out[11]= -2
In[12]:= sqrt[2]                    (* 関数 Sqrt が大文字から始まっていない *)
Out[12]= sqrt[2]                    (* 入力をそのまま表示 *)
In[13]:= Sqrt[-1]
Out[13]= i
In[14]:= Max[1,3,-4,2,100,98]
Out[14]= 100
In[15]:= Min[1,3,-4,2,100,98]
Out[15]= -4
In[16]:= RandomReal[]
Out[16]= 0.447826
In[17]:= RandomReal[{3, 9}]
Out[17]= 6.85253
In[18]:= RandomInteger[{1, 6}]
Out[16]= 5
```

1.2 記号計算

1.2.1 式の演算

Mathematica では，変数や記号を含む式の演算をすることができる．

Expand[式]	式を展開する
Factor[式]	式を因数分解する
Simplify[式]	式が最小の構成要素で表されるように変換する
FullSimplify[式]	式を最も簡約された形を返す

```
In[1]:= (2x+3)-(3-x)
Out[1]= 3x
In[2]:= (1+a)^2
Out[2]= (1+a)^2
In[3]:= Expand[%]
Out[3]= 1 + 2a + a^2
In[4]:= Expand[(x+y)^5]
Out[4]= x^5 + 5x^4 y + 10x^3 y^2 + 10x^2 y^3 + 5xy^4 + y^5
In[5]:= (a+b)^2-(a-3b)+4
```

```
Out[5]= 4 - a + 3b + (a+b)^2
In[6]:= Expand[%]
Out[6]= 4 - a + a^2 + 3b + 2ab + b^2
In[7]:= Expand[(2x+3y)^3]
Out[7]= 8x^3 + 36x^2 y + 54xy^2 + 27y^3
In[8]:= Factor[%]
Out[8]= (2x + 3y)^3
In[9]:= 1/(x+2)+1/(x-2)
Out[9]= 1/(-2+x) + 1/(2+x)
In[10]:= Simplify[%]
Out[10]= 2x/(-4+x^2)
```

NOTE: 2aのように英文字の前に数値が空白なしで書かれている場合は，その数値と変数の積の意味として解釈される．つまり，2aは 2 × a として扱われる．つまり，2a も 2 a も 2*a もみな同じことである．ただし，a × b のつもりで ab とスペース無しで入力すると a × b の意味ではなく，ab という名の変数として解釈されるので注意が必要である．a × b の意味で計算をしたければ，a*b または a b としなければならない．

```
In[11]:= 2x y+x*y
Out[11]= 3xy
In[12]:= 2xy+x*y
Out[12]= 2xy + xy
In[13]:= (3ab+a b)*a+ab
Out[13]= ab + a (3ab + ab)
In[14]:= Simplify[%]
Out[14]= ab + 3a ab + a^2 b
```

1.2.2 代入

変数に数値を代入するには等号を用いる．また，ある特定の式のなかの変数に数値を代入する方法[3]もある．

変数名=数値	変数に数値を代入する
式 /. x-> 数値	式の中の変数 x に数値を代入する
式 /. {x-> 数値1, y-> 数値2}	式の中の変数 x に数値1を代入し，y に数値2を代入する

---
[3] これはルール（規則）とも呼ばれている．

変数名=.	変数に代入されている値を解除する
Clear[変数名]	変数に代入されている値を解除する

NOTE: /. では / と . の間にスペースを入れない.

In[1]:= **a=3**
Out[1]= 3
In[2]:= **a+5a**
Out[2]= 18
In[3]:= **a=.**
In[4]:= **a+5a**
Out[4]= $6a$
In[5]:= **2a+3 /. a->-2**　　（* 変数 a に -2 を代入して計算 *）
Out[5]= -1
In[6]:= **3b+4c-d /. {b->1,c->2,d->-3}**
　　　　　（* 変数 b に 1, c に 2, d に -3 を代入して計算 *）
Out[6]= 14

例　siki という変数に $x+y$ を代入して，siki の 2 乗を計算する．また，$x=1$, $y=-1$ をこれに代入したときの値を求める．

In[7]:= **siki=x+y**
Out[7]= $x+y$
In[8]:= **siki^2**
Out[8]= $(x+y)^2$
In[9]:= **Expand[siki^2]**
Out[9]= $x^2+2xy+y^2$
In[10]:= **siki /. {x->1,y->-1}**
Out[10]= 0
In[11]:= **siki**
Out[11]= $x+y$

1.2.3　規則の代入

　Mathematica ではある程度の規則（公式）に従って式を簡単にするが，*Mathematica* が使わない規則もかなりあり，それらの規則や公式を計算に代入するには，次のようにして式に規則を代入する．

式 /. 規則	規則を式に適用	
式 //. 規則	規則を式に繰り返し適用	規則は A–>B と書いて, A を B に変換するということを表す

例 $(\cos x + \sin x)^2$ を展開すると,

$$(\cos x + \sin x)^2 = \cos^2 x + 2\cos x \sin x + \sin^2 x$$

ここで, $\cos^2 x + \sin^2 x = 1$ を利用すると

$$(\cos x + \sin x)^2 = 1 + 2\cos x \sin x$$

となる. そこで, この規則を代入して計算をする.

```
In[1]:= (Cos[x]+Sin[x])^2
```
$Out[1]= (\text{Cos}[x]+\text{Sin}[x])^2$
```
In[2]:= Expand[%]
```
$Out[2]= \text{Cos}[x]^2+2\text{Cos}[x]\text{Sin}[x]+\text{Sin}[x]^2$
```
In[3]:= % /. Cos[a_]^2+Sin[a_]^2->1
```
$Out[3]= 1 + 2\,\text{Cos}[x]\,\text{Sin}[x]$

NOTE: 規則のなかで引数を使う場合は引数名のすぐ後に下線を付けておく.

上の例で `Cos[a]^2+Sin[a]^2->1` とすると,

```
In[4]:= Expand[(Cos[x]+Sin[x])^2] /. Cos[a]^2+Sin[a]^2->1
```
$Out[4]= \text{Cos}[x]^2+2\text{Cos}[x]\text{Sin}[x]+\text{Sin}[x]^2$

となり, 思ったとおりには規則を適用していない. これは引数に下線を付けていないときはその引数に使った記号のときだけ, その規則を適用するからである. 引数に下線を付けると, そこに引数として「何か」が入るという意味になり, そこに使われている記号自体には意味はない.

1.3 関数を定義する

1.3.1 関数の定義

組込み関数の他に使用者が自分で関数を定義することもできる．

> 関数名 [引数_]:=定義式
> 関数名 [引数 1_, 引数 2_]:=定義式
> 　　　　　　（引数が 2 つ以上の場合も同様）
> ?関数名　　　　　関数の定義を示す
> Clear[関数名]　　関数の定義を削除
> Remove[関数名]　関数名として使われている記号そのものをシステムから削除[4]

NOTE: 引数の後に下線を付けておく．f[x_] とすると，x という変数を使って関数 f を定義するが，x という記号に意味があるわけではなく，そこに代入される「何か」を表しているのである．

例 cube という名で，与えられた数の 3 乗を与える関数を定義する．つまり，$cube(x) = x^3$.

```
In[1]:= cube[x_]:=x^3
In[2]:= cube[2]
```
$Out[2]= 8$
```
In[3]:= cube[-3]
```
$Out[3]= -27$
```
In[4]:= cube[x+y]
```
$Out[4]= (x+y)^3$
```
In[5]:= Expand[cube[x+y]]
```
$Out[5]= x^3 + 2x^2y + 3xy^2 + y^3$
```
In[6]:= ?cube                  (* 関数 cube の定義をみる *)
    Global`cube
    cube[x_] := x^3
In[7]:= Clear[cube]            (* 関数 cube の定義を削除 *)
In[8]:= ?cube
```

---

[4] Clear は関数の定義を削除し，その名前（シンボル）は残るが，Remove では名前（シンボル）自体も削除される．

```
        Global`cube
In[9]:= Remove[cube]           (* cube 自体を削除 *)
In[10]:= ?cube
        Information::notfound: シンボル cube が見付かりません. ≫
```

例　$g(x) = (x-p)^2 + q$ という関数を p も q も引数として定義する.

```
In[11]:= g[x_,p_,q_]:=(x-p)^2+q
In[12]:= g[2,0,0]
Out[12]= 4
In[13]:= g[2,0,1]
Out[13]= 5
In[14]:= g[2,1,1]
Out[14]= 2
In[15]:= g[a,1,2]
Out[15]= 2 + (-1+a)^2
In[16]:= g[3,2,a+b]
Out[16]= 1 + a + b
In[17]:= ?g
        Global`g
        g[x_, p_, q_] := (x - p)^2 + q
```

NOTE:　*Mathematica* ではいったん変数に値を代入すると, 再びその変数に値を代入するか, Clear を使って値を削除するまでその値を保持する. 関数を定義するためだけに必要な変数はそのときだけ有効である方が都合がよい. そこで, 次の方法で変数を定義式の中だけ有効にすることができる. 特定の時にのみ有効な変数を **局所変数** (local variable), セッションを通して有効な変数を **大域的変数** (global variable) という.

> Module[$\{x, y, \ldots\}$, 定義式]　局所変数 $x, y, \ldots$ を使って定義
> Module[$\{x = x_0, y = y_0, \ldots\}$, 定義式]
> 　　初期値 $x_0, y_0, \ldots$ をもつ局所変数 $x, y, \ldots$ を使って定義
> Block[$\{x, y, \ldots\}$, 定義式]　局所変数 $x, y, \ldots$ を使って定義
> Block[$\{x = x_0, y = y_0, \ldots\}$, 定義式]
> 　　初期値 $x_0, y_0, \ldots$ をもつ局所変数 $x, y, \ldots$ を使って定義

```
In[18]:= z=3                          (* （大域的）変数 z に 3 を代入する *)
Out[18]= 3
In[19]:= f[x_]:=x^2+z                 (* $f(x) = x^2 + z$ を定義する *)
In[20]:= f[y]
Out[20]= 3 + y^2                      (* $f(y)$ を計算する．z に 3 が代入されている *)
In[21]:= f[x_]:=Module[{z},x^2+z]     (* z を局所変数として定義する *)
In[22]:= f[y]
Out[22]= y^2 + z$6                    (* 局所変数は z$n の形で表示されている *)
In[23]:= f[x_]:=Module[{z},z=1;x^2+z]
                (* z を局所変数として定義し，その初期値として 1 を代入する *)
In[24]:= f[y]
Out[24]= 1 + y^2                      (* z には Module 内で代入された値が使われている *)
In[25]:= z
Out[25]= 3                            (* （大域的）変数 z にはまだ 3 が代入されている *)
In[26]:= g[x_]:=Block[{z},x^2+z]      (* z を局所変数として定義 *)
In[27]:= g[y]
Out[27]= 3 + y^2                      (* z に 3 が代入されている *)
In[28]:= g[x_]:=Block[{z=1},x^2+z]
                (* Block を使って z を局所変数として定義し，初期値として 1 を代入 *)
In[29]:= g[y]
Out[29]= 1 + y^2                      (* z には Block 内で代入された値が使われている *)
In[30]:= z
Out[30]= 3                            (* （大域的）変数 z にはまだ 3 が代入されている *)
```

1.3.2 引数の型の条件付きの関数

関数の引数が特定の型（整数，実数，複素数，リスト，シンボル）のときにのみ実行するような関数を定義することができる．

引数の型を与えるときに次のような形で設定する

引数_Integer	引数が整数
引数_Real	引数が実数
引数_Complex	引数が複素数
引数_List	引数がリスト[5]
引数_Symbol	引数がシンボル

---
[5] リストについては第 3 章を見よ．

例 整数の 3 乗を計算する関数 intcube を定義する．

```
In[1]:= intcube[n_Integer]:=n*n*n
In[2]:= intcube[4]
Out[2]= 64
In[3]:= intcube[1.2]
Out[3]= intcube[1.2]
In[4]:= 1.2^3
Out[4]= 1.728
```

また，次のようにして，引数がある条件を満たしているかチェックすることもできる．

関数名 [引数_?判定条件]:=定義	
判定条件：	
EvenQ	偶数
IntegerQ	整数
Negative	負の数
NonNegative	非負の数
Positive	正の数
OddQ	奇数
PossibleZeroQ	零

例 a が正の数で n が整数のときだけ，a^n を計算する関数 intpower を定義する．

```
In[5]:= intpower[a_?Positive,n_Integer]:=a^n
In[6]:= intpower[3,4]
Out[6]= 81
In[7]:= intpower[-2,3]
Out[7]= intpower[-2, 3]
In[8]:= intpower[2,0.5]
Out[8]= intpower[2, 0.5]
```

1.3.3 条件付きの関数

条件によって定義が異なるような関数を作ることもできる．

1.3 関数を定義する 25

```
関数名[引数_]:=式 /; 条件
条件が満たされたときに適用される関数
条件に使われる関係演算子[6]:
```

$x == y$	等号
$x != y$	等しくない
$x > y$	$x > y$
$x >= y$	$x \geq y$
$x < y$	$x < y$
$x <= y$	$x \leq y$
$p \&\& q$	条件 p かつ 条件 q
$p || q$	条件 p または 条件 q
$!p$	条件 p でない
$\text{Xor}[p, q]$	排他的または (p または q どちらか一方のみ)

Mathematica ではこれらの関係式は成り立っているとき (真のとき), True を, そうでないとき, False の値を返す.

```
In[1]:= 2<5
Out[1]= True
In[2]:= 2<=2              (* 2 ≤ 2 と表示される *)
Out[2]= True
In[3]:= 2<2
Out[3]= False
In[4]:= -1<=0             (* -1 ≤ 0 と表示される *)
Out[4]= True
In[5]:= 2==5
Out[5]= False
In[6]:= 2!=5              (* 2 ≠ 5 と表示される *)
Out[6]= True
In[7]:= (-1<=0)&&(2<0)
Out[7]= False
```

例 x が負のときは -1, 0 のときは 0, 正のときは $+1$ をとるような関数[7], $s_1(x)$,

---
[6] 論理記号, 関係演算子については, 第 7 章, 7.2 節を参照.
[7] これは**符号関数** (signum function) と呼ばれる関数で, 次のように定義される.

$$\text{sgn}(x) = \begin{cases} -1 & x < 0 \\ 0 & x = 0 \\ 1 & x > 0 \end{cases}$$

は次のように定義する.

```
In[8]:= s1[x_]:=-1 /; x<0;
In[9]:= s1[x_]:=0 /; x==0;
In[10]:= s1[x_]:=1 /; x>0;
In[11]:= s1[-10.5]
Out[11]= -1
In[12]:= s1[10.1]
Out[12]= 1
In[13]:= s1[0]
Out[13]= 0
```

1.3.4 再帰的な関数

自分自身を使って定義される関数を**再帰的な関数** (recursive function) という. 例 m, n を正の整数とすると, $m^0 = 1$, $m^n = m \times m^{n-1}$ である. 関数 ipower$(m, n) = m^n$ を定義する.

```
In[1]:= ipower[m_Integer?Positive,0]:=1
In[2]:= ipower[m_Integer?Positive,
    n_Integer?Positive]:=m*ipower[m,n-1]
In[3]:= ipower[2,0]
Out[3]= 1
In[4]:= ipower[2,5]
Out[4]= 32
```

1.3.5 純関数

名前を持たない関数を**純関数** (pure function) と呼ぶ. 一度しか用いない関数の場合に便利である.

Function[$\{x, y, \ldots\}$, 式]	$\{x, y, \ldots\}$ を引数とする式を定義する.
実行するには, Function[$\{x, y, \ldots\}$, 式][引数]	
Function[式]	式の引数が#変数で与えられている関数
式 &	式の引数が#変数で与えられている関数
#	純関数における最初の変数
#n	純関数における n 番目の変数
##	純関数の持つすべての変数

| ##n | 純関数における n 番目以上のすべての変数 |

In[1]:= `Function[t,t/100.]`　　　(* 引数を 100 で割った値を近似（少数）*)
Out[1]= $\text{Function}\left[t, \dfrac{t}{100}\right]$
In[2]:= `Function[t, t/100.0][180]`
　　　　　　　　　　　　　　　(* 180 を 100 で割った近似（少数）値 *)
Out[2]= 1.8
In[3]:= `#/100.0 &`
Out[3]= $\dfrac{\#1}{100.}\&$
In[4]:= `%[180]`
Out[4]= 1.8
In[5]:= `#/100.0 & [180]`
Out[5]= 1.8
In[6]:= `Function[{x, y}, x + y][1, 100]`
　　　　　　　　　　　(* 2 つの値を足す関数．ここでは，$1+100$ *)
Out[6]= 101
In[7]:= `Function[#1 + #2][1, 100]`
Out[7]= 101
In[8]:= `(#1+#2)&[1,100]`
Out[8]= 101
In[9]:= `(#1+#2)&`
Out[9]= $\#1+\#2\&$
In[10]:= `%[1,100]`
Out[10]= 101

1.3.6 Wolfram システム標準パッケージ

Mathematica で使える関数はパッケージと呼ばれているファイルにも数多く定義されている．パッケージに含まれている関数を使うためにはセッションのなかで次のようにしてパッケージを読み込む必要がある．ただし，バージョンによって，組み込まれたり削除されたり，新しく加わったり変化している．

| ≪パッケージ名\ |

パッケージはいったん読み込めば，そのセッションの間はそこに定義されている

関数は使える．ただし，セッションを終了してから，再び *Mathematica* を起動した場合はもう一度読み込まなければならない[8]．

パッケージを読み込む前にそこで定義されている関数を使ってしまうと，その名前の関数を現セッションで作ってしまうことになり，パッケージを読み込んでも，パッケージに定義されている関数ではなく新たに作られた方を参照してしまう．これを避けるためには，Remove[関数名] を使って，その関数を削除してから，パッケージを読み込む必要がある．

例えば，Units`というパッケージのなかに単位を変換する関数 Convert が定義されているので，この関数を使うためにはまず，このパッケージを読み込まなければならない[9]．

≪Units`
UnitConvert[Quantity[x, "旧単位"], "新単位"]
旧単位で表されている x を新単位に変換する
(version9 から，Units パッケージは本体に組み込まれた．)

例　1m=3.28084 feet.　　60 km/時=37.2823 mile/時.
　　1 kg=2.20462 pound.

```
In[1]:= UnitConvert[Quantity[1.0, "Meters"], "Feet"]
Out[1]= 3.28084ft
In[2]:= UnitConvert[Quantity[60.0, "KiloMeter/Hour"], "Mile/Hour"]
Out[2]= 37.2823 mi/h
In[3]:= UnitConvert[Quantity[1.,"KiloGram"],"Pound"]
Out[3]= 2.20462 ld
In[4]:= UnitConvert[Quantity[1., "Radian"], "Degree"]
Out[4]= 57.2958°
In[5]:= UnitConvert[Quantity[1, "Byte"], "Bit"]
Out[5]= 8b
```

---

[8] 本書ではパッケージの中の関数が必要なときはそのたびに必ず読み込んでいるように書いてあるが，同じセッションの中では一度読み込んだパッケージを再度読み込む必要はない．
[9] `はバッククォートで，シングルクォート ' でないことに注意．

> ≪Calendar`
> DayName[{ 年, 月, 日 }]　与えられた年月日の曜日を表示
> DayCount[{ 年$_1$, 月$_1$, 日$_1$},{ 年$_2$, 月$_2$, 日$_2$}]
> 　　　与えられた年$_1$月$_1$日$_1$から年$_2$月$_2$日$_2$までの日数を表示
> DayPlus[{ 年, 月, 日 }, 日数]　与えられた年月日から日数後の年月日
> Dateifferece[{ 年 1, 月 1, 日 1}, { 年 2, 月 2, 日 2}, "単位"]
> 　　　与えられた年 1 月 1 日 1 から年 2 月 2 日 2 までの日数を単位で表示
> 　　　単位は，Day,,Year, Quarter, Month, Week, Hour, Minute, Second,
> 　　　何も指定しない場合は，Day が使われる．
> (バージョン 10 から，Calendar パッケージは本体に組み込まれた．)

例　2010 年 4 月 1 日は木曜日．また，2000 年 1 月 1 日から 2010 年 4 月 1 日までは 3743 日ある．

2001 年 1 月 1 日は月曜日．また，2010 年 1 月 1 日から 2020 年 1 月 1 日までは 3652 日ある．

```
In[7]:= <<Calendar`        (* バージョン 10 以降必要なくなった *)
In[8]:= DayName[{2010, 4, 1}]
Out[8]= Thursday
In[9]:= DayCount[{2000,1,1},{2010,4,1}]
Out[9]= 3743
In[10]:= DayName[{2020,1,1}]
Out[10]= Wednesday
In[11]:= DayCount[{2010,1,1},{2020,1,1}]
Out[11]= 3652
In[12]:= DayPlus[{2020, 1, 1}, 31]
Out[12]= 📅 Sat 1 Feb 2020
In[13]:= DateDifference[{2016, 4, 1}, {2020, 7, 1}, "Week"]
Out[13]= 221.714 wk
```

NOTE:　パッケージの詳細についてはヘルプのドキュメントセンターを参照のこと．

第 1 章　問　題

ex.1.1.1　次の計算をせよ．
 (i)　$(1+2-3-4) \times (5-6-7-8-9)$　　(ii)　873×1001
 (iii)　$2^5 \times 5^2$　　(iv)　$123456 \times 9 + 7$

(v) $\dfrac{10^2 + 11^2 + 12^2 + 13^2 + 14^2}{365}$

ex.1.1.2 11×11, 111×111, 1111×1111, $1111111111 \times 1111111111$ を計算せよ．

ex.1.1.3 5 の 200 乗を計算せよ．

ex.1.1.4 π の π 乗を計算せよ．

ex.1.1.5 Sqrt[5] と Sqrt[5.0] を出力し，違いをみよ．

xe.1.1.6 $\sqrt{5}$ を 300 桁まで求めよ．

ex.1.1.7 $\sqrt{2} + 3\pi$ の近似値を求めよ．

ex.1.1.8 $2 \div 3$ を計算せよ．

ex.1.1.9 $2 \div 3$ を 10 桁まで近似せよ．

ex.1.1.10 $\dfrac{12345}{6789} + \dfrac{32693225}{32693226}$ を計算せよ．

ex.1.1.11 (ex.1.1.10) の答えを 20 桁まで近似せよ．

ex.1.1.12 $25 \div 99$, $71 \div 99$, $123 \div 999$, $572 \div 999$, $12345 \div 99999$, $87654 \div 9999$ を 25 桁まで計算せよ．

ex.1.1.13 次の式を入力しその結果をみよ．
(i) `Pi Sqrt[163]` (ii) `10^20+N[Sqrt[3], 20]`

ex.1.1.14 $\dfrac{1}{135} + \dfrac{2}{267}\left(\dfrac{2}{13} + \dfrac{3}{5}\right)$ を計算せよ．

ex.1.1.15 $\dfrac{1}{2} + \dfrac{1}{6} + \dfrac{1}{8} + \dfrac{1}{10} + \dfrac{1}{12}$ を計算せよ．

ex.1.1.16 $\dfrac{2}{99} + \dfrac{1}{345}\left(-\dfrac{26}{163521}\right)^5$ を計算し，小数で表せ．

ex.1.1.17 Ceiling, Floor, Round 関数が次の値に対して返す値を調べよ．
$10, 8.8, 8.2, 8.0, 0, -8.0, -8.2, -8.5, -8.8, -10$.

ex.1.2.1 次の計算をせよ．
(i) $(x + 2y) \times (-x + 3y)$ (ii) $(2a + 5) \times (a - 3) + 7a$

ex.1.2.2 次の式を展開せよ．
(i) $(2a + y)^2$ (ii) $(a - y - x)^3$

ex.1.2.3 次のそれぞれの式に，指定された変数の値を代入せよ．
(i) $2x^2 - 5y + 8$, $x = -1, y = 2$
(ii) $(3a - b^5 + c)^2$, $a = -2, b = 4, c = -1$

ex.1.2.4 Expand, Factor と $\cos^2 a + \sin^2 a = 1$ を用いて，

$$(\sin x + \cos x)^2 + (\sin x - \cos x)^2 = 2$$

を示せ．

ex.1.3.1 関数 $abd(x) = 2x^2 - 3x + 1$ を定義し，$x = -2, -1, 0, 1, 2, y$ のときの値を求めよ．

ex.1.3.2 $h(x) = |x - p| + q$ を定義し，次のそれぞれの場合の値を求めよ．
(i) $p = 0, q = 0$ のとき，$x = 1, 2, -1, -2$.
(ii) $p = -1, q = 0$ のとき，$x = 1, -1$.
(iii) $p = 2, q = -1, x = c$.

ex.1.3.3 次の量 S を求める関数を定義せよ．
(i) 底辺の長さ a，高さ h の三角形の面積 $S = ah/2$.
(ii) 半径 r の円の円周 $S = 2\pi r$.
(iii) 半径 r の円の面積 $S = \pi r^2$.
(iv) 半径 r の球の表面積 $S = 4\pi r^2$.
(v) 半径 r の球の体積 $S = 4\pi r^3/3$.
(vi) 3 辺の長さが a, b, c の 3 角形の面積．
$S = \sqrt{t(t-a)(t-b)(t-c)}$
ただし，$t = \dfrac{a+b+c}{2}$. （ヘロンの公式 (Heron's formula)）

ex.1.3.4 次の関数を定義せよ．
(i) $f(x) = \begin{cases} x^2 & x < 1 \\ -x^3 + 2 & x \geq 1 \end{cases}$

(ii) $g(x) = \begin{cases} 0 & x < 0 \\ x & 0 \leq x < 1 \\ 2 - x & 1 \leq x < 2 \\ 1 & x \geq 2 \end{cases}$

ex.1.3.5 ガウス記号
実数 a に対して a を超えない最大の整数を $[a]$ で表す．これを**ガウスの記号** (Gauss' symbol) という．$f(a) = [a]$ を定義し，$a = -3.3, -2, -0.2, 0.1, 1.3$ のときの値を求めよ．

ex.1.3.6 偶数の整数のときにのみ，その数の半分を与える関数を定義せよ．

ex.1.3.7 3 以下のときは 0，3 より大きくて 5 以下のときは -1，5 よりも大きいときは 2 を取る関数を定義せよ．

ex.1.3.8 次の関数を定義せよ．
`fact[0]=1,`
`fact[n]=n*fact[n-1].`
ここで，n は自然数．この関数はどのような関数であるか．

ex.1.3.9 関数 DayName を使って，自分の誕生日の曜日を調べよ．また，生まれてから今日までの日数を求めよ．

ex.1.3.10 Unit Convert を用いて，次を調べよ．
(a) (i) 1 センチ (Centimeter) は何インチ (Inch) か調べよ．

(ii)　1 時間 (Hour) は何秒 (Second) かを調べよ．
(iii)　1 年 (Year)[10] は何分 (Minute) かを調べよ．
(iv)　1 年 (Year) は何週 (Week) かを調べよ．

(b)　次が成り立つことを確かめよ．

(i)　1 Inch=2.54 Centimeter　(ii)　1 Feet=12 Inch
(iii)　1 Yard=3 Feet　(iv)　1 Mile=5280 Feet
(v)　1 km=0.621371 Mile　(vi)　1 Ounce=28.35 Gram
(vii)　1 Pound=16 Ounce　(viii)　1 Ton=2240 Pound
(ix)　1 kg=2.20462 Pound

(c)　次の関数を使って下を調べよ．
　　ConvertTemperature[x, 単位 1, 単位 2]

> << Units`
> ConvertTemperature[x, 単位 1, 単位 2]
> 単位 1 での x 度を単位 2 の温度に変換する
> ここで，単位は Centigrade (摂氏), Fahrenheit (華氏[11]), (ケルビン) である

(i)　摂氏 0 度と 30 度は華氏何度か，また，ケルビン温度で何度か調べよ．
(ii)　華氏 100 度は摂氏何度かを調べよ．

---

[10] 1 年を 365 日とする．
[11] 摂氏 (C) と華氏 (F) との間には次の関係がある．
$$F = 32 + \frac{9}{5}C$$

第 2 章
とにかくグラフを描いてみよう

10^{18}	エクサ	Exa
10^{15}	ペタ	Peta
10^{12}	テラ	Tera
10^{9}	ギガ	Giga
10^{6}	メガ	Mega
10^{3}	キロ	Kilo
10^{2}	ヘクト	Hecto
10	デカ	Deca
10^{-1}	デシ	Deci
10^{-2}	センチ	Centi
10^{-3}	ミリ	Milli
10^{-6}	マイクロ	Micro
10^{-9}	ナノ	Nano
10^{-12}	ピコ	Pico
10^{-15}	フェムト	Femto
10^{-18}	アト	Atto

2.1 2次元グラフ

2.1.1 関数のグラフ

$Mathematica$ では $y = \sin x$ や $y = x^2 + 2x - 3$ などの関数のグラフを簡単に描くことができる.

> $\text{Plot}[f[x], \{x, a, b\}]$ $y = f(x)$ のグラフを a から b の範囲で描く

例 $y = \cos(x)$ のグラフを -2π から 2π まで描く.

```
In[1]:= Plot[Cos[x],{x,-2Pi,2Pi}]
```

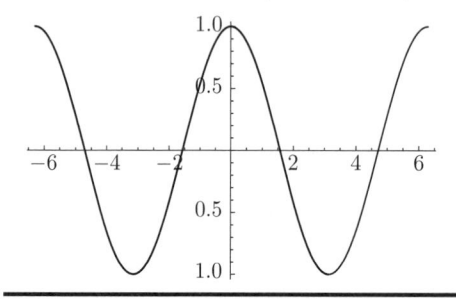

例 $y = 3x^3 - 2x^2 + 4x + 2$ のグラフを -5 から 5 まで描く.

```
In[2]:= Plot[3x^3-2x^2+4x+2,{x,-5,5}]
```

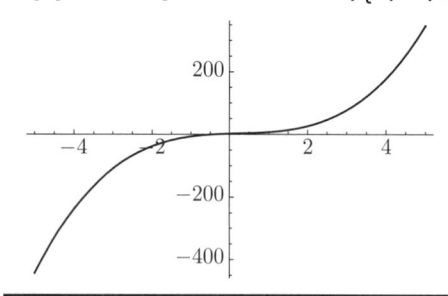

2.1.2 オプション

オプションを設定することによって, 座標軸の指定, ラベルなど, より細かな指

定ができる．オプションを指定しない場合は，それぞれデフォルト値（初期値）が自動的に割り当てられる．

Plot[$f[x], \{x, a, b\}, option1$ -> $value1, option2$ -> $value2, \ldots$]

次に作図のときに指定できるいくつかのオプションをみていく．

オプション[1]：
PlotLabel-> None　図に見出し（ラベル）を付けない
　　　　-> {label}　図に見出し（ラベル）label を付ける

例　$y = 2^{-x^2}$ のグラフを -3 から 3 まで描き，**2^(-(x^2))** の見出しをいれる．

In[1]:= **Plot[2^(-(x^2)), {x,-3,3},PlotLabel->2^(-(x^2))]**

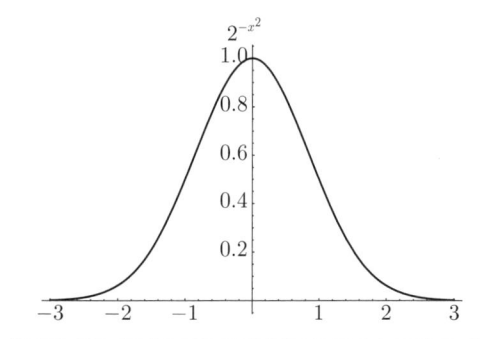

Axes-> True　　　　　座標軸を含む
　　-> False　　　　　座標軸を含まない
　　-> {True, False}　x 軸のみを描く
　　-> {False, True}　y 軸のみを描く
AxesLabel-> None　　座標にラベルを付けない
　　　　-> ylabel　　y 座標にラベル ylabel を付ける
　　　　->{xlabel, ylabel}　x 座標にラベル xlabel,
　　　　　　　　　　　　　　y 座標にラベル ylabel を付ける

---

[1] 最初に示した値がデフォルト値である．以下同様．

例 $y = \sin(x^2)$ を -4 から 4 まで描き，x 軸には x のラベルを y 軸には y のラベルを付ける．

```
In[2]:= Plot[Sin[x^2], {x,-4,4},AxesLabel->{x, y}]
```

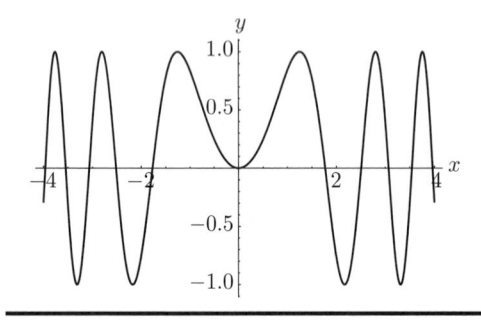

例 $y = \sin(x^2)$ を -4 から 4 まで描き，x 軸，y 軸を描かない．

```
In[3]:= Plot[Sin[x^2],{x,-4,4},Axes->False]
```

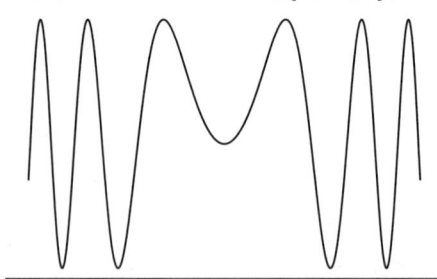

AxesOrigin->Automatic	座標軸の交点を自動的に設定
->$\{x,y\}$	座標軸の交点を座標 (x,y) にする

2.1.3 作表の範囲

作表の範囲も指定することができる．

```
PlotRange->Automatic      作表範囲は自動的に決められる
         ->All            作表範囲はすべての点を含む
         ->{ymin, ymax}   作表範囲は ymin から ymax まで
         ->{{xmin, xmax},{ymin, ymax}}
                          作表範囲は xmin から xmax までと
                          ymin から ymax まで
```

例 $y = \sin(x^3)$ を -5 から 5 まで描き，`Sin(x^3)` というラベルを図に付け，y 軸を -2 から 2 までの範囲で描く．

```
In[1]:= Plot[Sin[x^3],{x,-5,5},
  PlotLabel->"Sin(x^3)",PlotRange->{-2,2}]
```

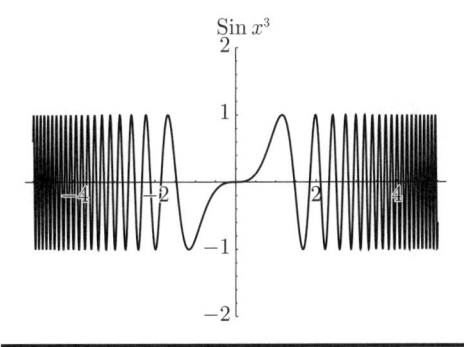

2.1.4 グラフの縦横比の変更

グラフの縦横の比を変えることもできる．

```
AspectRatio->1/黄金比    グラフの高さと幅の比が 1/黄金比 となる
           ->Automatic   x 軸方向と y 軸方向の単位長さが等しくなる
           ->r           グラフの高さと幅の比が r となる
```

例 $y = (x-1)^2$ を -2 から 3 まで AspectRatio の値を変えて表示する．

```
In[1]:= Plot[(x-1)^2,{x,-2,3}]
```

[グラフ: $(x-1)^2$, $-2 \le x \le 3$]

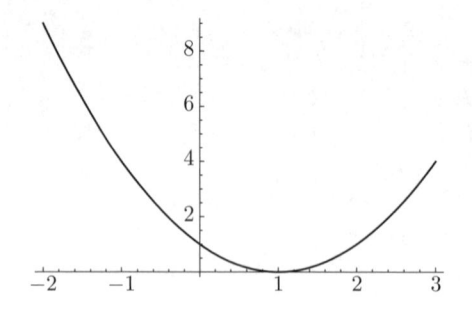

$In[2] :=$ `Plot[(x-1)^2, {x,-2,3}, AspectRatio->Automatic]`

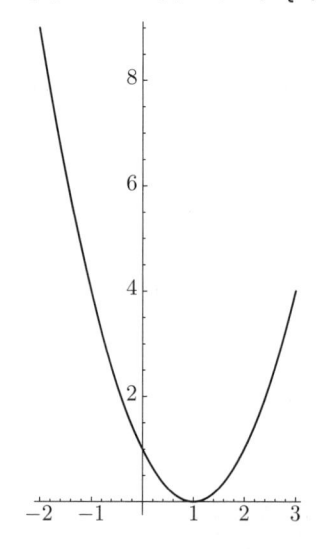

[グラフ: AspectRatio->Automatic]

$In[3] :=$ `Plot[(x-1)^2,{x,-2,3}, AspectRatio->0.3]`

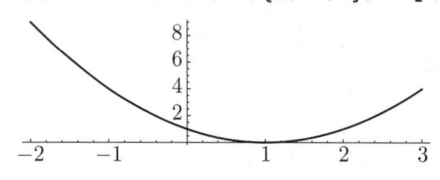

[グラフ: AspectRatio->0.3]

2.1.5 図の再描画

図の再描画をすることもでき，そのときにオプションを変更することもできる．

Show[*plot*]	*plot* を再描画.
Show[*plot*, *option->value*]	*plot* を *option* 付きで再描画
Show[*plot*1, *plot*2, ...]	*plot*1, *plot*2, ... を同時に再描画

例　$y = 2x^5 + 3x^2 + 3$ のグラフを -1 から 1 まで描き，次に座標軸の交点を $(0,0)$ にかえ，x 軸，y 軸にラベルを付ける．

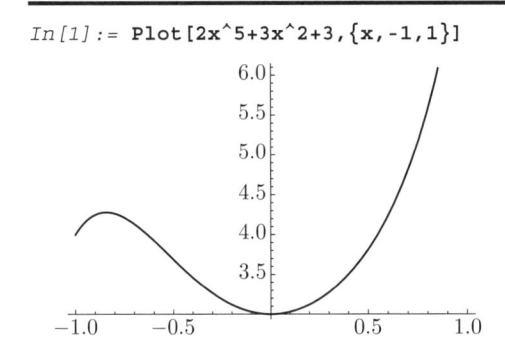

```
In[1]:= Plot[2x^5+3x^2+3,{x,-1,1}]
```

```
In[2]:= Show[%,AxesOrigin->{0,0},
    PlotRange->{0,6}, AxesLabel->{x, y}]
```

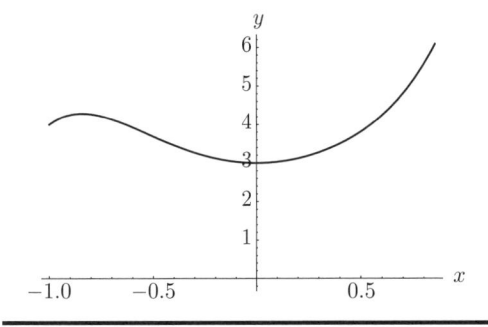

2.1.6 複数グラフの描直し

いくつかのグラフを同じ画面に描くこともできる．

$\mathrm{Plot}[\{f1[x], f2[x], \ldots, fn[x]\}, \{x, a, b\}]$　$y = f1(x), y = f2(x), \ldots,$
　　　　$y = fn(x)$ の関数のグラフを a から b の範囲で描く

例　$y = x, y = \sin(x), y = x^3$ のグラフを -3 から 3 まで描く．

```
In[1]:= Plot[{x,Sin[x],x^3},{x,-3,3}]
```

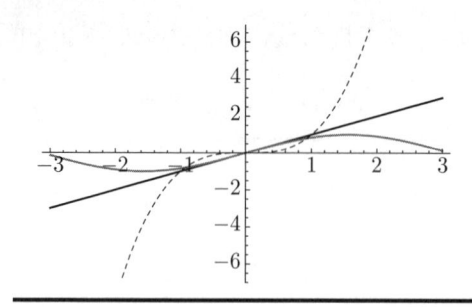

2.1.7 まとめたグラフ

いくつかのグラフを，次のようにしてまとめて描くこともできる．

$g_1 = \text{Plot}[f_1[x], \{x, a_1, b_1\}]$
$g_2 = \text{Plot}[f_2[x], \{x, a_2, b_2\}]$
...
$g_k = \text{Plot}[fk[x], \{x, a_k, b\,k\}]$
$\text{Show}[g_1, g_2, \ldots, g_k]$　　グラフを重ね合わせる

例　次の関数のグラフを -3 から 3 まで描く．

$$y = \begin{cases} |x| & -1 < x < 1 \\ 1 & x \leq -1; 1 \leq x \end{cases}$$

```
In[1]:= g1=Plot[1,{x,-3,-1}]
```

```
In[2]:= g2=Plot[Abs[x],{x,-1,1}]
```

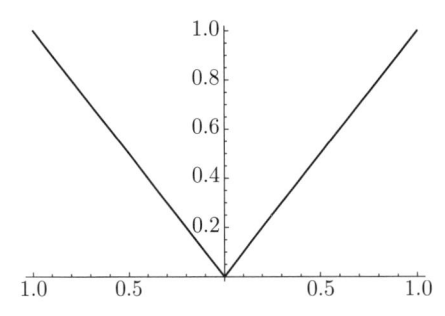

$In[3]:=$ `g3=Plot[1,{x,1,3}]`

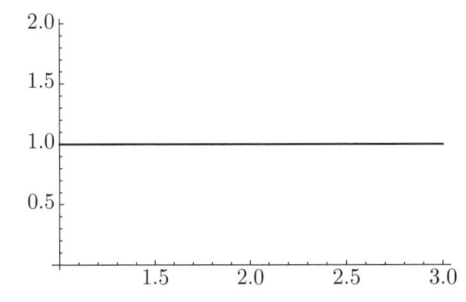

$In[4]:=$ `Show[g1,g2,g3,PlotRange->Automatic]`

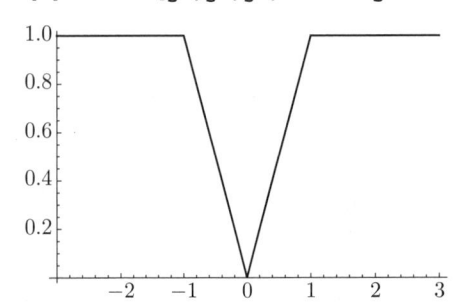

このようなとき，最後のグラフ以外はグラフを表示する必要がないかもしれない．グラフの表示をとめるには入力の最後にセミコロン（;）を入れる．

$In[5]:=$ `g1=Plot[1,{x,-3,-1}];`
`g2=Plot[Abs[x],{x,-1,1}];`
`g3=Plot[1,{x,1,3}];`
`Show[g1,g2,g3,PlotRange->Automatic]`

例　次の関数

$$h(x) = \begin{cases} x^3 & x \leq 1 \\ \dfrac{1}{(x-0.2)^2} & x > 1 \end{cases}$$

のグラフを -1 から 2 まで描く.

```
In[6]:= h[x_]:=x^3 /; x<=1
In[7]:= h[x_]:=1/(x-0.2)^2 /; x>1
In[8]:= Plot[h[x],{x,-1,2}, AspectRatio->Automatic]
```

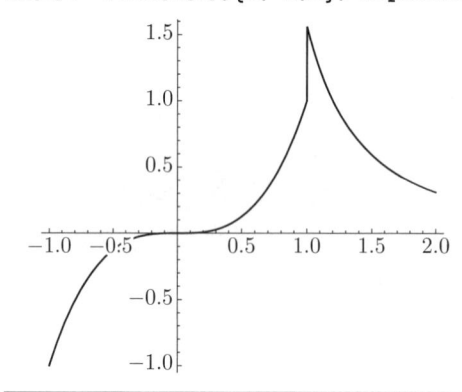

　実はこのグラフは正確ではない．本来，この曲線は $x=1$ のところで切れているはずであるが Mathematica はつなげて描いてしまっている．$h(x)$ の関数を正確に書くためには $x \leq 1$ と $x > 1$ の各領域を分けて作成し後で合成する．

```
In[9]:= Plot[x^3,{x,-1,1}];
In[10]:= Plot[1/(x-0.2)^2,{x,1,2}];
In[11]:= Show[%,%%, AspectRatio->Automatic,PlotRange->ALL]
```

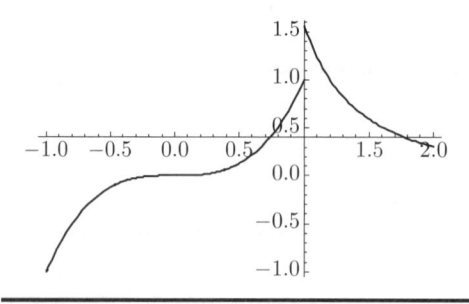

または, Exclusions オプションを用いることができる.

どの部分を除外するかを指定する：
Exclusions->None　　何も除外しない
　　　　　->True　　不連続性に関連する部分領域を除外する
　　　　　->$\{x_1, x_2, \ldots\}$　　点 $x_1, x_2, \cdots$ を除外する
　　　　　->$\{式_1 == 式_2, \cdots\}$ 方程式，式$_1$ == 式$_2 \ldots$ を満たす領域除外する
ExclusionsStyle->None　　　除外部分の描画の方法
　　　　　　　->スタイル　下記の PlotStyle 参照

```
In[12]:= Plot[h[x],{x,-1,2},
    AspectRatio->Automatic,Exclusions->{1.0}]
```

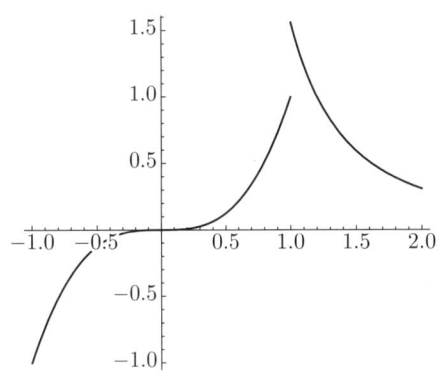

```
In[13]:= Plot[h[x],{x,-1,2},
    AspectRatio->Automatic, Exclusions->{x==1},
    ExclusionsStyle → Dashed]
```

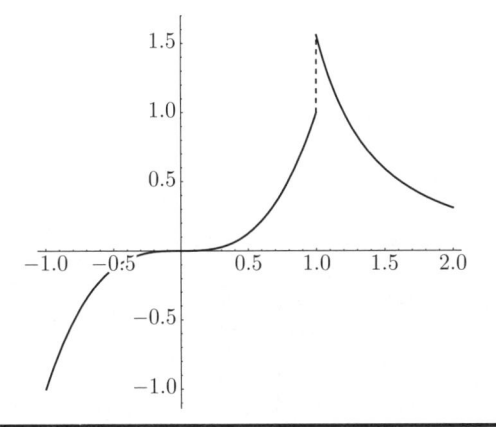

2.1.8 さらなるオプション

ここでは,さらにいろいろなオプションをみていく.

Ticks->Automatic 　　座標軸があれば自動的に目盛りを描く
　　　->None 　　　　　座標軸に目盛りを描かない
　　　->{x 目盛り, y 目盛り} 　各座標軸に目盛りを描く

目盛りの設定:
　　　$\{x_1, x_2, \ldots\}$ 　指定の位置に目盛りを描く
　　　$\{\{x_1, label_1\}, \{x_2, label_2\}, \ldots\}$ 　指定のラベルで目盛りを描く
　　　$\{\{x_1, label_1, s_1\}, \{x_2, label_2, s_2\}, \ldots\}$ 　指定の尺度 (s_i) で目盛りを描く

例 $y = \sin(x^2)$ を -4 から 4 まで描き,x 軸には $-\pi, -\pi/2, 0, \pi/2, \pi$ に目盛りを描き,y 軸には 0.25 おきに目盛りを付け,$1, 0.5, 0, -0.5, -1$ にその値を描く.

```
In[1]:= Plot[Sin[x^2],{x,-4,4},
  Ticks->{{-Pi,-Pi/2,0,Pi/2,Pi},
  {0,{0.25,""},0.5,{0.75,""},1,
  {-0.25,""},-0.5,{-0.75,""},-1}}]
```

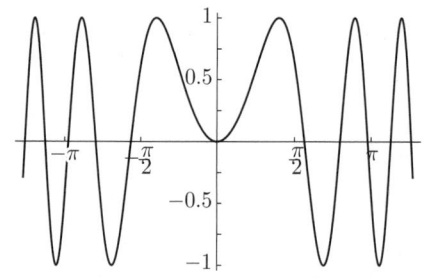

Frame-> False 　図の周りに枠を描かない
　　 -> True 　　図の周りに枠を描く
FrameTicks->Automatic 　　　　　枠の縁に(自動的に)目盛り
　　　　　->None 　　　　　　　枠の縁に目盛りを描かない
　　　　　->{{$xticks, yticks, \ldots$}} 　枠の目盛りを指定
FrameLabel->None 　　　　　　　枠の縁にラベルを描かない
　　　　　->{$xlabel, ylabel, \ldots$} 　枠の縁にラベルを描く

RotateLabel->True　ラベルの文字を回転する
　　　　　->False　ラベルの文字を回転しない

例　$y = \sin(x^2)$ を -4 から 4 まで描き，枠とラベルを加える．

```
In[2]:= Plot[Sin[x^2],{x,-4,4},Frame->True,
   PlotLabel->"Sin x^2",RotateLabel->False,
   FrameLabel->{"label1","label2"}]
```

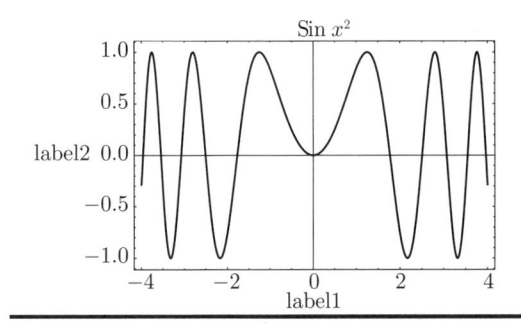

GridLines->None　　　方眼を描かない
　　　　->Automatic　自動的に方眼を描く
　　　　->{x 目盛り, y 目盛り}　方眼を指定して描く
　　　　　　　　　　　（指定の仕方は座標軸の目盛りと同様）

例　$y = \sin\left(\dfrac{x^3}{2}\right)$ を -4 から 4 まで描く．方眼は縦線は自動的に横線は 1, 0.5, -0.5, -1 のところに引く．

```
In[3]:= Plot[Sin[x^3/2],{x,-4,4},Frame->True,
   PlotLabel->"Sin x^3/2",
   GridLines->{Automatic,{1,0.5,-0.5,-1}}]
```

$\dfrac{\operatorname{Sin} x^2}{2}$

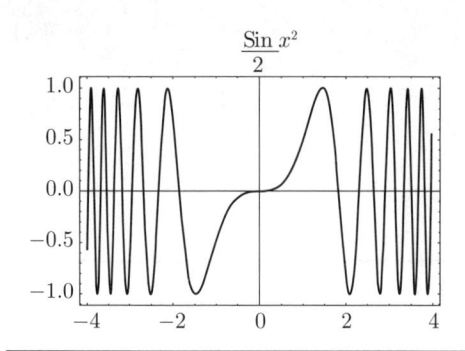

関数 $f(x)$ のグラフを描く場合，通常は最初にいくつかの x の値を選択し，それらの値での $f(x)$ を評価してグラフを描く．いくつの値を取るかは次のオプションで決めることができる．評価する点が多ければ多いほどグラフはなめらかに描けるが描く時間は長くかかる．

PlotPoints->Automatic	作図をするのに実際に使う点の個数
->n	作図をするのに実際に使う点の個数を n 個にする

関数を簡単にするなどまず関数を先に評価してから，特定の点を選んでからグラフを描く方法もある．

Plot[Evaluate[f],{x,xmin,xmax}]	最初に関数 f を評価してから，特定の x を選択

曲線を破線にしたり，色を付けたりすることもできる．

PlotStyle->スタイル	描く曲線スタイルを決める

スタイル:
Automatic	デフォルト値
Dashed	破線
DotDashed	鎖線
Dotted	点線
Dashing[$\{r_1, r_2, \ldots\}$]	区切られた長さをそれぞれ $r_1, r_2, \ldots$ とする破線
Dashing[$\{0.05, 0.05\}$]	破線
Dashing[$\{0.01, 0.05, 0.05, 0.05\}$]	1点破線
Thickness[r]	グラフ全体の幅に対する比で計った太さ r
GrayLevel[s]	モノクロ，黒 (0) から白 (1) の範囲
RGBColor[r, g, b]	カラー，赤 r，緑 g，青 b の指定 $(0 \leq r, g, b \leq 1)$
Hue[h]	0 から 1 の色相 h
Hue[h, s, m]	0 から 1 の色相 h，彩度 s，明度 m

Red Green Blue Black White Gray Cyan Magenta Yellow Brown Orange Pink Purple …

```
In[4]:= Plot[x^(1/3),{x,0,5},
 AxesLabel->{"x","y"},
 PlotStyle->{{Dashing[{0.01,0.05,0.05,0.05}], Thickness[0.01]}}]
```

例　$2x - 3, |x|, \sin x$ のグラフを -3 から 5 の範囲で描く．

```
In[5]:= Plot[{2x-3,Abs[x],Sin[x]},{x,-3,5},
 PlotStyle-> {{Automatic,Black},
 {DotDashed,Red},{Dotted,Blue}}]
```

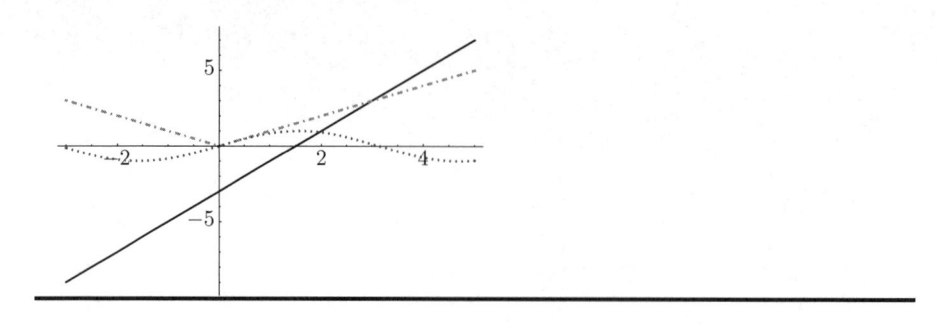

2.1.9 デフォルト値の再設定

オプションのデフォルト値を設定し直すこともできる．

SetOptions[*plot*, *option* -> *value*, . . .]	*option* のデフォルト値の再設定
Options[*plot*]	すべてのオプションに設定されている現在のデフォルト値
Options[*plot*, *option*]	特定の *option* に設定されている現在のデフォルト値

メニューのグラフィックス->描画ツール
を選ぶといろいろなオプションをマウスを使って選択することができる．

2.2 3次元グラフ

2.2.1 3次元のグラフ

Mathematica では3次元のグラフも描くことができる．

Plot3D[$f[x,y], \{x,a,b\}, \{y,c,d\}$]
$z = f(x,y)$ のグラフを $a \leq x \leq b, c \leq y \leq d$ の範囲で描く

オプションは 2.1 節とほぼ同様である（ただし，x 軸，y 軸に z 軸が加わる）．いくつか 3 次元プロット独特のオプションを次に示す．

Boxed->True	曲面のまわりに3次元の枠を描く
ColorFunction->Automatic	濃淡に使用する色
FaceGrids->None	方眼を描かない
PlotPoints->Automatic	作図するときに評価する点の個数
HiddenSurface->True	曲面を濃淡なしで描く
Lighting->True	疑似照明を使った彩色
Shading->True	曲面を陰影をつける
Mesh->True	メッシュを描く
BoxRatios->Automatic	実際の長さから辺の長さの比を決める
->{rx,ry,rz}	辺の長さの比を指定
RegionFunction-> r	r が True の点の領域

例　$z = \sin xy$ のグラフを $-\pi \leq x \leq \pi, -\pi \leq y \leq \pi$ の範囲で描く.

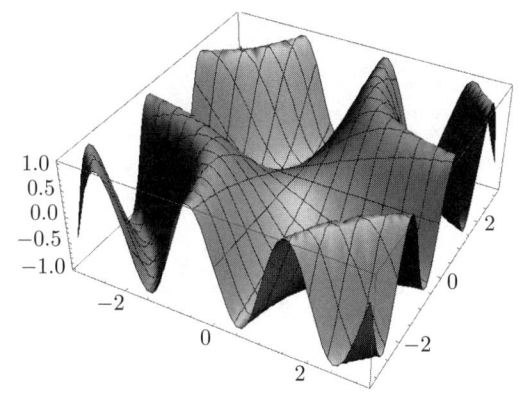

In[1]:= `Plot3D[Sin[x y],{x,-Pi,Pi},{y,-Pi,Pi}]`

例　$x = \sin xy$ のグラフを $-\pi \leq x \leq \pi, -\pi \leq y \leq \pi$ の範囲で描く.

PlotPoints の値を 60 とし，より滑らかな曲線を描く．また，各軸にそれぞれ，x, y, z のラベルを付ける．

In[2]:= `Plot3D[Sin[x y],{x,-Pi,Pi},{y,-Pi,Pi},`
`  PlotPoints->100,AxesLabel->{x, y, z}]`

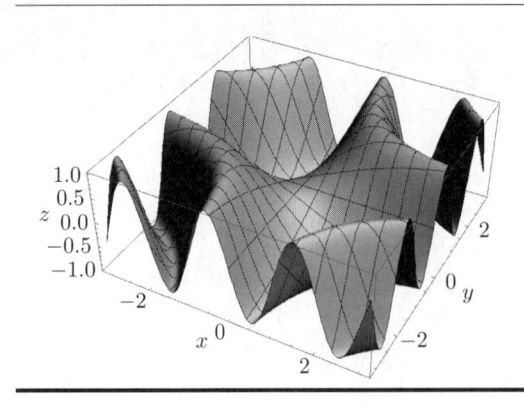

2.2.2 視点

グラフを違った方向から見るには ViewPoint のオプションを用いる.

ViewPoint->{1.3, -2.4, 2}	デフォルト値
->{0, -2, 0}	正面
->{0, -2, 2}	正面上側
->{0, -2, -2}	正面下側
->{-2, -2, 0}	左角
->{2, -2, 0}	右角
->{0, 0, 2}	真上

また,マウスをドラッグすることで 3 次元グラフを回転させることができる.

NOTE: Shift+ドラッグ — 3 次元グラフを移動する.
Ctrl+ドラッグ — 3 次元グラフをズームする.

例　$z = 2^{-x^2-3y^2}$ のグラフを $-3 \leq x \leq 3$, $-3 \leq y \leq 3$ の範囲で描く.

```
In[1]:= Plot3D[2^(-x^2-3y^2),{x,-3,3},{y,-3,3},
  PlotRange->All]
```

2.2 3次元グラフ **51**

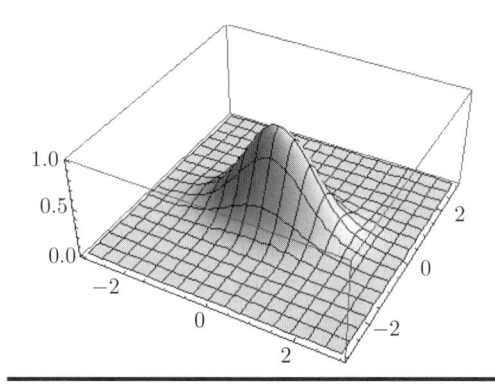

例 上のグラフを真正面の方向からと真上から描く.

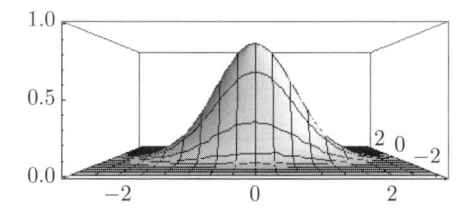

In[2]:= `Show[%,ViewPoint->{0,-2,0}]`

In[3]:= `Show[%,ViewPoint->{0,0,2}]`

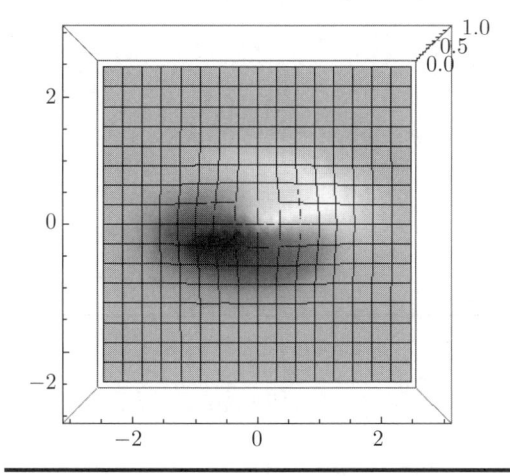

例 上のグラフを左角の方向から描く.

In[4]:= `Show[%,ViewPoint->{-2,-2,0}]`

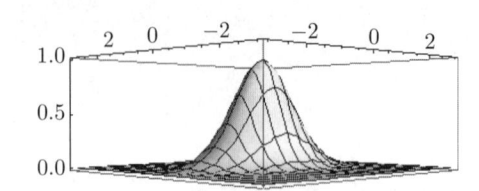

例　上のグラフを視点 $\{-2, -2, 1.5\}$ の方向から描く．

```
In[5]:= Show[%,ViewPoint->{-2,-2,1.5}]
```

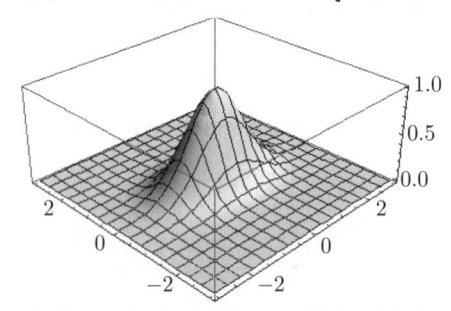

次のような指定の仕方もできる．

Front	負の y 方向に沿って正面から眺める
Back	正の y 方向に沿って後ろから眺める
Above	正の z 方向に沿って上から眺める
Below	負の z 方向に沿って下から眺める
Left	負の x 方向に沿って左から眺める
Right	正の x 方向に沿って右から眺める

```
In[6]:= Show[%,ViewPoint->Left]
```

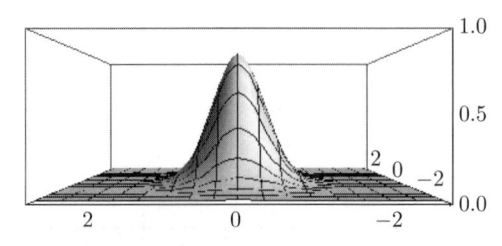

例　光源を変えることもできる．

```
In[7]:= Show[%,Lighting->"Neutral"]
```

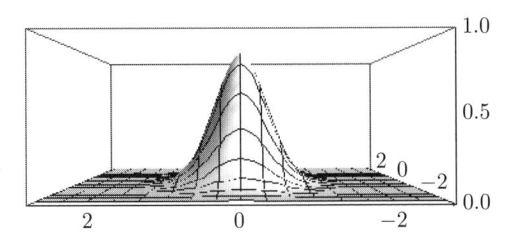

例　$z = 2^{-x^2-3y^2}, -3 \leq x \leq 3, -3 \leq y \leq 3$ のグラフを $0 < x, 0 < y, x < y$ の領域に制限する．

```
In[8]:= Plot3D[2^(-x^2-3y^2),{x,-2,2},{y,-2,2},
 RegionFunction -> Function[{x,y},0<x&&0<y&&x<y],
 PlotRange -> All]
```

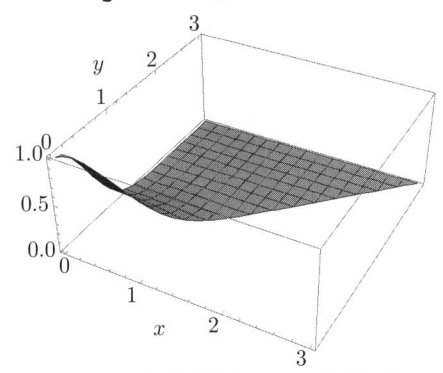

2.3　いろいろなグラフ

2.3.1　媒介変数表示

媒介変数表示を用いた曲線のグラフを描くこともできる．

> ParametricPlot[$\{f[t], g[t]\}, \{t, a, b\}$]
> 　　　　　　　媒介変数 t を用いた 2 次元曲線のグラフ
> ParametricPlot3D[$\{f[t], g[t], h[t]\}, \{t, a, b\}$]
> 　　　　　　　媒介変数 t を用いた 3 次元曲線のグラフ

> ParametricPlot3D[{$f[t,u], g[t,u], h[t,u]$}, {t,a,b},{u,c,d}]
> 媒介変数 t と u を用いた 3 次元曲面のグラフ

例　次の媒介変数で表された曲線を描く．

$$\begin{cases} x = \sin t \\ y = \cos t \end{cases}, \ 0 \leq t \leq 2\pi$$

これは円の媒介表示である．

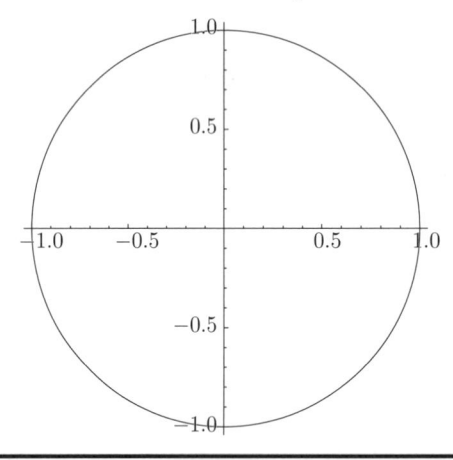

```
In[1]:= ParametricPlot[{Sin[t],Cos[t]}, {t, 0, 2Pi}]
```

例　次の媒介変数で表された曲線を描く．

$$\begin{cases} x = \sin t \\ y = \cos t \ , \ 0 \leq t \leq 5\pi \\ z = t/5 \end{cases}$$

```
In[2]:= ParametricPlot3D[{Sin[t],Cos[t],t/5},
   {t,0,5Pi}, AxesLabel->{"x","y","z"}]
```

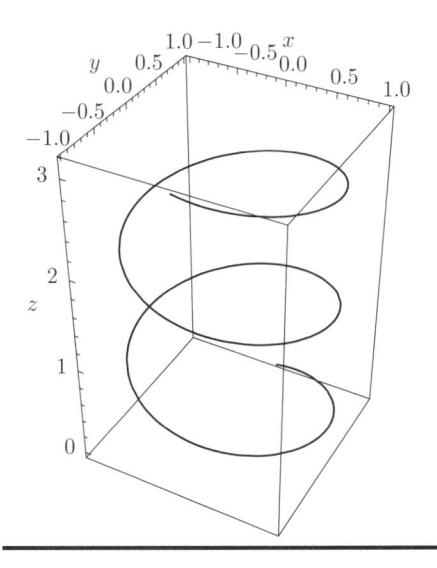

例　次の媒介変数で表された曲面を描く.

$$\begin{cases} x = \sin t \\ y = \cos t \\ z = u \end{cases}, \ 0 \leq t \leq 2\pi; \ -1 \leq u \leq 1$$

In[3]:= `ParametricPlot3D[{Sin[t],Cos[t],u},`
　`{t,0,2Pi},{u,-1,1}]`

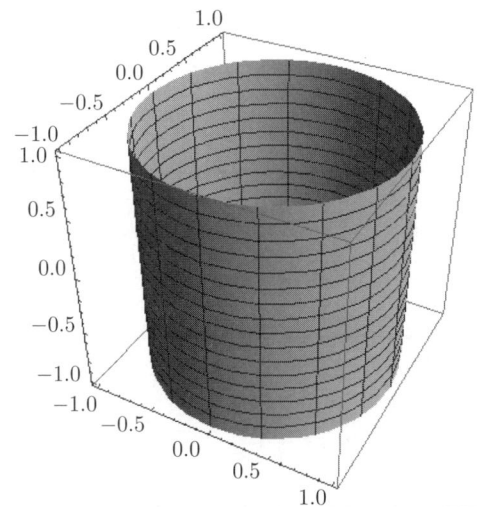

2.3.2 等高線グラフと密度グラフ

ContourPlot[$f[x,y]$, $\{x,a,b\}$, $\{y,c,d\}$]
　　$z = f(x,y)$, $a \leq x \leq b$, $c \leq y \leq d$ の等高線グラフ
ContourPlot[$f[x,y] = g[x,y]$, $\{x,a,b\}$, $\{y,c,d\}$]
　　$f(x,y) = g(x,y)$, $a \leq x \leq b$, $c \leq y \leq d$ の等高線グラフ
DensityPlot[$f[x,y]$, $\{x,a,b\}$, $4\{y,c,d\}$]
　　$z = f(x,y)$, $a \leq x \leq b$, $c \leq y \leq d$ の密度グラフ
オプション：
Contours->Automatic 　　　等高線の総数
　　　　->n
ContourShading->True 　　濃淡による色づけをする
　　　　　->False 　　濃淡による色づけをしない

例　$z = 2^{-x^2-3y^2}$ の等高線（総数 20）を $-2 \leq x \leq 2$, $-2 \leq y \leq 2$ の範囲で描く．

```
In[1]:= ContourPlot[2^(-x^2-3y^2),{x,-2,2},
 {y,-2,2},ContourShading->False,
 Contours->20,PlotRange->All,
 AspectRatio->Automatic]
```

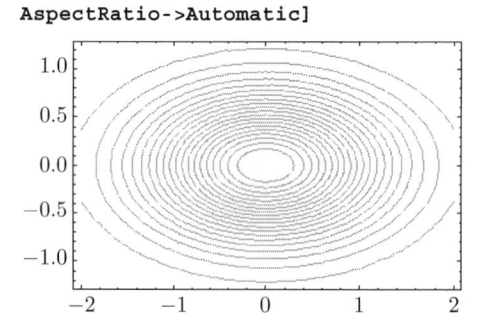

例　$z = 2^{-x^2-3y^2}$ の密度グラフをメッシュなしで，$-2 \leq x \leq 2$, $-2 \leq y \leq 2$ の範囲で描く．

```
In[2]:= DensityPlot[2^(-x^2-3y^2),{x,-2,2},
 {y,-2,2},Mesh->False,PlotRange->All]
```

2.3 いろいろなグラフ **57**

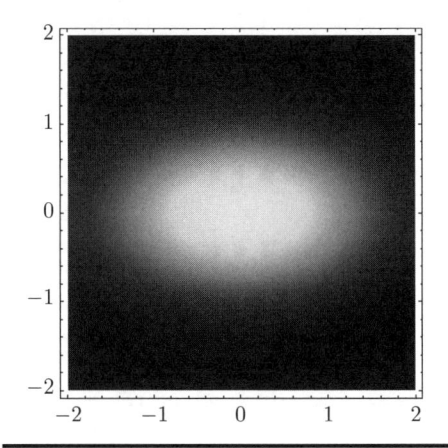

例　$x + y^2 = 4$ で表された曲線を $0 \leq x \leq 4$, $-2 \leq y \leq 2$ の範囲で描く.

```
In[3]:= ContourPlot[x+y^2==4,{x,0,4},{y,-2,2},
   AspectRatio->Automatic]
```

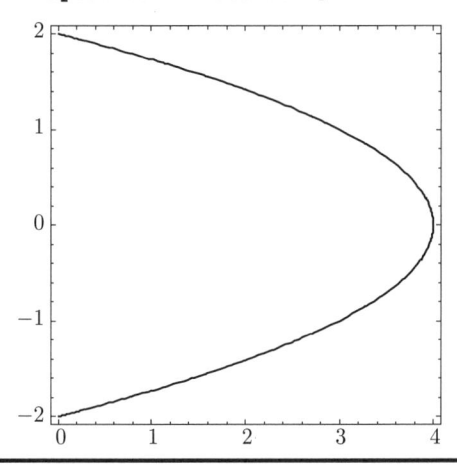

ContourPlot3D$[f[x,y,z], \{x,a,b\}, \{y,c,d\}, \{z,s,t\}]$
　　$w = f(x,y,z)$, $a \leq x \leq b$, $c \leq y \leq d$, $s \leq y \leq t$ の等高線グラフ
ContourPlot3D$[f[x,y,z] = g[x,y,z], \{x,a,b\}, \{y,c,d\}, \{z,s,t\}]$
　　$f(x,y,z) = g(x,y,z)$, $a \leq x \leq b$, $c \leq y \leq d$, $s \leq y \leq t$ の等高線グラフ

例　$x^2 + y^2 + z^2 = 1$ で表された曲線を $-1 \leq x \leq 1$, $-1 \leq y \leq 1$, $-1 \leq y \leq 1$ の範囲で描く.

```
In[4]:= ContourPlot3D[x^2+y^2+z^2==1,{x,-1,1},
  {y,-1,1},{z,-1,1},AspectRatio->Automatic]
```

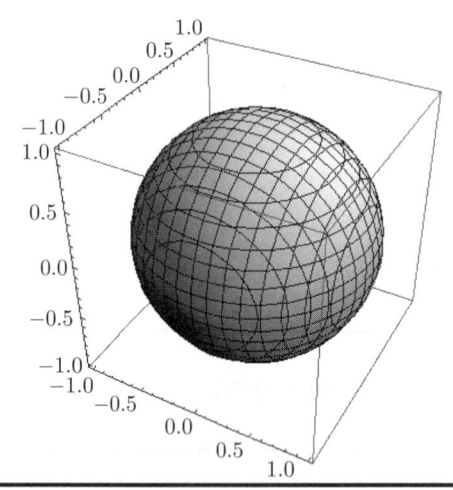

2.3.3 曲線で囲まれた領域

曲線,曲面の塗りつぶしを行う.

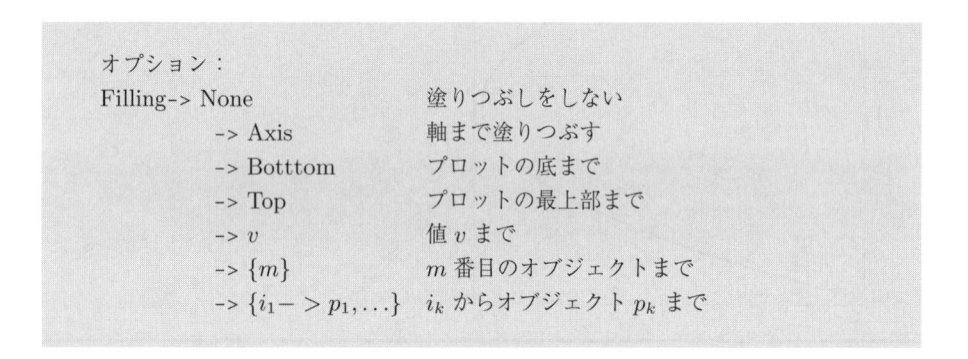

```
オプション:
Filling-> None            塗りつぶしをしない
       -> Axis            軸まで塗りつぶす
       -> Botttom         プロットの底まで
       -> Top             プロットの最上部まで
       -> v               値 v まで
       -> {m}             m 番目のオブジェクトまで
       -> {i_1 -> p_1,...} $i_k$ からオブジェクト $p_k$ まで
```

例 $y = x^3$ を軸までと $y = -0.5$ までを塗りつぶす.

```
In[1]:= Plot[x^3,{x,-1,1},PlotRange->All,
  Filling->Axis]
```

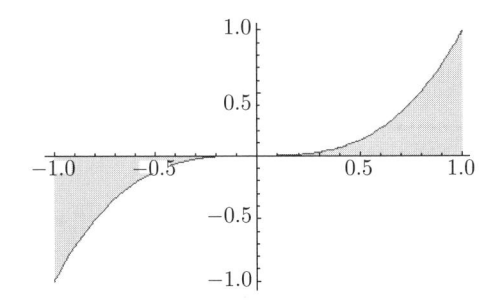

2.3 いろいろなグラフ

```
In[2]:= Plot[x^3,{x,-1,1},PlotRange->All,
    Filling->-0.5]
```

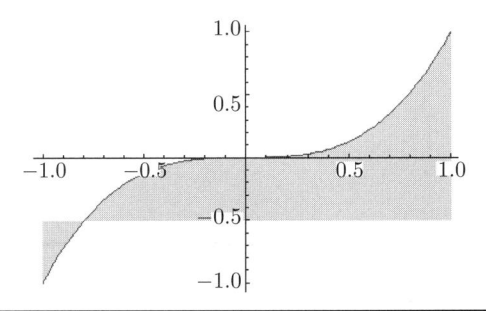

例 $y = x^3$ を $y = x$ 軸までを塗りつぶす．

```
In[3]:= Plot[{x^3,x},{x,-1,1},PlotRange->All,
    Filling->{2}]
```

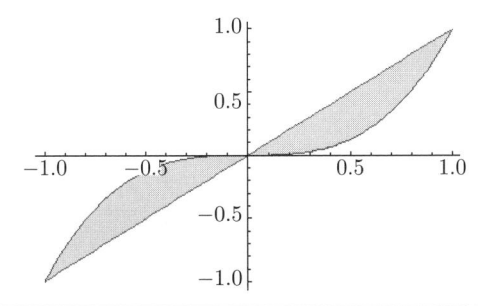

RegionPlot[不等式,$\{x, a, b\}$, $\{y, c, d\}$]
　　　不等式を満たす領域を塗りつぶす．
RegionPlot3D[不等式,$\{x, a, b\}$, $\{y, c, d\}$, $\{z, e, f\}$]

例　$x^2 < y$ である領域を塗りつぶす.

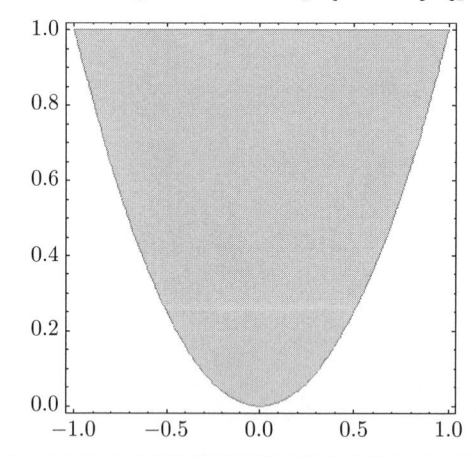

```
In[4]:= RegionPlot[x^2<y,{x,-1,1},{y,0,1}]
```

例　$x^2 < y$ かつ $x > 2y - 0.7$ である領域を塗りつぶす.

```
In[5]:= RegionPlot[x^2<y && x>2y-0.7, {x,-1,1},{y,0,1}]
```

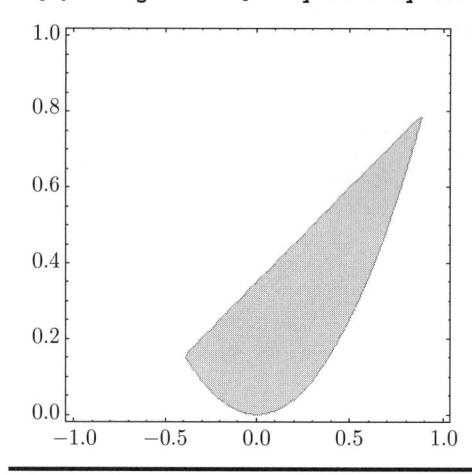

例　$x^2 < y$ かつ $x > 2y - 0.7$ である領域を塗りつぶす.

```
In[6]:= RegionPlot3D[x^2+y^2-z<2,{x,-2,2}, {y,-2,2}, {z,-2,2}]
```

2.3 いろいろなグラフ

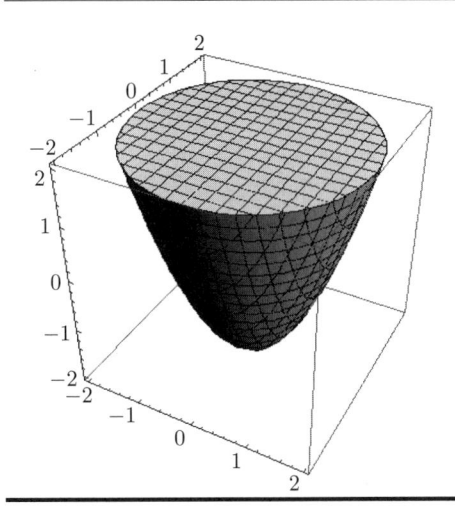

RevolutionPlot3D[f[t], {t, a, b}]
　　　高さ f(t) 半径 t の表面の回転図形
RevolutionPlot3D[{f[t], g[t]}, {t, a, b}]
　　　媒介変数曲線の回転図形

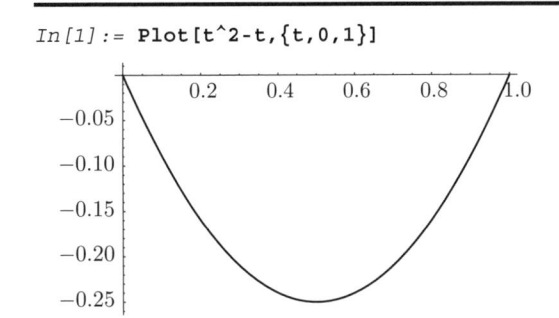

例　$y = t^2 - t \, (0 \leq t \leq 1)$ の回転図形

```
In[1]:= Plot[t^2-t,{t,0,1}]
```

```
In[2]:= RevolutionPlot3D[t^2 - t, {t, 0, 1}]
```

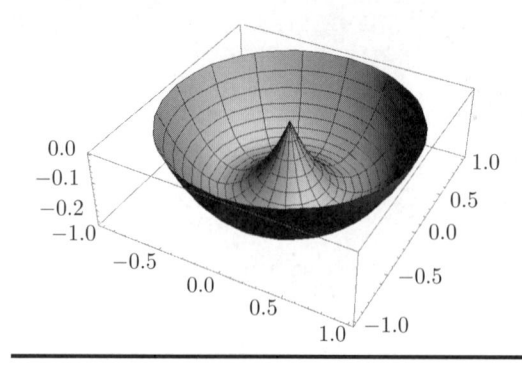

例 $\begin{cases} 4+3\cos t \\ \sin t \end{cases} (0 \leq t \leq 2\pi)$ の回転図形

In[1]:= `ParametricPlot[{4+3Cos[t],Sin[t]},{t,0,2Pi}]`

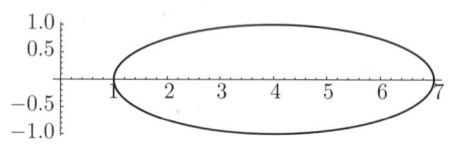

In[2]:= `RevolutionPlot3D[{4+3Cos[t],Sin[t]},{t,0,2Pi}]`

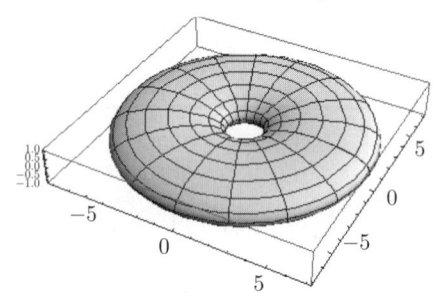

In[3]:= `RevolutionPlot3D[{4+3Cos[t],Sin[t]},`
`{t,0,2Pi},{theta,0,4Pi/3}]`

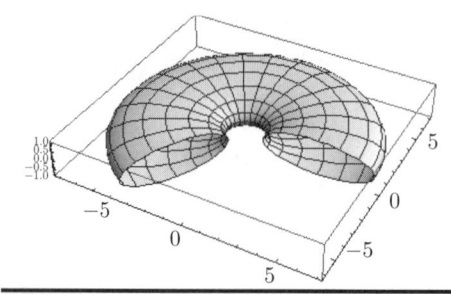

2.3.4 アニメーション

> Manipulate[*plot*, {*u*, *umin*, *umax*}, ...]
>   *u*, ... の値でインタラクティブに操作
> Animate[*plot*, {*u*, *umin*, *umax*}, ...]
>   *u*, ... の値を変化させてアニメーション

例 $y = \sin ax$ $(-8 \leq x \leq 8)$ を a を -3 から 3 までインタラクティブに変化できるプロット．マウスでコントロールを動かすことができる．また，同様にアニメーションにする．

```
In[1]:= Manipulate[Plot[Sin[a*x],{x,-8,8}], {a,-3,3}]
```

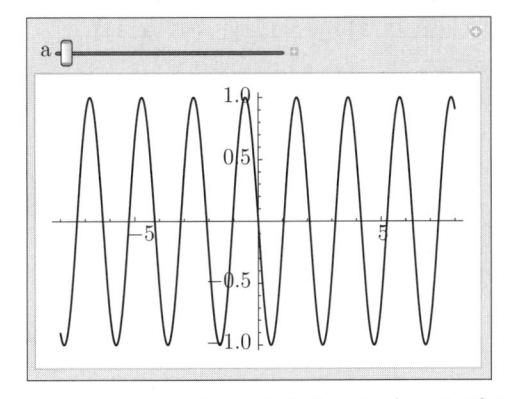

```
In[2]:= Animate[Plot[Sin[a*x],{x,-8,8}],{a,-3,3}]
```

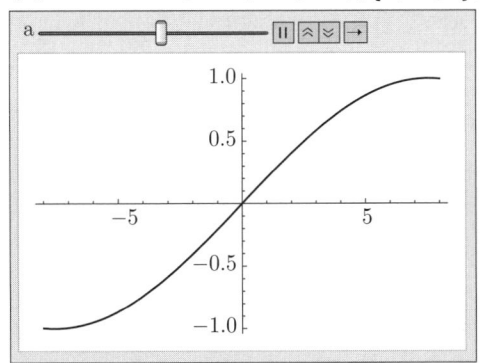

例 $z = \sin axy$ $(-3 \leq x \leq 3, -3 \leq y \leq 3)$ を a を -3 から 3 までインタラクティブに変化できるプロット．マウスでコントロールを動かすことができる．また，同様にアニメーションにする．

In[3]:= `Manipulate[Plot3D[Sin[a*x*y],{x,-3,3},{y,-3,3}],{a,-3,3}]`

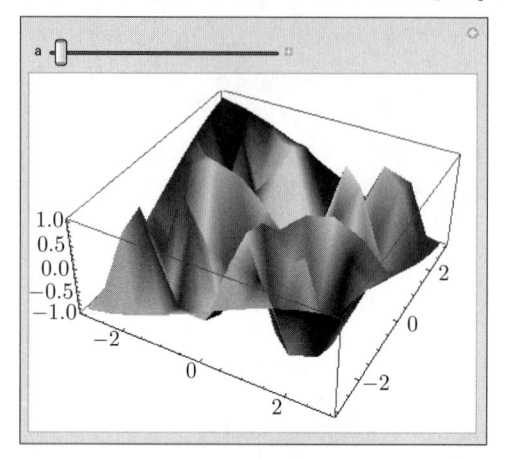

In[4]:= `Animate[Plot3D[Sin[a*x*y],{x,-3,3},{y,-3,3}],{a,-3,3}]`

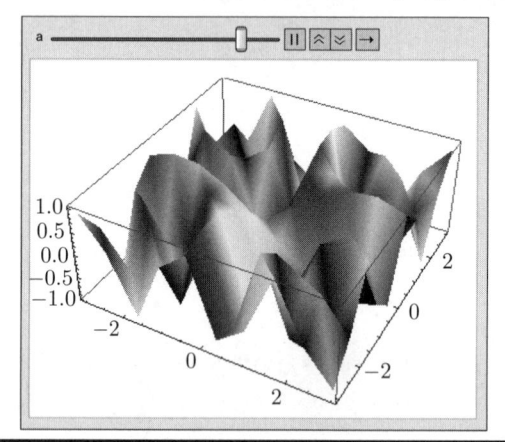

例　$y = \sin ax + \cos bx$ $(0 \leq x \leq 10)$ を a を 0 から 5 まで，b を 0 から 6 までインタラクティブに変化できるプロット．マウスでコントロールを動かすことができる．また，同様にアニメーションにする．

In[5]:= `Manipulate[Plot[Sin[a*x]+Cos[b*x],`
`{x,0,10},PlotRange->2.5],{a,0,5},{b,0,6}]`

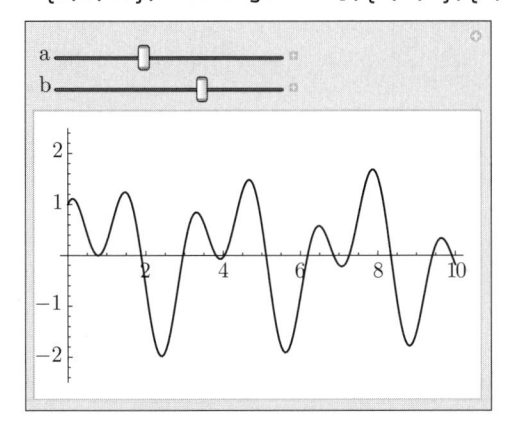

In[6]:= `Animate[Plot[Sin[a*x]+Cos[b*x],`
`{x,0,10},PlotRange->2.5],{a,1,5},{b,0,6}]`

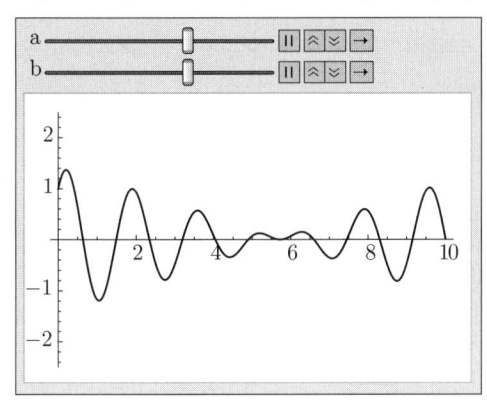

例 $y = a(x-b)^2$ $(-3 \leq x \leq 3)$ を a を -2 から 2 まで（ただし，初期値を $a = 1$），b を -3 から 3 まで（ただし，初期値を $b = 0$）インタラクティブに変化できるプロット．マウスでコントロールを動かすことができる．

```
In[7]:= Manipulate[
 Plot[a*(x - b)^2, {x, -3, 3}, PlotRange -> 8],
 {{a, 1}, -2, 2}, {{b, 0}, -3, 3}]
```

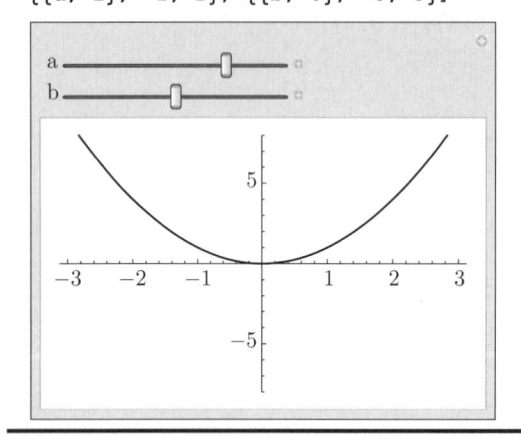

第 2 章　問　題

ex.2.1　次の関数のグラフを -2 から 2 の範囲で描け．x 軸には "x", y 軸には "y" のラベルを付けよ．

(i)　$y = -2x + 3$　　(ii)　$y = x^5 + 5x^4 - 6x^2 - 10x + 3$

(iii)　$y = \sin 2(x)$　　(iv)　$y = 2^{x^3}$　　(v)　$y = 5^{-x^2}$

ex.2.2　$\cos(x), \cos(2x), \cos(3x)$ を 0 から 2π まで同時に描け．

ex.2.3　$\sin(x)$ と $\cos(x)$ のグラフを同時に 0 から 10π まで描け．ただし，一方は破線で表示せよ．

ex.2.4　次の関数のグラフを -5 から 5 まで描け．

$$y = \frac{\sin 3x}{\sqrt{\sin^2 3x}}$$

ex.2.5　ガウス記号，
　$[a]$＝実数 a に対して a を超えない最大の整数，のグラフを描け．

ex.2.6　次の関数のグラフを -2 から 3 まで描け．ただし，x 軸と y 軸の交点は $(0, 0)$ とする．

$$f(x) = \begin{cases} x^2 - 1 & x < 1 \\ x^2 + 1 & x \geq 1 \end{cases}$$

ex.2.7　次の関数のグラフを -2 から 3 まで描け．ただし，AspectRatio -> Automatic のオプションを用いる．

$$g(x) = \begin{cases} 0 & x < 0 \\ x & 0 \leq x < 1 \\ 2-x & 1 \leq x < 2 \\ 1 & x \geq 2 \end{cases}$$

ex.2.8 $z = \sin(x^2 + y^2)$, $-3 \leq x \leq 3$, $-3 \leq y \leq 3$ のグラフを PlotPoints->100 で描け．また，視点をいろいろ変えて描いてみよ．

ex.2.9 $z = \dfrac{2xy}{x^2 + y^2}$, $-3 \leq x \leq 3$, $-3 \leq y \leq 3$ のグラフを PlotPoints->60 で描け．

ex.2.10 $\begin{cases} x = \sin t \\ y = \cos t \end{cases}$ $(0 \leq t \leq 2\pi)$ の媒介変数で表示された曲線を描け．

ex.2.11 $\begin{cases} x = \cos t \cos u \\ y = \sin t \cos u \\ z = \sin u \end{cases}$ $(0 \leq t \leq 2\pi,\ -\pi/2 \leq u \leq \pi/2)$ の媒介変数で表示された曲面を描け．

ex.2.12 $z = \dfrac{1}{x^2 + y^2 + 1}$ $(-3 \leq x \leq 3,\ -3 \leq y \leq 3)$ の曲面のグラフ，等高線グラフ，密度グラフを描け．

ex.2.13 $z = x^2 - y^2$ $(-2 \leq x \leq 2, -2 \leq y \leq 2)$ の曲面のグラフを描き，次に，$x^2 < y$ の領域に制限して描け．

ex.2.14 次の関数の回転の表面を描け．
(i) $y = x^2$ $(0 \leq x \leq 1)$ (ii) $y = \sqrt{x}$ $(0 \leq x \leq 1)$
(iii) $\begin{cases} 4 - t^2 \\ t \end{cases}$ $(0 \leq t \leq 1)$
(iv) $\begin{cases} \cos t \\ \sin t \end{cases}$ $(0 \leq x \leq 2\pi),\ (0 < \theta < \dfrac{4}{5}\pi)$

ex.2.15 $y = a + bx^2$ $(-3 \leq x \leq 3)$ を a を -2 から 2 まで（ただし，初期値を $a = -0$），b を -3 から 3 まで（ただし，初期値を $b = 1$）インタラクティブに変化できるプロットを作成せよ．

ex.2.16 $y = x \sin ax$ $(-2\pi \leq x \leq 2\pi)$ を a を -2 から 2 まで変化するアニメーションを作成せよ．

ex.2.17 $\begin{cases} \sin ax \\ \sin bx \end{cases}$ $(-\pi \leq x \leq \pi)$ を a を -6 から 6 まで（ただし，初期値を $a = 2$），b を -5 から 5 まで（ただし，初期値を $b = -1$）インタラクティブに変化できるプロットを作成せよ．

第3章
リストとテーブル

```
In[1]:= <<WorldPlot`
In[2]:= WorldPlot[{World,RandomGrays}]
```

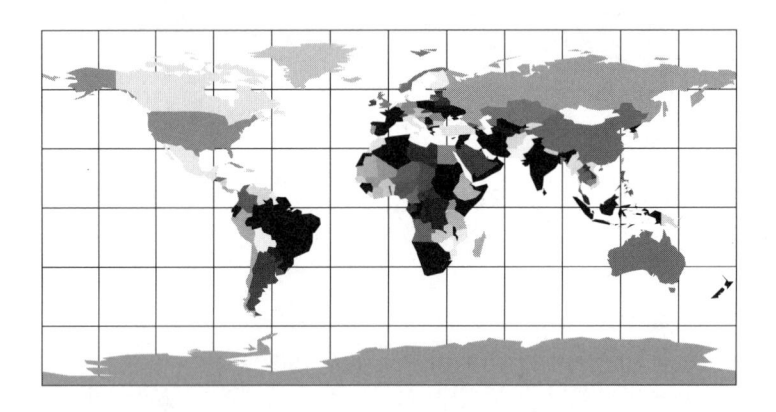

3.1 リスト

3.1.1 リストと要素

数,変数,式などいくつかのものをコンマ (,) で区切ってならべ,波括弧 { } でくくったものをリスト (list) という.例えば,{1, 2, 3, 4, 5}, {x, 2+3, y^2, Abs[x]}, {x, −Pi, Pi}, {{1, 2}, {1, 2, 3}},はリストである.リストを構成しているものを要素 (element) と呼ぶ.最後のものは,リストを要素とするリストである.

3.1.2 リストの演算

Mathematica では,リストに対する演算は基本的には各要素ごとに行われる.

例 リスト {1, 2, 3, 4, 5} に 10 を足したり,引いたり,掛けたり,割ったりする.

```
In[1]:= {1,2,3,4,5}
```
Out[1]= {1, 2, 3, 4, 5}
```
In[2]:= {1,2,3,4,5}+10
```
Out[2]= {11, 12, 13, 14, 15}
```
In[3]:= 10+{1,2,3,4,5}
```
Out[3]= {11, 12, 13, 14, 15}
```
In[4]:= {1,2,3,4,5}-10
```
Out[4]= {−9, −8, −7, −6, −5}
```
In[5]:= 10-{1,2,3,4,5}
```
Out[5]= {9, 8, 7, 6, 5}
```
In[6]:= {1,2,3,4,5}*10
```
Out[6]= {10, 20, 30, 40, 50}
```
In[7]:= 10*{1,2,3,4,5}
```
Out[7]= {10, 20, 30, 40, 50}
```
In[8]:= {1,2,3,4,5}/10
```
Out[8]= $\left\{\frac{1}{10}, \frac{1}{5}, \frac{3}{10}, \frac{2}{5}, \frac{1}{2}\right\}$
```
In[9]:= 10/{1,2,3,4,5}
```
Out[9]= $\left\{10, 5, \frac{10}{3}, \frac{5}{2}, 2\right\}$

例 リストのベキ.

```
In[10]:= x^{1,2,3,4}
```
Out[10]= $\{x, x^2, x^3, x^4\}$
```
In[11]:= v={1,2,3,4,5}
```

Out[11] = $\{1, 2, 3, 4, 5\}$
In[12] := `v^2`
Out[12] = $\{1, 4, 9, 16, 25\}$
In[13] := `{{1,2},{3,4}}^2`
Out[13] = $\{\{1, 4\}, \{9, 16\}\}$

例 リストを関数の引数とすることもできる．

In[14] := `Sqrt[{1,2,3,4}]`
Out[14] = $\{1, \sqrt{2}, \sqrt{3}, 2\}$
In[15] := `N[%]`
Out[15] = $\{1., 1.41421, 1.73205, 2.\}$
In[16] := `%+3`
Out[16] = $\{4., 4.41421, 4.73205, 5.\}$
In[17] := `Floor[%16]`
Out[17] = $\{4, 4, 4, 5\}$
In[18] := `Ceiling[%16]`
Out[18] = $\{4, 5, 5, 5\}$
In[19] := `Round[%16]`
Out[19] = $\{4, 4, 5, 5\}$

3.1.3 リストの操作

Length[*list*]	*list* の要素の個数
Sort[*list*]	*list* の要素を小さい順（アルファベット順）に並べ換える
Reverse[*list*]	*list* の要素を逆に並べ換える

In[1] := `a1={23,1,5,7,3,0}`
Out[1] = $\{23, 1, 5, 7, 3, 0\}$
In[2] := `Length[a1]`
Out[2] = 6
In[3] := `Reverse[a1]`
Out[3] = $\{0, 3, 7, 5, 1, 23\}$
In[4] := `Sort[a1]`

Out[4]= {0, 1, 3, 5, 7, 23}
In[5]:= **Reverse[%]**
Out[5]= {23, 7, 5, 3, 1, 0}
In[6]:= **Sort[{a,c,s,t,z,b}]**
Out[6]= {a, b, c, s, t, z}

3.1.4 リストの部分に対する操作

First[*list*]		*list* の最初の要素
Last[*list*]		*list* の最後の要素
Part[*list*, *i*]	(*list*[[*i*]])	*i* 番目の要素を取り出す
Part[*list*, −*i*]	(*list*[[−*i*]])	後から *i* 番目の要素を取り出す
Part[*list*, {*i*, *j*, *k*, ...}]	(*list*[[*i*, *j*, *k*, ...]])	*i* 番目, *j* 番目, *k* 番目, ... の要素を取り出す
Rest[*list*]		*list* の最初の要素を取り除いたもの
Most[*list*]		*list* の最後の要素を取り除いたもの

In[1]:= **m1={10,20,30,40,{5,6},{7,8},100}**
Out[1]= {10, 20, 30, 40, {5, 6}, {7, 8}, 100}
In[2]:= **First[m1]**
Out[2]= 10
In[3]:= **Last[m1]**
Out[3]= 100
In[4]:= **m1[[3]]**
Out[4]= 30
In[5]:= **m1[[6]]**
Out[5]= {7, 8}
In[6]:= **Part[m1,{4,6}]**
Out[6]= {40, {7, 8}}
In[7]:= **Part[m1,-3]**
Out[7]= {5, 6}

Take[*list*, *n*]	*list* の先頭から *n* 個の要素を取り出す
Take[*list*, −*n*]	*list* の末尾から *n* 個の要素を取り出す
Take[*list*, {*m*, *n*}]	*list* の *m* 番目から *n* 番目までの要素を取り出す
Take[*list*, {*m*, *n*, *s*}]	*list* の *m* 番目から *n* 番目までの要素の中から *s* 番目ごとの要素を取り出す
Drop[*list*, *n*]	*list* の先頭から *n* 個の要素を削除した *list* を取り出す
Drop[*list*, −*n*]	*list* の末尾から *n* 個の要素を削除した *list* を取り出す
Drop[*list*, {*m*, *n*}]	*list* の *m* 番目から *n* 番目までの要素を削除した *list* を取り出す
Drop[*list*, {*m*, *n*, *s*}]	*list* の *m* 番目から *n* 番目までの要素の中から *s* 番目ごとの要素を削除する
Rest[*list*]	*list* の最初の要素を取り除いたもの
Most[list]	*list* の最後の要素を取り除いたもの
Prepend[*list*, *elem*]	*list* の最初に要素 *elem* を付け加える
Append[*list*, *elem*]	*list* の末尾に要素 *elem* を付け加える
Insert[*list*, *elem*, *i*]	*list* の *i* 番目に要素 *elem* を挿入
Delete[*list*, *i*]	*list* の *i* 番目の要素を削除
PadLeft[*list*, *l*]	左側に 0 を付け加えて長さ *l* のリストを作る
PadLeft[*list*, *l*, *e*]	左側に要素 *e* を付け加えて長さ *l* のリストを作る
PadLeft[*list*, *l*, {*e*1, *e*2, ...}]	左側に要素 *e*1, *e*2, ... を必要なだけ繰り返して付け加えて長さ l のリストを作る
PadLeft[*list*, *l*, *list*]	左側に元のリストを必要なだけ繰り返して付け加えて長さ *l* のリストを作る
PadLeft[*list*, *l*, {*e*1, *e*2, ...}, *m*]	リストの右側に，付け加えた要素 {*e*1, *e*2, ...} のうち *m* 個が来るようにして左側にも付け加える
PadRight[*list*, ...]	を用いて同様のことを右側に対して行う

```
In[8]:= a1={23,1,5,7,3,0};
In[9]:= Take[a1,2]
Out[9]= {23, 1}
In[10]:= Drop[a1,2]
Out[10]= {5, 7, 3, 0}
```

```
In[11]:= Part[a1,{2,5}]
Out[11]= {1, 3}
In[12]:= Take[a1,{2,5}]
Out[12]= {1, 5, 7, 3}
In[13]:= Take[a1,{3,5,2}]
Out[13]= {5, 3}
In[14]:= Drop[a1,{2,5}]
Out[14]= {23, 0}
In[15]:= Prepend[a1,100]
Out[15]= {100, 23, 1, 5, 7, 3, 0}
In[16]:= Append[a1,100]
Out[16]= {23, 1, 5, 7, 3, 0, 100}
In[17]:= Insert[a1,100,3]
Out[17]= {23, 1, 100, 5, 7, 3, 0}
In[18]:= Insert[a1,100,-3]
Out[18]= {23, 1, 5, 7, 100, 3, 0}
In[19]:= Delete[%,-3]
Out[19]= {23, 1, 5, 7, 3, 0}
In[20]:= a2 = {23, 1, 5, 7, 3};
In[21]:= PadLeft[a2, 12]
Out[21]= {0, 0, 0, 0, 0, 0, 0, 23, 1, 5, 7, 3}
In[22]:= PadLeft[a2, 14, {a, b, c}]
Out[22]= {b, c, a, b, c, a, b, c, a, 23, 1, 5, 7, 3}
In[23]:= PadLeft[a2, 12, a2]
Out[23]= {7, 3, 23, 1, 5, 7, 3, 23, 1, 5, 7, 3}
In[24]:= PadLeft[a2, 12, {a, b, c}, 4]
Out[24]= {b, c, a, 23, 1, 5, 7, 3, a, b, c, a}
```

例 太陽系の惑星の名前のリストを作り，アルファベット順に並べ換え，それに太陽を加えた太陽系のリストを作る．
(第 26 回国際天文学連合総会 (2006 年 8 月) において冥王星 (Pluto) は準惑星と定義された.)

```
In[1]:= planet={Mercury,Venus,Earth,Mars,Jupiter,Saturn,Uranus,
  Neptune,Pluto};
In[2]:= Length[planet]
Out[2]= 9
In[3]:= Sort[planet]
Out[3]= {Earth, Jupiter, Mars, Mercury, Neptune, Pluto, Saturn,
  Uranus, Venus}
In[4]:= planet[[3]]
```

Out[4]= Earth
In[5]:= **Rest[planet]**
Out[5]= {Venus, Earth, Mars, Jupiter, Saturn, Uranus, Neptune, Pluto}
In[6]:= **Solarsystem=Prepend[planet,Sun]**
Out[6]= {Sun, Mercury, Venus, Earth, Mars, Jupiter, Saturn, Uranus, Neptune}
In[7]:= **Solarsystem2006=Drop[Solarsystem,-1]**
Out[7]= {Sun,Mercury,Venus,Earth,Mars,Jupiter,Saturn,Uranus,Neptune}

3.1.5 リストの要素の入れ換え

ReplacePart[$list$, 新要素, i]	i 番目の要素を新要素で入れ換える
ReplacePart[$list$, 新要素, $-i$]	後から i 番目の要素を新要素で入れ換える
ReplacePart[$list$, 新要素, $\{i,j,\ldots\}$]	$i,j,\ldots$ 番目の要素を新要素で入れ換える
Join[$list1, list2, \ldots$]	$list1, list2, \ldots$ をまとめて 1 つのリストにする

In[1]:= **a2={1,1,1,1};**
In[2]:= **a3=ReplacePart[a2,0,2]**
Out[2]= {1, 0, 1, 1}
In[3]:= **Join[a2,a3]**
Out[3]= {1, 1, 1, 1, 1, 0, 1, 1}
In[4]:= **Length[%]**
Out[4]= 8

3.1.6 リストの作成

数値が一定の間隔で並ぶリストは関数 Range で作り出すことができる．

Range[n]	1 から n までのリストを作る
Range[m,n]	m から n までのリストを作る

Range[m,n,d]	$\{m, m+d, m+2d, \ldots, m+kd\}$ を作る (ただし, $m+kd \leq n$)

```
In[1]:= Range[10]
```
Out[1]= $\{1, 2, 3, 4, 5, 6, 7, 8, 9, 10\}$
```
In[2]:= Range[-2,5]
```
Out[2]= $\{-2, -1, 0, 1, 2, 3, 4, 5\}$
```
In[3]:= Range[3,20,5]
```
Out[3]= $\{3, 8, 13, 18\}$

3.1.7 等区間に分割するリストの作成

Subdivide[n]	単位区間を等間隔の n 区分に分割する
Subdivide[max, n]	**0** から max までの区間を等間隔の n 区分に分割する
Subdivide[min, max, n]	min から max までの区間を等間隔の n 区分に分割する

```
In[1]:= Subdivide[5]
```
Out[1]= $\left\{0, \dfrac{1}{5}, \dfrac{2}{5}, \dfrac{3}{5}, \dfrac{4}{5}, 1\right\}$
```
In[2]:= Subdivide[20, 5]
```
Out[2]= $\{0, 4, 8, 12, 16, 20\}$
```
In[3]:= Subdivide[-Pi, Pi, 6]
```
Out[3]= $\left\{-\pi, -\dfrac{2\pi}{3}, -\dfrac{\pi}{3}, 0, \dfrac{\pi}{3}, \dfrac{2\pi}{3}, \pi\right\}$

3.1.8 ベキのリストの作成

PowerRange[*min*, *max*]　　*min* から *max* までの $min \times 10^k$
PowerRange[*min*, *max*, *r*]　*min* から *max* までの $min \times r^k$

In[4]:= `PowerRange[3,100000]`
Out[4]= $\{3, 30, 300, 3000, 30000\}$
In[5]:= `PowerRange[3,1000,5]`
Out[5]= $\{3, 15, 75, 375\}$

3.1.9 リストの要素の判定

Position[*list*, 形]　 *list* のなかで形と同じものがある位置
Count[*list*, 形]　　 *list* のなかで形と同じものの個数
MemberQ[*list*, 形]　 *list* のなかで形と同じものがあるかを判定
FreeQ[*list*, 形]　　 *list* のなかで形と同じものがないかを判定

In[1]:= `r1={a,x^2,3,-2,0,2.5,a,x,0,0};`
In[2]:= `Position[r1,0]`
Out[2]= $\{\{5\}, \{9\}, \{10\}\}$
In[3]:= `Count[r1,a]`
Out[3]= 2
In[4]:= `MemberQ[r1,2]`
Out[4]= False

3.1.10 リストからの要素の選定 (Select)

リストの中からある条件を満たすものを取り出すことができる．

Select[*list*, 判定条件]	判定条件が真となる要素を取り出す
Select[*list*, 判定条件, *n*]	判定条件が真となる最初の *n* 個の要素を取り出す

判定条件：

DigitQ[" 文字列 "]	文字列がすべて 0 から 9 までの数である
EvenQ[*expr*]	*expr* が偶数である
IntegerQ[*expr*]	*expr* が整数である
LetterQ[" 文字列 "]	文字列がすべて英文字である
LowerCaseQ[" 文字列 "]	文字列がすべて小文字である
MatrixQ[*expr*]	*expr* が行列である
NameQ[" 文字列 "]	文字列と同じ名をもつ記号がある
Negative[*expr*]	*expr* が負の数である
NonNegative[*expr*]	*expr* が非負の数である
NumberQ[*expr*]	*expr* が数である
OddQ[*expr*]	*expr* が奇数である
Positive[*expr*]	*expr* が正の数である
PrimeQ[*expr*]	*expr* が素数である
UpperCaseQ[" 文字列 "]	文字列が大文字である
ValueQ[*expr*]	*expr* に値が代入されている
VectorQ[*expr*]	*expr* はリストを要素にもたないリスト

Select ではリストの各要素 e に対し，判定条件 $[e]$ が True の要素を選び出す．

```
In[1]:= OddQ[123]
Out[1]= True              (* 123 は奇数なので True を返す *)
In[2]:= Positive[-1]
Out[2]= False             (* -1 は正ではないので False *)
In[3]:= m1={-2,-4,5,4,0,1,3,9,99,21.3,-4.9};
In[4]:= Select[m1,EvenQ]  (* リスト m1 の中の偶数を選ぶ *)
Out[4]= {-2, -4, 4, 0}
In[5]:= Select[m1,Positive]  (* リスト m1 の中の正数を選ぶ *)
Out[5]= {5, 4, 1, 3, 9, 99, 21.3}
In[6]:= Select[m1,Positive,2]
              (* リスト m1 の中の最初の 2 つの正数を選ぶ *)
Out[6]= {5, 4}
In[7]:= Select[m1,IntegerQ]  (* リスト m1 の中の整数を選ぶ *)
Out[7]= {-2, -4, 5, 4, 0, 1, 3, 9, 99}
```

3.1.11 判定条件の作成

関数を用いて判定条件を作ることもできる．

例 x が 5 よりも大きいときに真である関数，gt5(x)，を定義し，これを使ってリストのなかから 5 よりも大きいものを選び出す．

```
In[1]:= m1={-2,-4,5,4,0,1,3,9,99,21.3,-4.9};
In[2]:= gt5[x_]:=x>5
In[3]:= Select[m1,gt5]
Out[3]= {9, 99, 21.3}
```

> Select[*list*, 関係式 &]　　　関係式を満たす要素を取り出す
> Select[*list*, 関係式 &, *n*]　　関係式を満たす最初の *n* 個の要素を取り出す
>
> ただし，関係式においてリストの要素にあたる変数は # で表される
> （純関数を用いている）

```
In[4]:= m1={-2,-4,5,4,0,1,3,9,99,21.3,-4.9};
In[5]:= Select[m1,#<-1 &]           (* リスト m1 の中の -1 より小さい
                                       数を選ぶ *)
Out[5]= {-2, -4, -4.9}
In[6]:= Select[m1,(#>-1 && #<2)&]   (* リスト m1 の中の -1 より大きく
                                       2 より小さい数を選ぶ *)
Out[6]= {0, 1}
```

3.1.12 リストの中からの要素の選び出し (Cases)

> Cases[*list*, 形式]　　　　　　*list* のなかで形式と合うものを選び出す
> Count[*list*, 形式]　　　　　　*list* のなかで形式と合うものを数える
> Position[*list*, 形式, {1}]　　 *list* のなかで形式と合うものの位置
> DeleteCases[*list*, 形式]　　　 *list* のなかで形式と合うものを削除

```
形 (パターン) :
-                       任意のもの
x_                      任意のもの (ただし, x と仮に呼ぶ)
x_Integer               整数
x_Real                  実数
x_Complex               複素数
x_List                  リスト
x_Symbol                シンボル
(形式 1 | 形式 2)        形式 1 または形式 2
形式 /; 条件             条件を満たした形式
形式?判定条件            判定条件を満たした形式
```

```
In[1]:= m1={-2,-4,5,4,0,1,3,9,99,21.3,-4.9};
In[2]:= Cases[m1,x_Integer]                    (* リスト m1 の中の整数
                                                  を選ぶ *)
Out[2]= {-2, -4, 5, 4, 0, 1, 3, 9, 99}
In[3]:= Cases[m1,(x_Integer /; Negative[x])]   (* リスト m1 の中の負の
                                                  整数を選ぶ *)
Out[3]= {-2, -4}
In[4]:= Cases[m1,(x_ /; x>10)]                 (* リスト m1 の中の 10
                                                  より大きい数を選ぶ *)
Out[4]= {99, 21.3}
In[5]:= Cases[m1,(x_ /; x>0 && x<=5)]          (* リスト m1 の中の 0 よ
                                                  り大きく 5 以下の数を選
                                                  ぶ *)
Out[5]= {5, 4, 1, 3}
In[6]:= Cases[m1,(x_ /; (x>10 || x<0))]        (* リスト m1 の中の 0 よ
                                                  り小さいかまたは 10 よ
                                                  り大きい数を選ぶ *)
Out[6]= {-2, -4, 99, 21.3, -4.9}
In[7]:= Cases[m1,x_?Negative]                  (* リスト m1 の中の負の
                                                  数を選ぶ *)
Out[7]= {-2, -4, -4.9}
```

3.1.13 リストと関数

関数をリストに適用するのに次の Apply と Map がある.

> Apply[*f*, {*a*, *b*, ... }]　　リストの各要素に関数を適用する
> Total[*list*]　　*list* の要素の合計

例　リスト {1,2,3,4} に関数 g, 関数 Plus（和），Times（積）を Apply する．

```
In[1]:= Apply[g,{1,2,3,4}]
Out[1]= g[1, 2, 3, 4]
In[2]:= Plus[{1,2,3,4}]
Out[2]= {1, 2, 3,4}
In[3]:= Apply[Plus,{1,2,3,4}]    (* 1+2+3+4 を計算 *)
Out[3]= 10
In[4]:= Total[{1, 2, 3, 4}]
Out[4]= 10
In[5]:= Times[{1,2,3,4}]
Out[5]= {1, 2, 3, 4}
In[6]:= Apply[Times,{1,2,3,4}]   (* 1×2×3×4 を計算 *)
Out[6]= 24
```

例　リストの中に含まれる数の平均を計算する関数 ave を定義する．

```
In[6]:= ave[y_List]:=Apply[Plus,y]/Length[y]
                         (* y の要素を足して要素の個数で割る *)
In[7]:= ave[{1,2,3,4,5}]
Out[7]= 3
```

> Map[*f*, {*a*, *b*, *c*, ... }]　　関数 *f* を *list* の各要素に対して，それぞれ
> 　　　　　　　　　　　　　　評価する．つまり，*f*(*a*), *f*(*b*), *f*(*c*), ...
> 同じことが次でもできる
> *f* /@ {*a*, *b*, *c*, ... }

In[8]:= `Map[h,{1,2,3,4}]`
Out[8]= $\{h[1], h[2], h[3], h[4]\}$
In[9]:= `h /@ {1,2,3,4}`
Out[9]= $\{h[1], h[2], h[3], h[4]\}$
In[10]:= `Map[Sqrt,{1,2,3,4}]`
Out[10]= $\{1, \sqrt{2}, \sqrt{3}, 2\}$
In[11]:= `Sqrt /@ {1,2,3,4}`
Out[11]= $\{1, \sqrt{2}, \sqrt{3}, 2\}$

3.1.14 リストのリスト

リストの要素としてのリストを入れ子 (nest) と呼ぶ. 何段階にもなっている入れ子のいくつかの段階を解除することができる.

Flatten[*list*]　　　　*list* の入れ子をすべて解除
Flatten[*list, n*]　　　*list* の入れ子を *n* 段階まで解除
FlattenAt[*list, i*]　　*list* の *i* 番目の要素にある入れ子の解除

In[1]:= `r2={1,2,{3,4},{{5},6,{7}},8,{9,{{10,11},12}}};`
In[2]:= `Flatten[r2]`
Out[2]= $\{1, 2, 3, 4, 5, 6, 7, 8, 9, 10, 11, 12\}$
In[3]:= `Flatten[r2,1]`
Out[3]= $\{1, 2, 3, 4, \{5\}, 6, \{7\}, 8, 9, \{\{10, 11\}, 12\}\}$
In[4]:= `Flatten[r2,2]`
Out[4]= $\{1, 2, 3, 4, 5, 6, 7, 8, 9, \{10, 11\}, 12\}$
In[5]:= `FlattenAt[r2,3]`
Out[5]= $\{1, 2, 3, 4, \{\{5\}, 6, \{7\}\}, 8, \{9, \{\{10, 11\}, 12\}\}\}$

3.1.15 リストを用いた作図ができる

ListPlot[*list*]　　　x の値を $1, 2, 3, \ldots$ とし，*list* の要素を y の値として作図をする

ListPlot[{{x_1, y_1}, {x_2, y_2}, ...}]　　座標 $(x_1, y_1), (x_2, y_2), \ldots$ に点を描く

ListPlot[*list*, Joined->True]　与えられた点を線で結ぶ

ListPlot[*list*, Filling→Axis]　与えられた点を横軸から線で結ぶ

ListLinePlot[*list*]　与えられた点を線で結ぶ

DiscretePlot{ 式, {$n, nmin, nmax, s$}　n が $nmin$ から $nmax$ まで s 刻みでのプロット（省略すると 1 と見なす）

例　1,2,3,4,5 の値を作図．1,3,2,3,4 の値を線でつないでみる．

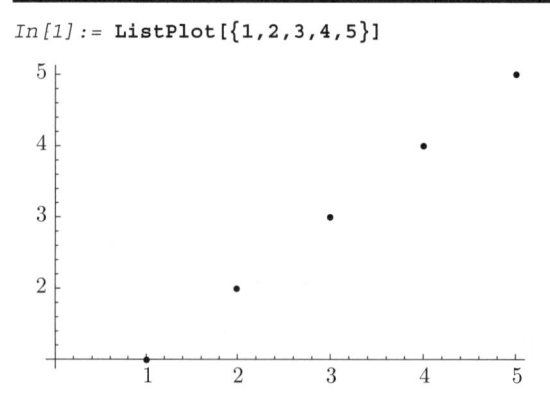

```
In[1]:= ListPlot[{1,2,3,4,5}]
```

```
In[2]:= ListPlot[{1,3,2,3,4},
 AxesOrigin->{0,0},PlotRange->{{0,5},{0,5}}, Joined->True]
```

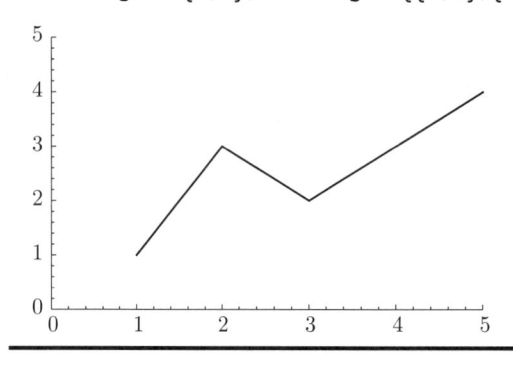

例 (0, 0), (1, 1), (2, 3), (2, 4), (3, 3) の値を作図.

```
In[3]:= ListPlot[{{0,0},{1,1},{2,3},{2,4},{3,3}}]
```

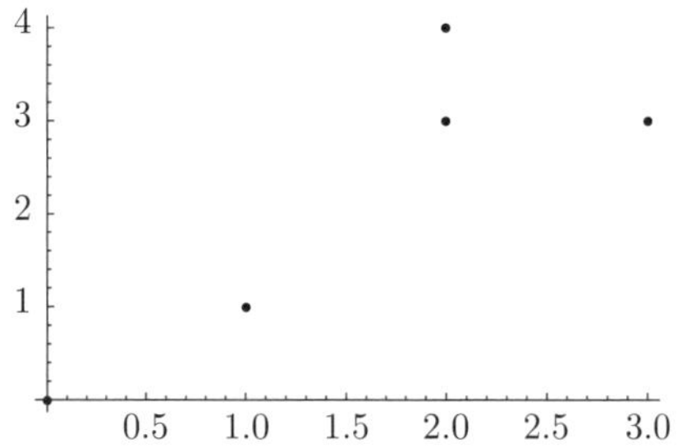

```
In[4]:= ListLinePlot[{{0,0},{1,1},{2,3},{2,4},{3,3}}]
```

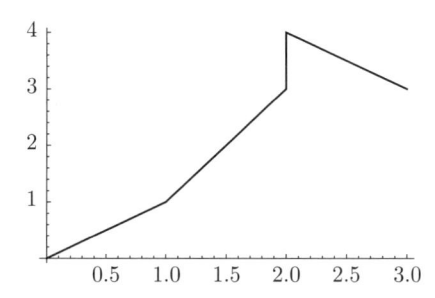

```
In[5]:= ListPlot[{{0, 0}, {1, 1}, {2, 3}, {5, 4}, {3, 3}},
 Filling -> Axis]
```

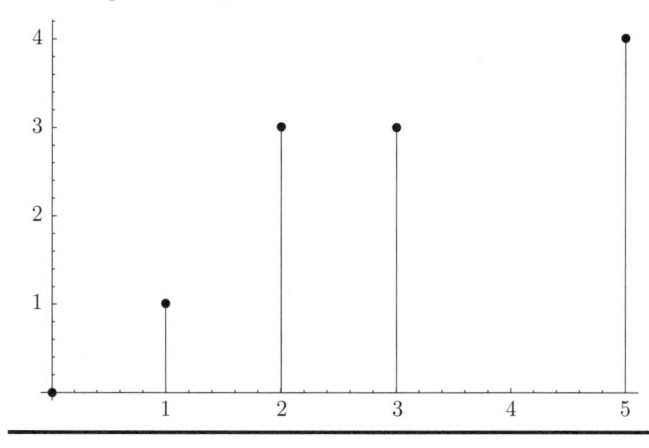

例

```
In[6]:= DiscretePlot[Sin[k],{k,1,20,0.2},AxesOrigin->{0,0}]
```

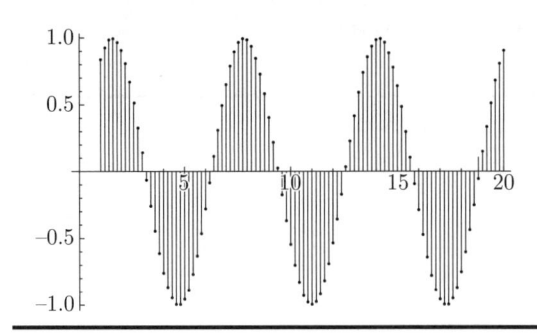

3.2 テーブル

3.2.1 数表の作成

Table[式, {n}]	n 個の式の値のリストを作る
Table[式, {$i, imax$}]	i を 1 から $imax$ まで反復して式の値のリストを作る
Table[式, {$i, imin, imax$}]	i を $imin$ から $imax$ まで反復して式の値のリストを作る
Table[式, {$i, imin, imax, d$}]	i を $imin$ から $imax$ までステップ d の幅で反復し式の値をリストにする
Table[式, {$i, imin, imax$}, {$j, jmin, jmax$}, ...]	多次元の数表を作成する
TableForm[$list$]	$list$ を表形式で表示
TableForm[$list$], TableHeadings->{$None, None$}	$list$ を表形式で表示子, ラベルは付ける
Column[$list$]	$list$ を縦に並べた列で表示
オプション：Left 左寄せ	
Center 中央寄せ	
Right 右寄せ	
Transpose[$list$]	行と列を入れ換える

```
In[1]:= Table[x,{5}]
```
$Out[1]= \{x, x, x, x, x\}$

```
In[2]:= Table[i,{i,5}]
```
$Out[2]= \{1, 2, 3, 4, 5\}$

```
In[3]:= Table[1/n,{n,1,10}]
```
$Out[3]= \left\{1, \dfrac{1}{2}, \dfrac{1}{3}, \dfrac{1}{4}, \dfrac{1}{5}, \dfrac{1}{6}, \dfrac{1}{7}, \dfrac{1}{8}, \dfrac{1}{9}, \dfrac{1}{10}\right\}$
```
In[4]:= Table[x^i,{i,1,10,2}]
```
$Out[4]= \{x, x^3, x^5, x^7, x^9\}$
```
In[5]:= Table[{i,j},{i,1,3},{j,2,3}]
```
$Out[5]= \{\{\{1, 2\}, \{1, 3\}\}, \{\{2, 2\}, \{2, 3\}\}, \{\{3, 2\}, \{3, 3\}\}\}$
```
In[6]:= Table[N[1/n],{n,1,5,1}]
```
$Out[6]= \{1., 0.5, 0.333333, 0.25, 0.2\}$
```
In[7]:= TableForm[%]
```
Out[7]//TableForm=
  1.
  0.5
  0.333333
  0.25
  0.2

例 0 から 9 までの整数の平方根を求める.

```
In[8]:= Table[{x,N[Sqrt[x]]},{x,0,9,1}]
```
$Out[8]= \{\{0, 0\},\{1, 1.\},\{2, 1.41421\},$
    $\{3, 1.73205\},\{4, 2.\}, \{5, 2.23607\},$
    $\{6, 2.44949\}, \{7, 2.64575\}, \{8, 2.82843\},$
    $\{9, 3.\}\}$
```
In[9]:= %//TableForm
```
Out[9]//TableForm=
  0 0
  1 1.
  2 1.41421
  3 1.73205
  4 2.
  5 2.23607
  6 2.44949
  7 2.64575
  8 2.82843
  9 3.
```
In[10]:= TableForm[%,TableHeadings->{Automatic, {"x","Sqrt[x]"}}]
```

	x	Sqrt[x]
1	0	0.
2	1	1.
3	2	1.4142135623730951
4	3	1.7320508075688772
5	4	2.
6	5	2.23606797749979
7	6	2.449489742783178
8	7	2.6457513110645907
9	8	2.8284271247461903
10	9	3.

例 i が 0 から 2, j が 5 から 7 まで動くときの $i+j$ の表. { } の使い方に注意せよ.

```
In[11]:= Table[{{i,j,i+j}},{i,0,2},{j,5,7}]//TableForm
Out[11]//TableForm=
 0 5 5   0 6 6   0 7 7
 1 5 6   1 6 7   1 7 8
 2 5 7   2 6 8   2 7 9
In[11]:= Table[{i,j,i+j},{i,0,2},{j,5,7}]//TableForm
Out[11]//TableForm=
 0  0  0
 5  6  7
 5  6  7

 1  1  1
 5  6  7
 6  7  8

 2  2  2
 5  6  7
 7  8  9
In[12]:= TableForm[Transpose[%11]]
Out[12]//TableForm=
 0  1  2
 5  5  5
 5  6  7

 0  1  2
 6  6  6
 6  7  8
```

```
0  1  2
7  7  7
7  8  9
```
In[13]:= `ColumnForm[%11]`
Out[13]=
{{0, 5, 5}, {0, 6, 6}, {0, 7, 7}}
{{1, 5, 6}, {1, 6, 7}, {1, 7, 8}}
{{2, 5, 7}, {2, 6, 8}, {2, 7, 9}}

例 i が 1 から 5 まで j が 1 から i まで動くときの, i,j の値を表にせよ.

In[14]:= `Table[{i,j},{i,1,5},{j,1,i}]//TableForm`
Out[14]//TableForm=
```
1
1
2  2
1  2
3  3  3
1  2  3
4  4  4  4
1  2  3  4
5  5  5  5  5
1  2  3  4  5
```
In[15]:= `Column[%,Center]`
Out[15]=
{{1, 1}}
{{2, 1}, {2, 2}}
{{3, 1}, {3, 2}, {3, 3}}
{{4, 1}, {4, 2}, {4, 3}, {4, 4}}
{{5, 1}, {5, 2}, {5, 3}, {5, 4}, {5, 5}}

例 i が 1 から 5 まで, j が 1 から i まで動くときの, i,j の値を図にする.

In[16]:= `Table[{i,j},{i,1,5},{j,1,i}];`
In[17]:= `Flatten[%16,1]`
Out[17]= {{1, 1}, {2, 1}, {2, 2}, {3, 1}, {3, 2},
 {3, 3}, {4, 1}, {4, 2}, {4, 3}, {4, 4}, {5, 1},
 {5, 2}, {5, 3}, {5, 4}, {5, 5}}
In[18]:= `ListPlot[Flatten[%16,1]]`

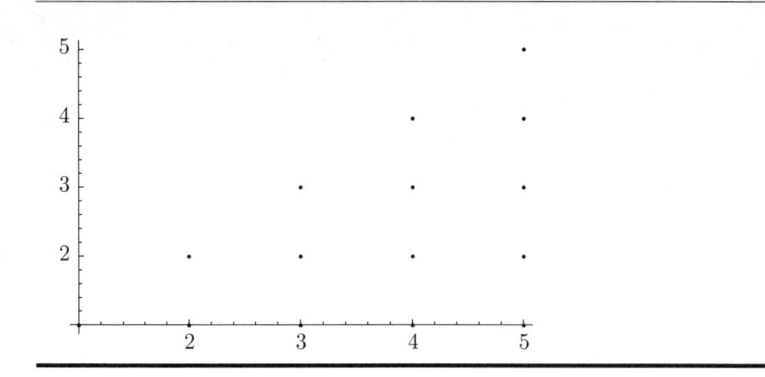

例 i が 1 から 5 まで j が i から 5 まで動くときの, i,j の値を図にする.

```
In[19]:= Table[{i,j},{i,1,5},{j,i,5}]
```
Out[19]= {{{1, 1}, {1, 2}, {1, 3}, {1, 4}, {1, 5}}, {{2, 2}, {2, 3}, {2, 4}, {2, 5}}, {{3, 3}, {3, 4}, {3, 5}}, {{4, 4}, {4, 5}}, {{5, 5}}}

```
In[20]:= ListPlot[Flatten[%,1]]
```

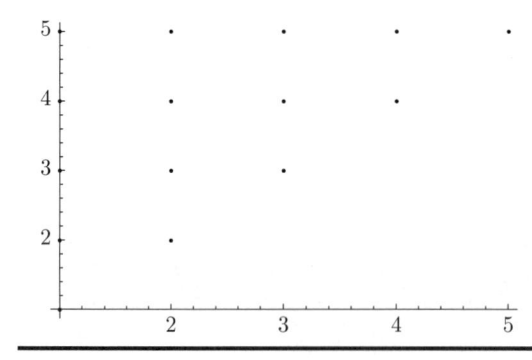

例 $y = x, y = x^2, y = x^3, y = x^4$ を同時に -2 から 2 の範囲で描く.

```
In[21]:= Plot[Evaluate[Table[x^n,{n,4}]],{x,-2,2}]
```

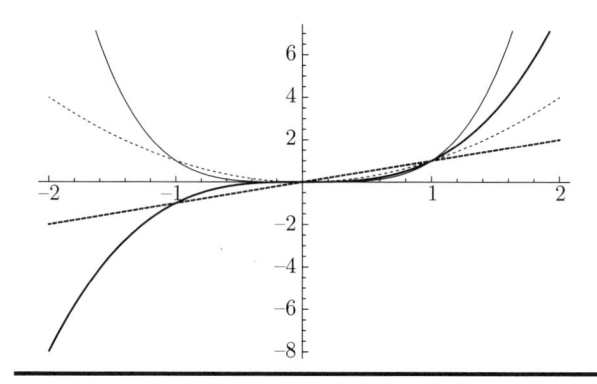

このときは Evaluate を使って，最初に Table 関数を実行しておいてから（つまり，x, x^2, x^3, x^4 という式を作ってから）グラフを描かなければならない．

3.2.2 関数の繰り返し適用

$\sqrt{\sqrt{\sqrt{2}}}$ は 2 の平方根の平方根の平方根であるが，これは平方根という関数を 2 に繰り返して適用していることである．このようなことは次の関数を使ってできる．

Nest[関数, x, n]	関数を x に n 回適用
NestList[関数, x, n]	関数を x に n 回適用し，リストとして表示，$\{x, f[x], f[f[x]], \dots\}$
FixedPoint[f, x]	結果が変わらなくなるまで関数を繰り返し適用
FixedPointList[f, x]	上をリストとして表示，$\{x, f[x], f[f[x]], \dots\}$
FixedPoint[f, x,SameTest->(Abs[#1-#2]< 数 &)]	前後の結果の違いが数より小さくなるまで関数を繰り返し適用

例 $\sqrt{2}, \sqrt{\sqrt{2}}, \sqrt{\sqrt{\sqrt{2}}}$ を求める．また，平方根を繰り返し取っていって，その差が 0.05 より小さくなるところで止め，そのときの値を表示する．

```
In[1]:= Nest[Sqrt,2,1]
```
Out[1]= $\sqrt{2}$
```
In[2]:= Nest[Sqrt,2,2]
```
Out[2]= $2^{1/4}$
```
In[3]:= Nest[Sqrt,2,3]
```
Out[3]= $2^{1/8}$
```
In[4]:= NestList[Sqrt,2.0,6]
```

```
Out[4]= {2., 1.41421, 1.18921, 1.09051, 1.04427, 1.0219, 1.01089}
In[5]:= FixedPoint[Sqrt,2.0,SameTest->(Abs[#1-#2]<0.05 &)]
Out[5]= 1.04427
```

例 $\text{root10}(x) = \dfrac{1}{2}\left(x + \dfrac{10}{x}\right)$ という関数を繰り返し適用する．これを繰り返していくと，$\sqrt{10}$ の値に近づくことが知られている．

```
In[6]:= root10[x_]:=N[(x+10/x)/2]
In[7]:= NestList[root10,1.0,10]
Out[7]= {1., 5.5, 3.65909, 3.19601, 3.16246,
   3.16228, 3.16228, 3.16228, 3.16228, 3.16228,
   3.16228}
In[8]:= FixedPoint[root10,1.0]
Out[8]= 3.16228
In[9]:= FixedPoint[root10,1.0,
  SameTest->(Abs[#1-#2]<10.0^(-1) &)]
Out[9]= 3.16246
In[10]:= Sqrt[10.0]
Out[10]= 3.16228
```

$\text{FoldList}[f, x, \{a, b, c, \dots\}]$	リスト $\{x, f[x,a], f[f[x,a],b], \dots\}$
$\text{Fold}[f, x, \{a, b, c, \dots\}]$	FoldList の最後の要素を表示

例 $\text{roota}(x,a) = \dfrac{1}{2}\left(x + \dfrac{a}{x}\right)$ （ただし，$a > 0$）という関数を繰り返し適用する．これを繰り返していくと，$\sqrt{a}$ の値に近づくことが知られている．

```
In[11]:= roota[x_,a_?Positive]:=N[(x+a/x)/2]
In[12]:= FoldList[roota,1.0,Table[5.0,{5}]]
Out[12]= {1.,3.,2.33333,2.2381,2.23607,2.23607}
In[13]:= Sqrt[5.0]
Out[13]= 2.23607
```

例 $s(x) = \sqrt{1+x}$ （ただし，$x > 0$）という関数を繰り返し適用する．これを繰り

返していくと，黄金比 $\dfrac{1+\sqrt{5}}{2}$ に近づくことが知られている．ここで，純関数を用いて定義をしてみる．ここでは，繰り返しの値の差が 10^{-6} より小さくなったら停止する．

```
In[14]:= r1[x_]:=Sqrt[1+x]
In[15]= FixedPoint[r1,2.,SameTest->(Abs[#1-#2]<10^(-6)&)]
Out[15]= 1.61803
```

例　連分数 $\dfrac{1}{1+\dfrac{1}{1+\dfrac{1}{1+\dfrac{1}{\ddots}}}}$ を求めることによっても黄金比 $\dfrac{1+\sqrt{5}}{2}$ に近づく．

```
In[15]:= Fold[1 + (1/#) &, 1.0, Table[1, {20}]]
Out[15]= 1.61803
In[16]:= (1 + Sqrt[5.])/2
Out[16]= 1.61803
```

第3章　問　題

ex.3.1　リスト list1$=\{-1,3,2,118,10,5\}$ について，
(a) (i) (-5)list1,　(ii) list1^2　(iii) list1+20
の計算をし，それぞれの要素を順番に並べよ．
(b)　リスト list2$=\{0.1,3.1,-0.2,2.8,1.3,2\}$ について次を求めよ．
(i) Abs[list2]　(ii) list1+list2　(iii) Floor[list2]

ex.3.2　リストの操作を用いて，次のリストを作れ．

$\{x+1, x^5+1, x^9+1, x^{11}+1\}$

ex.3.3　テーブルを用いて，次のリストを作れ．

$\{1, a+2, a^2+4, a^3+6, a^4+8, a^5+10\}$

ex.3.4　Range を用いて -5 から 5 までの整数のリストを作り，v1 という名を付けよ．
(i)　v1+5, v1$-$5, v1*5, v1/5, v1^5 を計算せよ．
(ii)　v1 の始めの 5 個の要素からなるリストを v2 という名で作れ．

(iii) v1 の終わりの 3 個の要素を取り除いたリストを v3 という名で作れ．
(iv) v1,v2,v3 をまとめて 1 つのリストにし，そのリストの要素の個数を求めよ．

ex.3.5 Range を用いて -50 から 50 までの整数のなかで正の偶数を選び出し，そのリストに ve1 という名を付けよ．また，負の奇数を選び出し，vo1 という名を付けよ．

ex.3.6 九九の表を作れ．

ex.3.7 100 から 200 まで 10 刻みの平方根表を作れ．

ex.3.8 $0°$ から $90°$ まで $10°$ 刻みの三角比 $\sin\theta, \cos\theta, \tan\theta$，の表を作れ．

ex.3.9 Table 関数を用いて，次のような出力をせよ．
$\{\{1, 1\}, \{1, 2\}, \{1, 3\}, \{1, 4\}, \{1, 5\}\}$
　$\{\{2, 2\}, \{2, 3\}, \{2, 4\}, \{2, 5\}\}$
　　$\{\{3, 3\}, \{3, 4\}, \{3, 5\}\}$
　　　$\{\{4, 4\}, \{4, 5\}\}$
　　　　$\{\{5, 5\}\}$

ex.3.10 $\sqrt{\sqrt{\sqrt{\sqrt{5}}}}$ を求めよ．

ex.3.11 連分数

$g(x) = 1 + \dfrac{1}{x}$ を定義し，これを x に 5 回適用せよ．また，これを 1 に適用し，どんな数に近づくかみよ．これは**黄金比**，$\dfrac{1+\sqrt{5}}{2}$，に近づくことが知られている．

ex.3.12 連分数

$g(x) = 2 + \dfrac{1}{2 + \dfrac{1}{x}}$ を定義し，これを x に 5 回適用せよ．また，これを 1 に適用し，$1+\sqrt{2}$ に近づいていることを確かめよ．

第 4 章
絵を描いてみよう

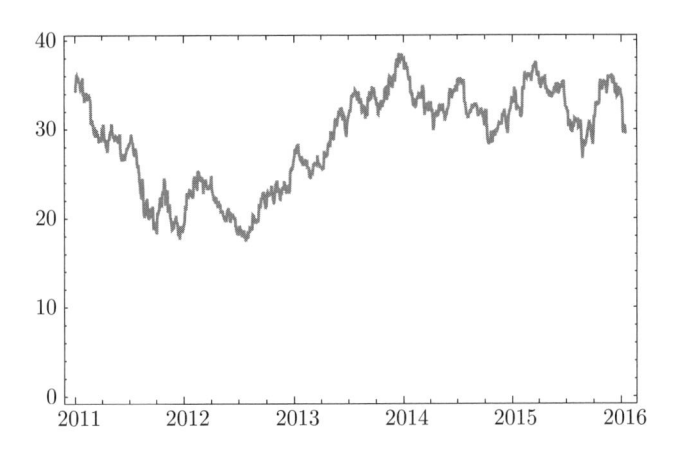

```
In[1]:= DateListPlot[FinancialData["GM",
         "Jan. 1, 2011"]]
```

4.1 グラフィックス要素

4.1.1 基本的な図形

点，線，円，多角形等の基本的な図形をグラフィックス要素とよぶことにする．Mathematica はグラフなど作図は基本的にグラフィックス要素を使って表現している．

グラフィックス要素を用いて色々な絵を描くことができる．

```
Graphics[{ グラフィック要素 1, グラフィック要素 2, .....},
          オプション-> value]
オプション;
AspectRatio->Automatic    オリジナルの座標系から表示領域の形を決定
PlotRange->All            グラフィック要素をすべて含む
Frame->False              枠を描かない
      ->True              枠を描く
Background->None          背景の色
          ->色
```

NOTE: 第 2 章で述べたオプションも，もちろん有効である．

4.2 2次元グラフィックス要素

4.2.1 描画の指示

2 次元のグラフで使われるグラフィックス要素や大きさ，色などを指示するものには次のようなものがある．

```
Point[{x, y}]                           座標 (x, y) に位置する点を描く
Line[{{x_1, y_1}, {x_2, y_2}, ...}]     座標 (x_1, y_1), (x_2, y_2), ... を結ぶ直線
Rectangle[{xmin, ymin}, {xmax, ymax}]   座標 (xmin, ymin) を左下の
                                        頂点とし，座標 (xmax, ymax) を右上の頂点
                                        とする塗りつぶされた長方形
Polygon[{{x_1, y_1}, {x_2, y_2}, ...}]  座標 (x_1, y_1), (x_2, y_2), ... を頂点とした
```

	塗りつぶされた多角形
Parallelogram$[p, \{v_1, v_2\}]$	原点 p，方向 v_1 と v_2 の平行四辺形
Text$[text, \{x, y\}]$	座標 (x, y) に文字列 $text$ を書く
Raster$[\{a_{11}, a_{12}, \ldots\}, \{a_{21}, a_{22}, \ldots\}, \ldots]$	グレーレベルを0から1の範囲で指定された長方形
PointSize$[r]$	すべての点に全体の幅に対する比で与えられた半径 r の大きさにする
AbsolutePointSize$[d]$	半径が d ポイントの点

例 座標 (1, 1), (0, 0), (0, 1), (1, 0) に半径 0.02 (図の全幅との比) の点を描き，座標 (0.5, 0.5) に ENJOY!! と入れ全体を枠に入れる．

```
In[1]:= Graphics[
{PointSize[0.02],Point[{1,1}],Point[{0,0}],
Point[{0,1}],Point[{1,0}],
Text["ENJOY!!",{0.5,0.5}]},
PlotRange->{-0.01,1.01},Frame->True,
FrameTicks->None]
```

例 点の大きさをいろいろ変えてみる．

```
In[2]:= Graphics[Table[{PointSize[0.02 n], Point[{n, 0}]},
 {n, 1, 5}], PlotRange -> All]
```

例 座標 (0, 0) が左下，(1, 1) が右上にくる塗りつぶされた長方形．

```
In[3]:= Graphics[Rectangle[{0,0},{1,1}]]
```

4.2.2 色

GrayLevel[y]	グレーレベルを y $(0 \leq y \leq 1)$ にする
RGBColor[r, g, b]	0 から 1 の範囲で，赤 r，緑 g，青 b の指定
Hue[h]	0 から 1 の範囲で，色相 h の指定
Hue[h, s, b]	0 から 1 の範囲で，色相 h，彩度 s，明度 b の指定

例 座標 (0, 0) が左下，(1, 1) が右上の塗りつぶされた長方形（ただし，グレーレベルを 0.7 に設定）．

```
In[1]:= Graphics[{GrayLevel[0.7], Rectangle[{0,0},{1,1}]}]
```

4.2.3 線種

Arrow[$\{x_1, y_1\}, \{x_2, y_2\}$]	(x_1, y_1) から (x_2, y_2) への矢印
Thickness[r]	全体の幅に対する比で計った太さ r
AbsoluteThickness[d]	d ポイントの太さ
Dashing[$\{r1, r2, \ldots\}$]	長さ $r_1, r_2, \ldots$ で区切られた破線
AbsoluteDashing[$\{d_1, d_2, \ldots\}$]	$d_1, d_2, \ldots$ ポイントで区切られた破線

例 座標 (0, 2) から (4, 2) の直線，座標 (0, 1) から (3, 1) の直線（破線で表示），座標 (0, 0) から (2, 0) の直線（太さ 0.03 で表示）．また，座標 (0, −1) から (1, −1) の矢印．

```
In[1]:= Graphics[{Line[{{0,2},{4,2}}],
  {Dashing[{0.05,0.05}],Line[{{0,1},{3,1}}]},
  {Thickness[0.03],Line[{{0,0},{2,0}}]},
  {Arrowheads[Large],Arrow[{{0,-1},{1,-1}}]}}]
```

例

```
In[2]:= Graphics[{Line[{{0,0},{4,0}}],Line[{{2,1},{3,-1}}],
 Line[{{2,1},{1,-1}}],Line[{{0,0},{3,-1}}],Line[{{4,0},{1,-1}}]},
 AspectRatio->Automatic,PlotRange->All]
```

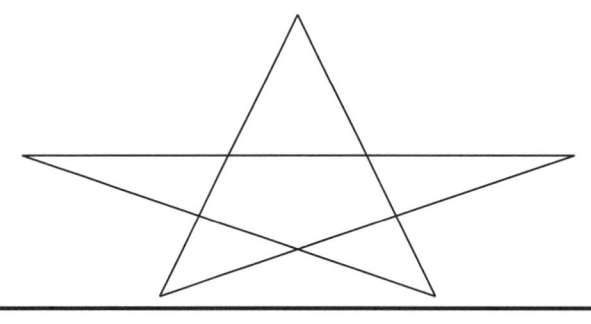

例

```
In[3]:= Graphics[Table[{Arrowheads[0.1k/30],
 Arrow[{{0,0},{Cos[2k Pi/30],Sin[2k Pi /30]}}]},{k,30}]]
```

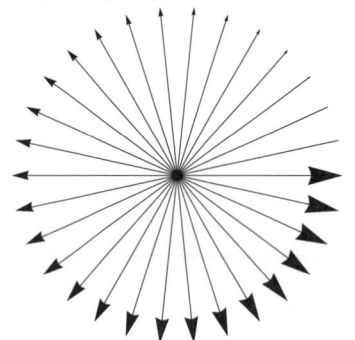

4.2.4 フォント

Text[$text, \{x, y\}$]	座標 (x, y) に $text$ を表示
Text[$text, \{x, y\}, \{-1, 0\}$]	左揃え
Text[$text, \{x, y\}, \{1, 0\}$]	右揃え
Text[$text, \{x, y\}, \{0, -1\}$]	座標 (x, y) に上に中央揃え
Text[$text, \{x, y\}, \{0, 1\}$]	座標 (x, y) に下に中央揃え
Style["文字列", オプション]	オプションで指定のフォント（書体）と大きさ（サイズ）で書かれる文字列

4.2 2次元グラフィックス要素　　99

オプション：
Background　　背景色
Editable　　　編集可能にする
FontFamily　　フォント
Hyphenation　 ハイフンを入れる
Magnification　拡大率
色指示子　　　色を指定
Bold　　　　　太字
Italic　　　　　斜体
Underlined　　下線付き
Larger　　　　拡大
Smaller　　　　縮小
n　　　　　　フォントサイズが n (FontSize->n)

NOTE: フォントとして，例えば，Times, Helvetica, Courier, Symbol 等．サイズはポイント単位．

```
In[1]:= Graphics[{Text[Style["By Times-Bold, 10 points",
  FontFamily->"Times",Bold,FontSize->10],{0,0}],
  Text[Style["By Helvetica-Italic",
  FontFamily->"Helvetica-Italic",
  Red,FontSize->14],{0,1},{1,0}],
  Text[Style["By Symbol, 16 points",
  FontFamily->"Symbol",Italic,16],{0,-1},{-1,0}]},
  Frame->True,FrameTicks->None]
```

By Helvetica–Italic

By Times–Bold, 10 points

Bψ Σψμβολ, 16 ποιντσ

4.2.5 円

Circle[{x,y},r]	中心 (x,y) で半径 r の円
Circle[{x,y},{r_1,r_2}]	中心 (x,y) で長軸 r_1, 短軸 r_2 の楕円
Circle[{x,y},r,{θ_1,θ_2}]	中心 (x,y) で半径 r の円の角度 θ_1 から θ_2 までの円弧（単位ラジアン）
Circle[{x,y},{r_1,r_2},{θ_1,θ_2}]	中心 (x,y) で長軸 r_1, 短軸 r_2 の楕円の角度 θ_1 から θ_2 までの円弧（単位ラジアン）
Disk[{x,y},r]	塗りつぶされた円

例 座標 $(0,0)$ を中心とする半径 1 の円.

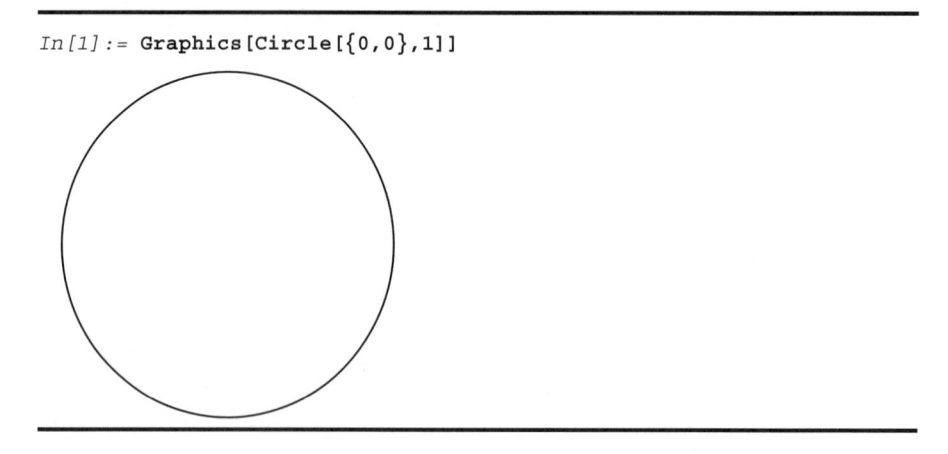

```
In[1]:= Graphics[Circle[{0,0},1]]
```

例 中心 $(0,0)$ で，長軸 2, 短軸 1 の楕円.

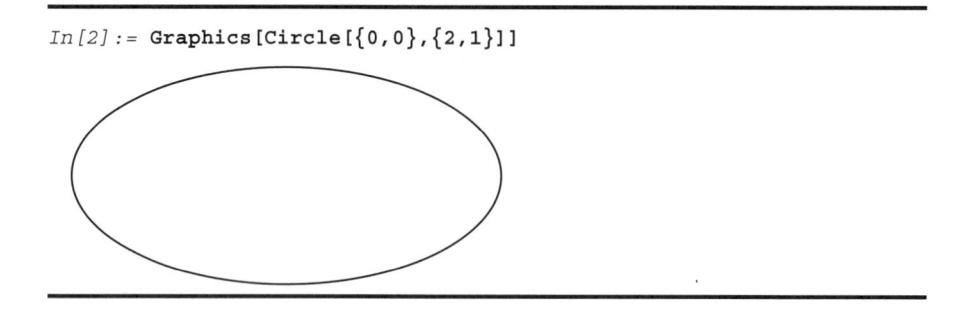

```
In[2]:= Graphics[Circle[{0,0},{2,1}]]
```

4.2 2次元グラフィックス要素

例 いくつかの円を描く.

```
In[3]:= Graphics[{Circle[{0,0},0.5],Circle[{0,0},1.0],
  Circle[{1,1},1.0]},AspectRatio->Automatic]
```

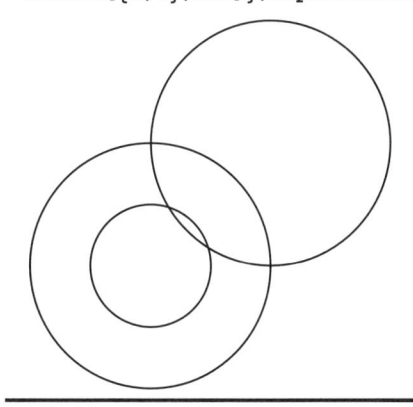

例 中心 $(0, 0)$, 半径 1 の円の 0 から $\pi/2$ までの塗りつぶされた円盤.

```
In[4]:= Graphics[Disk[{0, 0}, 1, {0, Pi/2}]]
```

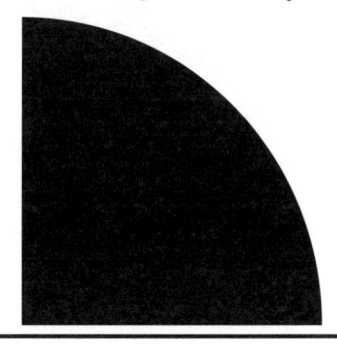

例　三日月を描く．

```
In[5]:= Graphics[{Circle[{1,0},4,{3Pi/8,13Pi/8}],
  Circle[{4,0},4,{5Pi/8,11Pi/8}]},
  AspectRatio->Automatic, PlotRange->All]
```

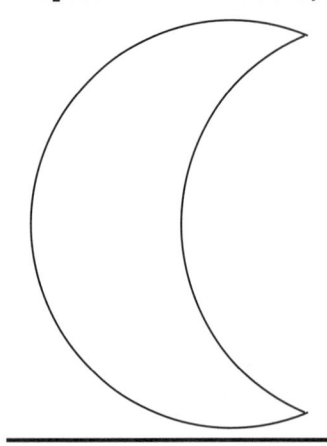

4.2.6　三角形

Traiangle[{{x_1, y_1}, {x_2, y_2}, {x_3, y_3}}]　3点を結ぶ三角形
AASTriangle[α, β, A]　2角と1辺の値が与えられた三角形
ASATriangle[α, A, β]　2角とその間の辺の値が与えられた三角形
SASTriangle[A, θ, B]　2辺とその間の角の値が与えられた三角形
SSSTriangle[A, B, C]　3辺の値が与えられた三角形

例

```
In[1]:= Graphics[Triangle[{{0,0},{0,1},{1,2}}]]
```

```
In[2]:= Graphics[AASTriangle[Pi/2, Pi/12, 1]]
```

4.2.7　いくつかの例

```
In[6]:= Graphics[{PointSize[0.05],
  Point[{-0.5,0.2}],Point[{0.5,0.2}],
  Circle[{-0.5,0.2},{0.1,0.1}],
  Circle[{0.5,0.2},{0.1,0.1}],
  Rectangle[{-0.05,-0.1},{0.05,0.3}],
  Circle[{0,0},0.6,{240 Degree, 300 Degree}],
  Line[{{-0.7,0.5},{-0.3,0.5}}],
  Line[{{0.3,0.5},{0.7,0.5}}],
  Circle[{0,0},1]},
  AspectRatio->Automatic,PlotRange->All]
```

第 4 章 絵を描いてみよう

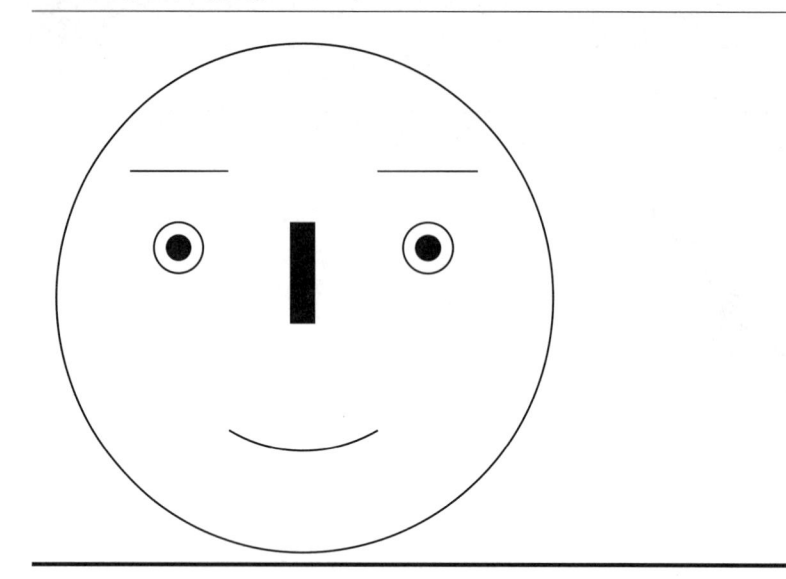

例

```
In[7]:= Graphics[{Circle[{-7,3},5,{3Pi/2,2Pi}],
  Circle[{5,3},5,{Pi,3Pi/2}],
  Line[{{-2,3},{0,3}}],
  Disk[{4,4},1],
  Line[{{-2,2.5},{-1.5,2}}],
  Line[{{-1.5,2.0},{-1.0,2.5}}],
  Line[{{-1,2.5},{-0.5,2}}],
  Line[{{-0.5,2.0},{0,2.5}}],
  Circle[{-4.5,-0.5},{2,0.25}],
  Circle[{3.5,-0.5},{3,0.5}],
  Circle[{0,2},8,{2Pi/3,2.8Pi/2}],
  Circle[{0,0},9.8,{2Pi/3.5,3.4Pi/3}]},AspectRatio->Automatic]
```

4.2 2次元グラフィックス要素　**105**

例

```
In[8]:= Graphics[{Table[{Line[{{i,0},{i,(0.3)^i*(0.7)^(10-i)}}],
  PointSize[0.02],
  Point[{i,(0.3)^i*(0.7)^(10-i)}]},{i,0,10}]},
  PlotRange->{{-1,10},{0,0.03}},
  AspectRatio->0.5,Axes->True,
  AxesOrigin->{-1,0},AxesLabel->{"x","y"},
  Ticks->{Automatic,{0,0.01,0.02,0.03}}]
```

4.3 3次元グラフィックス要素

4.3.1 3次元の描画

3次元グラフィックスの場合も2次元の場合と同様にグラフィックス要素を用いて絵を描くことができる．

> Graphics3D[{ グラフィック要素1,
> 　　　　　　 グラフィック要素2,
> 　　　　　　　　　 .....}, option->value]
>
> 3次元グラフィックス要素には次のものがある．
>
> Point[$\{x, y, z\}$] 　　　　　　座標 (x, y, z) に位置するする点を描く
> Line[$\{\{x_1, y_1, z_1\}, \{x_2, y_2, z_2\}, \ldots\}$]　座標 $(x_1, y_1, z_1), (x_2, y_2, z_2), \ldots$ を結ぶ直線
> Cuboid[$\{xmin, ymin, zmin\}, \{xmax, ymax, zmax\}$]　座標 $(xmin, ymin, zmin)$ を左下の頂点とし，座標 $(xmax, ymax, zmax)$ を右上の頂点とする直方体
> Polygon[$\{\{x_1, y_1, z_1\}, \{x_2, y_2, z_2\}, \ldots\}$]　座標 $(x_1, y_1, z_1), (x_2, y_2, z_2), \ldots$ を頂点とした多角形
> Text[$text, \{x, y, z\}$]　　　　座標 (x, y, z) に文字列 $text$ を書く

第2章の2.2.1項などのオプションを参照のこと．

> ViewCenter->Automatic 　　グラフィックの中心となるような視点
> ViewVertical->{0, 0, 1}　　　z 軸が垂直になるような視点

マウスでドラッグすることにより図形を回転させることもできる．

```
In[1]:= Graphics3D[{
  {PointSize[0.1], Point[{1.2, 1.2, 1.2}], Point[{1, 1, 1}]},
```

```
  Line[{{0, 0, 1}, {0.5, 1.2, 1.2}}],
  Cuboid[{0, 0, 0}, {1, 1, 1}]},
PlotRange -> All]
```

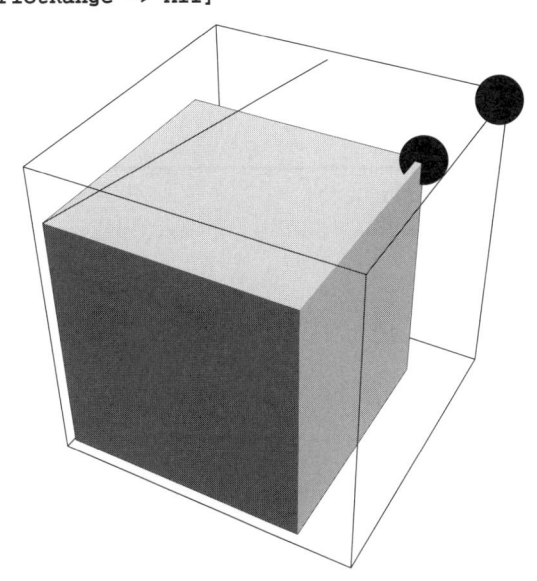

In[2]:= `Show[%,ViewPoint->{0,0,1}]`

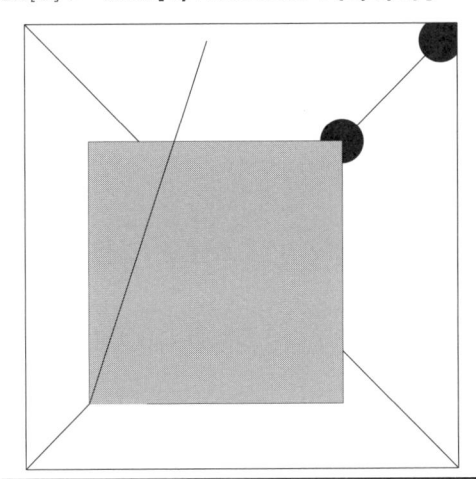

Cone[{{x_1, y_1, z_1}, {x_2, y_2, z_2}}, r]　(x_1, y_1, z_1) を中心とした半径 r の底面を持ち頂点が (x_2, y_2, z_2) の円錐

Cylinder[{{x_1, y_1, z_1}, {x_2, y_2, z_2}}, r]　(x_1, y_1, z_1) から (x_2, y_2, z_2) までの

> 線の周囲,半径 r の円筒
> Tube[$\{x_1,y_1,z_1\},\{x_2,y_2,z_2\}\},r$]　(x_1,y_1,z_1) から (x_2,y_2,z_2) へ半径 r の管
> Sphere[$\{\{x,y,z\},,r\}$　中心 (x,y,z),半径 r の球

In[3]:= `Graphics3D[Cone[{{0,0,0},{1,1,1}},1]]`

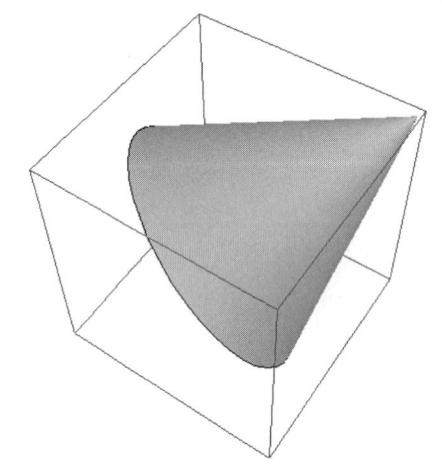

In[4]:= `Graphics3D[Cylinder[{{0,0,0},{1,1,1}},1/2]]`

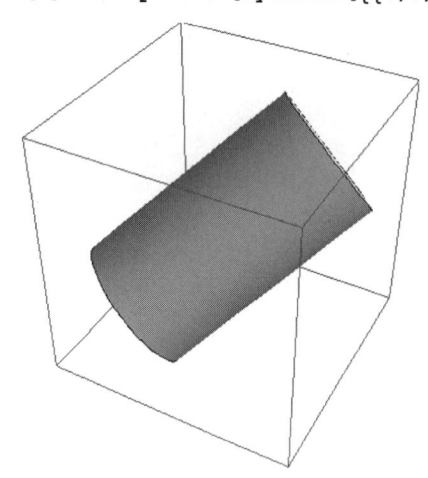

In[5]:= `Graphics3D[Tube[{{0,0,0},{1,1,1}},.2]]`

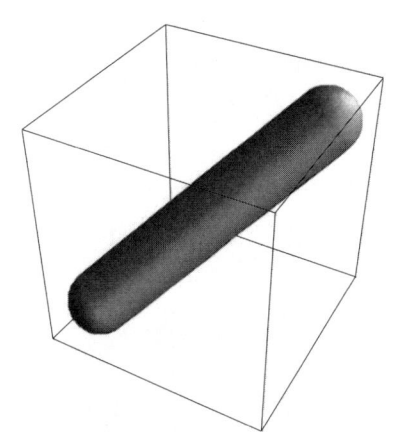

```
In[6]:= Graphics3D[{Sphere[{0,0,0},1],
  Sphere[{0,0,1.5},1/2]}]
```

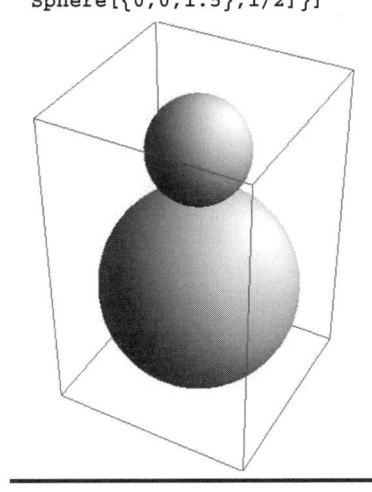

第4章 問 題

ex.4.1 だんだん小さくなっていく点を描け．

ex.4.2 点 $(-1, -1)$ から $(1, 1)$ へ直線を引き，点 $(-2, 2)$ から $(2, -2)$ へ破線を引け．

ex.4.3 正方形の中に正方形がいくつか入っている図を描け．

ex.4.4 直角三角形を描け．

ex.4.5 座標軸と点 $(1, 1)$, $(-1, -1)$, $(-1, 1)$, $(1, -1)$ を描いて，その点の上にその座標も入れよ．

ex.4.6 トランプのハートとダイヤを描け．

ex.4.7 東京タワーを描け．

ex.4.8 次を描け.

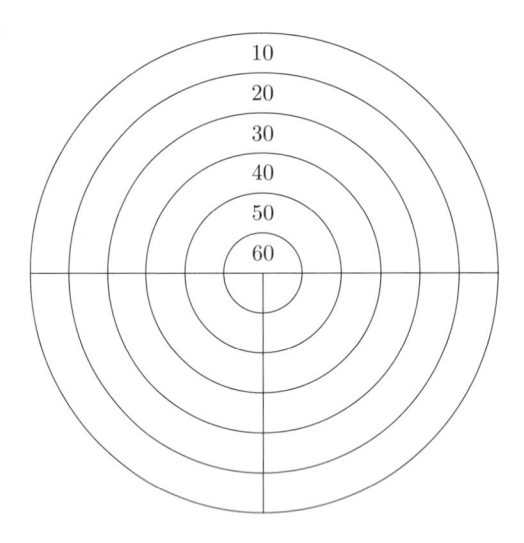

ex.4.9 空間の中に座標軸と点 (1, 1, 1) と (2, 2, 2) をその座標とともに描け.

ex.4.10 空間の点 (0, 0, 0) から (1, 1, 1) と (1, −1, 1) へ引いた直線を描け.

ex.4.11 空間の中に 5 個の直方体を並べて描け.

ex.4.12 興味深い絵を描け.

ex.4.13 次を入力してみよ.

```
Graphics3D[{{PolyhedronData["EscherSolid", "Faces"]},
{PointSize[0.04], Point[{2, 2, 2}]},
  Text[Style["S", FontFamily -> "Symbol", 56], {1.5, 1, 1.5}],
  Text[Style["P", FontFamily -> "Symbol", 48], {-1, -1, 2.5}],
  Text[Style[" ∫ ", FontFamily -> "Symbol", Blue, 56],
  {1, -0.7, 3.4}],
  Text[Style["lim", FontFamily -> "Times", Red, 36], {2, 2, 3}],
  Text[Style["f'(x)", FontFamily -> "Times-Italic", 30],
  {-0.6, -2.2, -0.2}],
  Text[Style[" →", FontFamily -> "Symbol", 36],
  {-1.5, 0.3,2.5}],
  Text[Style["+", FontFamily -> "Times", 36], {-1.5, -2, 3}],
  Text[Style[" ∈", FontFamily -> "Times", 36],
  {2.5, -0.4, 1.0}],
  Text[Style["∀", FontFamily -> "Times", 36],
  {1.5, 0.4, 4.8}],
  Text[Style["×", FontFamily -> "Times", 30],
```

{-1.4, -1.8, 4.2}],
Text[Style["−", FontFamily -> "Times", 30], {-0.3, 1.2, 3.3}],
Text[Style["÷", FontFamily -> "Times", 30], {-0.5, -0.2, 4.2}],
Text[Style["∞", FontFamily -> "Symbol", 36], {1.7, -2, 0.2}]}]

第5章
数と式

In[1]:= `ExampleData[{"Geometry3D","Torus"}]`

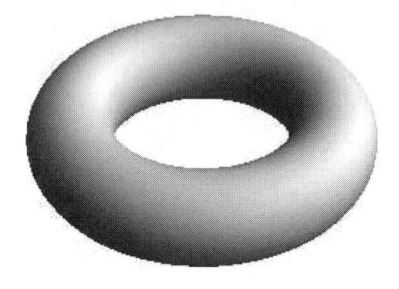

5.1 数

5.1.1 実数

実数 (real number) は次のように分類される.

　　自然数 (natural number)： $1, 2, 3, 4, 5, \ldots$

　　整数 (integer)：正の整数 (positive integer)　$1, 2, 3, 4, 5, \ldots$

　　　零 (zero)　$0.$

　　　負の整数 (negative integer)　$-1, -2, -3, -4, -5, \ldots$

　　有理数 (rational number)：　整数 m, n を用いて $\dfrac{m}{n}$ の形に表すことのできる数 (ただし, $n \neq 0$).

　　無理数 (irrational number)：　有理数でない実数

　　　　　　　　　　　　　　　　（循環しない無限小数[1])）

　　　　　　　　　　　　$\sqrt{2}, 1 + \sqrt{3}, \pi, e, \ldots$

$$\text{実数}\begin{cases}\text{有理数}\begin{cases}\text{整数}\begin{cases}\text{自然数（正の整数）}\\ 0 \\ \text{負の整数}\end{cases}\\ \text{整数でない有理数}\end{cases}\\ \text{無理数}\end{cases}$$

```
In[1]:= N[1/3,10]                (* 有理数 1/3 を 10 桁まで近似 *)
Out[1]= 0.3333333333
In[2]:= N[1/7,30]
Out[2]= 0.142857142857142857142857142857    (* 循環小数 0.142857* )
In[3]:= 1/11+1/7
Out[3]= 18/77
In[4]:= N[%,30]
Out[4]= 0.233766233766233766233766233766
In[5]:= N[Sqrt[3],30]            (* 無理数 √3 を 30 桁まで近似 *)
Out[5]= 1.73205080756887729352744634150
In[6]:= Sqrt[2]+Sqrt[3]
Out[6]= √2 + √3
In[7]:= N[%,30]
Out[7]= 3.14626436994197234232913506571
```

---

[1] 小数点以下の数字が限りなくつづく小数を**無限小数**といい，そうでないものを**有限小数**という．

```
In[8]:= Sqrt[2]+(1-Sqrt[2])
Out[8]= 1
```

実数は**数直線** (real line) 上の 1 点として表すことができる[2]。

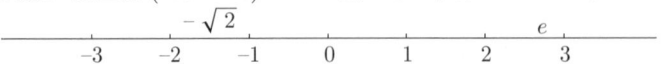

```
                    -√2                    e
  ─┼────┼────┼────┼────┼────┼────┼─
  -3   -2   -1    0    1    2    3
```

次は小数を（近似的に）分数の形に直す関数である．

> Rationalize[x]　　x を有理数に近似する
> Rationalize[x, dx]　x を誤差 dx の範囲で有理数に近似，ただし，誤差を 0 と設定すると設定されている有効桁数範囲でもっとも近い有理数に近似をする

```
In[10]:= N[2/39,30]
Out[10]= 0.0512820512820512820512820512821
In[11]:= Rationalize[%]
Out[11]= 2/39
```

例　π の値を分数に直す．

```
In[12]:= N[Pi,30]
Out[12]= 3.14159265358979323846264338328
In[13]:= Rationalize[%]
Out[13]= 3.14159265358979323846264338328
In[14]:= Rationalize[%,10^(-5)]
Out[14]= 355/113
In[15]:= N[%,30]
Out[15]= 3.14159292035398230088495575221
```

---

[2] この数値線を *Mathematica* で出力するための入力．
```
In[9]:= Graphics[{
  Line[{{-4, 0}, {4, 0}}],
  Text[Style[-Sqrt[2]], {-Sqrt[2], 0}, {0, -1}],
  Text[Style[e], {E, 0}, {0, -1}], PlotRange -> All,
  AspectRatio -> Automatic}, Axes -> {True, False},
  Ticks -> {{-3, -2, -1, 0, 1, 2, 3}}]
```

```
In[16]:= Rationalize[N[Pi],0]
```
Out[16]= $\dfrac{245850922}{78256779}$
```
In[17]:= N[%,30]
```
Out[17]= 3.14159265358979316028327718420

5.1.2 平方根

a を正の実数とするとき，$x^2 = a$ となる数 x を a の**平方根** (square root) という．a の平方根は正と負の 2 つあり，正の方を $\sqrt{a}$，負の方を $-\sqrt{a}$ と書く．また，$\sqrt{0} = 0$ とする．

次の性質がある．

(i) $a \geq 0, b \geq 0$ ならば，$\sqrt{a}\sqrt{b} = \sqrt{ab}$．

(ii) $a \geq 0, b > 0$ ならば，$\dfrac{\sqrt{a}}{\sqrt{b}} = \sqrt{\dfrac{a}{b}}$．

(iii) $a \geq 0, b \geq 0$ ならば，$\sqrt{a^2 b} = a\sqrt{b}$．

(iv) $a \geq 0, b > 0$ ならば，$\dfrac{a}{\sqrt{b}} = \dfrac{a\sqrt{b}}{\sqrt{b}\sqrt{b}} = \dfrac{a\sqrt{b}}{b}$．（分母の有理化）

```
In[1]:= Sqrt[2]*Sqrt[3]
```
Out[1]= $\sqrt{6}$
```
In[2]:= Sqrt[8]
```
Out[2]= $2\sqrt{2}$
```
In[3]:= Sqrt[(-3)^2]
```
Out[3]= 3
```
In[4]:= Sqrt[18]/Sqrt[2]
```
Out[4]= 3
```
In[5]:= Sqrt[72]+Sqrt[2/9]-Sqrt[2]/3
```
Out[5]= $6\sqrt{2}$

5.1.3 絶対値

実数 a の**絶対値** (absolute value)，$|a|$，は実数 a に対して，

a が正ならば，$|a| = a$

$a = 0$ ならば，$|a| = 0$,

a が負ならば，$|a| = -a$,

と定められた非負の実数である．

次のような性質がある．(a, b, c は実数)

(i) $|a| = 0$ ならば，$a = 0$．
(ii) $|-a| = |a|$．
(iii) $|a||b| = |ab|$．
(iv) $c \geq 0$ で，$|a| \leq c$ ということは，$-c \leq a \leq c$ ということである．
(v) $c \geq 0$ で，$|a - b| \leq c$ ということは，$b - c \leq a \leq b + c$ ということである．
(vi) $|a + b| \leq |a| + |b|$．　**三角不等式** (triangle inequality)
(vii) $||a| - |b|| \leq |a - b|$．
(viii) $|a - b| \leq |a| + |b|$．

絶対値を使って平方根は次のように表すことができる．

$$\sqrt{a^2} = |a|.$$

```
In[1]:= Abs[123]
Out[1]= 123
In[2]:= Abs[0]
Out[2]= 0
In[3]:= Abs[-123]
Out[3]= 123
In[4]:= Abs[-5]*Abs[3]
Out[4]= 15
In[5]:= Abs[-5]/Abs[2]
```
$Out[5]= \dfrac{5}{2}$

5.1.4 複素数

a, b を実数とし，

$$a + bi$$

の形で表される数を**複素数** (complex number) とよぶ．ここで，

$$i^2 = -1.$$

i を**虚数単位** (imaginary unit) とよび，a を**実部** (real part)，b を**虚部** (imaginary part) とよぶ．

$b = 0$ のとき，$a + 0i = a$ であり，実数である．$b \neq 0$ のとき，とくに**虚数**とよ

ぶ．また，$0+bi=bi(b\neq 0)$ を**純虚数** (purely imaginary number) という．

a,b,c,d を実数とするとき，

$\quad a=c, b=d$ のときに限って，$a+bi=c+di$.

とくに，

$\quad a=0, b=0$ のときに限って，$a+bi=0$.

複素数 $\alpha=a+bi$ に対して，$a-bi$ を α の**共役**（きょうやく）な複素数といい，$\bar{\alpha}$ で表す．

NOTE: 座標平面の点 (a,b) に複素数 $a+bi$ を対応させたものを**複素平面** (complex plane) という．実数は x 軸上の点に対応するので x 軸は**実軸** (real axis), y 軸は**虚軸** (imaginary axis) とよばれる．

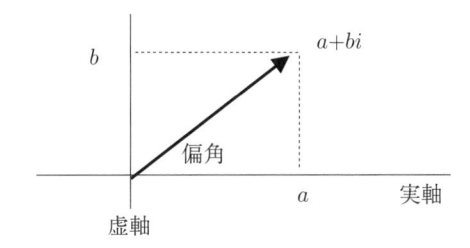

I	虚数単位
$a+bI$	複素数 $a+bi$
Re[z]	複素数 z の実部
Im[z]	複素数 z の虚部
Arg[z]	複素数 z の偏角（ラジアン）
Conjugate[z]	複素数 z の共役な複素数
AbsArg[z]	複素数 z の極形式（絶対値と偏角のリスト）

```
In[1]:= I^2
```
$Out[1]= -1$
```
In[2]:= Table[I^n,{n,1,8}]
```
$Out[2]= \{i,-1,-i,1,i,-1,-i,1\}$
```
In[3]:= z1=2-3I
```
$Out[3]= 2-3i$
```
In[4]:= Re[z1]
```
$Out[4]= 2$

```
In[5]:= Im[z1]
Out[5]= -3
In[6]:= Conjugate[z1]
Out[6]= 2 + 3i
In[7]:= Sqrt[-4]
Out[7]= 2i
In[8]:= Sqrt[-8]
Out[8]= 2i√2
```

5.1.5 複素数の計算

2つの複素数 $\alpha = a + bi$, $\beta = c + di$ について，次のように四則演算を定める．

$$\alpha + \beta = (a + bi) + (c + di) = (a + c) + (b + d)i$$
$$\alpha - \beta = (a + bi) - (c + di) = (a - c) + (b - d)i$$
$$\alpha\beta = (a + bi)(c + di) = (ac - bd) + (ad + bc)i$$
$$\frac{\alpha}{\beta} = \frac{a + bi}{c + di} = \frac{ac + bd}{c^2 + d^2} - \frac{ad + bc}{c^2 + d^2}$$
$$(ただし，\beta \neq 0)$$

$\alpha = a + bi$ とその共役複素数 $\overline{\alpha} = a - bi$ に関して，次のような性質がある．

(i) $\overline{\overline{\alpha}} = \alpha$.
(ii) $\overline{\alpha + \beta} = \overline{\alpha} + \overline{\beta}$.
(iii) $\overline{\alpha\beta} = \overline{\alpha}\overline{\beta}$.
(iv) $\alpha + \overline{\alpha} = 2a$, $\alpha - \overline{\alpha} = 2b$.
(v) $\alpha\overline{\alpha} = a^2 + b^2$.

$\sqrt{a^2 + b^2}$ を複素数 $\alpha = a + bi$ の**絶対値** (absolute value) といい，$|\alpha|$ と書く．つまり，

$$|\alpha|^2 = \alpha\overline{\alpha} = a^2 + b^2$$

実数の絶対値と同様な性質（5.1.3項）をもつ．

$\theta = \arg\alpha$ を複素数 $\alpha = a + bi$ の**偏角** (argument) とすると，

$$\tan\theta = \frac{b}{a}, \cos\theta = \frac{a}{|\alpha|}, \sin\theta = \frac{b}{|\alpha|}$$

また，複素数 $\alpha = a + bi$ を**極形式** (polar form) で表すことができる．

$$\alpha = a + bi = |\alpha|(\cos\theta + i\sin\theta)$$

In[1]:= **a=4+3I**
Out[1]= $4 + 3i$
In[2]:= **b=-2+5I**
Out[2]= $-2 + 5i$
In[3]:= **3a**
Out[3]= $12 + 9i$
In[4]:= **1/a**
Out[4]= $\dfrac{4}{25} - \dfrac{3}{25}i$
In[5]:= **a+b**
Out[5]= $2 + 8i$
In[6]:= **a-b**
Out[6]= $6 - 2i$
In[7]:= **a*b**
Out[7]= $-23 + 14i$
In[8]:= **a/b**
Out[8]= $\dfrac{7}{29} - \dfrac{26}{29}i$
In[9]:= **Conjugate[a]**
Out[9]= $4 - 3i$
In[10]:= **(a+Conjugate[a])/2**
Out[10]= 4
In[11]:= **(a-Conjugate[a])/2**
Out[11]= $3i$
In[12]:= **a*Conjugate[a]**
Out[12]= 25
In[13]:= **Sqrt[%]**
Out[13]= 5
In[14]:= **Abs[a]**
Out[14]= 5
In[15]:= **AbsArg[a]**
Out[15]= $\left\{5, \mathrm{Arc\,Tan}\left[\dfrac{3}{4}\right]\right\}$

5.1.6 約数・倍数

整数 n, m, k について，$n = m \times k$（あるいは，$n \div m = k$）のとき，n は m の**倍数** (multiple) であり，m は n の**約数** (divisor) である．約数は**因数** (factor) ともよばれる．

整数 $n_1, n_2, \ldots$ のすべてに共通な約数を**公約数** (common divisor) といい，正の

公約数のうちで値の最大のものを**最大公約数** (greatest common divisor) という.

整数 $n_1, n_2, \ldots$ のすべてに共通な倍数を**公倍数** (common multiple) といい，正の公倍数のうちで値が最小のものを**最小公倍数** (least common multiple) という.

2つ以上の整数で最大公約数が1であるとき，それらの数は**互いに素** (relatively prime) であるという.

一般に，2つの整数 n, m について，$m > 0$ とすると，

$$n = mk + r, \qquad 0 \leq r < m$$

を満たす整数 k, r が存在する. k を**商** (quotient), r を**剰余（余り）** (remainder) という.

$\mathrm{Mod}[n, m]$	n を m で割った余り（符号は m と同じ）
$\mathrm{Quotient}[n, m]$	n を m で割った商
$\mathrm{Divisors}[n]$	n を割る整数のリスト
$\mathrm{GCD}[n_1, n_2, \ldots]$	$n_1, n_2, \ldots$ の最大公約数
$\mathrm{LCM}[n_1, n_2, \ldots]$	$n_1, n_2, \ldots$ の最小公倍数

```
In[1]:= Quotient[17,5]
Out[1]= 3
In[2]:= Mod[17,5]
Out[2]= 2
In[3]:= Quotient[-17,5]
Out[3]= -4
In[4]:= Mod[-17,5]
Out[4]= 3
In[5]:= Quotient[17,-5]
Out[5]= -4
In[6]:= Mod[17,-5]
Out[6]= -3
In[7]:= Quotient[-17,-5]
Out[7]= 3
In[8]:= Mod[-17,-5]
Out[8]= -2
```

例　任意の自然数 n, k について，$n = \mathrm{Quotient}[n, k] * k + \mathrm{Mod}[n, k]$ が成り立つ．

```
In[9]:= Mod[133,13]
Out[9]= 3
In[10]:= Quotient[133,13]
Out[10]= 10
In[11]:= 10*13+3
Out[11]= 133
In[12]:= Mod[12345,67]
Out[12]= 17
In[13]:= Quotient[12345,67]
Out[13]= 184
In[14]:= Quotient[12345,67]*67+Mod[12345,67]
Out[14]= 12345
```

例　24 と 36 の最大公約数は 12，最小公倍数は 72．また，20, 50, 100, 200 の最大公約数は 10，最小公倍数は 200 である．

```
In[15]:= GCD[24,36]
Out[15]= 12
In[16]:= LCM[24,36]
Out[16]= 72
In[17]:= GCD[20,50,100,200]
Out[17]= 10
In[18]:= LCM[20,50,100,200]
Out[18]= 200
```

5.1.7　素数

1 より大きい正の整数で 1 とその数自身しか正の約数がない整数を**素数** (prime number) という．通常，1 は素数とはよばない．素数は無限に多く存在する．1 と素数以外の数を**合成数** (composite number) という．1 より大きい正の整数を素数の積の形に分解することを**素因数分解** (factorization into prime factors) という．1 より大きい正の整数は，素数の積に分解でき，順序を除いて，その分解はただ一通り（一意）である．これを**初等整数論の基本定理** (fundamental theorem of elementary theory of numbers) という．

> Prime[k]　　　　　　k 番目の素数
> FactorInteger[n]　　n の素因数分解を素数とそのベキ数の対のリストで出力
> PrimeQ[数]　　　　　数が素数かを判定する
> PrimePi[x]　　　　　x 以下の素数の個数
> NextPrime[n]　　　　n より大きい最初の素数
> NextPrime[n, k]　　 n より大きい k 番目の素数

例　1000 番目の素数は 7919.

```
In[1]:= Prime[1000]
Out[1]= 7919
```

例　100 までの素数は 25 個である.

```
In[2]:= PrimePi[100]
Out[2]= 25
In[3]:= Table[Prime[n],{n,1,25}]
Out[3]= {2, 3, 5, 7, 11, 13, 17, 19, 23, 29, 31,
   37, 41, 43, 47, 53, 59, 61, 67, 71, 73, 79,
   83, 89, 97}
```

例　100 より大きい最初の素数は 101, 100 より大きい 3 番目の素数は 107 である.

```
In[4]:= NextPrime[100]
Out[4]= 101
In[5]:= NextPrime[100,3]
Out[5]= 107
```

例　$133 = 7 \times 19$, $123456789 = 3^2 \times 3607 \times 3803$. また, $2^{127} - 1$ は素数である. n が自然数で, $2^n - 1$ が素数である数を **メルセンヌ数** (Mersenne number)[3] という.

```
In[6]:= PrimeQ[133]
```

---

[3] 現在, 48 個知られている.

```
Out[6]= False
In[7]:= FactorInteger[133]
Out[7]= {{7, 1}, {19, 1}}
In[8]:= PrimeQ[123456789]
Out[8]= False
In[9]:= FactorInteger[123456789]
Out[9]= {{3, 2}, {3607, 1}, {3803, 1}}
In[10]:= 3^2*3607*3803
Out[10]= 123456789
In[11]:= 2^127-1
Out[11]= 170141183460469231731687303715884105727
In[12]:= PrimeQ[%]
Out[12]= True
```

例　自分自身を除いた約数の和になっている自然数を**完全数** (perfect number) という．例えば，6 の約数は 1, 2, 3, 6 であり，1 + 2 + 3 = 6 となっているので 6 は完全数である．

p も $2^p - 1$ も素数であるとき，$n = 2^{p-1}(2^p - 1)$ は完全数であることが知られている．

```
In[13]:= Divisors[6]
Out[13]= {1, 2, 3, 6}
In[14]:= 1+2+3
Out[14]= 6
In[15]:= pn[p_?PrimeQ]:=2^(p-1)*(2^p-1) /; PrimeQ[2^p - 1]
         (* pn(p) = 2^{p-1}(2^p - 1) を定義 *)
In[16]:= plist6 = Prime[Range[6]]
Out[16]= {2, 3, 5, 7, 11, 13}      (* 最初の 6 個の素数 *)
In[17]:= Map[pn,plist6]            (* 最初の 6 個の素数に関数 pn を適用 *)
Out[17]= {6, 28, 496, 8128, 2096128, 33550336}
         (* 最初の 5 個の完全数 *)
In[18]:= Divisors[28]
Out[18]= {1, 2, 4, 7, 14, 28}
In[19]:= 1+2+4+7+14
Out[19]= 28
In[20]:= Divisors[496]
Out[20]= {1, 2, 4, 8, 16, 31, 62, 124, 248, 496}
In[21]:= Total[Most[%]]
Out[21]= 496
In[22]:= Divisors[33550336]
Out[22]= {1, 2, 4, 8, 16, 32, 64, 128, 256, 512, 1024, 2048, 4096, 8191, 16382,
```

32764, 65528, 131056, 262112, 524224, 1048448, 2096896, 4193792, 8387584, 16775168, 33550336}
```
In[23]:= Total[Most[%]]
Out[23]= 33550336
In[24]:= PrimeQ[2^11 - 1]
Out[24]= False         (* 2^11 − 1 は素数ではない *)
```

5.2 整式

5.2.1 指数法則

正の整数 n に対して，

$$a^n = a \times a \times \cdots \times a \ (a \ を \ n \ 回かけたもの)$$

を a の**累乗**または**ベキ** (power) という．

a, b が 0 でない実数のとき，整数 m, n に対して，次が成り立つ．

$$a^m \times a^n = a^{m+n}, a^m \div a^n = a^{m-n}$$

$$(a^m)^n = a^{mn}, \left(\frac{a}{b}\right)^n = \frac{a^n}{b^n}, (ab)^n = a^n b^n$$

ただし，

$$a^0 = 1, a^{-1} = \frac{1}{a}$$

と定める．

> PowerExpand[式]　式の中の $(ab)^n, (an)^m$ を展開

```
In[1]:= (a b)^n
Out[1]= (ab)^n
In[2]:= PowerExpand[(a b)^n]
Out[2]= a^n b^n
In[3]:= (a^n)^m
Out[3]= (a^n)^m
```

```
In[4]:= PowerExpand[(a^n)^m]
```
Out[4]= a^{mn}
```
In[5]:= (a^5)*(a^2)
```
Out[5]= a^7
```
In[6]:= (a^2)/(a^5)
```
Out[6]= $\dfrac{1}{a^3}$
```
In[7]:= (a^3)^6
```
Out[7]= a^{18}
```
In[8]:= (a*b)^6
```
Out[8]= $a^6 b^6$
```
In[9]:= (x*y*z)^5
```
Out[9]= $x^5 y^5 z^5$
```
In[10]:= (x^2*y*z^(-2))^(-3)
```
Out[10]= $\dfrac{z^6}{x^6 y^3}$

例 数字の 3 を 3 つ使ってつくれる数の中で一番大きいものは，
$3^{33} = 5559060566555523$.

```
In[11]:= 33^3
```
Out[11]= 35937
```
In[12]:= 3^33
```
Out[12]= 5559060566555523
```
In[13]:= 3*33
```
Out[13]= 99
```
In[14]:= (3^3)^3
```
Out[14]= 19683
```
In[15]:= 3^(3^3)
```
Out[15]= 7625597484987

5.2.2 整式

$2x^3$, $-3xy$ のようにいくつかの文字と数の積で表される式を**単項式** (monomial) といい，数の部分をその**係数** (coefficient)，掛けられている文字の個数をその**次数** (degree) という．単項式の和で表される式を**整式**または**多項式** (polynomial) といい，1 つひとつの単項式をその整式の**項** (term) という．また，それぞれの項の次数の中で一番大きなものをその整式の**次数**という．

とくに，正の整数 n に対して，

$$P_n(x) = a_n x^n + a_{n-1} x^{n-1} + \cdots + a_2 x^2 + ac + a_0 \ (a_n \neq 0)$$

と表すことのできる式を x についての n 次の**多項式** (polynomial) という.

5.2.3 整式の加法,乗法についての基本性質

A, B, C を整式とすると,

交換法則　　$A + B = B + A, AB = BA.$
結合法則　　$(A + B) + C = A + (B + C), (AB)C = A(BC).$
分配法則　　$A(B + C) = AB + AC, (A + B)C = AC + BC.$

Expand[式]　　　　　　式を展開する
Collect[式, x]　　　　式を x のベキに従って並べ換える
Collect[式, $\{x, y, \dots\}$]　　式を $\{x, y, \dots\}$ のベキに従って並べ換える
Coefficient[式, x, n]　　式の中の x^n の係数

例　整式 $A = x^3 + 2x - 3$, $B = -3x^5 - 2x^3 + 4x + 6$, $Z = 2x^2 - 2$ について,和,差,積を求める.

```
In[1]:= A=x^3+2x-3
```
$Out[1] = -3 + 2x + x^3$
```
In[2]:= B=-3x^5-2x^3+4x+6
```
$Out[2] = 6 + 4x - 2x^3 - 3x^5$
```
In[3]:= Z=2x^2-2
```
$Out[3] = -2 + 2x^2$
```
In[4]:= A+B
```
$Out[4] = 3 + 6x - x^3 - 3x^5$
```
In[5]:= A-B
```
$Out[5] = -9 - 2x + 3x^3 + 3x^5$
```
In[6]:= (A+B)*Z
```
$Out[6] = (-2 + 2x^2)(3 + 6x - x^3 - 3x^5)$
```
In[7]:= Expand[%]
```
$Out[7] = -6 - 12x + 6x^2 + 14x^3 + 4x^5 - 6x^7$
```
In[8]:= Coefficient[(1+y)^50,y,25]
```
$Out[8] = 126410606437752$

5.2.4 いくつかの展開公式

In[1]:= `Expand[(x+y)^2]`
Out[1]= $x^2 + 2xy + y^2$
In[2]:= `Expand[(x-y)^2]`
Out[2]= $x^2 - 2xy + y^2$
In[3]:= `Expand[(x+y)(x-y)]`
Out[3]= $x^2 - y^2$
In[4]:= `Expand[(x+a)(x+b)]`
Out[4]= $ab + ax + bx + x^2$
In[5]:= `Collect[%,x]`
Out[5]= $ab + (a+b)x + x^2$
In[6]:= `Expand[(a*x+b)(c*x+d)]`
Out[6]= $bd + bcx + adx + acx^2$
In[7]:= `Collect[%,x]`
Out[7]= $bd + (bc + ad)x + acx^2$
In[8]:= `Expand[(x+y)^3]`
Out[8]= $x^3 + 3x^2y + 3xy^2 + y^3$
In[9]:= `Expand[(x-y)^3]`
Out[9]= $x^3 - 3x^2y + 3xy^2 - y^3$
In[10]:= `Expand[(x+y+z)^2]`
Out[10]= $x^2 + 2xy + y^2 + 2xy + 2yz + z^2$
In[11]:= `Expand[(x+y)(x^2-x*y+y^2)]`
Out[11]= $x^3 + y^3$
In[12]:= `Expand[(x-y)(x^2+x*y+y^2)]`
Out[12]= $x^3 - y^3$

5.2.5 因数分解

Factor[式]　　　　式を因数分解する
FactorTerms[式]　共通の係数でくくる

In[1]:= `Factor[3x^2-4x+1]`
Out[1]= $(-1+x)(-1+3x)$
In[2]:= `FactorTerms[2x^8-12x y+52y^3-22y]`

Out[2]= $2(x^8 - 11y - 6xy + 26y^3)$

5.2.6 因数分解の公式

```
In[1]:= Factor[m*a+m*b]
```
Out[1]= $(a+b)m$
```
In[2]:= Factor[a^2+2a*b+b^2]
```
Out[2]= $(a+b)^2$
```
In[3]:= Factor[a^2-2*a*b+b^2]
```
Out[3]= $(a-b)^2$
```
In[4]:= Factor[a^2-b^2]
```
Out[4]= $(a-b)(a+b)$
```
In[5]:= Factor[x^2+(a+b)*x+a*b]
```
Out[5]= $(a+x)(b+x)$
```
In[6]:= Factor[a*c*x^2+(a*d+b*c)*x+b*d]
```
Out[6]= $(b+a\ x)(d+c\ x)$
```
In[7]:= Factor[a^3+b^3]
```
Out[7]= $(a+b)(a^2 - ab + b^2)$
```
In[8]:= Factor[a^3-b^3]
```
Out[8]= $(a-b)(a^2 + ab + b^2)$

5.2.7 整式の除法

x についての 1 次以上の整式（多項式）A, B について，

$$A = BQ + R \qquad (R の次数) < (B の次数)$$

となる整式（多項式）Q, R が存在する．このとき，Q を**商**，R を**剰余（余り）**という．

$$A = BQ$$

のとき，A は B で割り切れるといい，B は A の**約数（因子）**，A は B の**倍数**という．

2つ以上の整式（多項式）について，すべてに共通な約数を**公約数（因子）**，その公約数のうちで次数の最も高いものを**最大公約数（因子）**という．また，2つ以上の整式（多項式）について，すべてに共通な倍数を**公倍数**，0 でない公倍数のうちで次数の最も低いものを**最小公倍数（因子）**という．

定数以外に公約数をもたないものを**互いに素である整式（多項式）**という．

x についての多項式を $f(x)$ とし，$f(x)$ を $x-c$ で割ったときの商を $Q(x)$, 剰余を R とすると，

$$f(x) = (x-c)Q(x) + R$$

となる．ここで，$x = c$ を代入すると，

$$f(c) = R.$$

つまり，剰余は

$$R = f(c)$$

で与えられる．これを**剰余の定理** (remainder theorem) という．

また，これから，$f(c) = 0$ ならば，$f(x)$ は $(x-c)$ で割り切れ，逆に $f(x)$ が $(x-c)$ で割り切れれば，$f(c) = 0$ となることがわかる．これを**因数定理** (factor theorem) という．

PolynomialQuotient[多項式 A, 多項式 B, x]　x についての多項式 A を B で割った商
PolynomialRemainder[多項式 A, 多項式 B, x]　x についての多項式 A を B で割った剰余
PolynomialGCD[多項式 A, 多項式 B]　x についての多項式 A と B の最大公約因子
PolynomialLCM[多項式 A, 多項式 B]　x についての多項式 A と B の最小公倍因子

例　$A = 3x^4 - 2x^3 + x^2 + 2$, $B = x - 1$ とし，A/B の商と余りを求める．また，$A = B *$ 商 + 余り であることを確かめる．

次に，$CC = x^3 - 4x^2 + 2x + 1$ とし，$A - 4$ と CC の最小公倍数と最大公約数を求める．

```
In[1]:= A=3x^4-2x^3+x^2+2
```
Out[1]= $2 + x^2 - 2x^3 + 3x^4$
```
In[2]:= B=x-1
```
Out[2]= $-1 + x$
```
In[3]:= A/B
```

Out[3]= $\dfrac{2+x^2-2x^3+3x^4}{-1+x}$

In[4]:= `PolynomialQuotient[A,B,x]`

Out[4]= $2+2x+x^2+3x^3$

In[5]:= `PolynomialRemainder[A,B,x]`

Out[5]= 4

In[6]:= `PolynomialQuotient[A,B,x]*B+`
        `PolynomialRemainder[A,B,x]`

Out[6]= $4+(-1+x)(2+2x+x^2+3x^3)$

In[7]:= `Expand[%]`

Out[7]= $2+x^2-2x^3+3x^4$

In[8]:= `CC=x^3-4x^2+2x+1`

Out[8]= $1+2x-4x^2+x^3$1

In[9]:= `Factor[A-4]`

Out[9]= $(-1+x)(2+2x+x^2+3x^3)$

In[10]:= `PolynomialGCD[A-4,CC]`

Out[10]= $-1+x$

In[11]:= `PolynomialLCM[A-4,CC]`

Out[11]= $(1+2x-4x^2+x^3)(2+2x+x^2+3x^3)$

In[12]:= `Factor[%]`

Out[12]= $(-1+x)(-1-3x+x^2)(2+2x+x^2+3x^3)$

5.2.8 分数式

2つの整式 A, B を $\dfrac{A}{B}$ の形で表したものを**分数式** (fractional expression) といい，A を**分子** (numerator)，B を**分母** (denominator) という．

分数の規則：

$$\dfrac{A}{C}+\dfrac{B}{C}=\dfrac{A+B}{C}, \dfrac{A}{C}-\dfrac{B}{C}=\dfrac{A-B}{C}, \dfrac{A}{B}\times\dfrac{C}{D}=\dfrac{A\times C}{B\times D},$$

$$\dfrac{A}{B}\div\dfrac{C}{D}=\dfrac{A\times D}{B\times C}, \dfrac{AC}{BC}=\dfrac{A}{B}, \left(\dfrac{A}{B}\right)^n=\dfrac{A^n}{B^n}$$

(分母は 0 でないとする．)

分子，分母の共通因子で約すことを**約分**するといい，約分できない分数式を**既約分数式** (irreducible fraction) という．

また，2つ以上の分数式で，分子，分母に適当な整式を掛けることによって分母を共通にすることを**通分**する (reduce) という．

Together[式]	通分してまとめる
Apart[式]	簡単な分母からなる分数式の和にかえる
Cancel[式]	約分する
ExpandNumerator[式]	分子を展開する
ExpandDenominator[式]	分母を展開する
ExpandAll[式]	分子，分母を展開する
Simplify[式]	簡約化する
Fullsimplify[式]	完全に簡約化する

例 $\dfrac{2}{x+3}+\dfrac{-3x}{x-2}=\dfrac{-3x^2-7x-4}{(x+3)(x-2)}=\dfrac{-3x^2-7x-4}{x^2+x-6}$.

```
In[1]:= Together[2/(x+3)+(-3x)/(x-2)]
```
$Out[1]= \dfrac{-4-7x-3x^2}{(-2+x)(3+x)}$

```
In[2]:= ExpandDenominator[%]
```
$Out[2]= \dfrac{-4-7x-3x^2}{-6+x+x^2}$

```
In[3]:= Apart[%]
```
$Out[3]= -3-\dfrac{6}{-2+x}+\dfrac{2}{3+x}$

```
In[4]:= Together[%]
```
$Out[4]= \dfrac{-4-7x-3x^2}{(-2+x)(3+x)}$

例 $p1=\dfrac{2x^2-4x-6}{(3x^2-1)(x-2)(x+1)}$ を約分する．

```
In[5]:= p1=(2x^2-4x-6)/((3x^2-1)*(x-2)*(x+1));
In[6]:= Cancel[p1]
```
$Out[6]= \dfrac{2(-3+x)}{2-x-6x^2+3x^3}$

```
In[7]:= ExpandAll[p1]
```
$Out[7]= -\dfrac{6}{2+x-7x^2-3x^3+3x^4}-\dfrac{4x}{2+x-7x^2-3x^3+3x^4}+\dfrac{2x^2}{2+x-7x^2-3x^3+3x^4}$

```
In[8]:= Together[%]
```
$Out[8]= \dfrac{2(-3+x)}{2-x-6x^2+3x^3}$

```
In[9]:= ExpandDenominator[p1]
```
$Out[9]= \dfrac{-6-4x+2x^2}{2+x-7x^2-3x^3+3x^4}$

```
In[10]:= Apart[%]
```
$$Out[10] = \frac{2(3x+17)}{11(3x^2-1)} - \frac{2}{11(x-2)}$$

例　$\dfrac{1}{(x^2-4)} = \dfrac{1}{4(x-2)} - \dfrac{1}{4(2+x)}.$

このように分数式の和で表されたものを**部分分数** (partial fraction) という．

```
In[11]:= Apart[1/(x^2-4)]
```
$$Out[11] = \frac{1}{4(-2+x)} - \frac{1}{4(2+x)}$$

第5章　問　題

ex.5.1 $\dfrac{123456}{123}$ を 50 桁まで求めよ．

ex.5.2 0.112244 を分数で表せ．

ex.5.3 次の計算をせよ．
  (i) $|3|+|-7|$　(ii) $|3-7|$　(iii) $|3|-|-7|$　(iv) $|3-(-7)|$
  (v) $|3\times(-7)|$　(vi) $|3\div(-7)|$　(vii) $|3|\times|-7|$

ex.5.4 数字の 2 を 3 つ使ってできる一番大きな数を求めよ．

ex.5.5 自然対数の底 e を 10^{-10} の誤差で分数に直せ．その（近似）値と実際の（近似）値を比べてみよ．

ex.5.6 $x = 1+\sqrt{3}, y = 2-\sqrt{5}$ のとき，次を求めよ．
  (i) $2x+3$　(ii) $-x+y$　(iii) xy　(iv) $(x+y)^2$

ex.5.7 $n = 1,\ldots,16$ までのとき，i^n を求めよ．$(i^2 = -1)$

ex.5.8 次を計算せよ．
  (i) $(2i)(3i)$　(ii) $(-i)(6i)$　(iii) $(2-i)(3i)$　(iv) $(3+2i)(-2i)$
  (v) $(2i)^2$　(vi) $(2i)^3$　(vii) $(1-i)(3+2i)$　(viii) $(5)(2i)^4$

ex.5.9 複素数 $\alpha = 1+i, \beta = 2-3i,$ について，次を求めよ．
  (i) $\overline{\alpha}$　(ii) $\alpha\overline{\alpha}$　(iii) α^2　(iv) $\alpha+\overline{\alpha}$　(v) $\alpha-\overline{\alpha}$
  (vi) $\alpha+\beta$　(vii) $\alpha\beta$　(viii) $\dfrac{1}{\alpha}$　(ix) $\dfrac{\beta}{\alpha}$　(x) $3\alpha-2\beta$

ex.5.10 1234, 23456, 12 の最大公約数と最小公倍数を求めよ．

ex.5.11 1994328 を素因数分解せよ．

ex.5.12 $2^{247} - 1$ は素数であるかを調べよ．素数でなければその素因数分解を求めよ．

ex.5.13 100 以上 500 以下の素数をすべて求めよ．

ex.5.14 $n = 1, 2, 3, 4, 5, 6$ のとき，$2^{2^n} + 1$ は素数かを調べ，合成数であるときはその素因数分解を求めよ．n が自然数のとき，$2^{2^n} + 1$ を**フェルマー数** (Fermat number) とよぶ．

ex.5.15 $n^2 + n + 41$ の n に順に整数をいれていくと素数になるか実際に確かめてみよ．また，$n^2 - 79n + 1601$ の場合はどうか．

ex.5.16 $(x + y + z)^2 - 2(xy + yz + zx)$ を簡単にせよ．

ex.5.17 次の式を展開せよ．
 (i) $(x - 2)(x + 2)$ (ii) $(x - 2)(x + 9)$ (iii) $(2x + 3)(3 + 6x)$
 (vi) $(7x + 12)(-2x - 5)$ (v) $(x + y - z)(x + y + z)$
 (vi) $(2x + 3y)^2(2x - 3y)$ (vii) $(x - 2y + z)^2$ (viii) $(2x + 3y + z)^3$
 (ix) $(2x + 3y)^4$ (x) $(a + b + c)(a^2 + b^2 + c^2 - bc - ca - ab)$

ex.5.18 $n = 2, 3, 4, 5, 6, 7$ のとき，$(a + b)^n$ を展開せよ．

ex.5.19 次の式を因数分解せよ．
 (i) $x^2 - 4x + 4$ (ii) $4x^2 - 4x - 3$ (iii) $x^2 + y^2 - 2xy + yz - xz$
 (iv) $a^2(b - c) + b^2(c - a) + c^2(a - b)$ (v) $x^4 - 13x^2 + 36$
 (vi) $a^3 + b^3 + c^3 - 3abc$ (vii) $(x + y)(y + z)(z + x) + xyz$

ex.5.20
$$x^n - y^n = (x - y)(x^{n-1} + x^{n-2}y + x^{n-3}y^2 + \cdots + xy^{n-2} + y^{n-1})$$
となることを $n = 1$ から 8 までで確かめよ．

ex.5.21 $x^4 + 2x^3 - 3x^2 + 4x + 5$ を $(x - 5)$ で割ったときの商と余りを求めよ．

ex.5.22 $x^3 + 4x^2 + x - 6, x^3 + 2x^2 - 5x - 2$ の最大公約数と最小公倍数を求めよ．

ex.5.23 $x^{10} - 1$ を $x^2 - 1$ で割ったときの商と余りを求めよ．

ex.5.24 $\dfrac{x^2 - 1}{x^3 - x} + \dfrac{3}{2x + 5}$ を簡単にせよ．

ex.5.25 $\dfrac{1}{x + 2} - \dfrac{x + 1}{x + 3} + \dfrac{x + 2}{x + 4}$ を簡単にせよ．

ex.5.26 $\dfrac{5}{1 - \dfrac{1}{1 + \dfrac{5}{x}}}$ を簡単にせよ．

ex.5.27 $\dfrac{-2}{(x + 1)(x^2 + 1)}$ を部分分数で表せ．

ex.5.28 $a^2 + b^2 = c^2$ を満たす正の整数の組 (a, b, c) を**ピタゴラス数** (Pythagoras number) とよぶ．これは直角三角形の 3 辺の関係である．
次を入力してみよ．
```
Cases[Flatten[Table[{i,j,k},{i,10},{j,30},
  {k,30}]],2], x_ /;
  x[[1]]^2+x[[2]]^2==x[[3]]^2
```

第 6 章
方程式の解法

In[1]:= `ExampleData[{"Geometry3D","MoebiusStrip"}]`

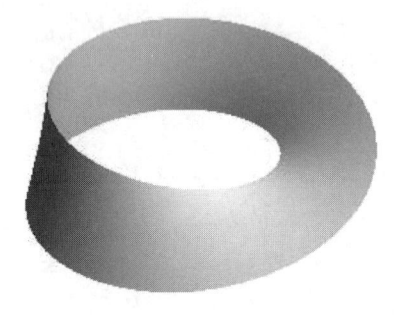

6.1 1次方程式

6.1.1 1次方程式の解き方

a, b を定数とし，方程式

$$ax + b = 0$$

で $a \neq 0$ のとき，これを x についての **1次方程式** (linear equation) という．x についての方程式をみたす x の値をその方程式の**解** (solution) または**根** (root) といい，方程式の解をすべて求めることを「方程式を解く」という．

この1次方程式の解は，

$$x = -\frac{b}{a}$$

である．

NOTE: (i) $a = 0$ でかつ $b = 0$ のとき，解は任意の数であり，この方程式は**不定** (indeterminate) であるという．

(ii) $a = 0$ でかつ $b \neq 0$ のとき，解は存在しない．

このとき，この方程式は**不能** (inconsistent) であるという．

Solve[方程式, x]	方程式の x についての解を求める．
x /. 解	x 解の値のみのリストを作る
式 /. の解	x 解の値を式に代入する
	方程式は左辺 == 右辺の形で表す．
Reduce[方程式, x]	方程式を簡約する形での x についての解を求める

```
In[1]:= Solve[a x + b == 0,x]
```
$Out[1] = \left\{ \left\{ x \to -\dfrac{b}{a} \right\} \right\}$

```
In[2]:= Reduce[a  x + b == 0,x]
```
$Out[2] = (\text{b} == 0 \ \&\& \ \text{a} == 0) \ || \ (\text{a} \ != 0 \ \&\& \ \text{x} == -\dfrac{b}{a})$

NOTE: Solve では，$a \neq 0$ と仮定しているが，Reduce では，条件を明示している．

例 $2x+3=0$ を x について解く．また，$-5-2y=3$ を y について解く．

In[3]:= `Solve[2x+3==0,x]`
Out[3]= $\left\{\left\{x \to -\dfrac{3}{2}\right\}\right\}$
In[4]:= `N[%]`
Out[4]= $\{\{\text{x} -> -1.5\}\}$
In[5]:= `x /. %`
Out[5]= $\{-1.5\}$
In[6]:= `Solve[-5-2y==3,y]`
Out[6]= $\{\{\text{y} -> -4\}\}$
In[7]:= `Reduce[-5-2y==3,y]`
Out[7]= $\text{y}== -4$

例 $-5x+2=6$ を x について解く．得られた解をもとの式に代入し検算する．

In[8]:= `Solve[-5x+2 ==6,x]`
Out[8]= $\left\{\left\{x \to -\dfrac{4}{5}\right\}\right\}$
In[9]:= `-5x+2 /. %`
Out[9]= $\{6\}$

例 $5x+2=6$ を変形すると $5x-4=0$ となる．$y=5x-4$ のグラフから，解 $x=4/5$ はその直線と x 軸との交点であることがわかる．

In[10]:= `Plot[5x-4,{x,0,1}, AxesLabel->{"x","y"}]`

6.2 2次方程式

6.2.1 2次方程式の解き方

a, b, c を定数とし，$a \neq 0$ のとき，

$$ax^2 + bx + c = 0$$

を x についての **2次方程式** (quadratic equation) という．

$$ax^2 + bx + c = a(x - \alpha)(x - \beta) = 0$$

の形に左辺が因数分解できれば解は $x = \alpha, x = \beta$ である．

一般に，**解の公式**を使うと，解は

$$x = \frac{-b \pm \sqrt{b^2 - 4ac}}{2a}.$$

In[11]:= `Expand[a*(x+b/(2 a))^2]`
Out[11]= $\dfrac{b^2}{4a} + bx + ax^2$
In[12]:= `%-(b^2-4*a*c)/(4a)`
Out[12]= $\dfrac{b^2}{4a} - \dfrac{b^2 - 4ac}{4a} + bx + ax^2$
In[13]:= `Factor[%]`
Out[13]= $c + bx + ax^2$

すなわち，

$$a\left(x + \frac{b}{2a}\right)^2 - \frac{b^2 - 4ac}{4a} = ax^2 + bx + c.$$

$ax^2 + bx + c = 0$ より，

$$a\left(x + \frac{b}{2a}\right)^2 = \frac{b^2 - 4ac}{4a}.$$

両辺の平方根を求めれば，解の公式が得られる．

In[14]:= `Sqrt[(b^2-4*a*c)/(4a^2)]-b/(2a)//PowerExpand`
Out[14]= $-\dfrac{b}{2a} + \dfrac{\sqrt{b^2 - 4ac}}{2a}$

```
In[15]:= Factor[%]
```
$$Out[15] = \frac{-b+\sqrt{b^2-4ac}}{2a}$$
```
In[16]:= -Sqrt[(b^2-4*a*c)/(4a^2)]-b/(2a)//PowerExpand
```
$$Out[16] = -\frac{b}{2a} - \frac{\sqrt{b^2-4ac}}{2a}$$
```
In[17]:= Factor[%]
```
$$Out[17] = -\frac{b+\sqrt{b^2-4ac}}{2a}$$
```
In[18]:= Solve[a x^2 + b x + c==0,x]
```
$$Out[18] = \left\{x \to \frac{-b-\sqrt{b^2-4ac}}{2a}\right\}, \left\{x \to \frac{-b+\sqrt{b^2-4ac}}{2a}\right\}$$
```
In[19]:= Reduce[a x^2 + b x + c==0,x]
```
$$Out[19] = \left(a \neq 0 \&\& \left(x == \frac{-b-\sqrt{b^2-4ac}}{2a} || x == \frac{-b+\sqrt{b^2-4ac}}{2a}\right)\right)$$
$$|| \left(a == 0 \&\& b \neq 0 \&\& x == -\frac{c}{b}\right) || (c == 0 \&\& b == 0 \&\& a == 0)$$

例　$2x^2 + 3x - 1 = 0$ の解は，$x = \dfrac{-3 \pm \sqrt{17}}{4}$ である．このように解が実数のものを**実数解**（**実解**）という．

```
In[20]:= Solve[2x^2+3x-1 ==0,x]
```
$$Out[20] = \left\{x \to \frac{1}{4}\left(-3-\sqrt{17}\right)\right\}, \left\{x \to \frac{1}{4}\left(-3+\sqrt{17}\right)\right\}$$

例　$x^2 - 4x + 4 = 0$ の解は，$x = 2$ である．このように 2 つの解が同じ値のものを**重複解**（または，**重根**，**重解**）という．

```
In[21]:= Solve[x^2-4x+4 ==0,x]
Out[21]= {{x -> 2}, {x -> 2}}
```

例　$x^2 + 2x + 2 = 0$ の解は，$x = -1 \pm i$．このように解が複素数のものを**虚数解**という．実数の範囲では解は存在しない．

```
In[22]:= Solve[x^2+2x+2==0,x]
```
$Out[22] = \{\{x \to -1-i\}, \{x \to -1+i\}\}$
```
In[23]:= Reduce[x^2+2x+2==0,x,Reals]
Out[23]= False
In[23]:= Reduce[x^2+2x+2==0,x]
```

```
Out[23]= x == −1−I||x== −1+I
```

6.2.2 判別式

a, b, c を定数とし,$a \neq 0$ のとき,2 次方程式

$$ax^2 + bx + c = 0$$

の解が実数であるか虚数であるかは $b^2 - 4ac$ の符号をみればわかる.

$D = b^2 - 4ac$ をこの方程式の**判別式** (discriminat) といい,

(i) $D > 0 \Leftrightarrow$ 異なる 2 つの実数解.
(ii) $D = 0 \Leftrightarrow$ 重複解(重根)(重複した実数解).
(iii) $D < 0 \Leftrightarrow$ 異なる 2 つの虚数解.

例 $x^2 = 2$,$x^2 = -2$,$(x-1)^2 = 0$ を x について解く.

```
In[1]:= Solve[x^2==2,x]
```
Out[1]= $\{x \to -\sqrt{2}\}, \{x \to \sqrt{2}\}$
```
In[2]:= Solve[y^2==-2,y]
```
Out[2]= $\{\{y \to -i\sqrt{2}\}, \{y \to i\sqrt{2}\}\}$
```
In[3]:= Solve[(x-1)^2==0,x]
```
Out[3]= {{x −> 1}, {x −> 1}}

下のグラフから x 軸と $y = x^2 - 2$ のグラフの交点が $x^2 = 2$ の解であることがわかる.この判別式は $D = 8$ であり,$D > 0$.しかし,$y = x^2 + 2$ の曲線は x 軸とは交わらない.このときの方程式の判別式 $D = -8$ で $D < 0$,解は複素数である.また,$y = (x-1)^2$ の曲線は x 軸とただ 1 点,解である $x = 1$ で交わり(接し),このときの判別式は $D = 0$ である.

```
In[4]:= Plot[{x^2-2,x^2+2,(x-1)^2},{x,-1.5,2},
 AxesLabel->{"x","y"},
 PlotStyle->{GrayLevel[0],
 Dashing[{.05}],Dashing[{.01}]}]
```

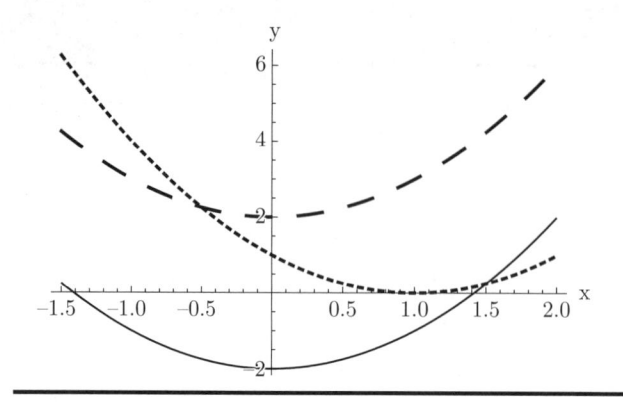

例　$2x^2 - 3x + 1 = 0$ を x について解く．得られた解をもとの式に代入して検算する．

```
In[5]:= Solve[2x^2-3x+1==0,x]
```
Out[5]= $\left\{\left\{x \to \dfrac{1}{2}\right\}, \{x \to 1\}\right\}$
```
In[6]:= 2x^2-3x+1 /. %
```
Out[6]= $\{0, 0\}$

例　$4x^2 - 12x - 47 = 0$ を x について解く．得られた解をもとの式に代入して検算する．

```
In[7]:= Solve[4x^2-12x-47==0,x]
```
Out[7]= $\left\{\left\{x \to \dfrac{1}{2}\left(3 - 2\sqrt{14}\right)\right\}, \left\{x \to \dfrac{1}{2}\left(3 + 2\sqrt{14}\right)\right\}\right\}$
```
In[8]:= N[%]
```
Out[8]= $\{\{x -> -2.24166\}, \{x -> 5.24166\}\}$
```
In[9]:= 4x^2-12x-47 /. %%
```
Out[9]= $\left\{-47 - 6(3 - 2\sqrt{14}) + (3 - 2\sqrt{14})^2, -47 - 6(3 + 2\sqrt{14}) + (3 + 2\sqrt{14})^2\right\}$
```
In[10]:= Simplify[%]
```
Out[10]= $\{0, 0\}$

例　$3x^2 - 2x + 1 = 0$ を x について解く．得られた解をもとの式に代入して検算する．

```
In[11]:= Solve[3x^2-2x+1==0,x]
```
Out[11]= $\left\{\left\{\left\{x \to \dfrac{1}{3}(1 - i\sqrt{2})\right\}, \left\{x \to \dfrac{1}{3}(1 + i\sqrt{2})\right\}\right\}\right\}$

```
In[12]:= N[%]
```
$Out[12]= \{\{x \to 0.333333 - 0.471405i\}, \{x \to 0.333333 + 0.471405i\}\}$
```
In[13]:= 3x^2-2x+1 /. %%
```
$Out[13]= \left\{1 - \frac{2}{3}(1-i\sqrt{2}) + \frac{1}{3}(1-i\sqrt{2})^2, 1 - \frac{2}{3}(1+i\sqrt{2}) + \frac{1}{3}(1+i\sqrt{2})^2\right\}$
```
In[14]:= Simplify[%]
```
$Out[14]= \{0, 0\}$

6.2.3 2次方程式の解と係数の関係

2次方程式 $ax^2 + bx + c = 0$ の解を α, β とすると，その解と係数の間に次の関係がある．

$$\alpha + \beta = -\frac{b}{a}, \quad \alpha\beta = \frac{c}{a}.$$

例 $2x^2 - 5x - 3 = 0$ の解を求め，解と係数の関係を調べよ．

```
In[1]:= Solve[2x^2-5x-3==0,x]
```
$Out[1]= \left\{\left\{x \to -\frac{1}{2}\right\}, \{x \to 3\}\right\}$
```
In[2]:= xsol=x /. %
```
                               (* 変数 xsol に解の値のリストを代入 *)
$Out[2]= \left\{-\frac{1}{2}, 3\right\}$
```
In[3]:= xsol[[1]]+xsol[[2]]
```
                               (* 解1+ 解2 *)
$Out[3]= \frac{5}{2}$
```
In[4]:= xsol[[1]]*xsol[[2]]
```
                               (* 解1× 解2 *)
$Out[4]= -\frac{3}{2}$

6.3 高次方程式

6.3.1 高次方程式の解き方

$n \geq 3$ のときの高次方程式

$$a_n x^n + a_{n-1} x^{n-1} + \cdots + a_1 x + a_0 = 0, \quad a_n \neq 0$$

の解[1]は，*Mathematica* で解けることもあるが代数的に解けないものもある．解

---

[1] 代数学の基本定理 (Fundamental theorem of algebra) によると，係数が複素数の n 次方程式には複素数の範囲で解があり，ちょうど n 個の根がある（重複しているものは別々に数える）．

が具体的に見つからない場合は，

$$\{x \to \mathrm{Root}[方程式, 1]\}, \ldots$$

の形で表示される．しかし，この場合でも N[ ] などを用いて（近似）数値解を求めることはできる．

NSolve[多項式 $== 0, x$]　　x について（近似）数値解
NSolve[多項式 $== 0, x, n$]　n 桁の数値近似解

例　方程式 $x^3 - 2x + 4 = 0$ の解は $x = -2, 1-i, 1+i$ である．グラフより，実数解は x 軸との交点であることがわかる．

```
In[1]:= Solve[x^3-2x+4==0,x]
```
$Out[1] = \{\{x \to -2\}, \{x \to 1-i\}, \{x \to 1+i\}\}$
```
In[2]:= Plot[x^3-2x+4,{x,-3,3}, AxesLabel->{"x","y"}]
```

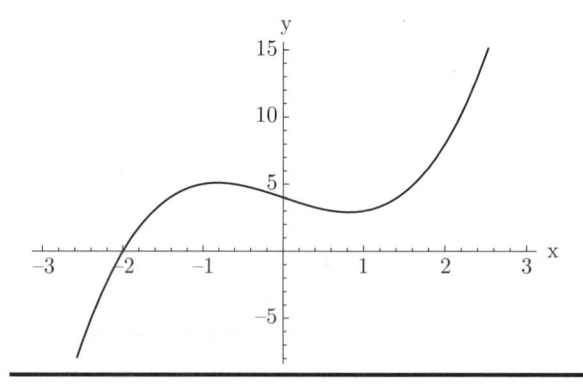

例　方程式 $x^5 - 4x^3 + 3x - 25 = 0$ は近似数値解しか得られない．

```
In[3]:= Solve[x^5-4x^3+3x-25==0,x]
```
$Out[3] = \{\{\mathrm{x-} > \mathrm{Root}[-25 + 3\#1 - 4\#1\verb|^|3 + \#1\verb|^|5\&, 1]\},$
　$\{\mathrm{x-} > \mathrm{Root}[-25 + 3\#1 - 4\#1\verb|^|3 + \#1\verb|^|5\&, 2]\},$
　$\{\mathrm{x-} > \mathrm{Root}[-25 + 3\#1 - 4\#1\verb|^|3 + \#1\verb|^|5\&, 3]\},$
　$\{\mathrm{x-} > \mathrm{Root}[-25 + 3\#1 - 4\#1\verb|^|3 + \#1\verb|^|5\&, 4]\},$
　$\{\mathrm{x-} > \mathrm{Root}[-25 + 3\#1 - 4\#1\verb|^|3 + \#1\verb|^|5\&, 5]\}\}$
```
In[4]:= N[%]
```
$Out[4] = \{\{x- > 2.32924\},$
　$\{\mathrm{x-} > -1.87824 - 0.865971 i\},$

{x- > -1.87824 + 0.865971𝕚},
{x- > 0.713622 - 1.41415𝕚},
{x- > 0.713622 + 1.41415𝕚}}
In[5]:= `NSolve[x^5-4x^3+3x-25==0,x]`
Out[5]= {{x- > -1.87824 - 0.865971𝕚},
{x- > -1.87824 + 0.865971𝕚},
{x- > 0.713622 - 1.41415𝕚},
{x- > 0.713622 + 1.41415𝕚}, {x- > 2.32924}}

6.4 いろいろな方程式

6.4.1 いろいろな方程式の解き方

Solve を用いて代数的に解が得られなければ，NSolve を用いて，(近似) 数値解を求める．また，解の値をある任意の値 (初期値) から，FindRoot を用いて探す方法もある．

FindRoot[方程式, $\{x, a\}$]	x についての解を $x = a$ を初期値として数値近似解を探す
FindRoot[方程式, $\{x, \{x_0, x_1\}\}$]	x についての解を $x = x_0$, $x = x_1$ を初期値として数値近似解を探す
FindRoot[方程式, $\{x, x_0, a, b\}$]	x についての解を $x = x_0$ を初期値として数値近似解を探す．ただし，解が (a, b) の範囲をこえたら止める．

方程式の代わりに関数 f が与えられたときは，$f(x) = 0$ を満たす数値根 x を求める．

例 $\dfrac{2x-5}{x^2+2} + \dfrac{4}{x^2-4} = \dfrac{1}{x-2}$ の解を求める．

In[1]:= `Solve[(2x-5)/(x^2+2)+4/(x^2-4)==1/(x-2),x]`
Out[1]= {{x- > -3}, {x- > 4}}
In[2]:= `Plot[(2x-5)/(x^2+2)+4/(x^2-4)-1/(x-2),{x,-4,6},`
 `AxesLabel->{"x","y"}]`

第6章 方程式の解法

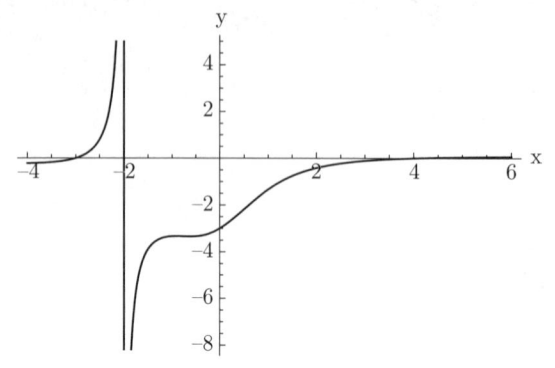

```
In[3]:= Plot[(2x-5)/(x^2+2)+4/(x^2-4)-1/(x-2),{x,-4,-2.5},
 PlotRange->{-1,1}, AxesLabel->{"x","y"}]
```

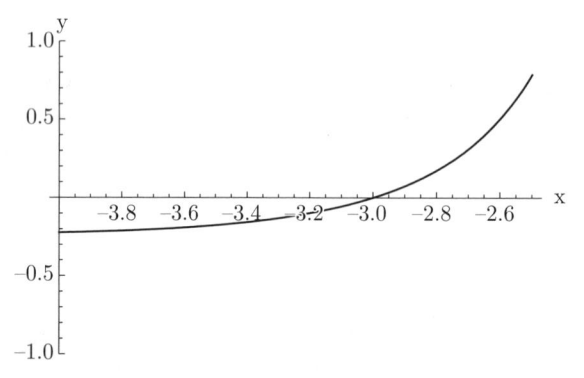

```
In[4]:= Plot[(2x-5)/(x^2+2)+4/(x^2-4)-1/(x-2),{x,3,5},
 PlotRange->{-0.5,0.5},
 AxesLabel->{"x","y"}]
```

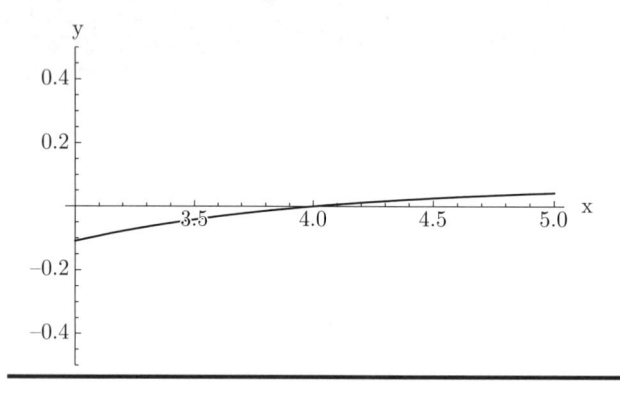

例　$\sqrt{x^4+2x+6}-6=0$ の数値（近似）解を求める．まずグラフより，x 軸との交点が $x=-2,+2$ の近くにあることがわかるので，$x=-2$ または $x=+2$ より，解を探しはじめる．

```
In[5]:= Plot[Sqrt[x^4+2x+6]-6,{x,-3,3}, AxesLabel->{"x","y"}]
```

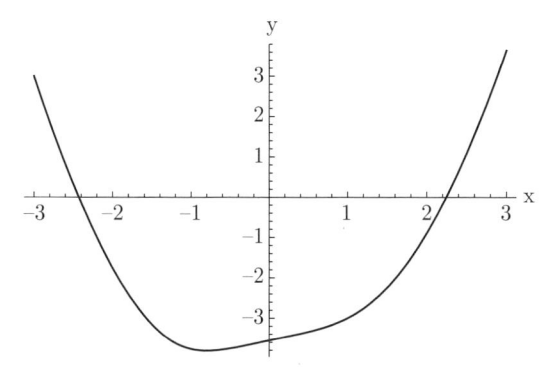

```
In[6]:= FindRoot[Sqrt[x^4+2x+6]-6,{x,-2}]
```
Out[6]= {x-> -2.42986}
```
In[7]:= Sqrt[x^4+2x+6]-6/.%
```
Out[7]= 0.
```
In[8]:= FindRoot[Sqrt[x^4+2x+6]-6,{x,2}]
```
Out[8]= {x-> 2.24729}

この場合は，NSolve を用いて，すべての解の近似値を得ることができる．

```
In[9]:= NSolve[Sqrt[x^4+2x+6]-6==0,x]
```
Out[9]= {{x-> -2.42986},
{x-> 0.0912867 + 2.34213i},
{x-> 0.0912867 - 2.34213i}, {x-> 2.24729}}
```
In[10]:= Sqrt[x^4+2x+6]-6 /. %
```
Out[10]=
{$3.55271 \times 10^{-15}, 8.88178 \times 10^{-16} + 2.22045 \times 10^{-15}i$,
$8.88178 \times 10^{-16} - 2.22045 \times 10^{-15}i, -2.66454 \times 10^{-15}$}

例 $\cos(\sin(x^2+1)) = 0.7$ の解を求める．

グラフより，解の値の見当を付け，FindRoot で求める．

```
In[11]:= Plot[Cos[Sin[x^2+1]]-0.7,{x,-2,2}, AxesLabel->{"x","y"}]
```

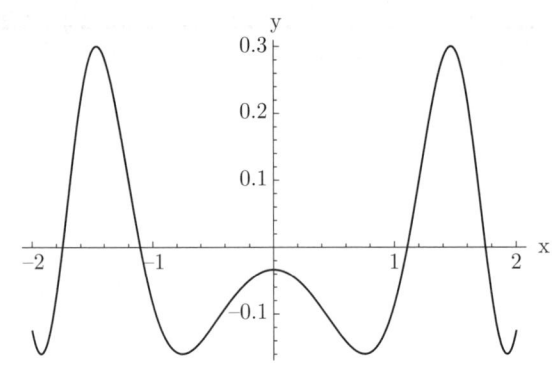

```
In[12]:= FindRoot[Cos[Sin[x^2+1]]-0.7,{x,-1}]
Out[12]= {x-> -1.10541}
In[13]:= FindRoot[Cos[Sin[x^2+1]]-0.7,{x,-2}]
Out[13]= {x-> -2.0889}
In[14]:= FindRoot[Cos[Sin[x^2+1]]-0.7,{x,1}]
Out[14]= {x-> 1.10541}
In[15]:= FindRoot[Cos[Sin[x^2+1]]-0.7,{x,2}]
Out[15]= {x-> 2.0889}
```

6.5 連立方程式

6.5.1 連立方程式の解き方

a, b, c, d, k, l が定数のとき,

$$\begin{cases} ax + by = k \\ cx + dy = l \end{cases}$$

を x, y についての**連立 1 次方程式** (simultaneous linear equations) という. 未知の変数が 2 個以上の場合や, 方程式が 3 つ以上の場合も同様に連立方程式を定めることができる.

また, ある連立方程式に解がない場合は, この連立方程式は**不能**であるといい, 解が無数にある場合は, **不定**であるという.

$F(x, y) = 0, G(x, y) = 0$ をそれぞれ方程式とするとき, 連立方程式

$$\begin{cases} F(x, y) = 0 \\ G(x, y) = 0 \end{cases}$$

の解は次で求めることができる.

6.5 連立方程式

Solve[{F(x,y)==0, G(x,y)==0}, {x,y}]
一般に，
Solve[{ 方程式 $_1$, 方程式 $_2$,... }, {x,y,...}]　　連立方程式を $x,y,...$ について解く

NSolve[{ 方程式 $_1$, 方程式 $_2$,... }, {x,y,...}]　　連立方程式の $x,y,...$ について解の近似値を求める

FindRoot[{ 方程式 $_1$, 方程式 $_2$,... }, {{x,a},{y,b},...}]　　連立方程式解を $x=a, y=b,...$ を初期値とし解を探す

Eliminate[{ 方程式 $_1$, 方程式 $_2$,... }, {x,y,...}]　　連立方程式から $x,y,...$ を消去する

Reduce[{ 方程式 $_1$, 方程式 $_2$,... }, {x,y,...}]　　連立方程式を $x,y,...$ について変形し簡約化して解を探す

例　連立方程式 $\begin{cases} x+y=0 \\ x-y=4 \end{cases}$ を解く．その解は直線 $y=-x, y=x-4$ の交点である．

```
In[1]:= Solve[{x+y==0,x-y==4},{x,y}]
Out[1]= {{x-> 2, y-> -2}}
In[2]:= Plot[{-x,x-4},{x,0,4}, AxesLabel->{"x","y"}]
```

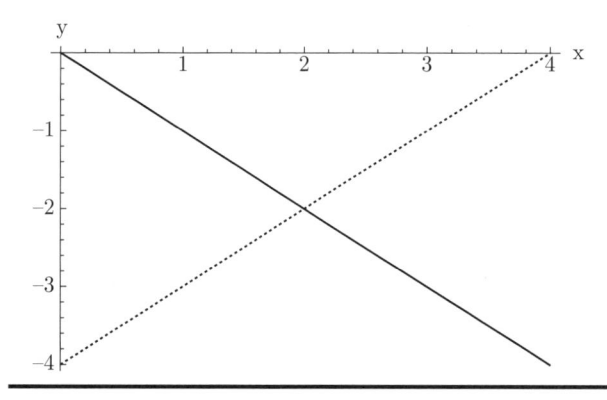

例　連立方程式 $\begin{cases} -x+y=0 \\ x-y=4 \end{cases}$ を解く．これは不能である．$y=x$ と $y=x-4$ の直線は平行であり，どこでも交わらない．

```
In[3]:= Solve[{-x+y==0,x-y==4},{x,y}]
```

```
Out[3]= {}
In[4]:= Plot[{x,x-4},{x,0,4},AxesLabel->{"x","y"}]
```

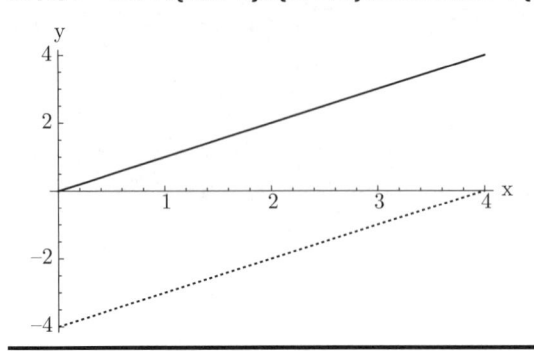

[グラフ]

例　連立方程式 $\begin{cases} x+y=0 \\ -2x-2y=0 \end{cases}$ を解く．解は無数にあり（$y=-x$ である実数の組はすべて解である），この連立方程式は不定である．$y=-x$ も $2y=-2x$ も同じ直線である．

```
In[5]:= Solve[{x+y==0,-2x-2y==0},{x,y}]
  Solve::svars: 方程式はすべての "solve" 変数に対しては解を与えない可能性
  があります. >>
Out[5]= {{x->-y}}
In[6]:= Reduce[{x + y == 0, -2x - 2y == 0}, {x, y}]
Out[6]= y==-x
```

例　連立方程式 $\begin{cases} x^2-2y=2 \\ x-y=1 \end{cases}$ を解く．その解はそれぞれのグラフの交点である．

```
In[7]:= Solve[{x^2-2y==2,x-y==1},{x,y}]
Out[7]= {{x->0,y->-1},{x->2,y->1}}
In[8]:= Plot[{x^2/2-1,x-1},{x,-1,3},AxesLabel->{"x","y"}]
```

6.5 連立方程式

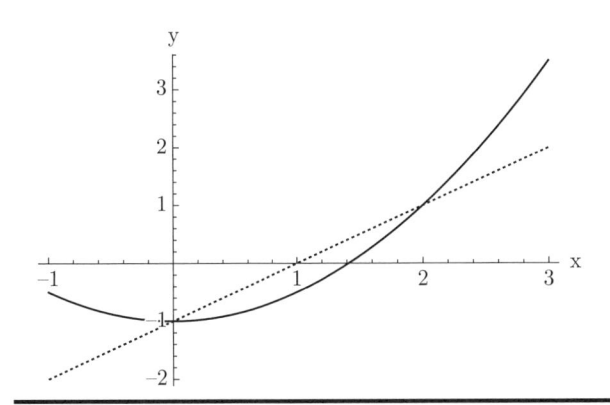

例　連立方程式 $\begin{cases} x-y+z=1 \\ y+2z=3 \\ -x+z=4 \end{cases}$ を解く．また，x を消去する．

In[9]:= `Solve[{x-y+z==1,y+2z==3,-x+z==4},{x,y,z}]`
Out[9]= $\{\{x->-2, y->-1, z->2\}\}$
In[10]:= `Eliminate[{x-y+z==1,y+2z==3,-x+z==4},x]`
Out[10]= $y==-1 \&\& 2z==5+y$
In[11]:= `Eliminate[{x-y+z==1,y+2z==3,-x+z==4},{x,y}]`
Out[11]= $z==2$
In[12]:= `Eliminate[%10, y]`
Out[12]= $z==2$
In[13]:= `Reduce[{x-y+z==1,y+2z==3,-x+z==4},x]`
Out[13]= $z==2 \&\& y==-1 \&\& x==-2$
In[14]:= `Reduce[{x-y+z==1,y+2z==3,-x+z==4},{x,y,z}]`
Out[15]= $x==-2 \&\& y==-1 \&\& z==2$
In[16]:= `Reduce[%13,{x,y,z}]`
Out[16]= $x==-2 \&\& y==-1 \&\& z==2$

例　連立方程式 $\begin{cases} x^5 - 3y^2 = 2 \\ x - 2y = 1 \end{cases}$ を解く．

In[17]:= `NSolve[{x^5-3y^2==2,x-2y==1},{x,y}]`
Out[17]= $\{x \to 1.15065, y \to 0.0753235\},$
　$\{x \to 0.45057 - 1.0135\,\mathbb{i}, y \to -0.274715 - 0.506752\,\mathbb{i}\},$
　$\{x \to 0.45057 + 1.0135\,\mathbb{i}, y \to -0.274715 + 0.506752\,\mathbb{i}\},$
　$\{x \to -1.02589 - 0.943544\,\mathbb{i}, y \to -1.01295 - 0.471772\,\mathbb{i}\},$

$\{x \to -1.02589 + 0.943544\,\hat{i}, y \to -1.01295 + 0.471772\,\hat{i}\}\}$

例　連立方程式 $\begin{cases} \sin x = y \\ \cos y = x \end{cases}$ を解く．

```
In[18]:= FindRoot[{Sin[x]==y,Cos[y]==x},{x,1},{y,1}]
Out[18]= {x-> 0.768169,y-> 0.69482}
In[19]:= {Sin[x],Cos[y]} /. %
Out[19]= {0.69482,0.768169}
```

6.6　不等式

6.6.1　不等式の性質

a, b, c を実数とする．

(i)　　$a > b, b > c$ ならば，$a > c$．

(ii)　　$a > b$ ならば，$a + c > b + c, a - c > b - c$．

(iii)　　$a > b, c > 0$ ならば，$ac > bc, \dfrac{a}{c} > \dfrac{b}{c}$．

(iv)　　$a > b, c < 0$ ならば，$ac < bc, \dfrac{a}{c} < \dfrac{b}{c}$．

NOTE:　(i)　　$a > b$ ということは $a - b > 0$ と同じことであり，

(ii)　　$a = b$ ということは $a - b = 0$ と同じことであり，

(iii)　　$a < b$ ということは $a - b < 0$ と同じことである．

(iv)　　$a > b, c > d$ ならば，$a + c > b + d$

(v)　　$a > b > 0, c > d > 0$ ならば，$ac > bd$

(vi)　　$a > 0, b > 0$ ならば，$ab > 0$，

　　　$a > 0, b < 0$ ならば，$ab < 0$，

　　　$a < 0, b < 0$ ならば，$ab > 0$

6.6 不等式

> Reduce[{ 不等式, x]　　　x について不等式を解く
> 一般に,
> Reduce[{ 不等式$_1$, 不等式$_2$,...}, {x, y,...}]　　　不等式を x, y,... について解く
>
> Reduce[{ 不等式$_1$, 不等式$_2$,...}, {x, y,...}], 領域]　　　不等式を x, y,... について領域で解く. 領域は Reals, Integers, Complexes など.

例　$2x > x + 2$ は不等式の性質を使って, $x > 2$ となる.

```
In[1]:= Reduce[2x>x+2,x]
```
$Out[1]:= x > 2$

例　$2x^2 - 5x - 3 \geq 0$ の不等式の解は $x < -1/2$, または, $x > 3$ である.

```
In[2]:= Reduce[{2x^2-5x-3>=0},x]
```
$Out[2]:= x \leq -\dfrac{1}{2} || x \geq 3$　　　　　($^*x \leq -1/2$ または $x \geq 3^*$)
```
In[3]:= Plot[2x^2-5x-3,{x,-1,4}]
```

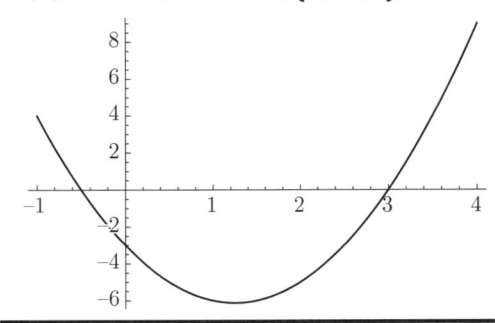

例　$2x^3 + 5x^2 - 4 < x + 2$ の不等式の解は $x < -2$ または $-3/2 < x < 1$.

```
In[4]:= Reduce[2x^3+5x^2-4<x+2,x]
```
$Out[4] = x < -2 || -\dfrac{3}{2} < x < 1$

例　$2x^2 - 5x - 3 \geq 0$ かつ $x \geq 0$ の不等式の解は $x \geq 3$ である.

```
In[5]:= Reduce[{2x^2-5x-3>=0,x>0},x]
```

```
Out[5]:= x ≥ 3
```

同様なことは論理記号を用いて次のようにできる.

```
In[6]:= Reduce[2x^2-5x-3>=0&&x>0,x]
Out[6]:= x ≥ 3
```

例 $x+y-3 \geq 0$ かつ $x-y > 1$ の不等式の解は $x \geq 2$ かつ $3-x \leq y < x-1$ である.また,$x+y-3 \geq 0$ または $x-y > 1$ の不等式の解は $x < 2$ かつ $(3-x \leq y$ または $y < x-1$ である) かまたは $x \geq 2$.

```
In[7]:= Reduce[x+y-3>=0&&x-y>1,{x,y}]
Out[7]:= x > 2&&3 - x ≤ y < -1 + x
In[8]:= Reduce[x+y-3>=0||x-y>1,{x,y},Reals]
Out[8]:= (x < 2&&(y < -1 + x || y ≥ 3 - x)) || x ≥ 2
In[9]:= RegionPlot[x-y>1 || x+y-3>=0,
  {x,-1,3},{y,-3,4}]      (* x+y-3=0, x-y=1 のグラフを描く *)
```

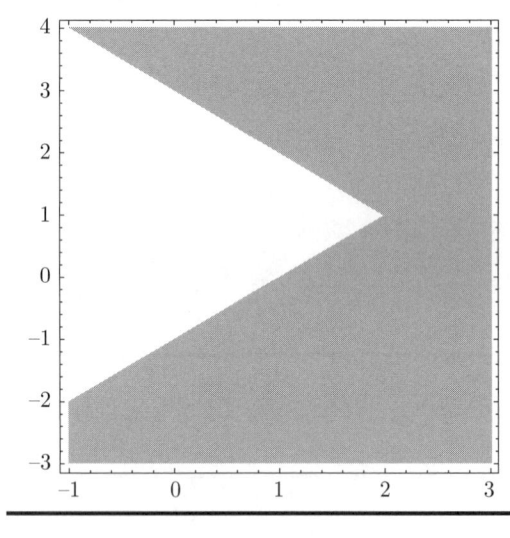

6.6.2 いくつかの不等式

(i) 相加平均と相乗平均

a, b が正の数のとき,

$$(\sqrt{a} - \sqrt{b})^2 = a - 2\sqrt{ab} + b \geq 0.$$

これより，
$$\frac{a+b}{2} \geq \sqrt{ab}.$$
ただし，等号が成り立つのは $a=b$ のときに限る．つまり，

相加平均 (arithmetic mean) $\geq$ 相乗平均 (geometric mean).

(ii) (i) を一般化すると，次が成り立つ．
$x_1, x_2, \ldots, x_n$ を正の数とする．
$$\frac{x_1+x_2+\cdots+x_n}{n} \geq \sqrt[n]{x_1 x_2 \ldots x_n}$$
ただし，等号が成り立つのは $x_1 = x_2 = \cdots = x_n$ のときに限る[2]．

(iii) コーシー-シュワルツの不等式

```
In[1]:= Factor[(a x+b y)^2+(a y-x b)^2]
Out[1]= (a^2+b^2)(x^2+y^2)
```

実数 a, b, c, d に対して，次が成り立つ．
つまり，
$$(a^2+b^2)(x^2+y^2) \geq (ax+by)^2.$$
ただし，等号が成り立つのは $ay - bx = 0$，すなわち，$a : x = b : y$ のときに限る．

(iv) (iii) の一般化として次が成り立つ．
実数 $x_1, x_2, \ldots, x_n, y_1, y_2, \ldots, y_n,$ について，
$$(x_1^2+x_2^2+\cdots+x_n^2)(y_1^2+y_2^2+\cdots+y_n^2)$$
$$\geq (x_1 y_1 + x_2 y_2 + \cdots + x_n y_n)^2$$
ただし，等号が成り立つのは $x_1 : x_2 : \cdots : x_n = y_1 : y_2 : \cdots : y_n$ のとき（すなわち，ある $k \neq 0$ に対して，$y_1 = kx_1, \ldots, y_n = kx_n$）に限る．

例 ある正の数 x, y で $x + y$ が一定のとき，つまり，$x + y = k$ のとき，相加平均，相乗平均の関係から

---

[2] $\sqrt[n]{a}$ は a の n 乗根を表す．9.2.1 項参照．

$$k = x + y \geq 2\sqrt{xy}$$

となり，xy の最大値は $x = y$ のときでその値は $\dfrac{k^2}{4}$ である．

また，xy が一定のとき，つまり，$xy = k$ のとき，

$$x + y \geq 2\sqrt{xy} = 2\sqrt{k}$$

より，$x = y$ のとき $x + y$ は最小値 $2\sqrt{k}$ をとる．

第6章 問題

ex.6.1 次の方程式を解け．また，それが実際に解であるか確かめよ．
(a) (i) $-3x + 5 = 0$ (ii) $4x + 10 = 0$ (iii) $-2x = 226$
(iv) $21 - 2x = 154$ (v) $x + 3 = 0$ (vi) $1111x + 298761 = -201$

(b) (i) $(x - 2)(x + 3) = 0$ (ii) $(x + 1)(x + 8) = 0$ (iii) $(x + 1)(x - 1) = 3$
(iv) $x^2 + 10x + 25 = 0$ (v) $x^2 - 5x + 6 = 0$ (vi) $x^2 - 2x - 120 = 0$
(vii) $3x^2 + 5x - 8 = 0$ (viii) $321x^2 - 210x + 123 = 0$
(ix) $2x^2 - 6x - 9 = 0$ (x) $1002x^2 + 302x - 2345 = 0$

(c) (i) $x^3 - 2x^2 + x - 2 = 0$ (ii) $20x^3 - 45x - 12 = 0$

ex.6.2 次の方程式について，解と係数の関係を確かめよ．
(i) $x^2 - x + 1 = 0$ (ii) $-24x^2 + 3x - 100 = 0$
(iii) $x^2 - 5x + 6 = 0$ (iv) $x^2 + 5x + 1 = 0$

ex.6.3 次の方程式について，判別式と解を求めよ．また，それぞれについてグラフによる考察もせよ．
(i) $2x^2 - 4x - 6 = 0$ (ii) $2x^2 + 3x + 1 = 0$ (iii) $2x^2 - 4x + 2 = 0$

ex.6.4 3次方程式 $ax^3 + bx^2 + cx + d = 0$ の解を α, β, γ とすると，次のような解と係数の関係がある．

$$\alpha + \beta + \gamma = -\frac{b}{a}, \quad \alpha\beta + \beta\gamma + \gamma\alpha = \frac{c}{a}, \quad \alpha\beta\gamma = -\frac{d}{a}$$

方程式 $3x^3 - 2x^2 + x - 4 = 0$ についてこれを確かめよ．

ex.6.5 次の連立方程式を解け．また，それぞれについてグラフによる考察もせよ．
(i) $\begin{cases} 2x + 6y = 1 \\ -x + y = 3 \end{cases}$ (ii) $\begin{cases} -2x + 6y = 1 \\ x - 3y = 3 \end{cases}$ (iii) $\begin{cases} x + 6y = -1 \\ -3x - 18y = 3 \end{cases}$

ex.6.6 次の方程式の解を求めよ．
(i) $\dfrac{1}{x} = x$ (ii) $\dfrac{1}{x^2 + 1} = 1 - x$ (iii) $\sqrt{x + 1} = x$

ex.6.7 $\sin(x) - 1 + x$ のグラフを描き, $\sin(x) - 1 + x = 0$ の解を求めよ.

ex.6.8 次の方程式の解を求めよ.
(i) $x^5 - 3x^2 + \dfrac{1}{x} = 3$ (ii) $x^2 \sin x = 0.6$

ex.6.9 次の曲線のグラフを描き, x 軸との交点を求めよ.
(i) $y = -32x + 10$ (ii) $y = x^3 - 2x^2 - 1$
(iii) $y = -3x^2 - 2x + 1$ (iv) $y = x^2 - 6x + 9 = 0$
(v) $y = 2x^2 + 5x + 7 = 0$ (vi) $y = x^3 - x^2 + 1 = 0$
(vii) $y = x^3 - x^2 - x + 1 = 0$ (viii) $2x^3 - x2 + 3x - 4 = 0$

ex.6.10 次の不等式を解け.
(i) $x^2 - 9x - 6 > 0$ (ii) $x^2 - x \geq x + 1$
(iii) $x^4 - 3x^2 + x - 4 > x + 2$ (iv) $|x^2 - x| - 2x \geq 0$
(v) $|x^2 - 2x| - x \geq 0$ (vi) $x + 2y \geq 0$ かつ $x > y$

第 7 章
集合・論理・個数の処理

In[1]:= `PolyhedronData["Icosahedron"]`

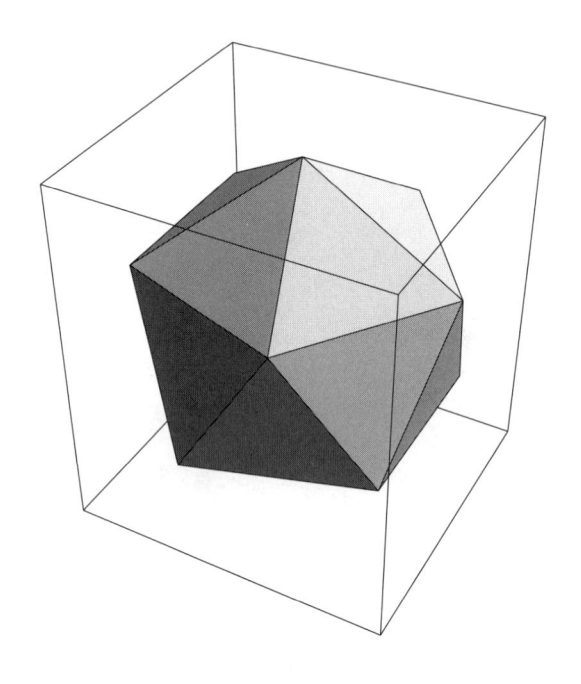

7.1 集合

7.1.1 集合の基礎

自然数全体の集まりであるとか,正の実数の全体であるとか,ある条件を満たすものの集まりを**集合** (set) とよぶ.その集合を構成している 1 つ 1 つのものをその集合の**要素** (element),または**元**(げん)という.

1 から 10 までの自然数の集合を A とすると,

$$A = \{1, 2, 3, 4, 5, 6, 7, 8, 9, 10\}$$

と表す.また,a, b, c, d という要素からなる集合を B とすると,

$$B = \{a, b, c, d\}.$$

一般にある条件 P に適するもの x の集合を

$$\{x|P\} \text{ あるいは } \{x : P\}$$

などと書く.

例えば,5 以下の正の実数の集合を C とすると,

$$C = \{x | x \text{ は実数}, 0 < x \leq 5\}.$$

自然数全体を表す文字として,$\boldsymbol{N}$ がよく使われる.

$$\boldsymbol{N} = \{1, 2, 3, 4, 5, ...\}.$$

また,

$\boldsymbol{Z}$ = 整数の全体,
$\boldsymbol{Q}$ = 有理数の全体,
$\boldsymbol{R}$ = 実数の全体,
$\boldsymbol{C}$ = 複素数の全体,

の文字もよく使われる.以後,特に断りがないときは,数の集合にはこの意味でこれらの文字を使用する.

x が集合 A の要素であることを,記号 $\in$ を用いて

$$x \in A$$

と表す．このとき，「x は集合 A に属する」ともいう．また，x が集合 A の要素でないことを

$$x \notin A$$

と表す．例えば，2 は整数であるから，$2 \in \mathbf{Z}$，π は実数であるが整数ではないので，$\pi \in \mathbf{R}$ であり，$\pi \notin \mathbf{Z}$．

とくに，要素を 1 つももたない集合を**空集合** (empty set) といい，$\emptyset$ で表す．

集合 B の要素がすべて集合 A の要素であるとき，集合 B は集合 A に含まれる，または，集合 A は集合 B を含むといい，

$$B \subset A, \quad A \supset B$$

と書く．このとき，B は A の**部分集合** (subset) であるという．集合 B が集合 A の部分集合であり，A が B にない要素を含んでいるとき，B は A の**真部分集合** (proper subset) であるという[1]．

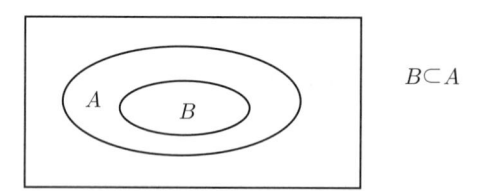

$B \subset A$

NOTE: 集合の間の関係をこのように図にして考えるとわかりやすい．このような図を**ベン図** (Venn diagram) という．

集合 A の要素がすべて集合 B の要素であり，また，集合 B の要素がすべて集合 A の要素でもあるとき，すなわち，

$$A \subset B \quad \text{かつ} \quad B \supset A$$

のとき，集合 A と集合 B は等しいといい，

$$A = B$$

---

[1] B が A の部分集合であることを $B \subseteq A$ と表し，$B \subset A$ を真部分集合のときに使うこともある．また，真部分集合を $B \subsetneq A$ で表すこともある．本書では $B \subset A$ は等号も含めていることとする．

と書く．つまり，2つの集合がまったく同じ要素からなっているとき，それらは等しいという．

例 $A = $ 正の偶数全体の集合 $= \{2n \mid n \in \mathbf{N}\}$.
$B = $ 奇数全体の集合 $= \{2n+1 \mid n \in \mathbf{Z}\}$.
$C = \{x \in \mathbf{R} \mid x^2 = 9\}$. $D = \{-3, 3\}$.
また，$C \subset B, C = D$.

例 区間
a, b を $a < b$ である実数とする．実数全体 $\mathbf{R}$ の部分集合のうち，
$(a, b) = \{x \mid a < x < b\}$, $[a, b] = \{x : a \leq x \leq b\}$,

$(a, b] = \{x \mid a < x \leq b\}$, $[a, b) = \{x : a \leq x < b\}$,

と表し，これらを区間 (interval) といい，特に (a, b) を開区間 (open interval), $[a, b]$ を閉区間 (closed interval) という．

また，$\{x \mid x > a\}$ を $(a, \infty), \{x \mid x < a\}$ を $(-\infty, a), \{x \mid x \leq a\}$ を $[a, \infty), \{x \mid x \geq a\}$ を $(-\infty, a]$ で表す．とくに，$\mathbf{R} = (-\infty, \infty)$.

例 -5 から 5 までの整数のなかで負のものの集合．

```
In[1]:= Cases[Range[-5,5],x_ /; x<0]
```
$Out[1] = \{-5, -4, -3, -2, -1\}$

例 10 までの自然数で奇数の集合．

```
In[2]:= Select[Range[10],OddQ]
```
$Out[2] = \{1, 3, 5, 7, 9\}$

例 -10 から 10 までの偶数の集合．

```
In[3]:= Cases[Range[-10,10],x_/;EvenQ[x]]
```
$Out[3] = \{-10, -8, -6, -4, -2, 0, 2, 4, 6, 8, 10\}$

例　24 の約数である自然数の集合.

```
In[4]:= Cases[Range[24],x_ /; Mod[24,x]==0]
Out[4]= {1, 2, 3, 4, 6, 8, 12, 24}
```

例　100 までの自然数で 10 または 15 またはどちらでも割り切れるもの[2].

```
In[5]:= Cases[Range[100],x_/;(Mod[x,10]==0) || (Mod[x,15]==0)]
Out[5]= {10, 15, 20, 30, 40, 45, 50, 60, 70, 75, 80, 90, 100}
```

例　100 までの自然数で 10, 15 の両方で割り切れる数の集合.

```
In[6]:= Cases[Range[100],x_/;(Mod[x,10]==0) && (Mod[x,15]==0)]
Out[6]= {30, 60, 90}
```

例　100 までの自然数で 10 または 15 どちらか一方のみで割り切れる数の集合.

```
In[7]:= a4=Cases[Range[100],x_/;Xor[(Mod[x,10]==0), (Mod[x,15]==0)]]
Out[7]= {10, 15, 20, 40, 45, 50, 70, 75, 80, 100}
```

例　100 までの自然数で 10 で割り切れ, 15 では割り切れない数の集合.

```
In[8]:= Cases[Range[100], x_/;(Mod[x,10]==0)&&(!(Mod[x,15]==0))]
Out[8]= {10, 20, 40, 50, 70, 80, 100}
```

7.1.2　全体集合と補集合

ある 1 つの集合 U の部分集合だけを考えている場合, U を **全体集合** (universal set) という.

全体集合 U の部分集合 A について, U の要素であるが A の要素ではないものの集合を U に関する A の **補集合** (complement) といい, A^c, または, $\overline{A}$ と書く.

$$A^c = \{x \in U | x \notin A\}$$

---

[2] &&, ||, Xor などの論理記号については 7.2.3 項を参照.

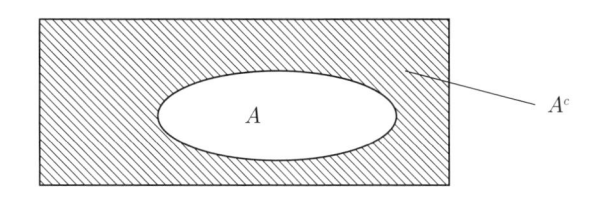

7.1.3 和集合と共通部分

集合 A, B に対して，少なくともどちらか一方の要素であるもの全体の集合を A と B の**和集合** (union) といい，

$$A \cup B$$

と表す．また，A と B の両方に属する要素の集合を A と B の**共通部分** (intersection) といい，

$$A \cap B$$

で表す．

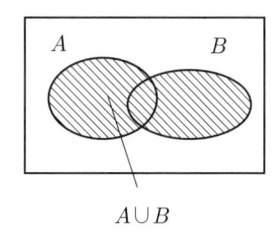

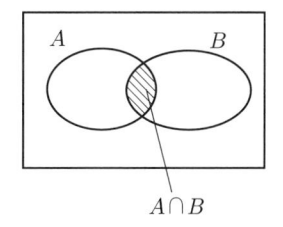

とくに，$A \cap B = \emptyset$ のとき，A と B は**互いに素**であるとか**交わらない**あるいは**排反** (disjoint) であるとかいう．

Mathematica では集合はリストの形で表される

Join[リスト$_1$, リスト$_2$, ...]　　リスト$_1$, リスト$_2$, ... をまとめて1つのリストとする
Union[リスト$_1$, リスト$_2$, ...]　　リスト$_1$, リスト$_2$, ... の和集合
Intersection[リスト$_1$, リスト$_2$, ...]　　リスト$_1$, リスト$_2$, ... の共通部分
Complement[全体集合, リスト$_1$, リスト$_2$, ...]　　全体集合に関するリスト$_1$, リスト$_2$, ... の補集合
Subsets[リスト]　　リストのすべての部分集合
Length[*list*]　　*list* のなかの要素の個数

例　集合 $sA = \{5$ 以下の自然数$\}, sB = \{2, 3, 7\}, sC = \{2, 4, 6, 8\}, sD = \{10$ 以下の自然数$\}$ とする．このとき，

sA と sB の和集合は，$sA \cup sB = \{1, 2, 3, 4, 5, 7\}$，

sA と sB の共通部分は，$sA \cap sB = \{2, 3\}$，

sD に関する sA の補集合は，$sA^c = \overline{sA} = \{6, 7, 8, 9, 10\}$，

sA, sB, sC の和集合は，$sA \cup sB \cup sC = \{1, 2, 3, 4, 5, 6, 7, 8\}$，

sA, sB, sC の共通部分は，$sA \cap sB \cap sC = \{2\}$，

sD に関する $sA \cup sB \cup sC$ の補集合は，$\overline{sA \cup sB \cup sC} = \{9, 10\}$，

sD に関する $sA \cap sB \cap sC$ の補集合は，$\overline{sA \cap sB \cap sC} = \{1, 3, 4, 5, 6, 7, 8, 9, 10\}$．

```
In[1]:= sA={1,2,3,4,5};
In[2]:= sB={2,3,7};
In[3]:= sC={2,4,6,8};
        sD={1,2,3,4,5,6,7,8,9,10};
In[4]:= Union[sA,sB]                (* sA と sB の和集合 *)
Out[4]= {1, 2, 3, 4, 5, 7}
In[5]:= Intersection[sA,sB]         (* sA と sB の共通部分 *)
Out[5]= {2, 3}
In[6]:= Complement[sD,sA]
Out[6]= {6, 7, 8, 9, 10}
In[7]:= Union[sA,sB,sC]
Out[7]= {1, 2, 3, 4, 5, 6, 7, 8}
In[8]:= Intersection[sA,sB,sC]
Out[8]= {2}
In[9]:= Complement[sD,sA,sB,sC]
Out[9]= {9, 10}
In[10]:= Complement[sD,Intersection[sA,sB,sC]]
Out[10]= {1, 3, 4, 5, 6, 7, 8, 9, 10}
In[11]:= Subsets[sA]
 Out[11]= {{},{1},{2},{3},{4},{5},{1, 2},{1, 3},{1, 4},{1, 5},{2, 3},
    {2, 4},{2, 5},{3, 4},{3, 5},{4, 5},{1, 2, 3},{1, 2, 4},{1, 2, 5},{1, 3, 4},
    {1, 3, 5},{1, 4, 5},{2, 3, 4},{2, 3, 5},{2, 4, 5},{3, 4, 5},{1, 2, 3, 4},
    {1, 2, 3, 5},{1, 2, 4, 5}, {1, 3, 4, 5},{2, 3, 4, 5},{1, 2, 3, 4, 5}}
In[12]:= Length[%]
Out[11]= 32
```

例　$a1$ を 20 までの正の整数の集合でこれを全体集合とする．$b1$ を素数の集合，$c1$ を偶数の集合，$d1$ を $b1$ の補集合とする．

```
In[11]:= a1=Range[20]
Out[11]= {1, 2, 3, 4, 5, 6, 7, 8, 9, 10, 11, 12, 13, 14, 15,
   16, 17, 18, 19, 20}
In[12]:= b1=Cases[a1,x_/;PrimeQ[x]]
Out[12]= {2, 3, 5, 7, 11, 13, 17, 19}
In[13]:= c1=Cases[a1,x_/;EvenQ[x]]
Out[13]= {2, 4, 6, 8, 10, 12, 14, 16, 18, 20}
In[14]:= d1=Complement[a1,b1]
Out[14]= {1, 4, 6, 8, 9, 10, 12, 14, 15, 16, 18, 20}
In[15]:= Intersection[b1,c1]
Out[15]= {2}
In[16]:= Intersection[b1,d1]
Out[16]= {}
```

7.1.4　集合の演算

A, B, C を集合とする.

(i) 　$A \cup B = B \cup A, \quad A \cap B = B \cap A$ 　　　　　　　　　　　　　　　　（交換法則）

(ii) 　$A \cup (B \cup C) = (A \cup B) \cup C, \quad A \cap (B \cap C) = (A \cap B) \cap C$ 　　（結合法則）

(iii) 　$A \cup (B \cap C) = (A \cup B) \cap (A \cup C)$
　　　$A \cap (B \cup C) = (A \cap B) \cup (A \cap C)$ 　　　　　　　　　　　　　　　（分配法則）

(iv) 　$A \cup \emptyset = A, \quad A \cap \emptyset = \emptyset$

　　　U を全体集合とし, A^c を U に関する A の補集合とする.

(v) 　$(A^c)^c = A, \quad A \cap A^c = \emptyset, \quad A \cup A^c = U$

(vi) 　$(A \cap B)^c = A^c \cup B^c, \quad (A \cup B)^c = A^c \cap B^c$ 　　　（ド・モルガンの法則）

7.1.5　直積

集合 A と B で, A の要素 x と B の要素 y をとり, 組にしたもの (x, y) の全体を A と B の**直積** (Cartesian product, direct product) といい, $A \times B$ で表す. すなわち,

$$A \times B = \{(x, y) | x \in A, y \in B\}$$

Outer[List, $list_1, list_2$]	$list_1$ と $list_2$ の要素のすべての組合せ
Tuples[$list_1, list_2, \ldots$]	$list_1, list_2, \ldots$ の要素のすべての組合せからなる集合

例 $a = \{x, y, z\}, b = \{1, 2, 3, 4\}$ の直積.

```
In[1]:= a={x,y,z};b={1,2,3,4};
In[2]:= Outer[List,a,b]
```
$Out[2] = \{\{\{x, 1\}, \{x, 2\}, \{x, 3\}, \{x, 4\}\},$
$\{\{y, 1\}, \{y, 2\}, \{y, 3\}, \{y, 4\}\},$
$\{\{z, 1\}, \{z, 2\}, \{z, 3\}, \{z, 4\}\}\}$
```
In[3]:= Tuples[{a,b}]
```
$Out[3] = \{\{x, 1\}, \{x, 2\}, \{x, 3\}, \{x, 4\}, \{y, 1\}, \{y, 2\}, \{y, 3\}, \{y, 4\},$
$\{z, 1\}, \{z, 2\}, \{z, 3\}, \{z, 4\}\}$

7.2 論理

7.2.1 論理の基礎

正しいか正しくないかを判断できることがらを**命題** (proposition) とよび，正しいときは，その命題は**真** (true)，そうでないときは**偽** (false) という．ある命題が真か偽かを表す値を**真理値** (truth value) といい，真，偽に対してそれぞれ T, F とか，1, 0 とか，True, False とかの値が使われる．例えば，命題「$3 > 1$」は真でありその真理値は T で，命題「$-3 > 1$」は偽であり，その真理値は F となる．

いくつかの命題から，それらを使って新たに命題をつくることができる．
(i) ある命題 p に対してその**否定命題** (negative proposition) を $\neg p$ とか $\overline{p}$ とかで表す．その真理値は次の**真理値表** (truth table) で表される．

p	$\neg p$
T	F
F	T

ある命題の否定の否定，$\neg(\neg p)$，を**二重否定** (double negative) という．命題の二重否定とその命題の真理値は全く同じである．

例 「$2 \geq 0$」は真の命題である．その否定 $\neg$ (「$2 \geq 0$」)，つまり，「$2 < 0$」は偽の命題である．
(ii) 2 つの命題 p, q について「p かつ q」という命題を p と q の**論理積** (logical product) といい，$p \wedge q$ で表す．このときの真理値表は次のようになる．

p	q	$p \wedge q$
T	T	T
T	F	F
F	T	F
F	F	F

例 「$2 > 0$」は真の命題である．「$2 = 0$」は偽の命題である．「$2 > 0$, かつ, $2 = 0$」は偽の命題である．

(iii) 2つの命題 p, q について「p または q」という命題を p と q の**論理和** (logical sum) といい，$p \vee q$ で表す．このときの真理値表は次のようになる．

p	q	$p \vee q$
T	T	T
T	F	T
F	T	T
F	F	F

例 「$2 > 0$」は真の命題である．「$2 = 0$」は偽の命題である．「$2 > 0$, または, $2 = 0$」は真の命題である．

上の論理和では p または q または両方が真の場合に真となるが，p または q どちらか一方のみが真の場合だけ真であるときを**排他的論理和** (exclusive or) といい，$p \oplus q$ で表す．このときの真理値表は次のようになる．

p	q	$p \oplus q$
T	T	F
T	F	T
F	T	T
F	F	F

(iv) 真理値表を用いて次の**ド・モルガンの法則** (Law of de Morgan) を確かめることができる．

$$\overline{p \wedge q} = \overline{p} \vee \overline{q} \quad (\neg(p \wedge q) = \neg p \vee \neg q)$$

$$\overline{p \vee q} = \overline{p} \wedge \overline{q} \quad (\neg(p \vee q) = \neg p \wedge \neg q)$$

(v) 真理値表を用いて，次のことが成り立つことがわかる．命題 p, q, r について，

$$p \vee (q \wedge r) = (p \vee q) \wedge (p \vee r)$$
$$p \wedge (q \vee r) = (p \wedge q) \vee (p \wedge r)$$

例　命題「$3 > 1$」$\vee$「$-3 > 1$」は真である．
　　命題「$3 > 1$」$\wedge$「$1 = 1$」は真である．
　　命題 $\neg$(「$-3 \leq 1$」) は偽である．
　　命題「$2 > 0$」$\oplus$「$3 > 2$」は偽である．

Mathematica では論理文（命題）に対しては True，または，False の値を返す．

==	論理的等号
!=	論理的不等号
>	$>$
>=	$\geq$
<	$<$
<=	$\leq$
!p	命題 p の否定
p && q	p かつ q（論理積）
p || q	p または q（論理和）
Xor[$p, q, \ldots$]	排他的または

```
In[1]:= 4==5        (* 「4 = 5」は偽である *)
Out[1]= False
In[2]:= -1==-1      (* 「-1 = -1」は真である *)
Out[2]= True
In[3]:= 3>1
Out[3]= True
In[4]:= -1>1
Out[4]= False
In[5]:= 12>=12
Out[5]= True
In[6]:= 12>12
Out[6]= False
```

例　命題 p を「$3 < 10$」，命題 q を「$3 < -1$」とする．p は真であり，q は偽であ

る.「p かつ q」,「p または q」等について調べる.

```
In[7]:= p=3<10
Out[7]= True
In[8]:= p
Out[8]= True
In[9]:= q=3<-1
Out[9]= False
In[10]:= p&&q          (* 「p かつ q」は偽である *)
Out[10]= False
In[11]:= p||q          (* 「p または q」は真である *)
Out[11]= True
In[12]:= Xor[p,q]      (* 「p または q どちらか一方のみ」は真である *)
Out[12]= True
```

命題 p, q について「p ならば q」という命題を $p \Rightarrow q$ で表し,その真理値表は次で定められる.

p	q	$p \Rightarrow q$
T	T	T
T	F	F
F	T	T
F	F	T

これは,p が真ならば,q という結果が得られるという命題であり,p を仮定,q を結論とよぶこともある.p が偽のときは q の真偽にかかわらず,この命題は真になっていることに注意.また,命題 p, q について「p ならば q」という命題が真であるとき,q は p が真であるための**必要条件** (necessary condition),p は q が真であるための**十分条件** (sufficient condition) という.

2つの命題 p, q について「p ならば q,かつ,q ならば p」という命題を $p \Leftrightarrow q$ で表す.このとき,q は p であるための**必要十分条件** (necessary and sufficient condition) であるといい,また,p と q は**同値** (equivalent) であるともいう.このときの真理値表は次のようになる.

例 (i) 命題「$ab = 0$ ならば $a = 0$」において,「$ab = 0$」は「$a = 0$」の必要条件ではあるが十分条件ではない.

(ii) 命題「$a = b$ ならば $a^2 = b^2$」において,「$a = b$」は「$a^2 = b^2$」の十分条件

p	q	$p \Leftrightarrow q$
T	T	T
T	F	F
F	T	F
F	F	T

ではあるが必要条件ではない．

(iii) 命題「$a=0$ かつ $b=0$ ならば $a^2+b^2=0$」において，「$a=0$ かつ $b=0$」は「$a^2+b^2=0$」の必要十分条件である．

「p ならば q」という命題について，その**逆** (converse)，**裏** (converse of contrapositive)，**対偶** (contrapositive) とよばれる命題が次のように定められる．

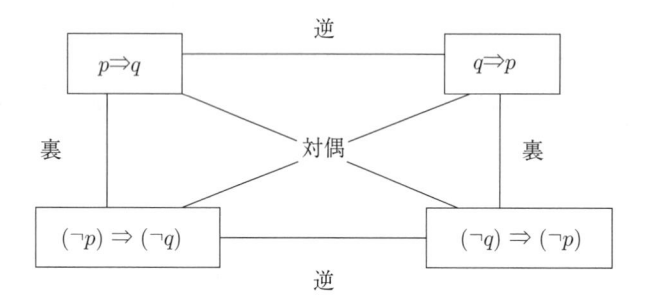

```
         逆
 ┌─────┐───────┌─────┐
 │ p⇒q │       │ q⇒p │
 └─────┘       └─────┘
   │ \  対偶  / │
裏 │  \     /  │ 裏
   │   \   /   │
   │    \ /    │
   │    / \    │
   │   /   \   │
 ┌─────┐       ┌─────┐
 │(¬p)⇒(¬q)│   │(¬q)⇒(¬p)│
 └─────┘───────└─────┘
         逆
```

このときの真理値表は次のようになる．

p	q	$p \Rightarrow q$	$q \Rightarrow p$	$\neg p$	$\neg q$	$(\neg p) \Rightarrow (\neg q)$	$(\neg q) \Rightarrow (\neg p)$
T	T	T	T	F	F	T	T
T	F	F	T	F	T	T	F
F	T	T	F	T	F	F	T
F	F	T	T	T	T	T	T

この表からわかるように，ある命題とその対偶の真偽は必ず一致する．しかし，ある命題が真だからといって，逆は必ずしも真ではない．

例 命題 p：「$x=1$ ならば $x^2=1$」は真である．p の逆「$x^2=1$ ならば $x=1$」は真ではない．p の裏「$x \neq 1$ ならば $x^2 \neq 1$」は偽であり，p の対偶「$x^2 \neq 1$ ならば $x \neq 1$」は真である．

7.2.2 命題関数

変数に値を入れたときに命題となるものを**命題関数** (propositional function) とよぶ．例えば，$p(x)$ が「$x > 2$」を表すとすると $p(1)$ は命題となり，それは偽であり，$p(5)$ は真の命題となる．

「すべての x について $p(x)$ が成り立っている」という命題を

$$\forall x(p(x))$$

と表し，「ある x について $p(x)$ が成り立っている」（または，「$p(x)$ が成り立つような x が存在する」）という命題を

$$\exists x(p(x))$$

と表すことがある．

例　「すべての実数 x について $x^2 \geq 0$」は真の命題．
「ある実数 x について，$x > 0$」は真の命題．
「すべての実数 x について，$x > 0$」は偽の命題．

「すべての x について $p(x)$ である」の否定は「ある x について $p(x)$ でない」（または「$p(x)$ でない x が存在する」ということになる．
「ある x について $p(x)$ である」（または，「$p(x)$ が成り立つような x が存在する」）の否定は「すべての x について $p(x)$ でない」（または，「$p(x)$ である x は存在しない」）ということになる．

例　「すべての自然数は奇数である」は偽の命題である．この否定は「ある自然数は奇数でない」であり，真である．

7.3 個数の処理

7.3.1 和の法則

属する要素の個数が有限である集合 A のすべての要素の個数を $n(A)$ で表すと，一般に次の法則が成り立つ．

$$n(A \cup B) = n(A) + n(B) - n(A \cap B).$$

とくに，A と B が排反な集合であるとき，つまり，$A \cap B = \emptyset$ ならば，次の和の法

則が成り立つ．

$A \cap B = \emptyset$ ならば，$n(A \cup B) = n(A) + n(B)$.

2つのことがら A, B があって，A の起こり方が n 通り，B の起こり方が m 通りであるとする．2つとも同時に起こらないとすると，A または B の起こる場合の数は $n + m$ である．

例　300までの素数は62個である．

```
In[1]:= pset=Cases[Range[300],x_/;PrimeQ[x]]
Out[1]= {2, 3, 5, 7, 11, 13, 17, 19, 23, 29, 31,
  37, 41, 43, 47, 53, 59, 61, 67, 71, 73, 79, 83,
  89, 97, 101, 103, 107, 109, 113, 127, 131, 137,
  139, 149, 151, 157, 163, 167, 173, 179, 181, 191,
  193, 197, 199, 211, 223, 227, 229, 233, 239, 241,
  251, 257, 263, 269, 271, 277, 281, 283, 293}
In[2]:= Length[%]
Out[2]= 62
```

例　集合 sA= $\{1, 3, 5, 7, 9\}$，sB= $\{1, 2, 3, 4, 5\}$，sC= $\{2, 4, 6\}$ について，和集合，共通部分の個数を求める．

```
In[3]:= sA={1,3,5,7,9};sB={1,2,3,4,5};sC={2,4,6};
In[4]:= Length[sA]
Out[4]= 5
In[5]:= Union[sA,sB]
Out[5]= {1, 2, 3, 4, 5, 7, 9}
In[6]:= Intersection[sA,sB]
Out[6]= {1, 3, 5}
In[7]:= Length[Intersection[sA,sB]]
Out[7]= 3
In[8]:= Length[Union[sA,sB]]
Out[8]= 7
In[9]:= Length[sA]+Length[sB]-Length[Intersection[sA,sB]]
Out[9]= 7
In[10]:= Intersection[sA,sC]
Out[10]= {}
In[11]:= Length[Union[sA,sC]]
Out[11]= 8
```

```
In[12]:= Length[sA]+Length[sC]
Out[12]= 8
In[13]:= Union[sA,sB,sC]
Out[13]= {1, 2, 3, 4, 5, 6, 7, 9}
In[14]:= Length[%]
Out[14]= 8
In[15]:= Intersection[sA,sB,sC]
Out[15]= {}
```

7.3.2 積の法則

属する要素の個数が有限である集合 A と集合 B の直積 $A \times B$ の要素の個数は，

$$n(A \times B) = n(A)n(B).$$

いくつかのことがら $A, B, C, \ldots$ があって，A の起こり方が a 通りあって，B の起こり方が b 通りあって，C の起こり方が c 通り，$\ldots$ とすると，$A, B, C, \ldots$ が同時に起こる場合の数は $abc\ldots$ 通りである．これを**積の法則**という．

例 4 文字からなるナンバーで最初がアルファベットの大文字 1 文字，次の 3 文字が数字であるとき（例えば，A123），全部で $26 \times 10 \times 10 \times 10 = 26000$ 通りのナンバーが作れる．

7.3.3 選び方

n 個のうちから r 個のものを取り出すとき，取り出す順番が関係し，同じものを繰り返し取り出せる場合，n^r 通りのやり方がある．

最初のものの選び方は n 通り，次のものの選び方も n 通り，以下同様で，最後の r 番目の選び方も n 通りである．よって全部で $n \times n \times \cdots n = n^r$ 通りの選び方がある．

例 $\{1, 2, 3, 4, 5\}$ の中から 2 つの数字を選び出す．ただし，同じ数字を何回使ってもよく，また取り出す順序も考える．上の考え方により全部で $5^2 = 25$ 通りの選び方がある．

(1,1) (1,2) (1,3) (1,4) (1,5)

(2,1) (2,2) (2,3) (2,4) (2,5)

(3,1) (3,2) (3,3) (3,4) (3,5)

(4,1) (4,2) (4,3) (4,4) (4,5)

(5,1) (5,2) (5,3) (5,4) (5,5)

```
In[1]:= a={1,2,3,4,5};Outer[List,a,a]
Out[1]= {{{1, 1}, {1, 2}, {1, 3}, {1, 4}, {1, 5}},
  {{2, 1}, {2, 2}, {2, 3}, {2, 4}, {2, 5}},
  {{3, 1}, {3, 2}, {3, 3}, {3, 4}, {3, 5}},
  {{4, 1}, {4, 2}, {4, 3}, {4, 4}, {4, 5}},
  {{5, 1}, {5, 2}, {5, 3}, {5, 4}, {5, 5}}}
In[2]:= Length[Flatten[%,1]]
Out[2]= 25
```

7.3.4 順列

n 個のうちから r 個のものを取り出すとき,取り出す順番が関係し,同じものは繰り返し取り出せない場合を,n 個のうちから r 個のものを取り出す**順列** (permutation) といい,その場合の数を $_nP_r$ で表す.

$_nP_r$ の値は次のようにして考える.最初のものの選び方は n 通り,次のものの選び方は $n-1$ 通り,そして r 番目のものの選び方は $n-r+1$ 通り.つまり,全部で $n(n-1)(n-2)\cdots(n-r+1)$ 通りの選び方がある.

$$_nP_r = n(n-1)(n-2)\cdots(n-r+1).$$

とくに,

$$_nP_n = n(n-1)(n-2)\cdots 3\cdot 2\cdot 1.$$

ここで,$n! = n(n-1)(n-2)\cdots(3)(2)(1)$ と表し,n の**階乗** (factorial) とよぶ.ただし,$0! = 1$ と定める.階乗の記号を用いると,

$$_nP_r = \frac{n!}{(n-r)!}$$

と書くことができる.

例 $\{1, 2, 3, 4, 5\}$ の中から 2 つの数字を選び出す.ただし,同じ数字は 1 度だけしか使えないが順序の違うものは別のものとして数える.上の考え方により,全部で $_5P_2 = 5\times 4 = 20$ 通りの選び方がある.

(1,2) (1,3) (1,4) (1,5) (2,1) (2,3) (2,4) (2,5)

(3,1) (3,2) (3,4) (3,5) (4,1) (4,2) (4,3) (4,5)

(5,1) (5,2) (5,3) (5,4).

$n!$	n の階乗
Permutations[リスト]	リストの要素の可能な順列すべてをリストとして与える
Permutations[リスト,$\{r\}$]	リストの中の r 個の要素の可能な順列すべてをリストとして与える

例　1 から 15 までの階乗の値.

In[1]:= `Table[{i,i!},{i,1,15}]//TableForm`
Out[1]//TableForm=

1	1
2	2
3	6
4	24
5	120
6	720
7	5040
8	40320
9	362880
10	3628800
11	39916800
12	479001600
13	6227020800
14	87178291200
15	1307674368000

例　$\{a,b,c,d\}$ のすべての並べ換えと 2 個の要素を取り出したリスト.

In[2]:= `Permutations[{a,b,c,d}]`
Out[2]= $\{\{a, b, c, d\}, \{a, b, d, c\},$
$\{a, c, b, d\}, \{a, c, d, b\},$
$\{a, d, b, c\}, \{a, d, c, b\}, \{b, a, c, d\},$
$\{b, a, d, c\}, \{b, c, a, d\}, \{b, c, d, a\},$
$\{b, d, a, c\}, \{b, d, c, a\}, \{c, a, b, d\},$
$\{c, a, d, b\}, \{c, b, a, d\}, \{c, b, d, a\},$
$\{c, d, a, b\}, \{c, d, b, a\}, \{d, a, b, c\},$
$\{d, a, c, b\}, \{d, b, a, c\}, \{d, b, c, a\},$

{d, c, a, b}, {d, c, b, a}}
```
In[3]:= Permutations[{a,b,c,d},{2}]
Out[3]= {{a,b},{a,c},{a,d},{b,a},{b,c},{b,d},
 {c,a},{c,b},{c,d},{d,a},{d,b},{d,c}}
```

例 $n=1$ から 5 までの $_nP_i(i=0,\ldots,n)$ の値．

```
In[4]:= Table[n!/(n-i)!,{n,1,5},{i,0,n}]//TableForm
Out[4]//TableForm=
    1   1
    1   2   2
    1   3   6    6
    1   4   12   24   24
    1   5   20   60   120   120
```

7.3.5 組合せ

n 個のうちから r 個のものを取り出すとき，取り出す順番には関係なく，同じものは繰り返し取り出せない場合を n 個のうちから r 個取り出す**組合せ** (combination) といい，その場合の数を，$_nC_r$ または $\binom{n}{r}$ で表す．

r 個のものを順番を考えに入れて並べると，全部で $r!$ 個の並べ方がある．つまり組合せの場合，順番を考えに入れなかった r 個のものを，順列では $r!$ 個並べ換えただけを数えるわけだから，$_nP_r = {_nC_r} \times r!$．つまり，

$$_nC_r = \binom{n}{r} = \frac{_nP_r}{r!} = \frac{n!}{r!(n-r)!} = \frac{n(n-1)(n-2)\cdots(n-r+1)}{r(r-1)(r-2)\cdots 3\cdot 2\cdot 1}.$$

ここで，n 個のうちから r 個のものを取り出すと，残りの $n-r$ 個も決まるわけだから，次が成り立つ．

$$_nC_r = {_nC_{n-r}}.$$

また，次が成り立つことも示すことができる．

$$_nC_r = {_{n-1}C_r} + {_{n-1}C_{r-1}}.$$

例 $\{1,2,3,4,5\}$ の中から 2 つの数字を選び出す．ただし，同じ数字は 1 度だけしか使えなくて順番も考えに入れない．この考え方により，全部で $_5C_2 = {_5P_2} \div 2! = (5\times 4)/2 = 10$ 通りの選び方がある．

{1,2} {1,3} {1,4} {1,5} {2,3} {2,4} {2,5} {3,4} {3,5} {4,5}.

例 $_nC_r = \dfrac{n!}{r!(n-r)!}$ を定義して，$n = 1$ から 5 までのそれぞれの値を求める．

```
In[1]:= comb[n_,r_]:=n!/(r!*(n-r)!)
In[2]:= Table[comb[n,i],{n,1,5},{i,0,n}]//TableForm
Out[2]//TableForm=
  1  1
  1  2  1
  1  3  3  1
  1  4  6  4  1
  1  5  10 10 5  1
```

7.3.6 重複組合せ

n 個のうちから r 個のものを取り出すとき，取り出す順番には関係なく，同じものを繰り返し取り出せる場合の数を重複組合せといい，$_nH_r$ で表す．

$$_nH_r = {}_{n+r-1}C_r = \frac{(n+r-1)(n+r-2)\cdots(n+2)(n+1)n}{r(r-1)(r-2)\cdots 3\cdot 2\cdot 1}.$$

これは，次のように考えるとわかりやすい．$n+1$ 個の | と r 個の○があるとする．両端には | がくるように | と○を並べるやり方が何通りあるかを考えてみる．例えば，

|○ ○|　|○ ○ ○| | |○|

これは $n-1+r$ の場所の中から○の入る r 個の場所を選ぶ組合せである．つまり全部で $_{n+r-1}C_r$ 通りである．

| と | で囲まれたところを n 個の 1 つと考え，○の数をその要素が取り出された数と考えると，n 個の中から順番を考えずに r 個，同じものを繰り返し選べる選び方と同じことになる．

例 $\{1,2,3,4,5\}$ の中から 2 つの数字を選び出す．ただし，同じ数字は何度も使えるが順番は考えに入れない．上の考え方により全部で $_5H_2 = {}_{5+2-1}C_2 = \dfrac{6\times 5}{2} = 15$ 通りの選び方がある．

{1,1} {1,2} {1,3} {1,4} {1,5} {2,2} {2,3} {2,4} {2,5} {3,3} {3,4} {3,5} {4,4} {4,5} {5,5}.

7.3.7 二項定理

非負の整数 n に対して，次が成り立つ．

$$(x+y)^n = {}_nC_0 x^n + {}_nC_1 x^{n-1}y + {}_nC_2 x^{n-2}y^2 + \ldots$$
$$+ {}_nC_r x^{n-r}y^r + \cdots + {}_nC_{n-1}xy^{n-1} + {}_nC_n y^n$$

これを**二項定理** (binomial theorem) といい，${}_nC_0, {}_nC_1, \ldots, {}_nC_r, \ldots, {}_nC_n$ を**二項係数** (binomial coefficient) という．

Binomial[n,m]　　二項係数，$\begin{pmatrix} n \\ m \end{pmatrix}$

例 二項係数を $n=0$ から 7 までのそれぞれの値を求める．これを**パスカルの三角形**という．各数はその右上と左上 2 数の和に等しい．

```
In[1]:= Table[Binomial[n,m],{n,0,7},{m,0,n}];
In[2]:= ColumnForm[%,Center]
Out[2]=
                {1}
              {1, 1}
             {1, 2, 1}
            {1, 3, 3, 1}
          {1, 4, 6, 4, 1}
         {1, 5, 10, 10, 5, 1}
       {1, 6, 15, 20, 15, 6, 1}
     {1, 7, 21, 35, 35, 21, 7, 1}
```

例 実際に $(a+b)^n$ を $n=1$ から 6 までのときの展開をして，その係数が上のパスカルの三角形の値となっていることを確かめる．

```
In[3]:= Table[Expand[(a+b)^n],{n,1,6}];
In[4]:= ColumnForm[%,Center]
Out[4]=
```
$$a+b$$
$$a^2 + 2ab + b^2$$
$$a^3 + 3a^2b + 3ab^2 + b^3$$
$$a^4 + 4a^3b + 6a^2b^2 + 4ab^3 + b^4$$
$$a^5 + 5a^4b + 10a^3b^2 + 10a^2b^3 + 5ab^4 + b^5$$

$a^6 + 6a^5b + 15a^4b^2 + 20a^3b^3 + 15a^2b^4 + 6ab^5 + b^6$

7.3.8 多項係数

n 個のものを s 個のクラスに分類するとき，n_1 個を最初のクラスに，n_2 個を次のクラスに，...，n_s 個を s 番目のクラスに分類するやり方は，

$$\frac{n!}{n_1!n_2!\ldots n_s!}$$

通りある．このとき，$\frac{n!}{n_1!n_2!\ldots n_s!}$ を**多項係数** (multinomial coefficient) という．ただし，$n = n_1 + n_2 + \cdots + n_s$．実際，

$$\frac{n!}{n_1!n_2!\ldots n_s!} = \binom{n}{n_1}\binom{n-n_1}{n_2}\binom{n-n_1-n_2}{n_3}\cdots\binom{n_s}{n_s}$$

が成り立つ．

NOTE: $\binom{n}{n_1, n_2, \ldots, n_s} = \frac{n!}{n_1!n_2!\ldots n_s!}$ と書くこともある．

多項係数は二項係数の拡張と考えることができ（二項係数の場合はクラスが 2 個の場合である），実際，

$$(a_1 + a_2 + \cdots + a_s)^n$$

を展開したときのそれぞれの係数となっていることを示すことができる．（**多項定理**）

Multinomial[$n_1, n_2, \ldots, n_s$]	$\frac{n!}{n_1!n_2!\ldots n_s!}$, $n = n_1 + n_2 + \ldots n_s$

例 $\frac{10!}{2!3!5!}$ を求める．

```
In[1]:= Multinomial[2,3,5]
Out[1]= 2520
In[2]:= 10!/(2!*3!*5!)
Out[2]= 2520
```

第 7 章 問 題

ex.7.1 $A = \{1, 3, 5, 7\}, B = \{-1, 0, 1, 2\}, C = \{-5, -4, -3, -2, -1\}$ であるとき，次を求めよ．

(a) (i) $A \cup B$ (ii) $A \cap B$ (iii) $A \cup C$ (iv) $A \cap C$
 (v) $A \cup B \cup C$ (vi) $A \cap B \cap C$ (vii) $A \cap (B \cup C)$
 (viii) $A \cup (B \cap C)$

(b) $U = \{-5, -4, -3, -2, -1, 0, 1, 2, 3, 4, 5, 6, 7, 8, 9\}$ を全体集合とする．
 (i) A^c (ii) $A^c \cup B$ (iii) $A^c \cup B \cup C$ (iv) $A \cup (B \cap C)^c$
 (v) A と B を用いてド・モルガンの法則を示せ．

ex.7.2 A を 3 で割って 2 余る 2 桁の整数の集合とする．B を 4 で割ると 1 余る 2 桁の整数の集合とする．
(i) A, B に属する要素の個数を求めよ．
(ii) $A \cap B$ に属する要素の個数を求めよ．

ex.7.3 3 桁の素数を全部求めよ．

ex.7.4 $x^2 - 3x - 18 = 0$ を満たす複素数 x の集合を求めよ．

ex.7.5 $x + y = 2$ を満たす実数の組 (x, y) の集合を A とし，$x - y = 1$ を満たす実数の組 (x, y) の集合を B とする．$A \cup B$ と $A \cap B$ を求めよ．

ex.7.6 次の命題は真か偽か．
(i) 「$x > -1$ ならば $x^2 > 1$」 (ii) 「$x < -4$ ならば $x^2 < 16$」

ex.7.7 命題「$x > 3$ ならば $x^2 > 0$」の裏と逆と対偶を述べ，その真偽を示せ．

ex.7.8 命題「$x > 0$ かつ $y > 0$ ならば $x + y > 0$」の対偶を求めよ．

ex.7.9 次の命題の逆，裏，対偶を述べよ．
(i) $x = -3$ ならば $x^2 + 2x - 3 = 0$.
(ii) x が実数で，$0 < x < 4$ ならば $x^2 < 16$.

ex.7.10 「命題すべての実数 x について，$x^2 + 5 \geq 0$」は真であるか，また，この命題の否定をつくれ．

ex.7.11 命題「ある実数 x について，$x^2 < 0$ である．」は真であるか，また，この命題の否定をつくれ．

ex.7.12 $1, 2, 3, 4, 5$ の 5 個の数字を全部並べてできる順列はいくつあるか．また，両端が奇数のものはいくつであるか．

ex.7.13 $1, 2, 3, 4, 5$ の 5 個の数字を使って 3 桁の数字は次の場合いくつ作れるか．
(i) 同じ数字を繰り返し使える場合
(ii) 同じ数字は繰り返して使えない場合

ex.7.14 次の値を求めよ．
(i) $_6P_2$ (ii) $_6P_1$ (iii) $_6P_3$ (iv) $_{10}P_2$ (v) $_{10}P_1$ (vi) $_{10}P_8$
(vii) $_6C_2$ (viii) $_6C_1$ (ix) $_6C_3$ (x) $_{10}C_2$ (xi) $_{10}C_5$ (xii) $_{10}C_8$

ex.7.15　平面上に異なる n 個の点があり，どの 3 つも同一直線上にないとき，これらの点を頂点とする三角形はいくつできるか．

ex.7.16　$(x+y)^{50}$ を展開したときの $x^{25}y^{25}$, $x^{24}y^{26}$, $x^{10}y^{40}$ の係数を求めよ．

ex.7.17　$(a+b+c)^6$ を展開して，その係数と多項係数を比べてみよ．

ex.7.18　関数 FullSimplify または FunctionExpand を用いて次を簡単にせよ．

(i)　$\dfrac{(n-3)!}{n!}$　　(ii)　$\dfrac{\binom{n}{k}}{\binom{n}{k-1}}$

第 8 章

関数 I

In[1]:= `PolyhedronData["GreatIcosahedron"]`

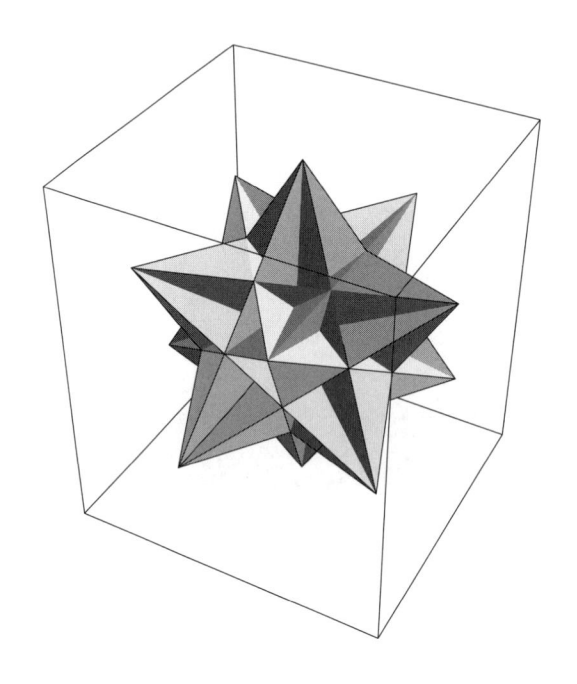

8.1 関数

8.1.1 関数の基礎

ある実数の集合 A の要素 x に，ある実数の集合 B の要素がただ 1 つ対応するとき，この対応の規則を A から B への**関数** (function)，または，**写像** (mapping) とよぶ．関数を表すのに $f, g, ...$ などの記号が用いられ，

$$f : A \to B$$

と書かれることもある．A の要素 x に対応する B の要素を x における関数 f の値とよび，

$$y = f(x)$$

と書く．

このとき，A を関数 f の**定義域** (domain)，A のすべての要素に対応する値の集合，すなわち，$\{f(x)|x \in A\}$，を関数 f の**値域** (range) という．

x が定義域の値をいろいろと取るとき，それに対応する点を y とし，(x,y) を平面上の点として描くと曲線ができる．これを関数 $y = f(x)$ のグラフという．つまり，関数 $y = f(x)$ のグラフとは次の集合のことである．

$$\{(x,y) \mid y = f(x), x \in A\}.$$

また，$y = f(x)$ で，x を**独立変数** (independent variable)，y を**従属変数** (dependent variable) とよぶことがある．

例　$-1 \leq x \leq 2$ を定義域とする関数 $f(x) = 0.5x^3 - 2x + 1$ のグラフを描く．

```
In[1]:= Plot[0.5x^3-2x+1,{x,-1,2}, AspectRatio->Automatic,
 AxesLabel->{"x","y"}]
```

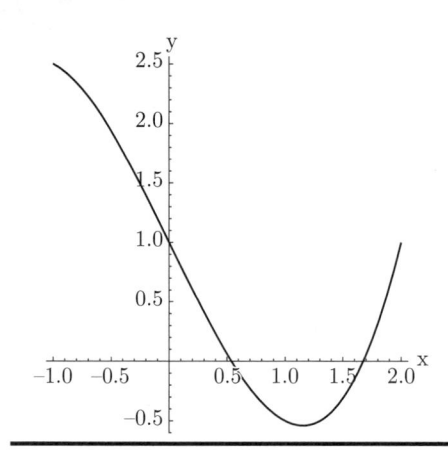

Map[関数, *list*]	*list* の各要素に対応する関数の値
関数@*list*	*list* の各要素に対応する関数の値
list//関数	

例　$A = \{1, 2, 3, 4, 5, 6, 7, 8, 9, 10\}$ を定義域とする関数 $f(x) = \sqrt{x}$ の値域を求める．

```
In[2]:= Map[Sqrt,Range[10]]
Out[2]= {1, √2, √3, 2, √5, √6, √7, 2, √2, 3, √10}
In[3]:= Sqrt@Range[10]
Out[3]= {1, √2, √3, 2, √5, √6, √7, 2, √2, 3, √10}
In[4]:= Range[10] // Sqrt
Out[4]= {1, √2, √3, 2, √5, √6, √7, 2√2, 3√10}
```

8.2 多項式関数

8.2.1 1次関数

a, b は実数で，

$$y = ax + b$$

で表されるとき，y は x の **1 次関数** (linear function) であるという．

この 1 次関数のグラフは**切片** (intercept)b，**傾き** (slope)a の直線である．$a > 0$

のときは右上がりの直線，$a<0$ のときは右下がりの直線である．

例 $-1<x<3$ を定義域とする関数 $y=3x+4$ のグラフを描く．

```
In[1]:= Plot[3x+4,{x,-1,3},AxesLabel->{"x","y"},PlotRange->All]
```

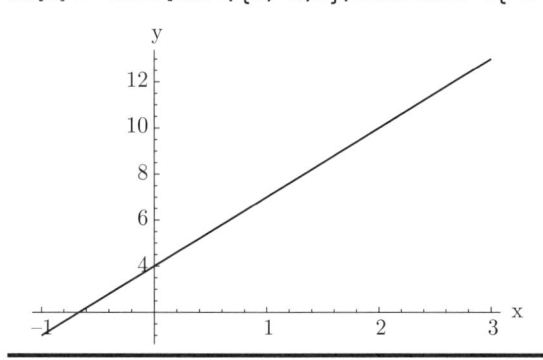

例 $-1<x<3$ を定義域とする関数 $y=-3x+4$ のグラフを描く．

```
In[2]:= Plot[-3x+4,{x,-1,3},AxesLabel->{"x","y"}, PlotRange->All]
```

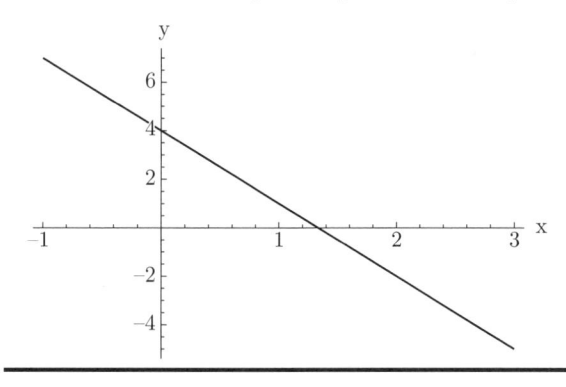

8.2.2 2 次関数

a, b, c を実数とし，$a \neq 0$ のとき，

$$y = ax^2 + bx + c$$

と表される関数を x の **2 次関数** (quadratic function) という．

この関数のグラフは**放物線** (parabola) である．$a>0$ のとき，放物線は上に開いていて，「下に凸である」といい，$a<0$ のとき，放物線は下に開いていて，「上に

凸である」という．

例　$-2 < x < 2$ を定義域とする関数 $y = 0.5x^2$, $y = x^2$, $y = 5x^2$ のグラフを描く．これらは下に凸である[1]．

```
In[1]:= Plot[{0.5x^2,x^2,5x^2},{x,-2,2},AxesLabel->{"x","y"}]
```

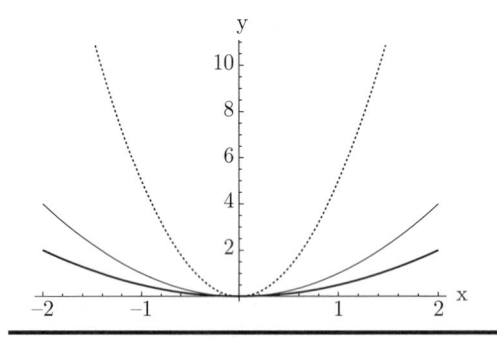

例　$-2 < x < 2$ を定義域とする関数 $y = -0.5x^2$, $y = -x^2$, $y = -5x^2$ のグラフを描く．これらは上に凸である．

```
In[2]:= Plot[{-0.5x^2,-x^2,-5x^2},{x,-2,2},AxesLabel->{"x","y"}]
```

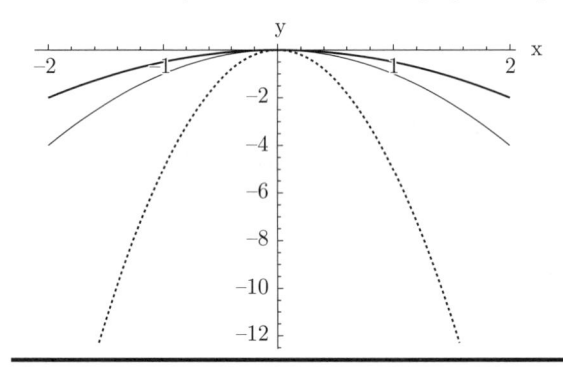

$$y = a(x - p)^2 + q$$

のグラフは $x = p$ を軸とし，頂点を点 (p, q) とする放物線である．

例　$-3 < x < 5$ を定義域とする関数 $y = x^2$, $y = (x-1)^2$, $y = (x-3)^2$ のグラ

---

[1] Tooltip を用いるとマウスをそのグラフの上にある間その関数を表示する．例えば，
　　`In[1]:= Plot[Tooltip[{0.5 x^2, x^2, 5 x^2}], {x, -2, 2}, AxesLabel -> {"x", "y"}]`

フを描く.

```
In[3]:= Plot[{x^2,(x-1)^2,(x-3)^2},{x,-3,5},AxesLabel->{"x","y"}]
```

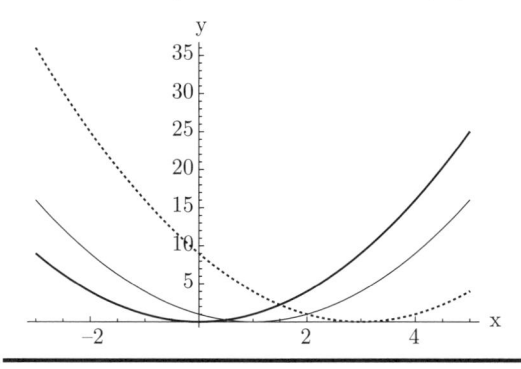

例 $-3 < x < 3$ を定義域とする関数 $y = x^2$, $y = x^2 + 1$, $y = x^2 - 2$ のグラフを描く.

```
In[4]:= Plot[{x^2,x^2+1,x^2-2},{x,-3,3}, AxesLabel->{"x","y"}]
```

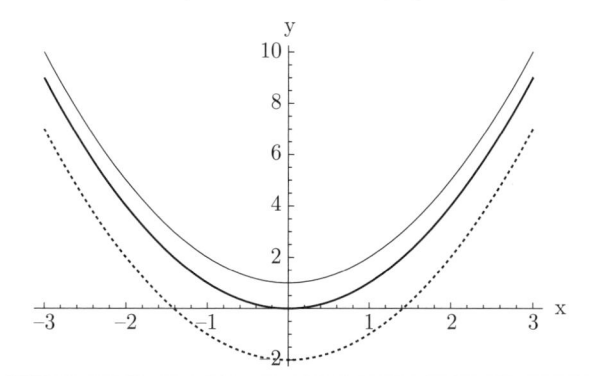

例　$-1 < x < 3$ を定義域とする関数 $y = 3(x-1)^2 - 2$ のグラフを描く.

```
In[5]:= Plot[3(x-1)^2-2,{x,-1,3},AxesLabel->{"x","y"},
  PlotRange->All]
```

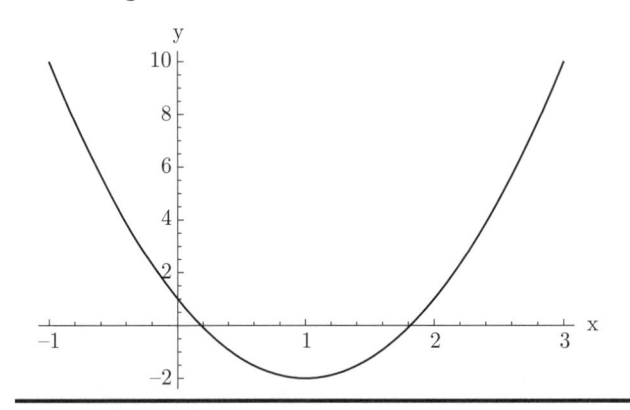

例　$-3 < x < 1$ を定義域とする関数 $y = -3(x+1)^2 + 2$ のグラフを描く.

```
In[6]:= Plot[-3(x+1)^2+2,{x,-3,1},AxesLabel->{"x","y"},
  PlotRange->All]
```

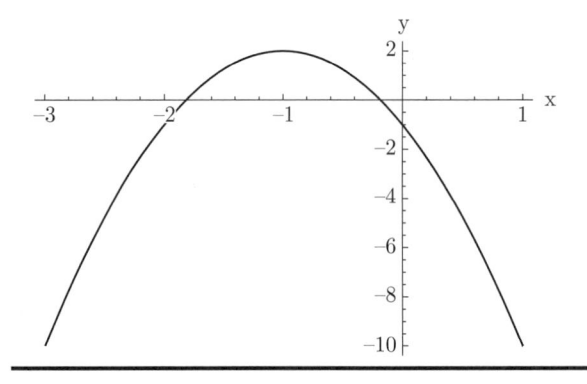

一般に,

$$y = ax^2 + bx + c = a\left\{x - \left(-\frac{b}{2a}\right)\right\}^2 - \frac{b^2 - 4ac}{4a}$$

と変形できることから, $y = ax^2 + bx + c$ のグラフは軸 $x = -\dfrac{b}{2a}$, 頂点 $\left(-\dfrac{b}{2a}, -\dfrac{b^2 - 4ac}{4a}\right)$ の放物線である.

8.2 多項式関数

例 $y = 2x^2 - 4x + 1 = 2(x-1)^2 - 1$ のグラフは $x = 1$ を軸とし，点 $(1, -1)$ を頂点とする放物線である．

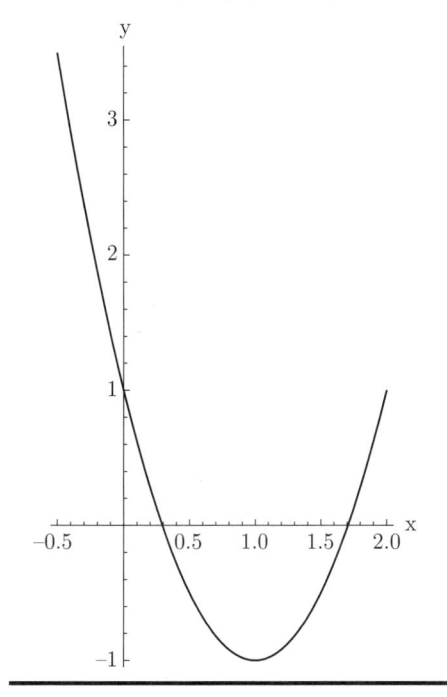

```
In[7]:= Plot[2x^2-4x+1,{x,-0.5,2},PlotRange->All,
 AxesLabel->{"x","y"},AspectRatio->Automatic]
```

例 $y = a(x-b)^2 + c$ のグラフを $-3 \leq x \leq 3$ の範囲で描く．a は -1 から 1 の範囲で，b は，初期値を 0 とし，-3 から 3 まで，c は，初期値を 0 とし，-3 から 3 まで動かせるグラフとする．

```
In[8]:= Manipulate[Plot[a*(x - b)^2 + c, {x, -3, 3},
 PlotRange -> {-7, 7},
 AxesLabel -> {"x", "y"}], {a, -2, 2}, {{b, 0}, -3, 3},
 {{c, 0}, -3, 3}]
```

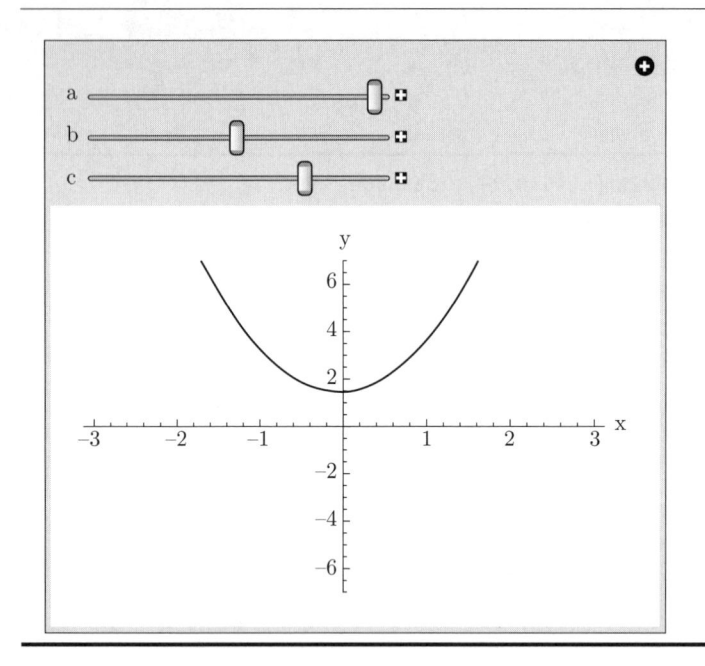

NOTE: スライダーの右にある⊞をクリックすると詳細なメニューが表示される．

8.2.3 多項式関数

$a_0, a_1, \ldots, a_n$ が定数のとき，

$$f(x) = a_0 + a_1 x + a_2 x^2 + \cdots + a_n x^n$$

を $a_n \neq 0$ のとき，n 次の**多項式関数** (polynomial function of degree n) という．

例　$y = x^3$ のグラフを -5 から 5 までの範囲で描く．

```
In[1]:= Plot[x^3,{x,-5,5},AxesLabel->{"x","y"}]
```

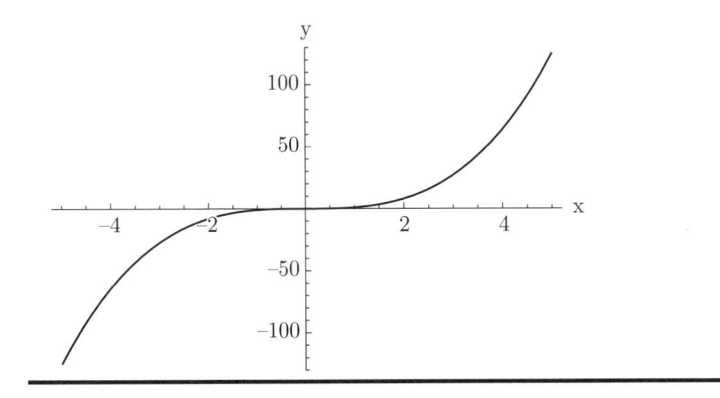

8.2 多項式関数　**189**

例　$y = x^4$ のグラフを -5 から 5 まで描く.

In[2]:= `Plot[x^4,{x,-5,5},AxesLabel->{"x","y"}]`

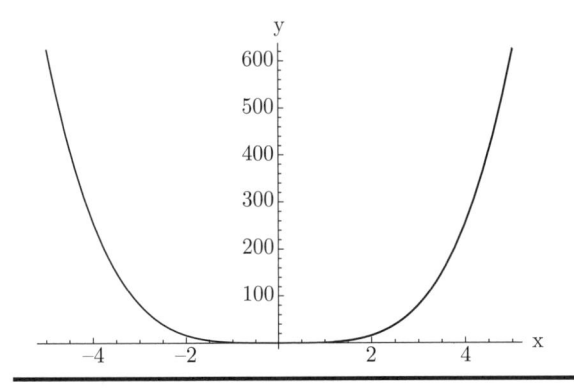

例　$y = x^k$ のグラフを -3 から 3 まで描く. k は $1, 2, \ldots, 6$ までマウスでメニューから選ぶとする.

In[3]:= `Manipulate[Plot[x^k, {x, -3, 3}, AxesLabel -> {"x", "y"}],`
　　`{k, Range[6]}]`

```
k 4 ▼
```

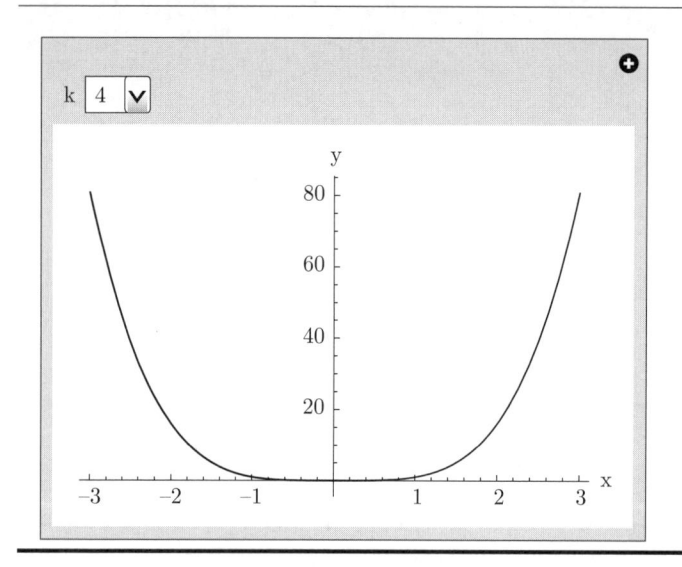

8.3 分数関数

8.3.1 双曲線と漸近線

$a \neq 0$ のとき，

$$y = \frac{a}{x}$$

は反比例の関係を表し，定義域は 0 以外の実数である．このように変数 x の分数式で表された関数を**分数関数** (fractional function) という．

関数 $y = \dfrac{a}{x}$ のグラフは原点を中心とする**双曲線** (hyperbola) であり，x 軸，y 軸がその**漸近線** (asymptote) である．すなわち，原点から遠ざかるにつれ次第にこの曲線は x 軸，y 軸に近づいていく．

例　$\dfrac{1}{x}, \dfrac{2}{x}, \dfrac{5}{x}$ のグラフを -0.5 から 0.5 の範囲で描く．

```
In[1]:= Plot[{1/x, 2/x,5/x},{x, -0.5,0.5},AxesLabel->{"x","y"}]
```

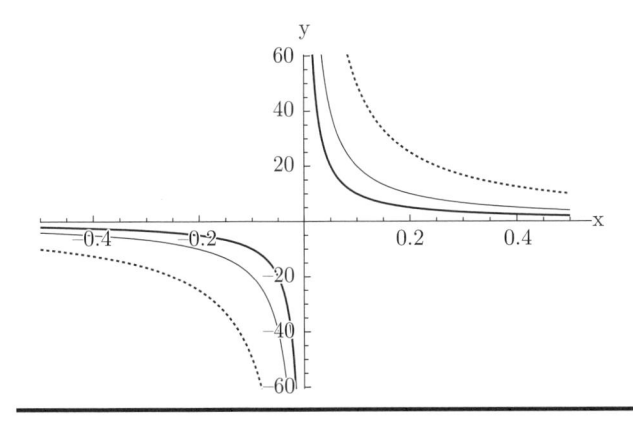

例 $-\dfrac{1}{x}, -\dfrac{2}{x}, -\dfrac{5}{x}$ のグラフを -0.5 から 0.5 の範囲で描く.

```
In[2]:= Plot[{-1/x, -2/x,-5/x},{x, -0.5,0.5},AxesLabel->{"x","y"}]
```

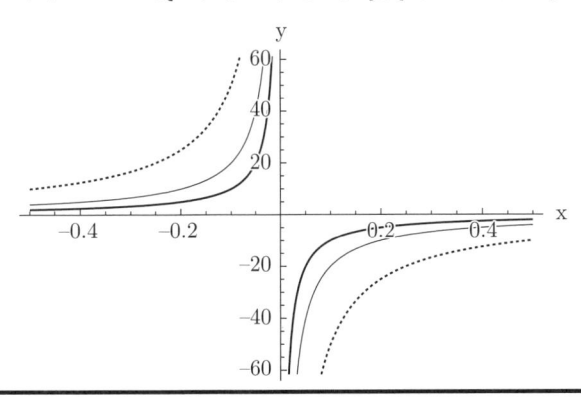

8.3.2 グラフ

$y = \dfrac{a}{x-p} + q$ のグラフは $y = \dfrac{a}{x}$ のグラフを x 軸方向に p, y 軸方向に q だけ平行移動した双曲線である. 漸近線は $x = p$, $y = q$ である.

例 $\dfrac{1}{x}, \dfrac{2}{x-0.5}, \dfrac{5}{x} + 20$ のグラフを -0.5 から 1.2 の範囲で描く.

```
In[3]:= Plot[{1/x,1/(x-0.5),1/x+20},{x,-0.5,1.2},
  PlotRange->{-100,100},AxesLabel->{"x","y"}]
```

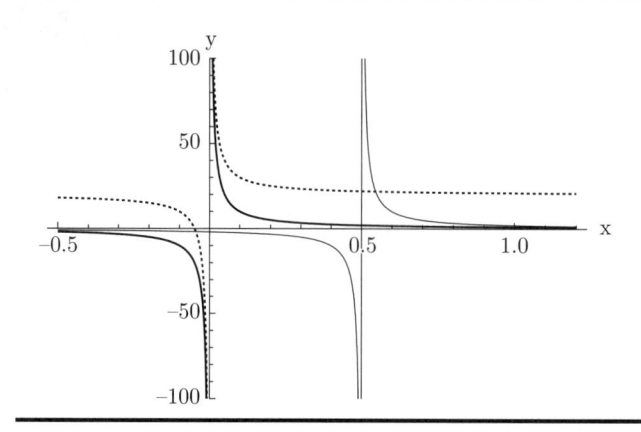

NOTE: Mathematica ではグラフを切れ目なく描くのであたかも漸近線が描かれているように見える．

次のようにすることで，除外するところを指定する．

```
In[4]:= Plot[{1/x, 1/(x - 0.5), 1/x + 20}, {x, -0.5, 1.2},
 PlotRange -> {-100, 100}, AxesLabel -> {"x", "y"},
 Exclusions -> {0, 0.5}]
```

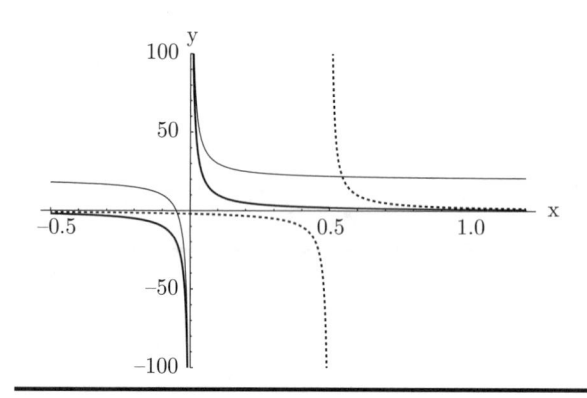

```
In[5]:= Manipulate[
 Plot[a/(x - p) + q, {x, -3, 3}, PlotRange -> {-7, 7},
 AxesLabel -> {"x", "y"}], {a, -2, 2}, {{p, 0}, -3, 3},
 {{q, 0}, -3, 3}]
```

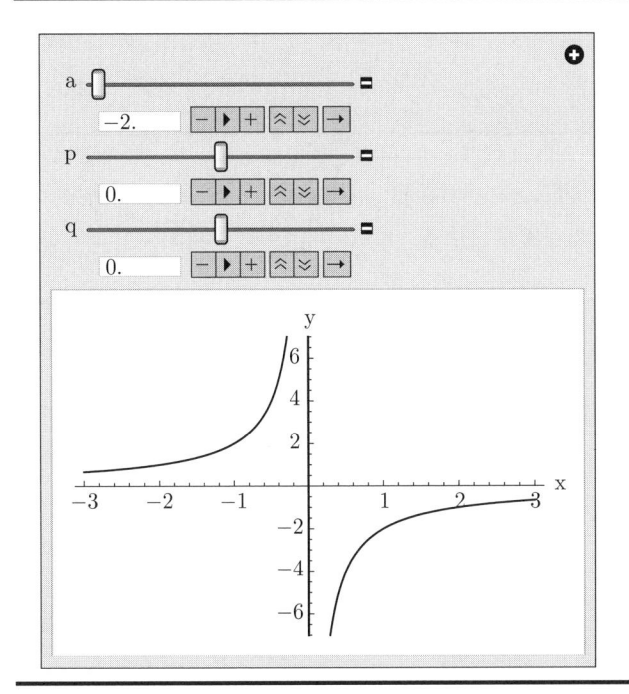

8.4 逆関数と合成関数

8.4.1 合成関数

2つの関数 $f(x)$, $g(x)$ に対して,

$f(g(x))$

を**合成関数** (composite function) といい, $f \circ g(x)$ と表す. ただし, この関数の定義域は $f(x)$ の定義域に属する x で, かつ, $f(x)$ が $g(x)$ の定義域に属するものである. 合成関数をつくるときはその定義域に注意する必要がある. 一般に, $f(g(x))$ と $g(f(x))$ は異なる関数である.

例　$f(x) = x^2$, $g(x) = 2x-1$ とすると, $f(g(x)) = (2x-1)^2$, $g(f(x)) = 2x^2-1$.

```
In[1]:= f[x_]:=x^2
In[2]:= g[x_]:=2x-1
In[3]:= f[g[x]]
Out[3]= (-1+2x)^2
```

```
In[4]:= g[f[x]]
Out[4]= -1 + 2x^2
```

例　$h(x) = \sqrt{x}$ $(x > 0)$, $f(x) = x^2$ とすると, $h(f(x)) = \sqrt{x^2} = |x|$, $f(h(x)) = (\sqrt{x})^2 = x$. ただし, h と f の定義域に注意.

```
In[5]:= f[x_]:=x^2
In[6]:= h[x_]:=Sqrt[x]
In[7]:= h[f[x]]
Out[7]= √(x^2)
In[8]:= f[h[x]]
Out[8]= x
In[9]:= Plot[h[f[x]],{x,-2,2}, AxesLabel->{"x","y"}]
```

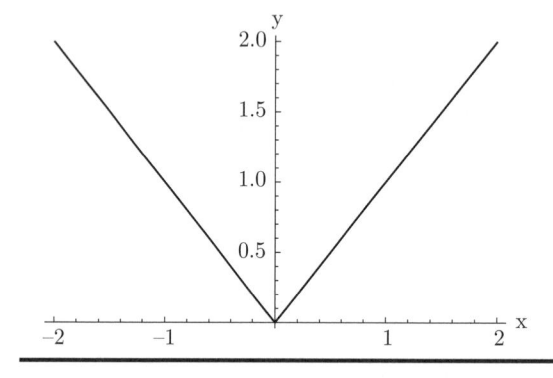

8.4.2 逆関数

関数

$$f : A \to B$$

で A の異なる要素に対して B の異なる要素がただ 1 つ対応しているとき, この関数は **1 対 1**(one-to-one) であるという. このとき, B の要素にただ 1 つの A の要素を対応させる関数というのも考えられる. この関数を f の**逆関数** (inverse function) といい f^{-1} で表す.

つまり, f^{-1} が f の逆関数であるとは, a を A の要素とすると,

$$f(a) = b \Leftrightarrow f^{-1}(b) = a.$$

関数とその逆関数の合成関数を考えると,

$$f \circ f^{-1}(x) = f(f^{-1}(x)) = x$$
$$f^{-1} \circ f(x) = f^{-1}(f(x)) = x$$

一般に関数 $y = f(x)$ の逆関数を求めるには $y = f(x)$ を x について解いて，y と x を入れ換える．

ある関数とその関数の逆関数のグラフは直線 $y = x$ に関して対称である．

例　関数 $f(x) = 2x - 4$ を考えてみる．

$$f(a) = b \Leftrightarrow f^{-1}(b) = a,$$
$$2a - 4 = b \Leftrightarrow a = \frac{b+4}{2}.$$

すなわち，

$$f^{-1}(x) = \frac{x}{2} + 2.$$

$y = 2x - 4$ とその逆関数 $y = x/2 + 2$ のグラフを描く．$y = x$ に関して対称であることがわかる．

```
In[1]:= Plot[{2x-4,x/2+2,x},{x,-10,10},
  PlotStyle->{GrayLevel[0], GrayLevel[0.2], Dashing[{0.05}]},
  AspectRatio->Automatic,AxesLabel->{"x","y"}]
```

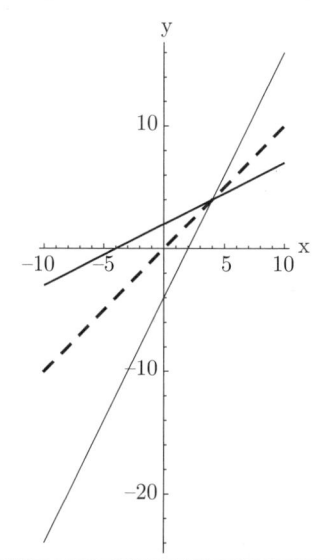

8.4.3 無理関数

$x > 0$ を定義域とする関数 $y = x^2$ の逆関数は,

$$x = \sqrt{y}.$$

x と y を入れ換えて,

$$y = \sqrt{x}.$$

このように根号を含む関数を**無理関数** (irrational function) という.

例　$y = x^2$ と $y = \sqrt{x}$ のグラフを描く. $y = x$ の直線に関して対称であることがわかる.

```
In[1]:= Plot[{x^2, Sqrt[x],x},{x,0,1.5},
  PlotStyle->{GrayLevel[0],GrayLevel[0.2],Dashing[{0.05}]},
  AspectRatio->Automatic,AxesLabel->{"x","y"}]
```

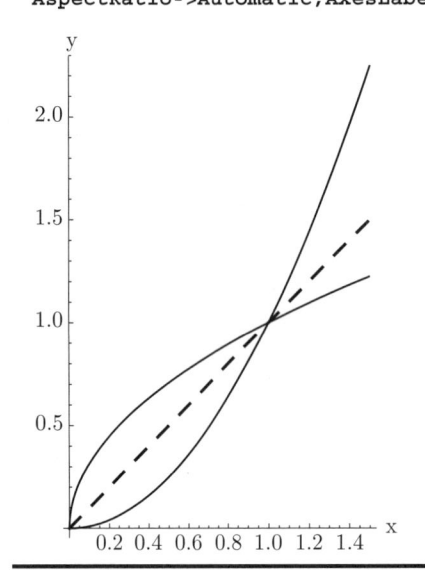

8.4.4 グラフ

$y = \sqrt{a(x-p)} + q$ のグラフは $y = \sqrt{ax}$ のグラフを x 軸の方向へ p, y 軸の方向へ q だけ平行移動したものである.

例　$y = \sqrt{2(x+0.2)} - 0.5$ のグラフを -0.2 から 3 まで描く.

```
In[1]:= Plot[Sqrt[2(x+0.2)]-0.5,{x,-0.2,3},
  PlotRange->All,AxesLabel->{"x","y"}, AxesOrigin->{0,0}]
```

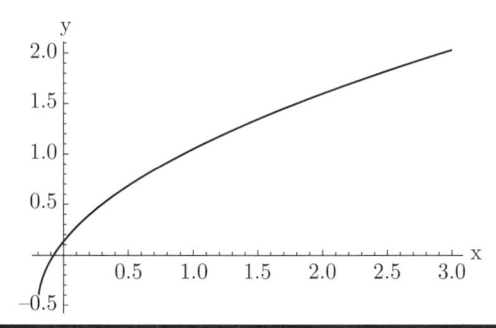

8.5　いろいろな関数

8.5.1　例

$\dfrac{x+1}{x-1}$ のグラフを -2 から 2 の範囲で描く．

```
In[1]:= Plot[(x+1)/(x-1),{x,-2,2},
  AxesLabel->{"x","y"},Exclusions->{1}]
```

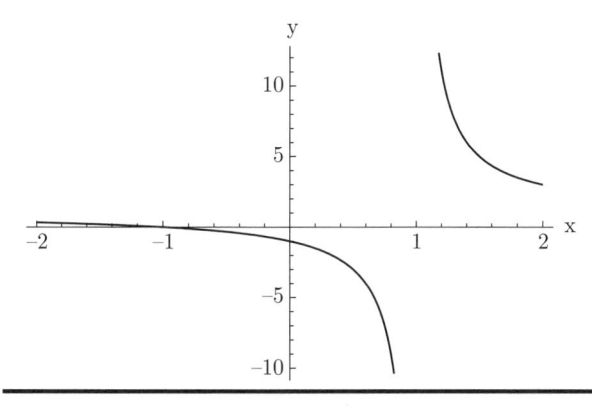

NOTE:　Exclusions オプションで $x = 1$ のところを除外している．

例　$f(x) = |(x-4)x| + x - 4$ のグラフを -3 から 5 の範囲で描く．

```
In[2]:= Plot[Abs[(x-4)*x]+x-4,{x,-3,5},AxesLabel->{"x","y"}]
```

[グラフ]

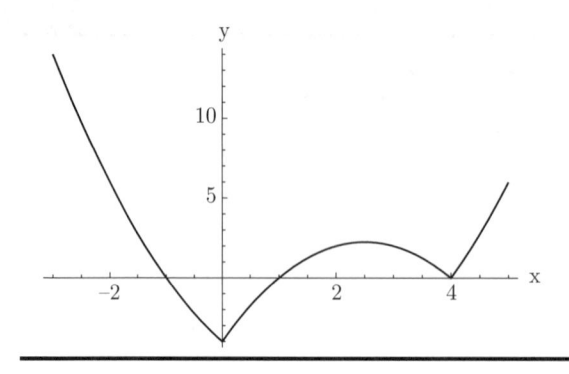

第8章 問題

ex.8.1 次の関数のグラフを指定された範囲で描け.
(a) (i) $y = 5x + 7$ $(-3 \leq x \leq 3)$ (ii) $y = -5x + 7$ $(-3 \leq x \leq 3)$
(iii) $y = 3x^2 + 2$ $(-3 \leq x \leq 3)$ (iv) $y = -3x^2 + 2$ $(-3 \leq x \leq 3)$
(v) $y = 3x^3 + 1$ $(-3 \leq x \leq 3)$ (vi) $y = -3x^3 + 2$ $(-3 \leq x \leq 3)$
(vii) $y = x^4 - 1$ $(-3 \leq x \leq 3)$ (viii) $y = 3x^4 - 1$ $(-3 \leq x \leq 3)$
(ix) $y = x^5 - 2$ $(-3 \leq x \leq 3)$ (x) $y = -x^5 - 2$ $(-3 \leq x \leq 3)$
(xi) $y = x^2 + x$ $(-3 \leq x \leq 3)$ (xii) $y = x^3 - x$ $(-3 \leq x \leq 3)$
(xiii) $y = x^4 - x^2$ $(-3 \leq x \leq 3)$ (xiv) $y = x^4 + x^2$ $(-3 \leq x \leq 3)$
(b) (i) $y = \sqrt{x-1}$ $(1 \leq x \leq 5)$ (ii) $y = -\sqrt{x-1}$ $(1 \leq x \leq 5)$
(iii) $y = \dfrac{1}{x+2}$ $(-5 \leq x \leq 5)$ (iv) $y = \dfrac{x}{x+2}$ $(-5 \leq x \leq 5)$
(v) $y = \dfrac{1}{\sqrt{x+2}}$ $(-5 \leq x \leq 5)$ (vi) $y = \sqrt{\dfrac{x+1}{x-1}}$ $(1 \leq x \leq 5)$
(vii) $y = |2x - 1|$ $(-2 < x < 2)$ (viii) $y = x + |x - 1|$ $(-2 < x < 2)$

ex.8.2 $y = -3x + 1$ を次のように平行移動して得られる直線の式を求めよ. また, そのグラフを描け.
(i) x 軸方向へ 2, y 軸方向へ -1
(ii) x 軸方向へ -3, y 軸方向へ -1
(iii) x 軸方向へ 2, y 軸方向へ 1
(iv) y 軸方向へ -3

ex.8.3 定義域が区間 $[-2, 3]$ である 1 次関数 $y = -5x + 12$ の最大値または最小値が存在すれば, その値とそのときの x の値を求めよ.

ex.8.4 次の 2 次関数の最大値または最小値と, そのときの x の値を求めよ.
(i) $y = -3x^2 + 2x - 4$ (ii) $y = 2x^2 - x + 5$ (iii) $y = (x-3)^2 - 2$

ex.8.5 定義域が下の区間であるときの $y = 2x^2 - 3x - 1$ の最大値と最小値を求めよ.

(i) $1 \leq x \leq 3$ (ii) $-2 \leq x \leq 1$ (iii) $-2 < x \leq 2$ (iv) $2 \leq x < 4$

ex.8.6 次の2次関数とx軸との交点を求めよ．
(i) $y = x^2 - 3x - 6 = 0$ (ii) $y = 2x^2 - 4x + 2$ (iii) $y = 3x^2 + x - 2$

ex.8.7 放物線 $y = 3x^2 - 2x + 5$ と直線 $y = 2x - 5$ の交点を求めよ．

ex.8.8 直線 $y = 3x + 4$ と直線 $y = x - 2$ との交点を求めよ．

ex.8.9 $y = |x^2 - 3x| - x + 2$ のグラフと直線 $y = k$ の共有点は k の値によってどう変わるか．

ex.8.10 $f(x)$ と $g(x)$ がそれぞれ次のように与えられているとき，$f(g(x))$, $g(f(x))$ を求めよ．また，そのグラフを描け．
(i) $f(x) = 3x - 1, g(x) = -x + 1$ (ii) $f(x) = \dfrac{1}{x}, g(x) = x^2 + 5$
(iii) $f(x) = -x + 3, g(x) = 2x^3 - 5x$
(iv) $f(x) = \sqrt{2x^2 + 1}, g(x) = \dfrac{x}{x+1}$

ex.8.11 次の関数の逆関数を求めよ．また，それぞれのグラフを描け．
(i) $y = -3x + 5$ (ii) $f(x) = -\dfrac{1}{3}x + 2$ (iii) $f(x) = \dfrac{x-1}{x+1}$ $(x > 0)$

ex.8.12 グラフを利用して次の不等式を解け．
(i) $x^2 - x - 5 \leq 0$ (ii) $6x^2 + x - 3 > 0$

第 9 章
関数 II

```
In[1]:= Graphics3D[{Opacity[0.6],Cone[]}]
```

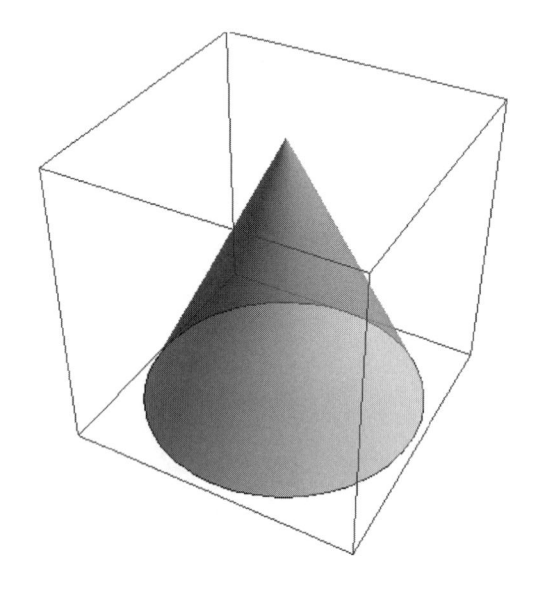

9.1 三角関数

9.1.1 弧度法

半径 r の円で，半径に等しい長さの円弧に対する中心角の大きさを 1 ラジアン (radian) または **1 弧度**とし，この単位による角度の測り方を**弧度法** (radian measure) という．

$$1° = \frac{\pi}{180} \text{ラジアン}. \quad 1 \text{ラジアン} = \frac{180°}{\pi}.$$
$$180° = \pi \text{ラジアン}. \quad 360° = 2\pi \text{ラジアン}.$$

なお，角の単位として度 (degree) を用いる方法を **60 分法** (sexagesimal measure) という．

$$1° = 1 \text{度 (degree)} = 1/360 \text{ の 1 回転}.$$
$$1' = 1 \text{分 (minute)} = 1 \text{度の } 1/60.$$
$$1'' = 1 \text{秒 (second)} = 1 \text{分の } 1/60.$$

例 60 分法から弧度法に変換する関数，$\mathrm{d2r}(x) = \dfrac{\pi}{180}x$ を定義する．

```
In[1]:= d2r[x_]:=x*Pi/180
In[2]:= d2r[10]
```
Out[2]= $\dfrac{\pi}{18}$
```
In[3]:= d2r[1]//N
```
Out[3]= 0.0174533   (* 1 度 = 0.0174533 ラジアン *)

例 弧度法から 60 分法に変換する関数，$\mathrm{r2d}(x) = \dfrac{180}{\pi}x$ を定義する．

```
In[4]:= r2d[x_]:=x*180/Pi
In[5]:= r2d[1]
```
Out[5]= $\dfrac{180}{\pi}$
```
In[6]:= r2d[1]//N
```
Out[6]= 57.2958   (* 1 ラジアン = 57.2958 度 *)

例　いくつかの角度の 60 分法と弧度法の対応[1].

```
In[7]:= d={30,45,60,90,120,180,240,360};
In[8]:= TableForm[Table[{d,d2r[d]}]]
Out[8]//TableForm=
```
　30　45　60　90　120　180　240　360
　$\dfrac{\pi}{6}$　$\dfrac{\pi}{4}$　$\dfrac{\pi}{3}$　$\dfrac{\pi}{2}$　$\dfrac{2\pi}{3}$　π　$\dfrac{4\pi}{3}$　2π

9.1.2　一般角

座標平面上で半直線 OP が点 O の周りを回転するとき，OP を**動径** (radius) といい，その最初の位置を**始線** (initial line) という．時計の針と反対の向きの回転を正の向き，時計と同じ向きの回転を負の向きの回転という．正の向きにはかった角を正の角，負の向きにはかった角を負の角という．

動径が始線となす一つの角を α とすると一般角は，

$$\theta° = \alpha° + 360n, \ n = 0, \pm 1, \pm 2, \ldots$$

また，単位がラジアンのときは，

$$\theta = \alpha + 2\pi n, \ n = 0, \pm 1, \pm 2, \ldots$$

で表される．

NOTE:　これ以後，特に断りのないときは角度の単位はすべてラジアンとする．

---

[1] 次のようにインタラクティブに表示できる．
```
In[9]:= Manipulate[
  Text[Grid[{{"Degree", "Radian"}, {x, d2r[x]}}, Dividers -> All,
  ItemSize -> 10]], {{x, 0}, -360, 360, 15}]

In[10]:= Manipulate[
  Text[Grid[{{"Radian", "Degree"}, {x, r2d[x]}}, Dividers -> All,
  ItemSize -> 10]], {{x, 0}, -2 Pi, 2 Pi, Pi/12}]
```

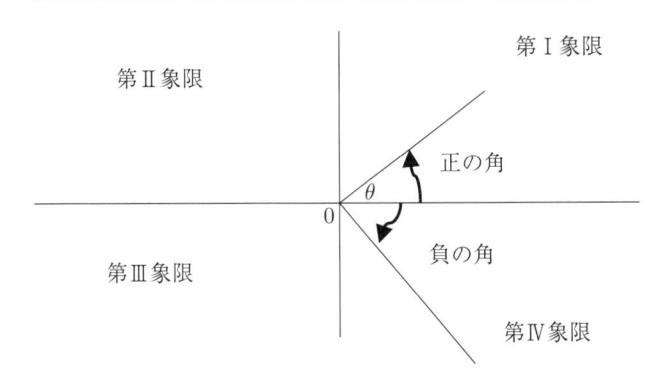

9.1.3 三角関数

座標平面上で原点を中心とする半径 1 の円を **単位円** (unit circle) という．x 軸から正の方向へ角 θ の動径が単位円と交わる点を $\mathrm{P}(x,y)$ とするとき，

$$\cos\theta = x,\ \sin\theta = y$$

と定める．

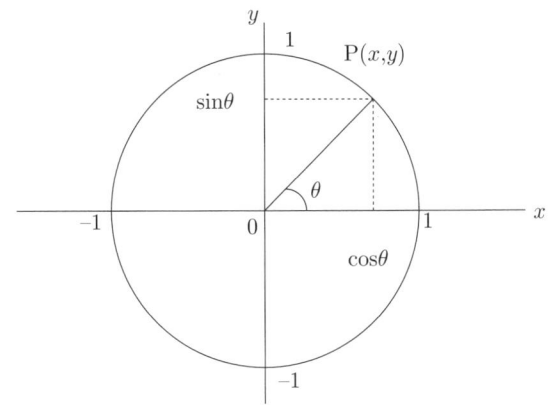

これらを角 θ の関数と考え，次のように定義する．

$\sin\theta$ 　　　　　　　　　　θ の正弦（サイン）関数．
$\cos\theta$ 　　　　　　　　　　θ の余弦（コサイン）関数．
$\tan\theta = \dfrac{\sin\theta}{\cos\theta}$ 　　　　　　　θ の正接（タンジェント）関数．
$\cot\theta = \dfrac{\cos\theta}{\sin\theta} = \dfrac{1}{\tan\theta}$ 　　θ の余接（コタンジェント）関数．
$\sec\theta = \dfrac{1}{\cos\theta}$ 　　　　　　　θ の正割（セカント）関数．
$\mathrm{cosec}\,\theta = \dfrac{1}{\sin\theta}$ 　　　　　　θ の余割（コセカント）関数．

(ただし，分母が 0 のときは定義しない．)

これらを総称して**三角関数** (trigonometric function) とよぶ．

Sin[x]	$\sin x$
Cos[x]	$\cos x$
Tan[x]	$\tan x$
Cot[x]	$\cot x$
Sec[x]	$\sec x$
Csc[x]	$\operatorname{cosec} x$

引数の単位はラジアンである．
60 分法を用いるときは引数 x のあとに Degree を入れる．

```
In[1] := Sin[Pi/2]
Out[1] = 1
In[2] := Sin[90 Degree]//N
Out[2] = 1.
In[3] := ang={0,Pi/6,Pi/4,Pi/3,Pi/2,2Pi/3,Pi,4Pi/3,2Pi};
In[4] := {ang,Sin[ang]}
```
$Out[4] = \left\{\left\{0, \frac{\pi}{6}, \frac{\pi}{4}, \frac{\pi}{3}, \frac{\pi}{2}, \frac{2\pi}{3}, \pi, \frac{4\pi}{3}, 2\pi\right\}, \left\{0, \frac{1}{2}, \frac{1}{\sqrt{2}}, \frac{\sqrt{3}}{2}, 1, \frac{\sqrt{3}}{2}, 0, -\frac{\sqrt{3}}{2}, 0\right\}\right\}$
```
In[5] := {ang,Cos[ang]}
```
$Out[5] = \left\{\left\{0, \frac{\pi}{6}, \frac{\pi}{4}, \frac{\pi}{3}, \frac{\pi}{2}, \frac{2\pi}{3}, \pi, \frac{4\pi}{3}, 2\pi\right\}, \left\{1, \frac{\sqrt{3}}{2}, \frac{1}{\sqrt{2}}, \frac{1}{2}, 0, -\frac{1}{2}, -1, -\frac{1}{2}, 1\right\}\right\}$
```
In[6] := {ang,Tan[ang]}
```
$Out[6] = \left\{\left\{0, \frac{\pi}{6}, \frac{\pi}{4}, \frac{\pi}{3}, \frac{\pi}{2}, \frac{2\pi}{3}, \pi, \frac{4\pi}{3}, 2\pi\right\}, \left\{0, \frac{1}{\sqrt{3}}, 1, \sqrt{3}, \text{ComplexInfinity}, -\sqrt{3}, 0, \sqrt{3}, 0\right\}\right\}$

9.1.4 三角関数のグラフ

(i)　$\sin\theta$ のグラフ

```
In[1]:= Plot[Sin[x],{x,-2Pi,2Pi}, AxesLabel->{"x","sin x"},
  Ticks->{{-2Pi,-Pi,0,Pi,2Pi},{-1,1}},AspectRatio->Automatic]
```

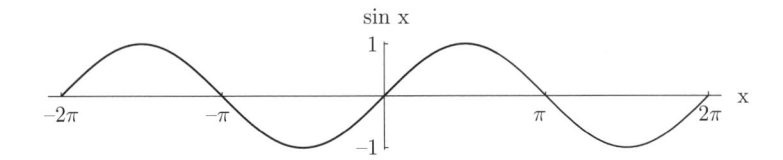

[図: $\sin x$ のグラフ, -2π から 2π まで]

$\sin\theta$ のグラフは θ が 2π 増えるごとに同じ形を繰り返す．また，つねに，

$$-1 \leq \sin\theta \leq 1.$$

(ii) $\cos\theta$ のグラフ

```
In[2]:= Plot[Cos[x],{x,-2Pi,2Pi},AxesLabel->{"x","cos x"},
  Ticks->{{-2Pi,-Pi,0,Pi,2Pi},{-1,1}},AspectRatio->Automatic]
```

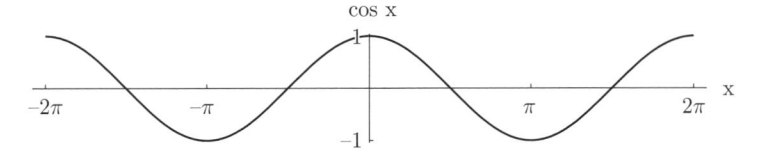

[図: $\cos x$ のグラフ, -2π から 2π まで]

$\cos\theta$ のグラフは θ が 2π 増えるごとに同じ形を繰り返す．また，つねに，

$$-1 \leq \cos\theta \leq 1.$$

(iii) $\tan\theta$ のグラフ

```
In[3]:= Plot[Tan[x],{x,-2Pi,2Pi},AxesLabel->{"x","tan x"},
  Ticks->{{-2Pi,-Pi,0,Pi,2Pi},{-1,1}},AspectRatio->Automatic]
```

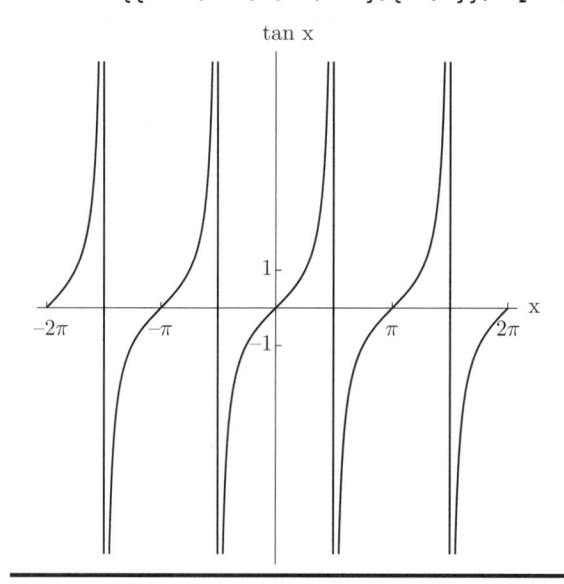

NOTE: 実際には垂直線（漸近線）はグラフの一部ではない．*Mathematica* の作図の仕方により現れてしまうものである．以下，同様に注意すること．

$\tan\theta$ のグラフは θ が π 増えるごとに同じ形を繰り返す．また，θ の値が，$n\pi + \dfrac{\pi}{2}$ ($n = 0, \pm1, \pm2, \ldots$) のところでは定義されない．

(iv) $\cot\theta$ のグラフ

```
In[4]:= Plot[Cot[x],{x,-2Pi,2Pi},AxesLabel->{"x","cot x"},
  Ticks->{{-2Pi,-Pi,0,Pi,2Pi},{-1,1}},AspectRatio->Automatic]
```

(v) $\sec\theta$ のグラフ

```
In[5]:= Plot[Sec[x],{x,-2Pi,2Pi},AxesLabel->{"x","sec x"},
  Ticks->{{-2Pi,-Pi,0,Pi,2Pi},{-1,1}},AspectRatio->Automatic]
```

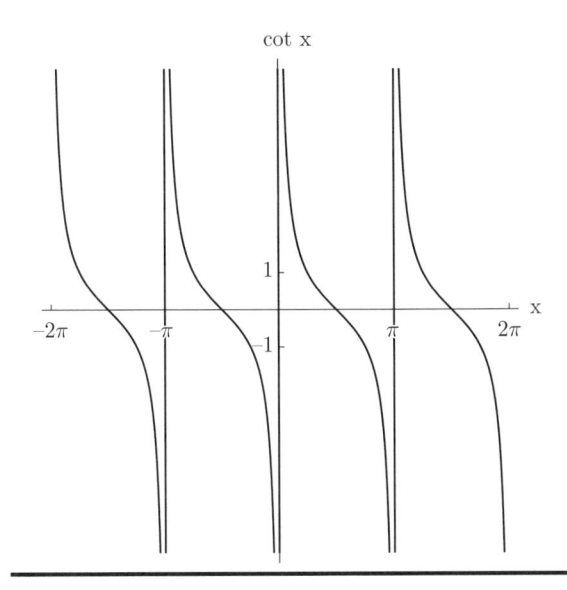

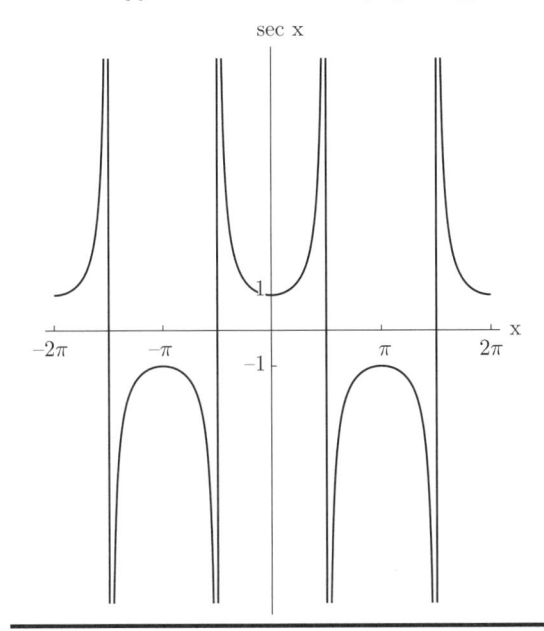

(vi) cosec θ のグラフ

```
In[6]:= Plot[Csc[x],{x,-2Pi,2Pi},AxesLabel->{"x","cosec x"},
  Ticks->{{-2Pi,-Pi,0,Pi,2Pi},{-1,1}},AspectRatio->Automatic]
```

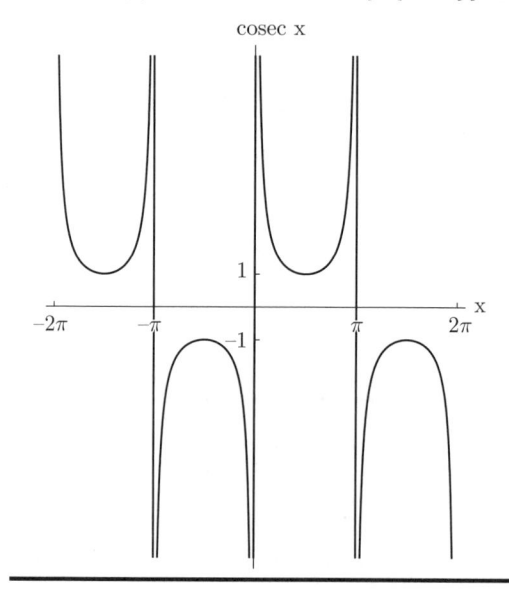

9.1.5 三角関数の性質

(i) $n = 0, \pm 1, \pm 2, \ldots$ とする [2]．
$\sin(\theta + 2n\pi) = \sin\theta,\ \cos(\theta + 2n\pi) = \cos\theta,$
$\tan(\theta + n\pi) = \tan\theta$

(ii)[3] $\sin(-\theta) = -\sin\theta,\ \cos(-\theta) = \cos\theta$
$\tan(-\theta) = -\tan\theta$

(iii) $\sin(\theta + \pi) = -\sin\theta,\ \cos(\theta + \pi) = -\cos\theta,$
$\tan(\theta + \pi) = \tan\theta$

(iv) $\sin(\theta + \dfrac{\pi}{2}) = \cos\theta,\ \cos(\theta + \dfrac{\pi}{2}) = -\sin\theta,$
$\tan(\theta + \dfrac{\pi}{2}) = -\cot\theta$

(v) $\sin(\pi - \theta) = \sin\theta,\ \cos(\pi - \theta) = -\cos\theta,$
$\tan(\pi - \theta) = -\tan\theta$

---

[2] すべての定義域で，定数 $c \neq 0$ に対して $f(x+c) = f(x)$ となる関数を**周期関数** (periodic function) という．周期関数の正の周期のうち最小のものを基本周期という．

[3] $f(-x) = f(x)$ となる関数を**偶関数** (even function), $f(-x) = -f(x)$ となる関数を**奇関数** (odd function) という．偶関数のグラフは y 軸に関して対称，奇関数のグラフは原点に関して対称である．

(vi) $\sin(\dfrac{\pi}{2} - \theta) = \cos\theta$, $\cos(\dfrac{\pi}{2} - \theta) = \sin\theta$,
$\tan(\dfrac{\pi}{2} - \theta) = \cot\theta$

9.1.6 特殊な等式

$$\sin^2\theta + \cos^2\theta = 1,$$
$$\tan^2\theta + 1 = \sec^2\theta,$$
$$\cot^2\theta + 1 = \mathrm{cosec}^2\theta.$$

In[1]:= `Sin[-x]`
Out[1]= $-\mathrm{Sin}[x]$
In[2]:= `Cos[-x]`
Out[2]= $\mathrm{Cos}[x]$
In[3]:= `Sin[x+Pi]`
Out[3]= $-\mathrm{Sin}[x]$
In[4]:= `Cos[x-Pi/2]`
Out[4]= $\mathrm{Sin}[x]$
In[5]:= `Simplify[Sin[x]^2+Cos[x]^2]`
Out[5]= 1
In[6]:= `Simplify[1+Tan[x]^2]`
Out[6]= $\mathrm{Sec}[x]^2$
In[7]:= `Manipulate[Plot[function[a*x], {x, -2 Pi, 2 Pi},`
  `AxesLabel -> {"x", "y"}], {a, 0, 8}, {function, {Sin, Cos, Tan}}]`

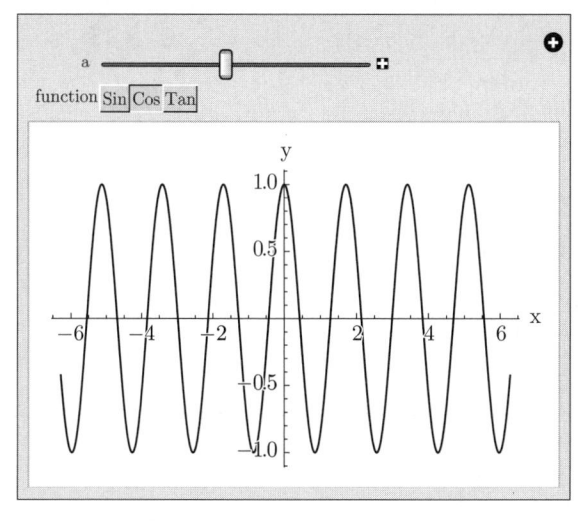

In[8]:= `Manipulate[`

```
Plot[function[a + x], {x, -2 Pi, 2 Pi}, AxesLabel ->
{"x", "y"}], {a,0,10}, {function, {Sin, Cos, Tan},
ControlType -> RadioButtonBar}]
```

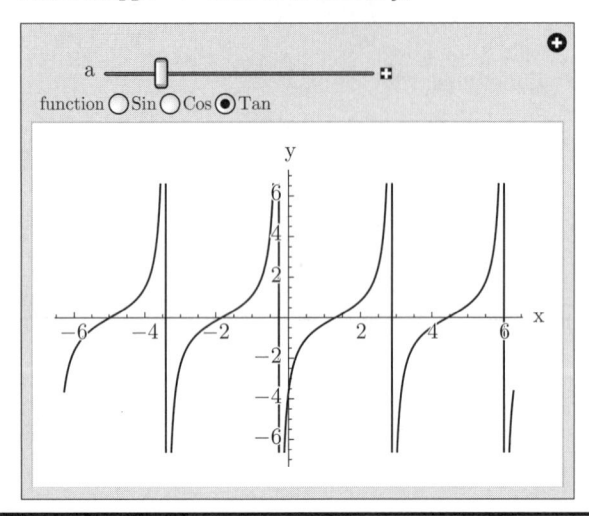

三角関数を含んでいる式の計算については次で簡単になることもある：
Simplify[式]
FullSimplify[式]
TrigExpand[式]　　三角関数の和の形に直す
TrigFactor[式]　　三角関数の積の形に直す
TrigReduce[式]　　加法定理，倍角公式などを利用して式を簡単にする

9.1.7　加法定理

$$\sin(\alpha \pm \beta) = \sin\alpha\cos\beta \pm \cos\alpha\sin\beta$$

$$\cos(\alpha \pm \beta) = \cos\alpha\cos\beta \mp \sin\alpha\sin\beta \quad \text{（複合同順）}$$

$$\tan(\alpha \pm \beta) = \frac{\tan\alpha \pm \tan\beta}{1 \mp \tan\alpha\tan\beta}$$

```
In[1]:= TrigExpand[Sin[x + y]]
Out[1]= Cos[y] Sin[x] + Cos[x] Sin[y]
In[2]:= TrigExpand[Cos[x - y]]
```

Out[2]= $\text{Cos}[x]\,\text{Cos}[y] + \text{Sin}[x]\,\text{Sin}[y]$

例　$\cos(x+y)\cos(x-y)$ を簡単にする.

In[3]:= `TrigExpand[Cos[x + y]*Cos[x - y]]`
Out[3]= $\dfrac{\text{Cos}[x]^2}{2} + \dfrac{\text{Cos}[y]^2}{2} - \dfrac{\text{Sin}[x]^2}{2} - \dfrac{\text{Sin}[y]^2}{2}$
In[4]:= `Expand[%]/.{Cos[x]^2->1-Sin[x]^2,Cos[y]^2->1-Sin[y]^2}`
Out[4]= $-\dfrac{1}{2}\text{Sin}[x]^2 + \dfrac{1}{2}(1-\text{Sin}[x]^2) - \dfrac{\text{Sin}[y]^2}{2} + \dfrac{1}{2}(1-\text{Sin}[y]^2)$
In[5]:= `Expand[%] /. 1-Sin[x]^2->Cos[x]^2`
Out[5]= $\text{Cos}[x]^2 - \text{Sin}[y]^2$

9.1.8　倍角，半角公式

$$\sin 2\alpha = 2\sin\alpha\cos\alpha$$
$$\cos 2\alpha = \cos^2\alpha - \sin^2\alpha = 2\cos^2\alpha - 1 = 1 - 2\sin^2\alpha$$
$$\tan 2\alpha = \frac{2\tan\alpha}{1-\tan^2\alpha}$$
$$\sin\frac{\alpha}{2} = \pm\sqrt{\frac{1-\cos\alpha}{2}}$$
$$\cos\frac{\alpha}{2} = \pm\sqrt{\frac{1+\cos\alpha}{2}}$$
$$\tan\frac{\alpha}{2} = \pm\sqrt{\frac{1-\cos\alpha}{1+\cos\alpha}} \quad (\text{* 符号は } \alpha/2 \text{ が第何象限の角であるかによる *})$$

In[1]:= `TrigFactor[Sin[2x]]`
Out[1]= $2\,\text{Cos}[x]\,\text{Sin}[x]$
In[2]:= `TrigExpand[Cos[2x]]`
Out[2]= $\text{Cos}[x]^2 - \text{Sin}[x]^2$

9.1.9　積和，和積公式

$$\sin\alpha\cos\beta = \frac{1}{2}[\sin(\alpha+\beta) + \sin(\alpha-\beta)]$$
$$\cos\alpha\sin\beta = \frac{1}{2}[\sin(\alpha+\beta) - \sin(\alpha-\beta)]$$

$$\cos\alpha\cos\beta = \frac{1}{2}[\cos(\alpha+\beta)+\cos(\alpha-\beta)]$$

$$\sin\alpha\sin\beta = \frac{1}{2}[\cos(\alpha+\beta)-\cos(\alpha-\beta)]$$

$$\sin A + \sin B = 2\sin\frac{A+B}{2}\sin\frac{A-B}{2}$$

$$\sin A - \sin B = 2\cos\frac{A+B}{2}\sin\frac{A-B}{2}$$

$$\cos A + \cos B = 2\cos\frac{A+B}{2}\cos\frac{A-B}{2}$$

$$\cos A - \cos B = -2\sin\frac{A+B}{2}\sin\frac{A-B}{2}$$

```
In[3]:= TrigFactor[Sin[x+y]+Sin[x+y]]
Out[3]= 2 Sin[x + y]
```

9.1.10 逆三角関数

$-\pi/2 \leq x \leq \pi/2$ を定義域とする $y = \sin x$ の逆関数を**逆正弦関数** (arcsine) といい,

$$y = \arcsin x \quad \text{または,} \quad y = \mathrm{Sin}^{-1} x$$

と表す. この関数の定義域は $-1 \leq x \leq 1$ である. つまり,

$$y = \mathrm{Sin}^{-1} x \quad \Leftrightarrow \quad x = \sin y \quad \left(-1 \leq x \leq 1, -\frac{\pi}{2} \leq y \leq \frac{\pi}{2}\right).$$

$0 \leq x \leq \pi$ を定義域とする $y = \cos x$ の逆関数を**逆余弦関数** (arccosine) といい,

$$y = \arccos x \quad \text{または,} \quad y = \mathrm{Cos}^{-1} x$$

と表す. この関数の定義域は $-1 \leq x \leq 1$ である. つまり,

$$y = \mathrm{Cos}^{-1} \quad \Leftrightarrow \quad x = \cos y \quad (-1 \leq x \leq 1, 0 \leq y \leq \pi).$$

$-\pi/2 \leq x \leq \pi/2$ を定義域とする $y = \tan x$ の逆関数を**逆正接関数** (arctangent) といい,

$$y = \arctan x \quad \text{または,} \quad y = \mathrm{Tan}^{-1} x$$

と表す. この関数の定義域は実数全体である. つまり,

9.1 三角関数 **213**

$$y = \mathrm{Tan}^{-1} x \quad \Leftrightarrow \quad x = \tan y \quad \left(-\infty \leq x \leq \infty, -\frac{\pi}{2} \leq y \leq \frac{\pi}{2} \right).$$

ArcSin[x], ArcCos[x], ArcTan[x]　　それぞれ逆正弦，逆余弦，逆正接関数

(i)　$\arcsin\theta$ のグラフ

```
In[1]:= Plot[ArcSin[x],{x,-1,1}, AxesLabel->{"x","arcsin x"},
 Ticks->{Automatic,{-Pi/2,0,Pi/2}},AspectRatio->Automatic]
```

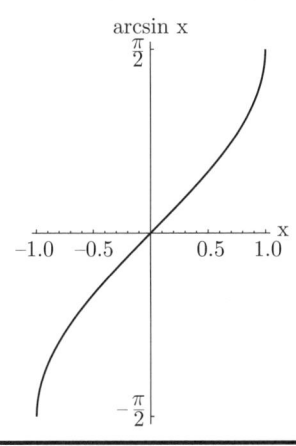

(ii)　$\arccos\theta$ のグラフ

```
In[2]:= Plot[ArcCos[x],{x,-1,1},AxesLabel->{"x","arccos x"},
 Ticks->{Automatic,{0,Pi/2,Pi}},AspectRatio->Automatic]
```

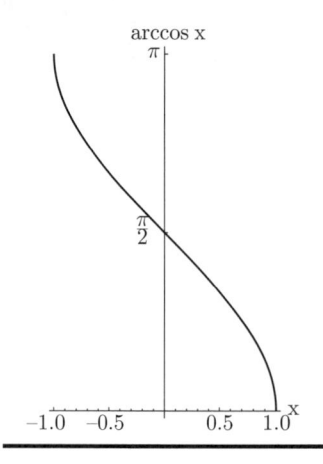

(iii)　$\arctan\theta$ のグラフ

```
In[3]:= Plot[{ArcTan[x],-Pi/2,Pi/2},{x,-5,5},
 AxesLabel->{"x","arctan x"},
 Ticks->{Automatic,{-Pi/2,0,Pi/2}},
 PlotStyle->{GrayLevel[0],
 Dashing[{0.01,0.01}],Dashing[{0.01,0.01}]},
 AspectRatio->Automatic]
```

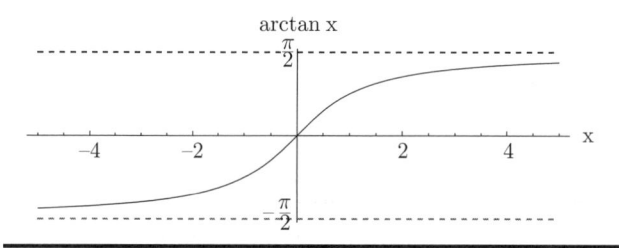

9.2 指数関数と対数関数

9.2.1 指数の拡張

n 乗して a になるような数を a の **n 乗根** (n-th root, power root) という．

$a > 0$ のとき，a の n 乗根のうち正の数を $\sqrt[n]{a}$ で表し，負の数を $-\sqrt[n]{a}$ で表す．また，$\sqrt[n]{0} = 0$ と定める[4]．

---

[4] a が 0 でない実数のときは a の n 乗根は複素数の範囲ではちょうど n 個ある．例えば，1 の 4 乗根は，$1, -1, i, -i$ の 4 つである．

例　$\sqrt[3]{8} = 2, \sqrt[4]{16} = 2, -\sqrt[4]{16} = -2, \sqrt[3]{-75} = -5.$

指数の拡張として，次のように定める．$a > 0$ とするとき，

　　　正の整数 n に対して，　$a^{1/n} = \sqrt[n]{a}$.

　　　正の整数 n と整数 m に対して，　$a^{m/n} = \sqrt[n]{a^m}$.

関数 $y = \sqrt[n]{x}$ は $y = x^n$ の逆関数になっている．つまり，

$$(\sqrt[n]{x})^n = x, \ \sqrt[n]{x^n} = x.$$

```
In[1]:= 64^(1/2)
Out[1]= 8
In[2]:= 125^(1/3)
Out[2]= 5
In[3]:= 4^4
Out[3]= 256
In[4]:= %^(1/4)
Out[4]= 4
In[5]:= 1296^(1/4)
Out[5]= 6
In[6]:= %^4
Out[6]= 1296
In[7]:= PowerExpand[(a^(1/n))^n]
Out[7]= a
In[8]:= PowerExpand[(a^n)^(1/n)]
Out[8]= a
In[9]:= Plot[{x^(1/5),x^5,x},{x,0,2},
  PlotRange->{0,2}, AxesLabel->{"x","y"},AspectRatio->Automatic,
  PlotStyle->{GrayLevel[0],GrayLevel[0], Dashing[{0.05}]}]
```

[グラフ: y = 2^x のような指数関数と y = x (破線) のグラフ、x軸 0.0〜2.0、y軸 0.0〜2.0]

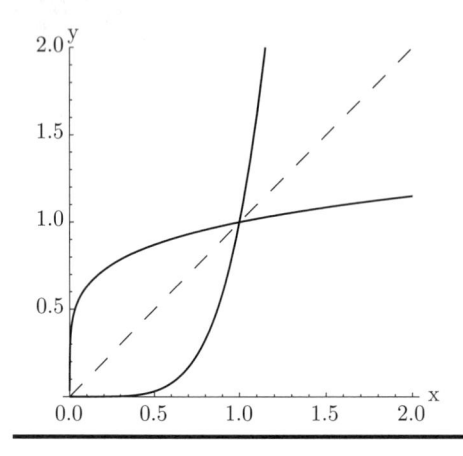

$2^{\sqrt{3}}$ のように，すべての実数 x に対して，a^x を考えることもできる[5]．

例 $\sqrt{3}$ の値にだんだんと近づくような有理数 x に対して，上で定義したようにして 2^x を求める．すると，その値もまたある一定の値に近づいていくのがわかる．

```
In[10]:= rp=Table[Rationalize[Sqrt[3.0],10^(-n)], {n, 10}]
```
$$Out[10] = \left\{\frac{5}{3}, \frac{19}{11}, \frac{71}{41}, \frac{97}{56}, \frac{362}{209}, \frac{1351}{780}, \frac{5042}{2911}, \frac{13775}{7953}, \frac{51409}{29681}, \frac{191861}{110771}\right\}$$
```
In[11]:= Transpose[{rp,N[2^rp,20]}]//TableForm
Out[11]//TableForm=
```

$\dfrac{5}{3}$	3.1748021039363989495
$\dfrac{19}{11}$	3.3110131195392430228
$\dfrac{71}{41}$	3.3212062471118589885
$\dfrac{97}{56}$	3.3222090486246104592
$\dfrac{362}{209}$	3.3220123029267508413
$\dfrac{1351}{780}$	3.3219981780428946031
$\dfrac{5042}{2911}$	3.3219971639260964857
$\dfrac{13775}{7953}$	3.3219970644653936122
$\dfrac{51409}{29681}$	3.3219970839748510146

---

[5] 実際に x が無理数のときの定義については解析学の教科書を参照．

$$\frac{191\,861}{110\,771} \quad 3.3219970853755670432$$

```
In[12]:= N[2^Sqrt[3],20]
Out[12]= 3.3219970854839128052
```

$a>0, b>0$ で，x,y が実数のとき次の指数法則が成り立つ．

$$a^x a^y = a^{x+y}, (a^x)^y = a^{xy}, \frac{a^x}{a^y} = a^x a^{-y} = a^{x-y}$$
$$(ab)^x = a^x b^x, \left(\frac{a}{b}\right)^x = \frac{a^x}{b^x}$$

9.2.2 指数関数

$a>0, a \neq 1$ のとき，すべての実数を定義域とする関数

$$f(x) = a^x$$

を a を底 (base) とする**指数関数** (exponential function) という．

指数関数のグラフは $a>1$ のときは右上がりで，$0<a<1$ のときは右下がりである．

```
In[1]:= Plot[{2^x,3^x},{x,-3,3},AxesLabel->{"x","a^x"}]
```

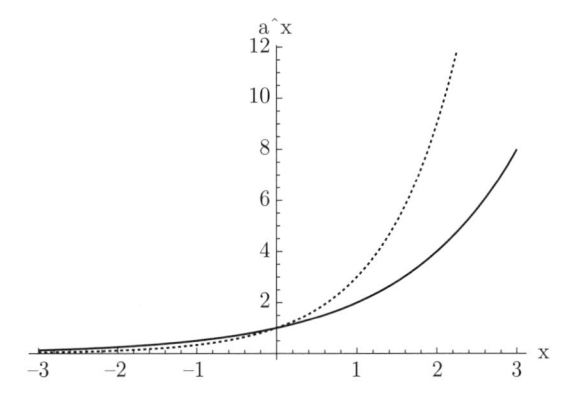

```
In[2]:= Plot[{0.2^x,0.7^x},{x,-2,3},AxesLabel->{"x","a^x"}]
```

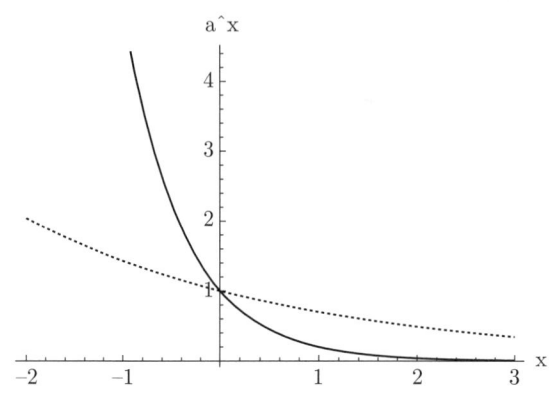

```
In[3]:= Manipulate[
 Plot[a^x, {x, -3, 3}, PlotRange -> {0, 12},
 AxesLabel -> {"x", "y"}], {a, 0.1, 3}]
```

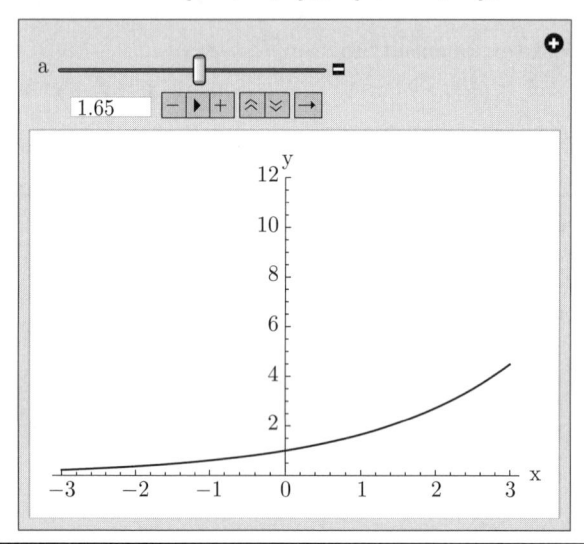

9.2.3 対数

$a > 0, a \neq 0$ と任意の正数 q 対して，$a^p = q$ となる実数 p がただ 1 つ決まる．この p を

$$p = \log_a q$$

と書き，a を底とする q の**対数** (logarithm) とよぶ．

$$q = a^p \Leftrightarrow p = \log_a q$$

とくに，10 を底とする対数を**常用対数** (common logarithm) といい，e ($= 2.71828182\ldots$) を底とする対数を**自然対数** (natural logarithm) という．

その定義から明らかに，

$1 = \log_a a,$

$0 = \log_a 1,$

すべての実数 x について，$x = \log_a a^x.$

すべての正数 x について，$a^{\log_a x} = x.$

$\mathrm{Log}[a, x]$　　a を底とする x の対数

```
In[1]:= Log[a,a]
Out[1]= 1
In[2]:= Log[a,1]
Out[2]= 0
In[3]:= Log[10,100]
Out[3]= 2
In[4]:= Log[10,1000]
Out[4]= 3
In[5]:= Log[2,8]
Out[5]= 3
In[6]:= Log[5,5^6]
Out[6]= 6
In[7]:= N[Log[10,2]]
Out[7]= 0.30103
In[8]:= N[Log[10,3]]
Out[8]= 0.477121
In[9]:= Log[a,a^x]//PowerExpand
Out[9]= x
```

9.2.4 対数関数

指数関数 $f(x) = a^x$ の逆関数を a を底とする x の**対数関数** (logarithmic function) という．つまり，

$$g(x) = \log_a x.$$

ここで，対数関数の定義域は正の実数全体である．

対数関数のグラフは $a > 1$ のときは，右上がりで負の y 軸を漸近線にもち，$0 < a < 1$ のときは，右下がりで正の y 軸を漸近線にもつ．また，$y = \log_a x$ のグラフと $y = \log_{1/a} x$ のグラフは x 軸に関して対称である．

```
In[1]:= Plot[{Log[2,x],Log[3,x],Log[0.5,x]},
 {x,0.001,3},PlotRange->{-6,4},
 PlotStyle->{GrayLevel[0],GrayLevel[0.2],Dashing[{0.02}]},
 AxesLabel->{"x","Log[a,x]"}]
```

9.2.5 対数の性質

$a > 0, a \neq 1, x > 0, y > 0$ で，p は任意の実数とすると，

$$\log_a xy = \log_a x + \log_a y$$

$$\log_a \frac{1}{y} = -\log_a y$$

$$\log_a \frac{x}{y} = \log_a x - \log_a y$$

$$\log_a x^p = p \log_a x$$

9.2.6 底の変換公式

$a > 0, a \neq 1, b > 0, b \neq 1$ とする．$p = \log_a x$ とすると，$x = a^p$ であるから，

$$\log_b x = \log_b a^p = p \log_b a.$$

よって，

$$p = \frac{\log_b x}{\log_b a}.$$

つまり，次の底の変換公式を得る．

$$\log_a x = \frac{\log_b x}{\log_b a}.$$

9.2.7 自然対数と指数関数

数学では $e(= 2.71828182..)$ を底とする指数関数や対数関数がよく用いられる．このとき，

$$e^x = \exp(x)$$

などの記号が用いられることがあり，

$$\log_e x = \log x = \ln x$$

などと書かれることもある．

これ以降，特に断りがないときは指数関数と対数関数は e を底にしているものとする．

Exp[x]	e を底とする指数関数
Log[x]	e を底とする対数関数

```
In[1]:= Log[E]
Out[1]= 1
In[2]:= Log[Exp[x]]//PowerExpand
Out[2]= x
In[3]:= E^(Log[x])
Out[3]= x
In[4]:= Log[10]//N
Out[4]= 2.30259
In[5]:= Log[2]//N
Out[5]= 0.693147
In[6]:= Plot[Exp[x],{x,-2,1.1},
  AxesLabel->{"x","Exp[x]"}, AspectRatio->Automatic]
```

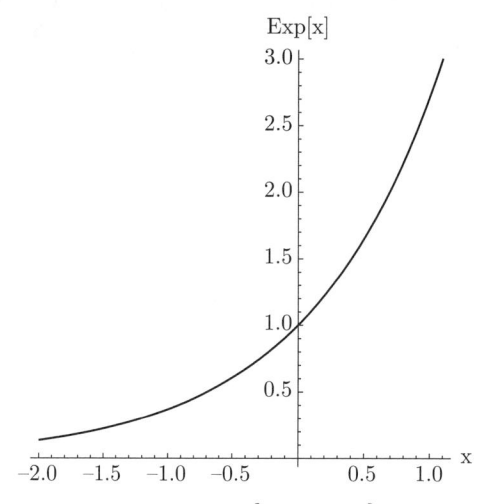

Exp[x]

```
In[7]:= Plot[Log[x],{x,0.01,6},
 PlotRange->{-1.5,2}, AxesLabel->{"x","Log[x]"},
 AspectRatio->Automatic]
```

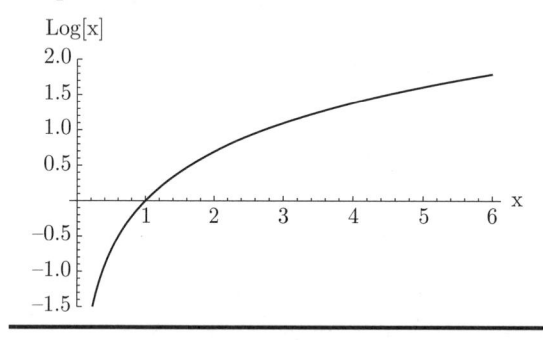

Log[x]

9.3 多変数関数

9.3.1 多変数関数とその例

いままでは 1 つの変数 x に y の値を対応させる関数を見てきたが, 2 つ以上の変数をもつ関数を考える.

変数 x, y の組 (x, y) に実数 z を対応させる関数 f を

$$z = f(x, y)$$

で表す. このような 2 つの変数をもつ関数を **2 変数関数** (bivariate function) という.

1 変数関数のときと同様に, (x, y) の取りうる範囲をその関数の**定義域**, 定義域の

すべての値に対応する関数の値の集合を**値域**という．

一般に，2つ以上の変数をもつ関数を**多変数関数** (function of several variables) という．

例 (i) x, y を長方形の縦と横の長さとすると，
$$f(x, y) = xy$$
は (x, y) にその長方形の面積を対応させる 2 変数関数である．

(ii) r, h を円柱の半径と高さとする．
$$f(r, h) = \pi r^2 h$$
は (r, h) にその円柱の体積を対応させる 2 変数関数である．

(iii) x, y, z を直方体の縦，横，高さの長さとする．
$$f(x, y, z) = xyz$$
は (x, y, z) にその直方体の体積を対応させる 3 変数関数である．

2 変数関数のグラフは点 $(x, y, f(x, y))$ の集合である．また，任意の定数 c に対して，$z = c$ なる平面で曲面 $z = f(x, y)$ を切りその断面図を描くこともできる．これを**等高線図** (contour plot) という．

例 $f(x, y) = 2x^2 - y^2$ のグラフを $-5 \leq x \leq 5, -5 \leq y \leq 5$ の範囲で描く．

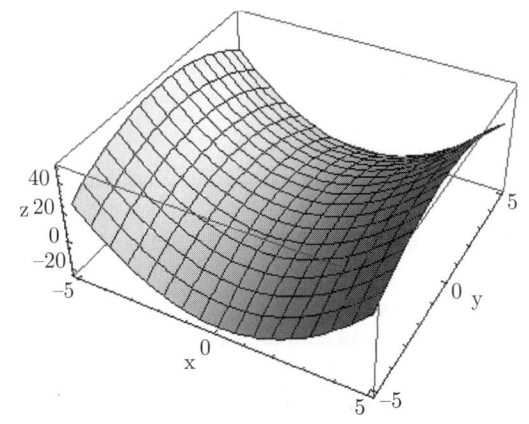

```
In[1]:= Plot3D[2x^2-y^2,{x,-5,5},{y,-5,5},AxesLabel->{"x","y","z"}]
```

例　$f(x,y) = 2x^2 - y^2$ の等高線図を $-5 \leq x \leq 5, -5 \leq y \leq 5$ の範囲で描く．

```
In[2]:= ContourPlot[2x^2-y^2,{x,-5,5},{y,-5,5}]
```

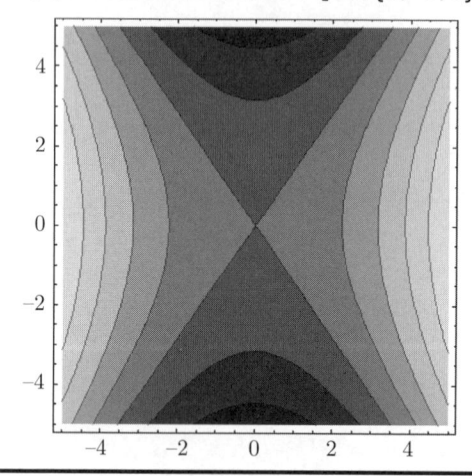

例　$f(x,y) = \cos(xy)$ のグラフを $-3 \leq x \leq 3, -3 \leq y \leq 3$ の範囲で描く．

```
In[3]:= Plot3D[Cos[x y],{x,-3,3},{y,-3,3},
  AxesLabel->{"x","y","z"}, PlotPoints->30]
```

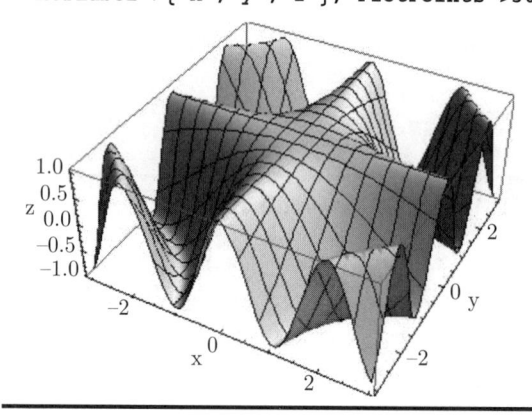

例　$f(x,y) = \cos(xy)$ の等高線図を $f(x,y) = 0.1, 0.3, 0.5, 0.7, 0.9, 1.0$ について描く．

```
In[4]:= ContourPlot[Cos[x y],{x,-3,3},{y,-3,3},
  Contours->{0.1,0.3,0.5,0.7,0.9,1.0},PlotPoints->30]
```

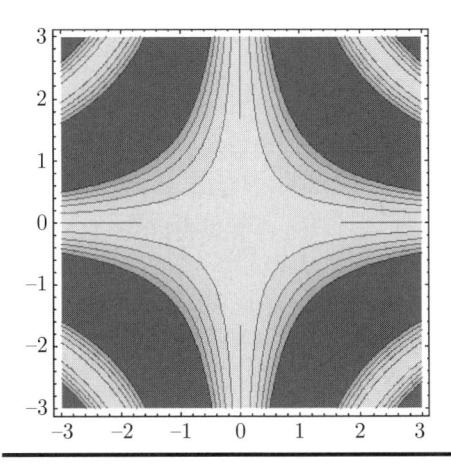

9.3.2 陰関数

$x^2 + y^2 = 1$ は $y = \sqrt{1-x^2}$ または，$y = -\sqrt{1-x^2}$ と書き換えると今まで見てきた関数の形になる．$x^2 + y^2 = 1$ のような形を**陰関数** (implicit function) 表示という．

ContourPlot[式, $\{x, xmin, xmax\}, \{y, ymin, ymax\}$]

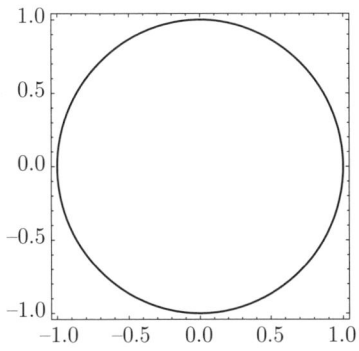

```
In[1]:= ContourPlot[x^2+y^2==1,{x,-1,1},{y,-1,1},
  AxesLabel->{"x","y"}]
```

第9章　問題

ex.9.1 三角関数の性質 (9.1.5) を *Mathematica* で確かめよ．

ex.9.2 次の角度を弧度法に直せ．
(i) $10°$ (ii) $20°$ (iii) $100°$ (iv) $150°$
(v) $240°$ (vi) $540°$

ex.9.3 次の角（ラジアン）を 60 分法で表せ．
(i) $4\pi/3$ (ii) 3π (iii) $-\pi/4$ (iv) 4π (v) $2\pi/5$

ex.9.4 次の角に対する $\sin\theta, \cos\theta, \tan\theta$ の値を求めよ．
(i) $5\pi/3$ (ii) 3π (iii) $-\pi/4$ (iv) $\pi/10$ (v) $2\pi/5$

ex.9.5 次の式を簡単にせよ．
(i) $\cos(x+\pi)\sin(x-\pi)$ (ii) $\cos\left(x+\dfrac{\pi}{2}\right)\sin\left(x-\dfrac{\pi}{2}\right)$
(iii) $\sin(-x)+\sin(x)$ (iv) $\cos(-x)+\cos(x)$
(v) $\cos\left(\dfrac{\pi}{2}-x\right)\sin\left(\dfrac{\pi}{2}-x\right)$ (vi) $\tan\left(\dfrac{\pi}{2}+x\right)\tan(x+\pi)$

ex.9.6 次のグラフを描け．
(i) $y=\sin 3x$ (ii) $y=\cos 2x$ (iii) $y=\tan\dfrac{x}{2}$
(iv) $y=2\cos(x/2)$ (v) $y=\sin(x^2)$

ex.9.7 次の三倍角の公式を示せ．
(i) $\sin 3\theta = 3\sin\theta - 4\sin^3\theta$ (ii) $\cos 3\theta = 4\cos^3\theta - 3\cos\theta$

ex.9.8 次のグラフを描け．
(i) $\sin(4x)+\cos x$ (ii) $\sin(4x)\cos x$ (iii) $\sin(x)+\cos(2x)$

ex.9.9 次のグラフを描け．
(i) 2^{x-1} (ii) 2^{2x-1} (iii) $\exp(x^2)$ (iv) $\log(x^2)$
(v) $\exp(1/x)$ (vi) $\exp(-x^2)$ (vii) $\log(1/x)$

ex.9.10 次の数を大きい順に並べよ．
$$\sqrt{15}, \log_2 100, \log_3 15, \exp(2), \frac{7}{3}, \log_{10} 0.8$$

ex.9.11 次の方程式を解け．
(i) $2^x + 3^x = 1$ (ii) $\log(x+2) - \log(x+1) = 2$
(iii) $\exp(2x+2)\exp(-x) = 10$

第 10 章

極限

In[1]:= **KnotData["Trefoil"]**

10.1 数列

10.1.1 数列の基礎

実数を順番に並べてできる列を**数列** (sequence) という．数列の中のそれぞれの数を数列の**項** (term) という．項の数が有限である数列を**有限数列** (finite sequence)，限りなく続く数列を**無限数列** (infinite sequence) とよぶ．

数列

$$a_1, a_2, \ldots, a_k$$

は第1項（初項）が a_1，第2項が $a_2, \ldots$，最後の項（末項）が a_k である有限数列である．項の総数（項数）は k である．数列の項の番号を示す数字（右下に小さく書かれた数字）を**添字** (index, suffix) という．

数列の第 n 項を**一般項** (general term) といい，一般項が a_n である数列を

$$\{a_n\}$$

と表す．

10.1.2 数列の和

数列 $a_1, a_2, \ldots, a_k$ の和 (sum) $a_1 + a_2 + a_3 + \cdots + a_k$ を $\sum_{i=1}^{k} a_i$ と表す（$\sum$ はシグマと読む）．つまり，

$$\sum_{i=1}^{k} a_i = a_1 + a_2 + a_3 + \cdots + a_k.$$

$\sum$ の性質：

(i) $\quad \displaystyle\sum_{i=1}^{k}(a_i + b_i) = \sum_{i=1}^{k} a_i + \sum_{i=1}^{k} b_i.$

(ii) $\quad \displaystyle\sum_{i=1}^{k}(a_i - b_i) = \sum_{i=1}^{k} a_i - \sum_{i=1}^{k} b_i.$

(iii) $\quad \displaystyle\sum_{i=1}^{k} ca_i = c \sum_{i=1}^{k} a_i.$

(iv) $\quad \displaystyle\sum_{i=1}^{k} c = kc.$

$$\text{Sum}\,[f,\{i,imax\}] \quad \sum_{i=1}^{i\,\max} f$$

$$\text{Sum}\,[f,\{i,imin,imax\}] \quad \sum_{i=i\,\min}^{i\,\max} f$$

近似数値を求めるときは NSum を用いる.

例 $\sum_{i=1}^{5} i^2 = 1^2 + 2^2 + 3^2 + 4^2 + 5^2$ を求める.

In[1]:= `Sum[i^2,{i,5}]`
Out[1]= 55

例 $\sum_{i=3}^{6} i^3 = 3^3 + 4^3 + 5^3 + 6^3$ を求める.

In[2]:= `Sum[i^3,{i,3,6}]`
Out[2]= 432

例 $\sum_{n=3}^{6} a^n$ を求める.

In[3]:= `Sum[a^n,{n,3,6}]`
Out[3]= $a^3 + a^4 + a^5 + a^6$

例 $\sum_{i=1}^{1000} i = 1 + 2 + 3 + 4 + \cdots + 999 + 1000$ を求める.

In[4]:= `Sum[i,{i,1000}]`
Out[4]= 500500

10.1.3 数列の積

数列 $a_1, a_2, \ldots, a_k$ の積 (product) $a_1 \times a_2 \times a_3 \times \cdots \times a_k$ を $\prod_{i=1}^{k} a_i$ と表す (π はパイと読む). つまり,

$$\prod_{i=1}^{k} a_i = a_1 \times a_2 \times a_3 \times \cdots \times a_k$$

Product[$f, \{i, imax\}$] $\prod_{i=1}^{i\,\max} f$

Product[$f, \{i, imin, imax\}$] $\prod_{i=i\,\min}^{i\,\max} f$

近似数値を求めるときは NProduct を用いる.

例 $\prod_{i=1}^{5} i^2 = 1^2 \times 2^2 \times 3^2 \times 4^2 \times 5^2$ を求める.

In[1]:= `Product[i^2,{i,5}]`
Out[1]= 14400

例 $\prod_{i=3}^{6} i^3 = 3^3 \times 4^3 \times 5^3 \times 6^3$ を求める.

In[2]:= `Product[i^3,{i,3,6}]`
Out[2]= 46656000

例 $\prod_{n=3}^{6} a^n = a^3 \times a^4 \times a^5 \times a^6$ を求める.

In[3]:= `Product[a^n,{n,3,6}]`
Out[3]= a^{18}

例 $\prod_{i=1}^{1000} i = 1 \times 2 \times 3 \times \cdots \times 999 \times 1000$ の近似値を求める.

In[4]:= `NProduct[i,{i,1000}]`
Out[4]= $4.023869827315192 \times 10^{2567}$

10.1.4 等差数列

初項に一定の数を加えて得られる数列を**等差数列** (arithmetic progression) といい，加えられる数を**公差** (common difference) という．つまり，初項 a，公差 d の等差数列は

$$a, a+d, a+2d, a+3d, \ldots$$

となる．その一般項は

$$a_n = a + (n-1)d.$$

初項 a，公差 d，項数 N，末項 l の等差数列の和を S_N とすると，

$$S_N = \sum_{i=1}^{N}[a+(i-1)d] = \frac{1}{2}N(a+l) = \frac{1}{2}N(2a+(N-1)d).$$

```
In[1]:= Sum[a+(i-1)*d,{i,n}]
```
Out[1]= $\dfrac{1}{2}(2an - dn + dn^2)$
```
In[2]:= Simplify[%]
```
Out[2]= $\dfrac{1}{2}(2a + d(-1+n))n$

例　$\displaystyle\sum_{i=1}^{n} i = 1+2+3+\cdots+n = \frac{n(n+1)}{2}$.

```
In[3]:= Sum[i,{i,n}]
```
Out[3]= $\dfrac{1}{2}n(1+n)$

例　$\displaystyle\sum_{i=1}^{n} i^2 = 1^2+2^2+3^2+\cdots+n^2 = \frac{n(n+1)(2n+1)}{6}$.

```
In[4]:= Sum[i^2,{i,n}]
```
Out[4]= $\dfrac{1}{6}n(1+n)(1+2n)$

例　$\displaystyle\sum_{i=1}^{n} i^3 = 1^3+2^3+3^3+\cdots+n^3 = \frac{n^2(n+1)^2}{4}$.

```
In[5]:= Sum[i^3,{i,n}]
```
Out[5]= $\frac{1}{4}n^2(1+n)^2$

例 $\sum_{i=1}^{n}(2i-1) = n^2.$

```
In[6]:= Sum[2i-1,{i,n}]
```
Out[6]= n^2

10.1.5 等比数列

初項に一定の数を掛けて得られる数列を**等比数列** (geometric progression) といい，掛けられる数を**公比** (common ratio) という．初項 a, 公比 r の等比数列は

$$a, ar, ar^2, ar^3, \ldots$$

となる．一般項は

$$a_n = ar^{n-1}.$$

初項 a, 公比 r, 項数 N の等比数列の和を S_N とすると，

$$S_N = \sum_{i=1}^{N} ar^{i-1} = \begin{cases} \dfrac{a(1-r^N)}{1-r} = \dfrac{a(r^N-1)}{r-1} & r \neq 1, \\ aN & r = 1 \end{cases}$$

```
In[1]:= Sum[a*r^(i-1),{i,n}]
```
Out[1]= $\dfrac{a(-1+r^n)}{-1+r}$

例 等比数列，$1, -\dfrac{1}{2}, \dfrac{1}{2^2}, \dfrac{1}{2^3}, \ldots$ の第 20 項目までの和を求める．
和の公式からこの値は $\dfrac{-1\left(-\dfrac{1}{2}\right)^{20}}{1-\left(-\dfrac{1}{2}\right)}$ である．

```
In[1]:= Sum[(-1/2)^(i-1),{i,20}]
```
$$Out[1]= \frac{349525}{524288}$$
```
In[2]:= (1-(-1/2)^20)/(1-(-1/2))
```
$$Out[2]= \frac{349525}{524288}$$

10.2 無限数列の極限

10.2.1 無限数列

項が限りなく続く無限数列

$$a_1, a_2, \ldots, a_n, \ldots$$

について，項の番号 n が大きくなっていくときのその項の値を考えてみる．

例 数列 $\{1/n\}$ について考えてみる．まず，$1, 1/2, 1/3, 1/4, \ldots, 1/20$ の値を表にする．

```
In[1]:= a=N[Table[{n,1/n},{n,1,20}]]//TableForm
Out[1]//TableForm=
   1.   1.
   2.   0.5
   3.   0.333333
   4.   0.25
   5.   0.2
   6.   0.166667
   7.   0.142857
   8.   0.125
   9.   0.111111
  10.   0.1
  11.   0.0909091
  12.   0.0833333
  13.   0.0769231
  14.   0.0714286
  15.   0.0666667
  16.   0.0625
  17.   0.0588235
  18.   0.0555556
  19.   0.0526316
  20.   0.05
```

第10章 極限

$(n, 1/n)$ のグラフを描いてみると，n が大きくなるにつれ $1/n$ の値は 0 に近づいていくのがわかる．

```
In[2]:= ListPlot[Table[{n,1/n},{n,1,30}], AxesLabel->{"n","1/n"}]
```

例　数列 $\left\{1 + \dfrac{(-1)^n}{n}\right\}$ を考えてみる．

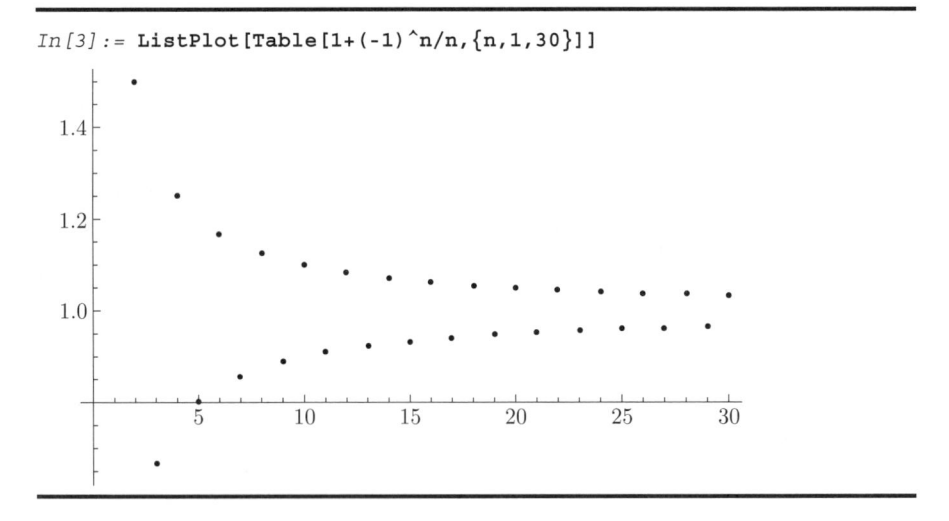

```
In[3]:= ListPlot[Table[1+(-1)^n/n,{n,1,30}]]
```

項の値はだんだん 1 に近づいていく．

例　数列 $\{n\}$ について考えてみる．

```
In[4]:= ListPlot[Table[{n,n},{n,1,30}], AxesLabel->{"n","n"}]
```

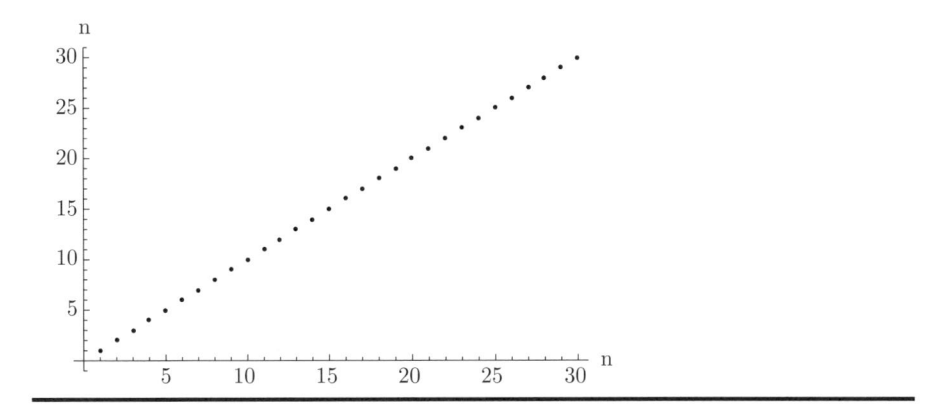

例 数列 $\{(-1)^n\}$ について考えてみる.

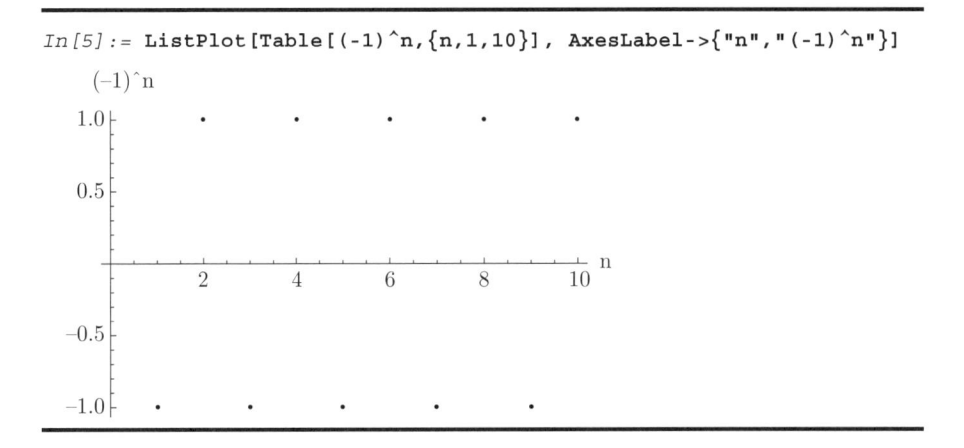

```
In[5]:= ListPlot[Table[(-1)^n,{n,1,10}], AxesLabel->{"n","(-1)^n"}]
```

1 と -1 の値を交互に取っていくのがわかる.

10.2.2 数列の極限

上の 4 例のうち, 最初の 2 例では項の番号 n が大きくなるに従って, 項の値 a_n は一定の数に近づいていく. しかし, 3 番目の例では項の値はどんどん大きくなっていき, 一定の値には近づかない. また, 最後の例では n が大きくなっても, 1 と -1 の値を交互にとり続けるので, 一定の値には近づかない.

数列 $\{a_n\}$ において, 項の番号 n が大きくなるとき, a_n が一定の数 α に近づくならば, 数列 $\{a_n\}$ は α に**収束** (convergence) するといい, α をこの数列の**極限値** (limit) という. このことを

$$\lim_{n\to\infty} a_n = \alpha$$

または，

$$a_n \to \alpha \quad (n \to \infty)$$

と表し，「n が限りなく大きくなるとき，数列 $\{a_n\}$ は α に収束する」とか，「n が無限大 (infinity) になるとき，数列 $\{a_n\}$ は α に収束する」と読む．

例 $\displaystyle\lim_{n\to\infty} \frac{1}{n} = 0, \quad \lim_{n\to\infty} 1 + \frac{(-1)^n}{n} = 1.$

10.2.3 極限値の性質

(i) 数列 $\{a_n\}, \{b_n\}$ について，$\displaystyle\lim_{n\to\infty} a_n = \alpha, \lim_{n\to\infty} b_n = \beta$ とするとき，次が成り立つ．

$$\lim_{n\to\infty}(a_n + b_n) = \lim_{n\to\infty} a_n + \lim_{n\to\infty} b_n = \alpha + \beta$$

$$\lim_{n\to\infty}(a_n - b_n) = \lim_{n\to\infty} a_n - \lim_{n\to\infty} b_n = \alpha - \beta$$

$$\lim_{n\to\infty} ka_n = k \lim_{n\to\infty} a_n = k\alpha \quad (k \text{ は定数})$$

$$\lim_{n\to\infty}(a_n b_n) = \lim_{n\to\infty} a_n \lim_{n\to\infty} b_n = \alpha\beta$$

$$\lim_{n\to\infty} \frac{a_n}{b_n} = \frac{\displaystyle\lim_{n\to\infty} a_n}{\displaystyle\lim_{n\to\infty} b_n} = \frac{\alpha}{\beta} \quad (\beta \neq 0)$$

(ii) 数列 $\{a_n\}, \{b_n\}$ について，すべての n で，$a_n \leq b_n$ であるとすると，

$$\lim_{n\to\infty} a_n \leq \lim_{n\to\infty} b_n.$$

(iii) 数列 $\{a_n\}, \{b_n\}, \{c_n\}$ について，すべての n で，$a_n \leq c_n \leq b_n$ であるとする．このとき，$\displaystyle\lim_{n\to\infty} a_n = \alpha = \lim_{n\to\infty} b_n$ ならば，$\{c_n\}$ も収束して，

$$\lim_{n\to\infty} c_n = \alpha$$

である．（はさみうちの原理）

10.2.4 数列の発散

収束しない数列は発散 (divergence) するという．特に，n が限りなく大きくなるにつれ，a_n も限りなく大きくなるとき，a_n は正の無限大に発散するといい，

$$\lim_{n\to\infty} a_n = \infty$$

と表す．n が限りなく大きくなるにつれ，$-a_n$ も限りなく大きくなるとき，a_n は負の無限大に発散するといい，

$$\lim_{n\to\infty} a_n = -\infty$$

と表す．

そのほか，10.2.1 項の 4 番目の例のように，収束もしないが正の無限大にも負の無限大にも発散しない数列もあり，この場合も，数列は発散するという．

例 $\lim_{n\to\infty} n = \infty,\ \lim_{n\to\infty} (-n) = -\infty$.

例 r, a, α を実数とすると，

(i) $a_n \neq 0$ で，$\lim_{n\to\infty} |a_n| = \infty$ ならば，$\lim_{n\to\infty} \dfrac{1}{a_n} = 0$.

$a_n > 0$ で，$\lim_{n\to\infty} a_n = 0$ ならば，$\lim_{n\to\infty} \dfrac{1}{a_n} = \infty$.

$a_n < 0$ で，$\lim_{n\to\infty} a_n = 0$ ならば，$\lim_{n\to\infty} \dfrac{1}{a_n} = -\infty$.

(ii) $\lim_{n\to\infty} n^k = \begin{cases} \infty & k > 0, \\ 1 & k = 0, \\ 0 & k < 0 \end{cases}$

(iii) $|r| < 1$ のとき，$\lim_{n\to\infty} r^n = 0$.

$r = 1$ のとき，$\lim_{n\to\infty} r^n = 1$.

$|r| > 1$ のとき，$\lim_{n\to\infty} |r^n| = \infty$.

$\lim_{n\to\infty} (-1)^n$ は存在しない．

(iv) $\lim_{n\to\infty} \sqrt[n]{a} = 1 \quad (a > 0)$,

$\lim_{n\to\infty} \sqrt[n]{n} = 1$

(v) $\displaystyle\lim_{n\to\infty}\frac{a}{n^a}=0$ $(a\neq 0, \alpha>0)$, $\displaystyle\lim_{n\to\infty}na^n=0$ $(|a|<1)$,

$\displaystyle\lim_{n\to\infty}\frac{a^n}{n!}=0,$ $\displaystyle\lim_{n\to\infty}\frac{n^\alpha}{a^n}=0$ $(a>1,\alpha>0)$

10.2.5　数列 $\left\{\left(1+\dfrac{1}{n}\right)^n\right\}$ の極限

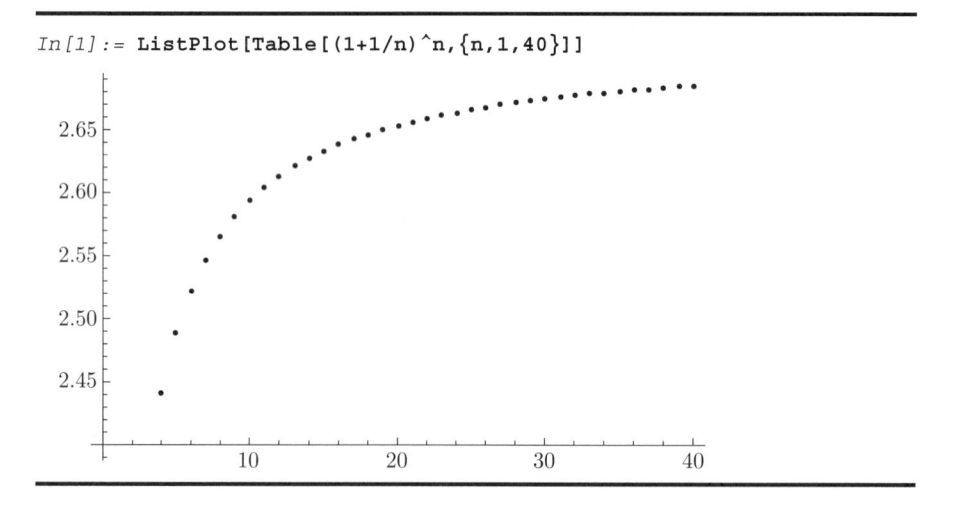

下のグラフから数列 $\left\{\left(1+\dfrac{1}{n}\right)^n\right\}$ は 2.7 の近くの値に収束していきそうである.

```
In[1]:= ListPlot[Table[(1+1/n)^n,{n,1,40}]]
```

そこで，$n=1000$ から $n=1010$ までのときの項の値を求めてみる.

```
In[2]:= seq1=Table[(1+1/n)^n,{n,1000,1010}];
In[3]:= N[seq1]
Out[3]= {2.71692, 2.71693, 2.71693, 2.71693, 2.71693, 2.71693,
        2.71693, 2.71693, 2.71693, 2.71694, 2.71694}
In[4]:= (1+1/n)^n /. n->10000;
In[5]:= N[%,20]
Out[5]= 2.7181459268252248640
```

実際，$\left(1+\dfrac{1}{n}\right)^n$ は収束することが示すことができ，その極限値を e （自然対数の底）と表す.

$$\lim_{n\to\infty}\left(1+\frac{1}{n}\right)^n = e = 2.718281828459\ldots$$

```
In[6]:= N[E,20]
Out[6]= 2.7182818284590452354
In[7]:= Manipulate[
  Text[Grid[{{"n", "(1+1/n)^n"}, {n, N[(1 + 1/n)^n, 20]}},
  Dividers -> All, ItemSize -> 15]], {n, 1, 1000000, 1}]
```

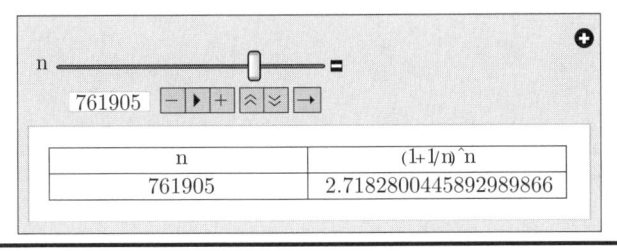

n	(1+1/n)^n
761905	2.7182800445892989866

10.2.6 漸化式

数列の各項をそれより前の項を用いて定義する式を**漸化式** (recurrence formula) という．

例 $a_1 = 1, a_2 = 1, a_{n+2} = a_{n+1} + a_n$ $(n = 1, 2, \ldots)$ で定義された数列を**フィボナッチ数列** (Fibonacci sequence) という．15 番目までの項の値を求めてみる．

```
In[1]:= Remove[a]
In[2]:= a[1]:=1
In[3]:= a[2]:=1
In[4]:= a[n_]:=a[n-1]+a[n-2] /; n>=2
In[5]:= Table[a[n],{n,1,15}]
Out[5]= {1, 1, 2, 3, 5, 8, 13, 21, 34, 55, 89,
        144, 233, 377, 610}
```

次に数列 $\left\{\dfrac{a_{n+1}}{a_n}\right\}$ についてみていく．まず，$\left(n, \dfrac{a_{n+1}}{a_n}\right)$ のグラフを描いてみる．

```
In[6]:= ListPlot[Table[a[n+1]/a[n],{n,1,15}]]
```

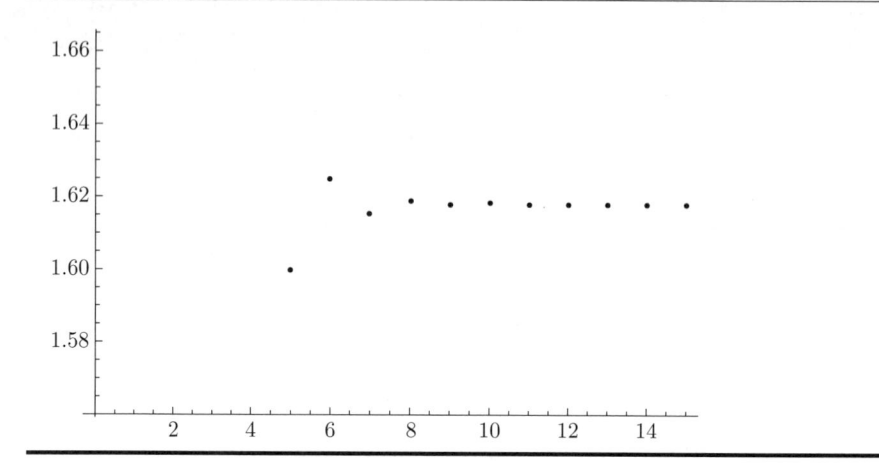

この数列は 1.62 の近くの値に収束しそうである.

```
In[7]:= a[n+1]/a[n]  /. n->15 //N
Out[7]= 1.61803
```

実際,

$$\lim_{n\to\infty} \frac{a_{n+1}}{a_n} = \frac{1+\sqrt{5}}{2}$$

を示すことができる. この極限値は**黄金比** (golden ratio) とよばれるものである.

```
In[8]:= (1+Sqrt[5])/2//N
Out[8]= 1.61803
```

> RecurrenceTable [{ 数列 a の漸化式, 初期値 }, 数列 a, $\{n, nmax\}$] $nmax$ までの漸化式で得られる数列 a のリスト

```
In[9]:= RecurrenceTable[{b[n] == b[n - 1] + b[n - 2], b[1] == 1,
  b[2] == 1}, b, {n, 15}]
Out[9]= {1,1,2,3,5,8,13,21,34,55,89,144,233,377,610}
```

10.2.7 無限級数

数列 $a_1, a_2, \ldots, a_n, \ldots$ の各項を順番に和の記号で

$$a_1 + a_2 + \cdots + a_n + \cdots$$

と表したものを (無限) **級数** (series) という. また,簡単に $\sum\limits_{i=1}^{\infty} a_i$ と表すこともある.

$$S_1 = a_1$$

$$S_2 = a_1 + a_2$$

$$\cdots$$

$$S_n = a_1 + a_2 + \cdots + a_n = \sum_{i=1}^{n} a_i$$

$$\cdots$$

は第 n 項までの和であり,これを第 n **部分和** (partial sum) という. 各部分和はそれぞれ有限個の数の和であり,1つの数値である. つまり,

$$S_1, S_2, \ldots, S_n, \ldots$$

は数列とみなせる. この数列 $\{S_n\}$ が収束するとき,もとの無限級数は**収束**するといい,その極限値をこの無限級数の**和**という. つまり,

$$\sum_{i=1}^{\infty} a_i = \lim_{n \to \infty} S_n.$$

10.2.8 無限級数の性質

(i) 級数 $\sum\limits_{i=1}^{\infty} a_i$, $\sum\limits_{i=1}^{\infty} b_i$, はともに収束し,それぞれの和を α, β とすると,

$$\sum_{n=1}^{\infty} k a_n = k\alpha \quad (\text{k は定数}),$$

$$\sum_{n=1}^{\infty} (a_n + b_n) = \alpha + \beta,$$

$$\sum_{n=1}^{\infty} (a_n - b_n) = \alpha - \beta.$$

(ii) 級数 $\sum_{n=1}^{\infty} a_n$ が収束すれば, $\lim_{x \to \infty} a_n = 0$.

いいかえると, $\lim_{x \to \infty} a_n = 0$ でなければ, 級数 $\sum_{n=1}^{\infty} a_n$ は収束しない.
ただし, $\lim_{x \to \infty} a_n = 0$ であっても $\sum_{n=1}^{\infty} a_n$ が発散することもある. 逆は, 必ずしも真ならず.

10.2.9 無限等比級数の和

初項 a, 公比 r の等比数列

$$a, ar, ar^2, ar^3, \ldots$$

の部分和は

$$S_n = a + ar + ar^2 + ar^3 + \cdots + ar^n$$

である.

$a = 0$ であれば, $S_n = 0$. よって, $\lim_{n \to \infty} S_n = 0$.
$a \neq 0$ であって, $r = 1$ のとき, $S_n = na$. よって, $\lim_{n \to \infty} S_n = \infty$.
$a \neq 0$ であって, $r \neq 1$ のとき,

$$S_n = \frac{a(1-r^n)}{1-r} = \frac{a}{1-r} - \frac{ar^n}{1-r}$$

ここで, $-1 < r < 1$ ならば, $\lim_{n \to \infty} r^n = 0$. それ以外のときは発散する.
以上をまとめると,

$$\sum_{k=1}^{\infty} ar^{k-1} = a + ar + ar^2 + \cdots = \begin{cases} 0 & a = 0, \\ \dfrac{a}{1-r} & a \neq 0, |r| < 1. \end{cases}$$

それ以外の場合は発散.

```
In[1]:= Sum[a*r^(k-1),{k,Infinity}]
Out[1]= -a/(-1+r)
```

例 $\sum_{k=1}^{\infty} 0.6^{k-1} = 1 + 0.6 + 0.6^2 + \cdots = \dfrac{1}{1-0.6} = 2.5$.

```
In[2]:= Table[{n,Sum[(0.6)^(i-1),{i,n}]}, {n,1,17}]//TableForm
Out[2]//TableForm=
   1    1
   2    1.6
   3    1.96
   4    2.176
   5    2.3056
   6    2.38336
   7    2.43002
   8    2.45801
   9    2.47481
   10   2.48488
   11   2.49093
   12   2.49456
   13   2.49673
   14   2.49804
   15   2.49882
   16   2.49929
   17   2.49958
In[3]:= Sum[(0.6)^(i-1),{i,Infinity}]
Out[3]= 2.5
```

例 $\sum_{k=1}^{\infty} kr^{k-1} = \dfrac{1}{(1-r)^2}$　　$(-1 < r < 1)$.

```
In[4]:= Sum[k*r^(k-1),{k,Infinity}]
Out[4]= 1/(-1+r²)
```

例 $\sum_{k=1}^{\infty} k(k-1)r^{k-2} = \dfrac{2}{(1-r)^3}$　　$(-1 < r < 1)$.

```
In[5]:= Sum[k*(k-1)*r^(k-2),{k,Infinity}]
Out[5]= 2/(-1+r)³
```

例 $\sum_{k=1}^{\infty} \frac{1}{k} = \infty$. この級数を**調和級数** (harmonic series) という.

```
In[6]:= Sum[1/k,{k,Infinity}]
   Sum::div:   Sum が収束しません >>
```
$Out[6]= \sum_{k}^{\infty} \frac{1}{k}$

例 $\sum_{k=1}^{\infty} \frac{1}{k^2} = \frac{\pi^2}{6}$.

```
In[7]:= Sum[1/k^2,{k,Infinity}]
```
$Out[7]= \frac{\pi^2}{6}$

10.3 関数の極限

10.3.1 極限

関数 $f(x)$ が $x = a$ の近くで定義されていて, $x \neq a$ なる値を取って x が a に近づくとき, $f(x)$ の値が一定の数 α に限りなく近づくならば, α を, x が a に近づくときの $f(x)$ の**極限値**といい,

$$\lim_{x \to a} f(x) = \alpha,$$

または,

$$x \to a \text{ のとき}, f(x) \to \alpha$$

と表す. また, x が正で限りなく大きくなるときに $f(x)$ の値が一定の値 α に限りなく近づくならば,

$$\lim_{x \to \infty} f(x) = \alpha, \quad \text{または}, x \to \infty \text{ のとき}, f(x) \to \alpha$$

と表し, x が正の無限大になるとき, $f(x)$ は**収束**するという.

$$\lim_{x \to -\infty} f(x) = \alpha, \quad \text{または}, x \to -\infty \text{ のとき}, f(x) \to \alpha$$

も同様に定められる.

10.3 関数の極限

| Limit[f, x->a] | $\lim_{x \to a} f(x)$ |

例 $\lim_{x \to -2} x^3 = -8$.

```
In[1]:= Limit[x^3,x->-2]
Out[1]= -8
```

例 $\lim_{x \to 2} \dfrac{x^2 - 4}{x - 2} = 4$. この関数は $x = 2$ では定義されていないが，そこでの極限は存在している．

```
In[2]:= Limit[(x^2-4)/(x-2),x->2]
Out[2]= 4
```

例 $\lim_{x \to \infty} \dfrac{1}{x} = 0$.

```
In[3]:= Limit[1/x,x->Infinity]
Out[3]= 0
```

例 $\lim_{x \to \infty} x = \infty$.

```
In[4]:= Limit[x,x->Infinity]
Out[4]= ∞
```

10.3.2 関数の極限の性質

$\lim_{x \to a} f(x) = \alpha, \lim_{x \to a} g(x) = \beta$ ならば，

(i) $\lim_{x \to a} \{f(x) + g(x)\} = \alpha + \beta$,

$\lim_{x \to a} \{f(x) - g(x)\} = \alpha - \beta$,

$\lim_{x \to a} kf(x) = k\alpha$ （k は定数），

$$\lim_{x \to a} \{f(x)g(x)\} = \alpha\beta,$$

$$\lim_{x \to a} \frac{f(x)}{g(x)} = \frac{\alpha}{\beta} \quad (ただし, \ \beta \neq 0)$$

(ii) a の近くの x でつねに, $f(x) \leq g(x)$ ならば,

$$\lim_{x \to a} f(x) \leq \lim_{x \to a} g(x)$$

(iii) a の近くの x でつねに, $f(x) \leq h(x) \leq g(x)$ で,

$$\lim_{x \to a} f(x) = \lim_{x \to a} g(x) = \alpha \ ならば, \ \lim_{x \to a} h(x) = \alpha. \quad (はさみうちの原理)$$

10.3.3 いくつかの関数の極限

```
In[1]:= Limit[Sin[x],x->0]
Out[1]= 0
```
$(* \lim_{x \to 0} \sin(x) = 0 *)$

```
In[2]:= Limit[Cos[x],x->0]
Out[2]= 1
```
$(* \lim_{x \to 0} \cos(x) = 1 *)$

```
In[3]:= Limit[Sin[x]/x,x->0]
Out[3]= 1
```
$(* \lim_{x \to 0} \frac{\sin x}{x} = 1 *)$

```
In[4]:= Limit[(Cos[x]-1)/x,x->0]
Out[4]= 0
```
$(* \lim_{x \to 0} \frac{\cos x - 1}{x} = 0 *)$

```
In[5]:= Limit[(1+1/x)^x,x->Infinity]
Out[5]= e
```
$(* \lim_{x \to \infty} (1 + \frac{1}{x})^x = e *)$

```
In[6]:= Limit[(1+a/x)^x,x->Infinity]
Out[6]= e^a
```
$(* \lim_{x \to \infty} (1 + \frac{a}{x})^x = e^a *)$

```
In[7]:= Limit[(a^x-1)/x,x->0]
Out[7]= Log[a]
```
$(* \lim_{x \to 0} \frac{a^x - 1}{x} = \log a *)$

```
In[8]:= Limit[Log[1+x]/x,x->0]
Out[8]= 1
```
$(* \lim_{x \to 0} \frac{\log(1+x)}{x} = 1 *)$

```
In[9]:= Limit[(Exp[x]-1)/x,x->0]
Out[9]= 1
```
$(* \lim_{x \to 0} \frac{e^x - 1}{x} = 1 *)$

```
In[10]:= Limit[(x^a)/Exp[x],x->Infinity]
```

```
Out[10]= 0
```
$(*\ \lim_{x\to\infty}\dfrac{x^a}{e^x}=0*)$

例 $\lim_{x\to 0} x\sin\dfrac{1}{x}=0.$

```
In[11]:= Limit[x*Sin[1/x],x->0]
Out[11]= 0
In[12]:= Plot[x*Sin[1/x],{x,-0.2,0.2}, AxesLabel->{"x","x Sin[1/x]"}]
```

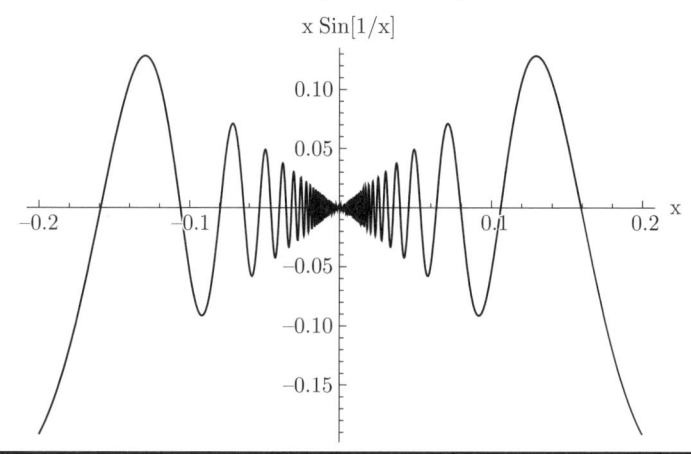

例 $\lim_{x\to 0}\sin\dfrac{1}{x}$ は収束しない．*Mathematica* の表示に注意．

```
In[13]:= Limit[Sin[1/x],x->0]
Out[13]= Interval[{-1, 1}]
In[14]:= Plot[Sin[1/x],{x,-0.2,0.2}, AxesLabel->{"x","Sin[1/x]"}]
```

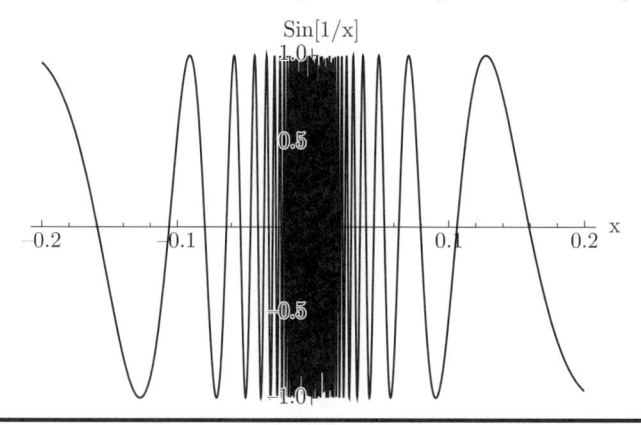

10.3.4 片側極限

x の値を a の値より小さいほうから限りなく近づけていくとき,$f(x)$ の値が限りなく一定の値 α に近づくならば,

$$\lim_{x \to a-0} f(x) = \alpha \quad \text{または} \quad \lim_{x \to a\uparrow 0} f(x) = \alpha$$

と表し,α を**左極限値** (left-hand limit) という.反対に,x の値を a の値より大きいほうから限りなく近づけていくとき,$f(x)$ の値が限りなく一定の値 β に近づくならば,

$$\lim_{x \to a+0} f(x) = \beta \quad \text{または} \quad \lim_{x \to a\downarrow 0} f(x) = \beta$$

と表し,β を**右極限値** (right-hand limit) という.つまり,グラフで考えると,a に向かって,左側から近づいてくるときと,右側から近づいてくるときのそれぞれの極限である[1]).

とくに,関数の極限と片側極限との間には次が成り立つ.

$$\lim_{x \to a} f(x) = L \Leftrightarrow \lim_{h \to a+0} f(x) = \lim_{h \to a-0} f(x) = L$$

Limit[f, x->a, Direction ->1]	左極限 $\lim_{x \to a-0} f(x)$
Limit[f, x->a, Direction-> -1]	右極限 $\lim_{x \to a+0} f(x)$

---

[1]) 右からの極限値を $\lim_{h \to a+} f(x), f(a+), f(a+0)$ と表し,左からの極限値を $\lim_{h \to a-} f(x), f(a-), f(a-0)$ と表すこともある.また,とくに $\lim_{h \to 0+0} f(x), \lim_{h \to +0} f(x), \lim_{h \to 0-0} f(x), \lim_{h \to -0} f(x)$ と書くこともある.

例　$\displaystyle\lim_{x\to 0-0}\frac{1}{x}=-\infty,\ \lim_{x\to 0+0}\frac{1}{x}=\infty.$

```
In[1]:= Limit[1/x,x->0,Direction->1]
Out[1]= -∞
In[2]:= Limit[1/x,x->0,Direction->-1]
Out[2]= ∞
In[3]:= Plot[1/x,{x,-1,1}, AxesLabel->{"x","y"}]
```

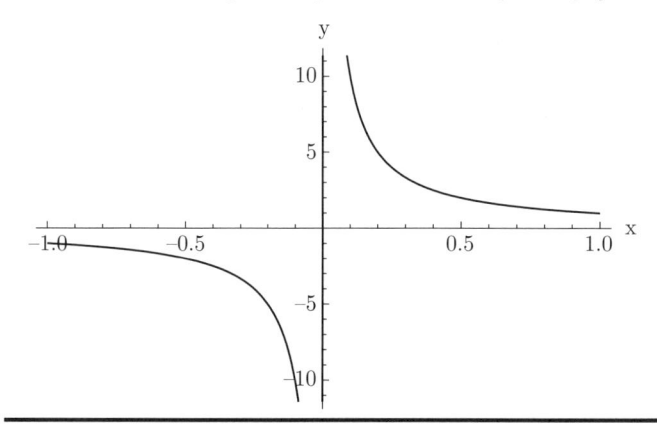

例　$\dfrac{|x|}{x}$ のグラフを描く．

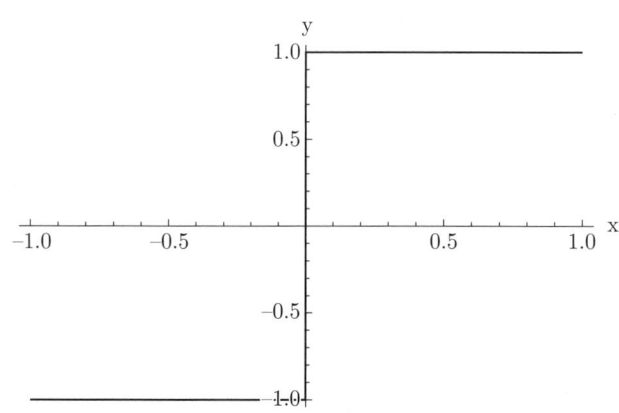

```
In[4]:= f[x_]:=Abs[x]/x
In[5]:= Plot[f[x],{x,-1,1}, AxesLabel->{"x","y"}]
```

x が右から 0 の向かっていくときと，左から向かっていくときの極限を求める．図からわかるように，

$$\lim_{x \to 0-0} \frac{|x|}{x} = -1, \lim_{x \to 0+0} \frac{|x|}{x} = +1.$$

```
In[6]:= Limit[Abs[x]/x,x->0,Direction->1]
Out[6]= -1
In[7]:= Limit[Abs[x]/x,x->0,Direction->-1]
Out[7]= 1
```

NOTE: 右極限値と左極限値が違っているとき，Mathematica がどう処理するかに注意する必要がある．

```
In[8]:= Limit[1/x,x->0]
Out[8]= ∞                        (* ここでは右極限値を出力 *)
In[9]:= Limit[Sqrt[x],x->0]
Out[9]= 0                        (* ここでは右極限値を出力 *)
In[10]:= Limit[Abs[x]/x,x->0]
Out[10]= 1
```

10.3.5 極限の厳密な定義

極限を説明するのに「だんだん大きくなる」とか「近づいていく」とか，あいまいな言葉を使っていたが，ここでは極限の厳密な定義をみていく．

[数列の極限 ($\lim_{x \to \infty} a_n = \alpha$)]

任意の正数 ε が与えられたとき，それに対して，自然数 N があって，N より大きい n に対して，

$$\alpha - \varepsilon < a_n < \alpha + \varepsilon \quad (\text{つまり}, |a_n - \alpha| < \varepsilon)$$

が成り立つとき，数列 $\{a_n\}$ は α に**収束する**という．

数列 $\left\{\dfrac{(-1)^n}{n}\right\}$ が 0 に収束することを定義に従ってみていく．

まず，$\varepsilon = 0.1$ とする．上の定義に従うと，0 に収束するということは，$n > N$ ならば，$\left|\dfrac{(-1)^n}{n} - 0\right| < 0.1$，すなわち，$-0.1 < \dfrac{(-1)^n}{n} < 0.1$ になるような自然数 N がみつかるということである．これをグラフでみると，$n > N$ である a_n 項以降はすべて直線 $y = 0.1$ と $y = -0.1$ にかこまれた部分に入ってしまうということで

ある.

```
In[1]:= p1=Table[(-1)^n/n,{n,50}];
In[2]:= g0=ListPlot[p1];
In[3]:= g1=Plot[0.1,{x,0,50}]; g2=Plot[-0.1,{x,0,50}];
In[4]:= Show[g0,g1,g2]
```

```
In[5]:= Select[p1,Abs[#]<0.1 &,1]
Out[5]= {-1/11}
```

実際, $N = 11$ とすると 11 番目の項 ($a_{11} = -1/11$) 以降は直線 $y = 0.1$ と $y = -0.1$ にかこまれた部分に入っている.

次に, $\varepsilon = 0.05$ としてみる.

```
In[6]:= g1=Plot[0.05,{x,0,50}];g2=Plot[-0.05,{x,0,50}];
In[7]:= Show[g0,g1,g2]
```

第 10 章 極限

```
In[8]:= Select[p1,Abs[#]<0.05 &,1]
```
$Out[8] = \left\{-\dfrac{1}{21}\right\}$

同様に, $N = 21$ とすると, $a_{21}(= -1/21)$ 以降は直線 $y = 0.05$ と $y = -0.05$ にかこまれた部分に入っている.

$\varepsilon = 0.01$ のときは, $N = 101$ とすればよい.

```
In[9]:= Select[Table[(-1)^n/n,{n,500}], Abs[#]<0.01 &,1]
```
$Out[9] = \left\{-\dfrac{1}{101}\right\}$

つまり, 数列 $\left\{\dfrac{(-1)^n}{n}\right\}$ が 0 に収束するということは, どんな正の数 ε に対しても, 同様な自然数 N がみつかるということである.

[関数の極限 $(\lim_{x \to a} f(x) = \alpha)$]
任意の正数 ε が与えられたとき, それに対して, 実数 δ が存在して

$$0 < |x - a| < \delta (\text{つまり}, a - \delta < x < a + \delta, x \neq a) \text{ ならば},$$

$$|f(x) - \alpha| < \delta (\text{つまり}, \alpha - \delta < f(x) < \alpha + \varepsilon)$$

となるとき, α を $x \to a$ のときの $f(x)$ の極限値という.

例えば, $\lim_{x \to 1} x^2 = 1$ を考えてみる. $\varepsilon = 0.1$ とする. すると, $\delta = 0.025$ ととれば, $0 < |x - 1| < 0.025 \Rightarrow |x^2 - 1| < 0.1$.

```
In[10]:= g1=Plot[{x^2,1+0.1,1-0.1},{x,0,1.2}];
In[11]:= Solve[x^2==1-0.1,x]
```
$Out[11] = \{\{x \to -0.948683\}, \{x \to 0.948683\}\}$
```
In[12]:=  d1=x/.%
```
$Out[12] = \{-0.948683, 0.948683\}$
```
In[13]:= Solve[x^2==1+0.1,x]
```
$Out[13] = \{\{x \to -1.04881\}, \{x \to 1.04881\}\}$
```
In[14]:= d2=x/.%
```
$Out[14] = \{-1.04881, 1.04881\}$
```
In[15]:= g2=Plot[1.0,{x,0,1.2}, PlotStyle->{Dashing[{0.02}]}];
In[16]:= Show[{g1,g2, Graphics[{
Line[{{d1[[2]],0},{d1[[2]],d1[[2]]^2}}],
```

```
Line[{{d2[[2]],0},{d2[[2]],d2[[2]]^2}}]}],
AxesLabel->{"x","y"}]
```

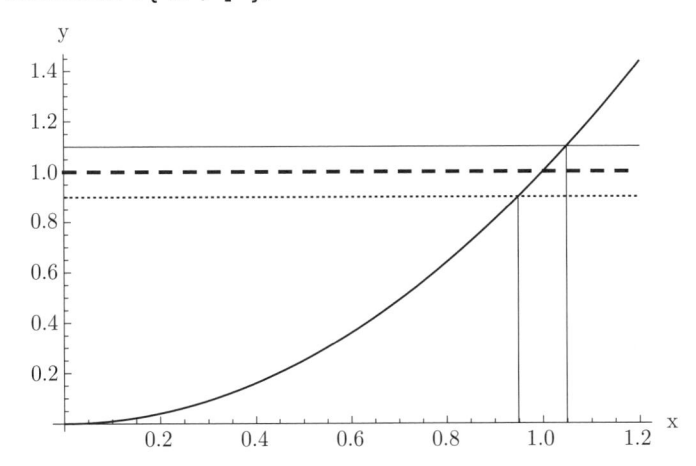

```
In[17]:= Show[{g1,g2,
Graphics[{Line[{{d1[[2]],0},{d1[[2]],d1[[2]]^2}}],
Line[{{d2[[2]],0},{d2[[2]],d2[[2]]^2}}],{Dashing[{0.01}],
Line[{{1-0.1/4,0},{1-0.1/4,(1-0.1/4)^2}}],
Line[{{1+0.1/4,0},{1+0.1/4,(1+0.1/4)^2}}]}]},
PlotRange->{0.8,1.2},
AxesLabel->{"x","y"}]
```

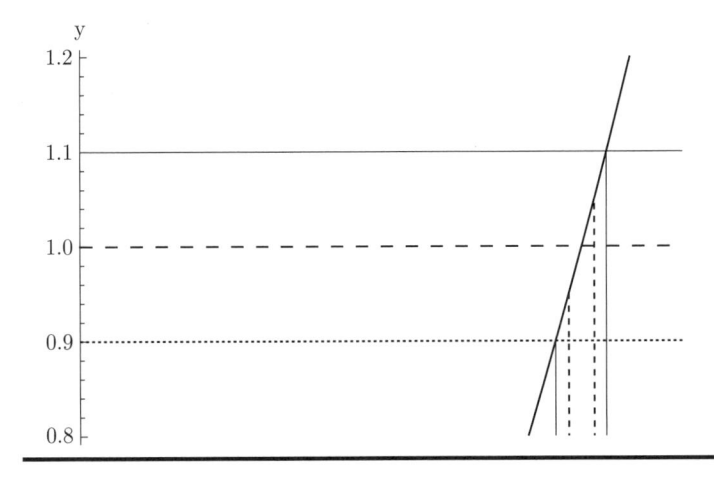

10.4 連続関数

10.4.1 連続

$x = a$ が関数 $f(x)$ の定義域に含まれるとき，

$$\lim_{x \to a} f(x) = f(a)$$

が成り立つならば，$f(x)$ は $x = a$ において**連続** (continuous) であるという．また，関数 $f(x)$ がある区間のすべての点で連続であれば，$f(x)$ はこの区間で連続であるといい，$f(x)$ はこの区間における**連続関数** (continuous function) という．

$$\lim_{x \to a-0} f(x) = f(a)$$

が成り立つとき，$f(x)$ は $x = a$ で**左連続** (left continuous) であるといい，

$$\lim_{x \to a+0} f(x) = f(a)$$

が成り立つとき，$f(x)$ は $x = a$ で**右連続** (right continuous) であるという．

例　$f(x) = \begin{cases} x & x < 2 \\ -x^2 + 3 & x \geq 2 \end{cases}$ のグラフを描く．

```
In[1]:= g[x_]:=x /;x<2
In[2]:= g[x_]:=-x^2+3 /;x>=2
In[3]:= Plot[g[x],{x,0,4},AxesLabel->{"x","y"}]
```

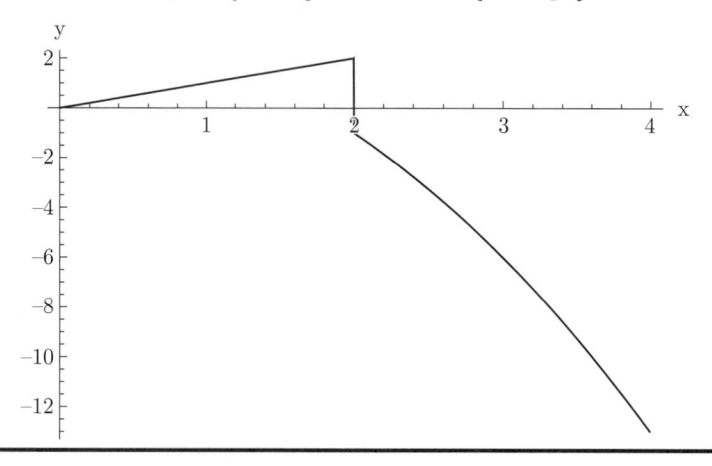

Mathematica で描かれるこのグラフは正確でない．この関数は $x=2$ のところで非連続であり，下の図のように 2 のところで切れている．

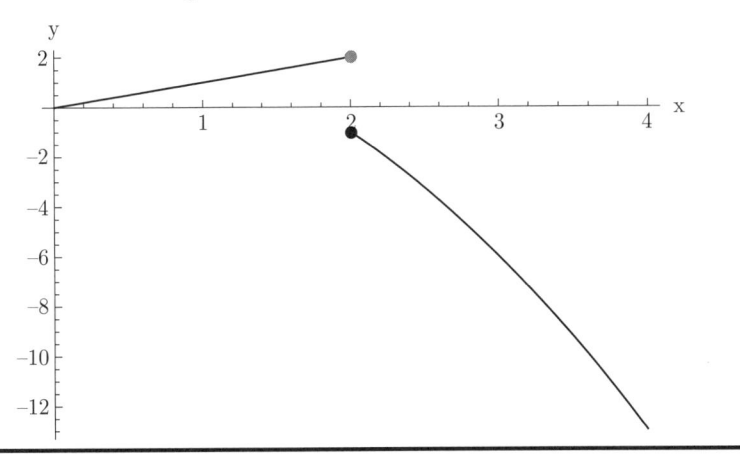

```
In[4]:= g1=Plot[x,{x,0,2}];g2=Plot[-x^2+3,{x,2,4}];
In[5]:= Show[{g1, g2, Graphics[{PointSize[0.02], Point[{2, -1}],
        GrayLevel[0.8], Point[{2, 2}]}]}, AxesLabel -> {"x", "y"},
        PlotRange -> All]
```

10.4.2 連続関数の性質

2 つの関数 $f(x)$ と $g(x)$ が $x=a$ で連続であるとき，

(i) $f(x)+g(x)$ (ii) $f(x)-g(x)$ (iii) $kf(x)$ （k は定数）

(iv) $f(x)/g(x)$ $(g(a) \neq 0)$

は $x=a$ で連続である．

10.4.3 中間値の定理

関数 $f(x)$ が区間 $[a,b]$ で連続で，$f(a) \neq f(b)$ であれば，$f(a)$ と $f(b)$ の間の任意の実数 k に対して，$f(c)=k$ を満たす実数 $c (a<c<b)$ が存在する．これを**中間値の定理** (intermediate value theorem) という．つまり，連続関数のグラフは途中に切れ目がないということである．実際，*Mathematica* では，関数のグラフを描くとき連続関数であると考え，いくつかの点 $(x, f(x))$ の値を計算してその間を結ぶのである．関数が連続であれば，中間値の定理により，2 つの異なった点の間の値も取ることがわかっているので，その間も切れ目のない線で結べるのである．ただし，関数が連続でないときは中間値の定理は適用できない．そこで，*Mathematica* では非連続な関数のグラフは正確に描かれない．

第10章 問題

ex.10.1 次の式の値を求めよ.

(i) $\sum_{j=1}^{7}(-4)$ (ii) $\sum_{i=1}^{10}(i+5)$ (iii) $\sum_{k=1}^{5}3(k+a)$

(iv) $\sum_{j=1}^{5}\left(\frac{j}{2}+1\right)$ (v) $\sum_{k=1}^{7}(k-4)^2$ (vi) $\left(\sum_{i=1}^{4}i\right)^3$

(vii) $\sum_{i=5}^{10}i$ (viii) $\sum_{j=6}^{10}\frac{j+2}{5}$ (ix) $\sum_{i=2}^{5}a^i-10$

ex.10.2 $n=10$ から 20 までのときの $\frac{1}{1}+\frac{1}{2}+\frac{1}{3}+\cdots+\frac{1}{n}$ の値を求めよ.

ex.10.3 次の数列の第 100 項までの和を求めよ.

(i) 初項が 20, 公差が 5 の等差数列
(ii) 初項が 20, 公比が 5 の等比数列
(iii) 初項が 50, 公差が -15 の等差数列
(iv) 初項が 50, 公比が 3 の等比数列

ex.10.4 次の値を求めよ.

(i) $\sum_{k=1}^{10}2^k$ (ii) $\sum_{k=1}^{10}k(k+1)$

(iii) $\sum_{k=1}^{n}\frac{1}{k(k+1)(k+2)}$

ex.10.5 次を示せ.

(i) $\sum_{k=1}^{n}{}_nC_k a^k b^{n-k}=(a+b)^n$ (**2 項定理**)

(ii) $\sum_{j=1}^{n}j^4=\frac{n^5}{5}+\frac{n^4}{2}+\frac{n^3}{3}-\frac{n}{30}$

(iii) $\sum_{k=1}^{n}(2k-1)^2=\frac{1}{3}n(4n^2-1)$

(iv) $\sum_{r=1}^{n}\frac{1}{r(r+1)}=\frac{n}{n+1}$

(v) $\sum_{r=1}^{n}\frac{1}{r(r+1)}=\frac{n}{n+1}$

(v) $\sum_{k=0}^{n}{}_nC_k=2^n$

(vi) $\sum_{k=0}^{n}k\,{}_nc_k=n2^{n-1}$

ex.10.6 次の数列のグラフを描け.

(i) $\{2n\}$ (ii) $\{-3\}$ (iii) $\left\{\frac{n-1}{n}\right\}$ (iv) $\{-(1/2)^n\}$

(v) $\{(-1)^n n\}$ (vi) $\{1+(-1)^n\}$ (vii) $\left\{\frac{1}{n^2}\right\}$ (viii) $\left\{\frac{2\sqrt{n}}{2n+1}\right\}$

ex.10.7 次の極限値を求めよ.
(i) $\displaystyle\lim_{n\to\infty}\frac{(n+1)(2n+1)}{n^2}$ (ii) $\displaystyle\lim_{n\to\infty}\frac{1-2n+n^3}{n^4+n^2}$

ex.10.8 次の級数の和を求めよ.
(i) $\displaystyle\sum_{n=1}^{\infty}\frac{1}{n(n+1)}$ (ii) $\displaystyle\sum_{n=1}^{\infty}\frac{3n+4}{2^n}$ (iii) $\displaystyle\sum_{n=1}^{\infty}\frac{n}{2^{n-1}}$ (iv) $\displaystyle\sum_{n=1}^{\infty}\frac{1}{n^3}$
(vi) $\displaystyle\sum_{n=0}^{\infty}\frac{1}{n!}$ (vii) $\displaystyle\sum_{n=0}^{\infty}\frac{(-1)^n}{n!}$ (viii) $\displaystyle\sum_{n=0}^{\infty}\frac{x^n}{n!}$

ex.10.9 次の極限値を求めよ.
(i) $\displaystyle\lim_{x\to 0}(3x-1)$ (ii) $\displaystyle\lim_{x\to 1}(x^2-1)$ (iii) $\displaystyle\lim_{x\to -3}(2x+23)$
(iv) $\displaystyle\lim_{x\to 2}(x^3+x^2-x+1)$ (v) $\displaystyle\lim_{x\to 2}\frac{x}{x-3}$ (vi) $\displaystyle\lim_{x\to 2}\frac{x^2-1}{x-3}$
(vii) $\displaystyle\lim_{x\to -3}\frac{x^3-9}{x+3}$ (viii) $\displaystyle\lim_{x\to -1}\frac{x^2-x-2}{2x^2+3x+1}$ (ix) $\displaystyle\lim_{x\to\infty}\frac{x}{\sin x+x}$
(x) $\displaystyle\lim_{x\to 0}\frac{\sin 2x}{\sin 3x}$ (xi) $\displaystyle\lim_{x\to 0}(1+2x)^{1/x}$ (xii) $\displaystyle\lim_{x\to\infty}\left(1-\frac{3}{x}\right)^x$

ex.10.10 次の片側極限値を求めよ.
(i) $\displaystyle\lim_{x\to 3+0}[x]$ (ii) $\displaystyle\lim_{x\to 3-0}[x]$ (iii) $\displaystyle\lim_{x\to 0+0}\frac{x^2+x}{|x|}$ (iv) $\displaystyle\lim_{x\to 0-0}\frac{x^2+x}{|x|}$

ex.10.11 次の関数のグラフを描け. また, $x\to 0$ のときの極限値を求めよ.
(i) $f(x)=\cos x$ $(-2<x<2)$ (ii) $f(x)=x^2\sin\dfrac{1}{x}$ $(-2<x<2)$
(iii) $f(x)=\dfrac{x}{1+e^{1/x}}$ $(-2<x<2)$

ex.10.12 次のグラフを描け.
(i) $\displaystyle\sum_{n=1}^{10}\frac{\sin(nx)}{n}$ (ii) $\displaystyle\sum_{n=1}^{10}\frac{\cos(nx)}{n^2}$ (iii) $\displaystyle\sum_{n=1}^{10}\sin\left(\frac{x}{n}\right)\cos nx$

第 11 章

微分

In[1]:= `PolyhedronData["Dodecahedron","NetImage"]`

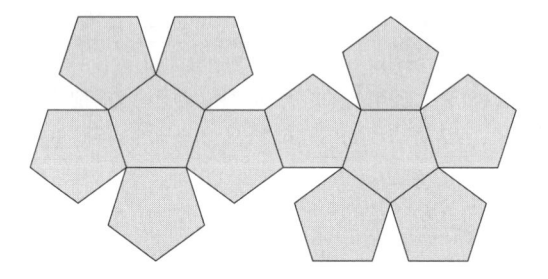

11.1 導関数

11.1.1 微分係数

関数 $y = f(x)$ において，x が x_1 から x_2 まで変化するとき，y は $y_1 = f(x_1)$ から $y_2 = f(x_2)$ まで変化する．このとき，

$$\frac{y_2 - y_1}{x_2 - x_1} = \frac{f(x_2) - f(x_1)}{x_2 - x_1}$$

を x が x_1 から x_2 まで変化するときの**平均変化率** (average rate of change) という．

また，2 点 $(x_1, f(x_1))$, $(x_2, f(x_2))$ を通る直線の式は，

$$y = \left\{\frac{f(x_2) - f(x_1)}{x_2 - x_1}\right\}(x - x_1) + f(x_1)$$

である．平均変化率はこの直線の傾きになっている．

例 $f(x) = x^2$ について，$x = 1$ から $x = 1.8$ までの変化を見てみる．

その平均変化率は，

$$\frac{f(1.8) - f(1.0)}{1.8 - 1.0} = 2.8 \ .$$

2 点 $(1, 1^2)$, $(1.8, 1.8^2)$ を結ぶ直線は，

$$y = \left\{\frac{f(x_2) - f(x_1)}{x_2 - x_1}\right\}(x - x_1) + f(x_1) = 2.8(x - 1) + 1.$$

```
In[1]:= f[x_]:=x^2
In[2]:= ave[x1_,x2_]:=(f[x2]-f[x1])/(x2-x1)
In[3]:= ave[1,1.8]
Out[3]= 2.8
In[4]:= Plot[{f[x],ave[1.0,1.8]*(x-1)+f[1]},{x,0,2},
  AxesLabel->{"x","y"}]
```

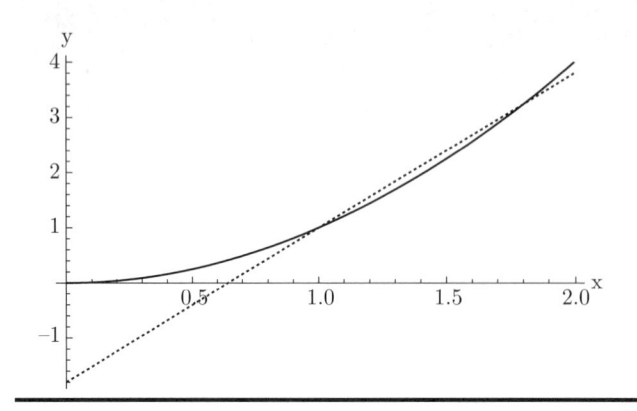

次に, $x=1$ から $1+h$ まで, h を 0.2 から 0.01 ずつ小さくしていったときの平均変化率を計算してみる.

```
In[5]:= Table[(f[1+h]-f[1])/h,{h,0.2,0.01,-0.01}]
Out[5]= {2.2, 2.19, 2.18, 2.17, 2.16, 2.15, 2.14,
  2.13, 2.12, 2.11, 2.1, 2.09, 2.08, 2.07, 2.06,
  2.05, 2.04, 2.03, 2.02, 2.01}
```

また, $x=1$ から $1+h$ まで, h を 0.2 から 0.01 ずつ大きくしていったときの平均変化率を計算してみる.

```
In[6]:= Table[(f[1+h]-f[1])/h,{h,-0.2,-0.01,0.01}]
Out[6]= {1.8, 1.81, 1.82, 1.83, 1.84, 1.85, 1.86,
  1.87, 1.88, 1.89, 1.9, 1.91, 1.92, 1.93, 1.94,
  1.95, 1.96, 1.97, 1.98, 1.99}
```

どちらの場合もだんだんと 2 に近づいているようである. そこで, h を 0 に限りなく近づけたときの平均変化率の極限値を計算してみる.

```
In[7]:= aa=Limit[(f[1+h]-f[1])/h,h->0]
Out[7]= 2
```

つまり,

$$\lim_{h \to 0} \frac{f(1+h)-f(1)}{h} = \lim_{h \to 0} \frac{(1+h)^2 - 1^2}{h}$$

$$= \lim_{h \to 0} \frac{1 + 2h + h^2 - 1}{h} = \lim_{h \to 0} 2 + h = 2 .$$

この極限値を傾きとする $(1, 1^2)$ を通る直線と $y = x^2$ のグラフを描いてみると，この直線が $(1, 1^2)$ のところで $y = x^2$ のグラフと接していることがわかる．このような直線を $(1, 1^2)$ での**接線** (tangent) という．

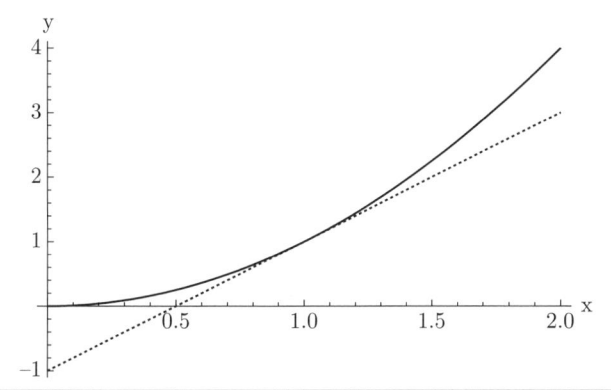

```
In[8]:= Plot[{f[x],aa*(x-1)+f[1]},{x,0,2},AxesLabel->{"x","y"}]
```

関数 $y = f(x)$ が点 a を含む開区間 (c, d) で定義されているとする．

$$\lim_{h \to 0} \frac{f(a+h) - f(a)}{h}$$

が存在するとき，これを $x = a$ における $f(x)$ の**微分係数** (differential coefficient, derivative) といい $f'(a)$ で表す．このとき，$f(x)$ は $x = a$ で**微分可能** (differentiable at $x = a$) であるという．

微分係数は次のようにも定義できる．

$$f'(a) = \lim_{x \to a} \frac{f(x) - f(a)}{x - a} .$$

上で見たように，微分係数 $f'(a)$ は $(a, f(a))$ における接線の傾きになっている．

11.1.2 導関数

関数 $y = f(x)$ の微分可能な各点にその微分係数を対応させると新しい1つの関数となる．この関数を $f(x)$ の**導関数** (derivative) といい，$f'(x)$ で表す．

$$f'(x) = \lim_{h \to 0} \frac{f(x+h) - f(x)}{h} = \lim_{y \to x} \frac{f(y) - f(x)}{y - x} .$$

関数 $y = f(x)$ の導関数は $f'(x)$ のほかにも

y', $\dfrac{dy}{dx}$, $\dfrac{df(x)}{dx}$, $\dfrac{d}{dx}f(x)$

などの記号が用いられる．

$f(x)$ の導関数を求めることを $f(x)$ を x について**微分する** (differentiate) という．

例　$f_1(x) = c$ の導関数を定義に従って求める．

```
In[1]:= f1[x_]:=c
In[2]:= Limit[(f1[x+h]-f1[x])/h,h->0]
Out[2]= 0
```

例　$f_2(x) = 3x^2 - 5$ を定義に従って求める．

```
In[3]:= f2[x_]:=3x^2-5
In[4]:= Limit[(f2[x+h]-f2[x])/h,h->0]
Out[4]= 6 x
```

D[f,x]	関数 f を x について微分する
f'[x]	$f(x)$ の導関数を求める

```
In[5]:= D[c,x]
Out[5]= 0
In[6]:= D[x^2,x]
Out[6]= 2x
In[7]:= D[x^3,x]
Out[7]= 3x^2
In[8]:= D[x^n,x]
Out[8]= nx^{-1+n}
In[9]:= f2[x_]:=3x^2-5
In[10]:= f2'[x]
Out[10]= 6x
In[10]:= Manipulate[Grid[{{"f(x)", "f'(x)"}, {x^k, D[x^k, x]}},
Frame -> All], {k, 1, 7, 1}, ControlType -> SetterBar]
```

f (x)	f ' (x)
x^7	$7x^6$

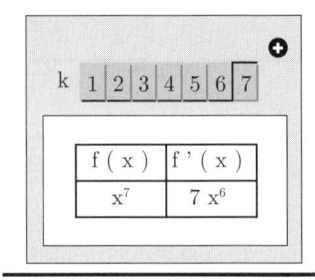

11.1.3 微分の公式

```
In[1]:= Clear[f,g]
In[2]:= D[c*f[x],x]
Out[2]= cf'[x]
```
$(^*\ c$ は定数，$(cf(x))' = cf(x)\ ^*)$
```
In[3]:= D[f[x]+g[x],x]
Out[3]= f'[x] + g'[x]
```
$(^*\ (f(x) + g(x))' = f'(x) + g'(x)\ ^*)$
```
In[4]:= D[f[x]-g[x],x]
Out[4]= f'[x] - g'[x]
```
$(^*\ (f(x) - g(x))' = f'(x) - g'(x)\ ^*)$
```
In[5]:= D[f[x]*g[x],x]
Out[5]= g[x]f'[x] + f[x]g'[x]
```
$(^*\ (f(x)g(x))' = f'(x)g(x) + f(x)g'(x)\ ^*)$
```
In[6]:= D[f[x]/g[x],x]
Out[6]= f'[x]/g[x] - f[x]g'[x]/g[x]^2
```
$\left(^*\ \left(\dfrac{f[x]}{g[x]}\right)' = \dfrac{f'(x)g(x) - f(x)g'(x)}{(g(x))^2}\ ^*\right)$
```
In[7]:= Together[%]
Out[7]= (g[x]f'[x] - f[x]g'[x])/g[x]^2
```
```
In[8]:= D[1/g[x],x]
Out[8]= -g'[x]/(g[x])^2
```
$\left(^*\ \left(\dfrac{1}{g(x)}\right)' = \dfrac{-g'(x)}{(g(x))^2}\ ^*\right)$

11.1.4 合成関数の微分

$y = f(t),\ t = g(x)$ が共に微分可能であるとき，**合成関数** (composite function)$y = f(g(x))$ の導関数は，

$$\frac{dy}{dx} = \frac{dy}{dt}\frac{dt}{dx} = f'(g(x))g'(x)\ .$$

```
In[1]:= D[f[g[x]],x]
```

```
Out[1]= f′[g[x]]g′[x]
```

例　$y = (x^2+1)^3$ は，$t = x^2+1$ とおくと，$y = t^3$ となり，

$$\frac{dy}{dt} = 3t^2 = 3(x^2+1)^2, \quad \frac{dt}{dx} = 2x$$

であるから，

$$\frac{dy}{dx} = 3(x^2+1)^2 2x = 6x(x^2+1)^2 \ .$$

```
In[2]:= D[(x^2+1)^3,x]
Out[2]= 6x(1+x^2)^2
```

例　$y = \sin^3 x$ を微分すると，

$$y' = 3(\sin x)^2 (\sin x)' = 3\sin^2 x \cdot \cos x \ .$$

```
In[3]:= D[Sin[x]^3,x]
Out[3]= 3Cos[x]Sin[x]^2
```

11.1.5　対数微分法

$f(x)$ が微分可能で $f(x) \neq 0$ のとき，

$$(\log |f(x)|)' = \frac{f'(x)}{f(x)} \ .$$

```
In[1]:= D[Log[f[x]],x]
Out[1]= f′[x]/f[x]
```

例　$y = a^x$ の導関数を求めてみる．両辺の対数をとると，

$$\log y = x \log a \ ,$$

$$\frac{y'}{y} = \log a$$

となり，
$$y' = y \log a = a^x \log a \ .$$

```
In[2]:= Log[a^x]//PowerExpand
```
Out[2]= $x \mathrm{Log}[a]$
```
In[3]:= D[%,x]
```
Out[3]= $\mathrm{Log}[a]$
```
In[4]:= D[a^x,x]
```
Out[4]= $a^x \mathrm{Log}[a]$

11.1.6 逆関数の微分

$f(x)$ の逆関数 (inverse function)$y = f^{-1}(x)$ について，
$$\frac{dy}{dx} = \frac{1}{dx/dy} = \frac{1}{f'(y)} \ .$$

例　$y = \sin^{-1}(x) \Leftrightarrow x = \sin(y)$.
$$\frac{dy}{dx} = \frac{1}{dx/dy} = \frac{1}{\cos y} = \frac{1}{\sqrt{1-\sin^2 y}} = \frac{1}{\sqrt{1-x^2}} \ .$$

```
In[1]:= D[ArcSin[x],x]
```
Out[1]= $\dfrac{1}{\sqrt{1-x^2}}$

11.1.7 いろいろな関数の導関数

```
In[1]:= D[c,x]
```
Out[1]= 0　　　　　　　　(* c は定数． $(c)' - 0$ *)
```
In[2]:= D[x^n,x]
```
Out[2]= nx^{-1+n}　　　　　(* $(x^n)' = nx^{n-1}$ *)
```
In[3]:= D[Exp[x],x]
```
Out[3]= e^x　　　　　　　　(* $(e^x)' - e^x$ *)
```
In[4]:= D[Log[x],x]
```
Out[4]= $\dfrac{1}{x}$　　　　　　　　(* $(\log |x|)' = \dfrac{1}{x}$ *)
```
In[5]:= D[Sin[x],x]
```
Out[5]= $\mathrm{Cos}[x]$　　　　　　(* $(\sin x)' = \cos x$ *)

```
In[6]:= D[Cos[x],x]
Out[6]= -Sin[x]
```
$(*\ (\cos x)' = -\sin x\ *)$

```
In[7]:= D[Tan[x],x]
Out[7]= Sec[x]^2
```
$(*\ (\tan x)' = \sec^2 x\ *)$

```
In[8]:= D[Sec[x],x]
Out[8]= Sec[x]Tan[x]
```
$(*\ (\sec x)' = \left(\dfrac{1}{\cos x}\right)' = \sec x \cdot \tan x\ *)$

```
In[9]:= D[Csc[x],x]
Out[9]= -(Cot[x]Csc[x])
```
$(*\ (\operatorname{cosec} x)' = \left(\dfrac{1}{\sin x}\right)' = \operatorname{cosec} x \cdot \cot x\ *)$

```
In[10]:= D[Cot[x],x]
Out[10]= -Csc[x]^2
```
$(*\ (\cot x)' = \left(\dfrac{1}{\tan x}\right)' = -\operatorname{cosec}^2 x\ *)$

```
In[11]:= D[a^x,x]
Out[11]= a^x Log[a]
```
$(*\ (a^x)' = a^x \log a,\ (a > 0)\ *)$

```
In[12]:= D[Log[a,x],x]
Out[12]= 1/(xLog[a])
```
$(*\ (\log_a x)' = \dfrac{1}{x \log a}(a > 0, a \ne 1)\ *)$

```
In[13]:= D[ArcSin[x],x]
Out[13]= 1/Sqrt[1-x^2]
```
$(*\ (\sin^{-1} x)' = \dfrac{1}{\sqrt{1-x^2}}\ *)$

```
In[14]:= D[ArcCos[x],x]
Out[14]= -1/Sqrt[1-x^2]
```
$(*\ (\cos^{-1} x)' = \dfrac{-1}{\sqrt{1-x^2}}\ *)$

```
In[15]:= D[ArcTan[x],x]
Out[15]= 1/(1+x^2)
```
$(*\ (\tan^{-1} x)' = \dfrac{1}{1-x^2}\ *)$

11.1.8 高次導関数

微分可能な関数 $f(x)$ の導関数 $f'(x)$ もまた x の関数であり，この関数がさらに微分可能であれば，$f(x)$ は 2 回微分可能であるといい，その導関数を**第 2 次導関数** (second derivative) とよぶ．

$y = f(x)$ の第 2 次導関数は，次のように表す．

$$f''(x), \quad y'', \quad \dfrac{d^2 y}{dx^2}, \quad \dfrac{d^2 f(x)}{dx^2}, \quad \dfrac{d^2}{dx^2} f(x)$$

同様に，$f(x)$ の 2 次導関数が微分可能であれば，$f(x)$ は 3 回微分可能であるといい，その導関数を**第 3 次導関数** (third derivative) という．

$y = f(x)$ の第 3 次導関数は，次のように表す．

$$f'''(x), \quad y''', \quad \dfrac{d^3 y}{dx^3}, \quad \dfrac{d^3 f(x)}{dx^3}, \quad \dfrac{d^3}{dx^3} f(x)$$

以下同様に，4 次，5 次，…，と定義する．一般に $n - 1$ 次の導関数の導関数を

第 n 次導関数といい，次のように表す．

$$f^n(x), \quad y^n, \quad \frac{d^n y}{dx^n}, \quad \frac{d^n f(x)}{dx^n}, \quad \frac{d^n}{dx^n} f(x)$$

| D$[f,\{x,n\}]$ | 関数 $f(x)$ の第 n 次導関数 |

例 $\dfrac{d}{dx} x^3 = 3x^2, \quad \dfrac{d^2}{dx^2} x^3 = 6x$.

```
In[1]:= D[x^3,x]
```
Out[1]= $3x^2$
```
In[2]:= D[%,x]
```
Out[2]= $6x$
```
In[3]:= D[x^3,{x,2}]
```
Out[3]= $6x$

例 $\dfrac{d}{dx} x^n = n x^{n-1}, \dfrac{d^2}{dx^2} x^n = n(n-1) x^{n-2}, \dfrac{d^3}{dx^3} x^n = n(n-1)(n-2) x^{n-3}$.

```
In[4]:= g[x_]:=x^n
In[5]:= D[g[x],{x,2}]
```
Out[5]= $(-1+n)n x^{-2+n}$
```
In[6]:= D[g[x],{x,3}]
```
Out[6]= $(-2+n)(-1+n)n x^{-3+n}$

例 $\dfrac{d^2}{dx^2} e^x = e^x$.

```
In[7]:= D[Exp[x],{x,2}]
```
Out[7]= e^x

例 x^3 とその第 1 次導関数，第 2 次導関数のグラフを描く．

```
In[8]:= Plot[Evaluate[{x^3, D[x^3, x], D[x^3, {x, 2}]}, {x, -2, 2}],
  AxesLabel -> {"x", "y"}, PlotLegends -> "Expressions"]
```

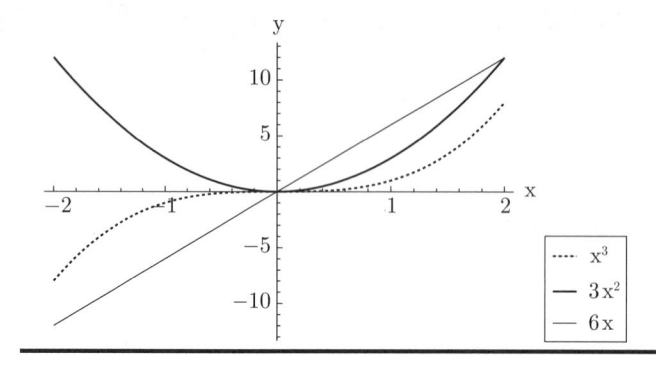

ここでは，Evaluate を使ってはじめに導関数を求めてからプロットをさせている．

11.1.9 片側微分係数

関数 $y = f(x)$ が区間 $[a, a+c]$（c は正数）で定義されていて，

$$\lim_{h \to 0+0} \frac{f(a+h) - f(a)}{h}$$

(つまり，右極限値) が存在するとき，関数 $f(x)$ の $x = a$ における**右微分係数** (right derivative) といい，$f'_+(a)$ と表す．

また，関数 $y = f(x)$ が区間 $(a-c, a]$（c は正数）で定義されていて，

$$\lim_{h \to 0-0} \frac{f(a+h) - f(a)}{h}$$

(つまり，左極限値) が存在するとき，関数 $f(x)$ の $x = a$ における**左微分係数** (left derivative) といい，$f'_-(a)$ と表す．

例 関数 $f(x) = |x|$ の $x = 0$ における微分について考えてみる．

$$\frac{f(x) - f(0)}{x} = \frac{|x|}{x} = \begin{cases} 1 & x > 0 \\ -1 & x < 0 \end{cases}$$

より，

$$\lim_{h \to 0+0} \frac{f(x) - f(0)}{x} = 1 ,$$

$$\lim_{h \to 0-0} \frac{f(x) - f(0)}{x} = -1 .$$

よって，$x = 0$ での極限は存在しない．つまり，$f(x)$ は $x = 0$ で微分可能ではない．ただし，$f(x)$ は $x = 0$ で連続ではある [1]．

---

[1] 関数 $f(x)$ が $x = a$ で微分可能であれば，$x = a$ で連続であることは示せる．しかし，この逆は成り立たない．

$f(x) = |x|$ は $x \neq 0$ のところでは微分可能である.

```
In[1]:= D[Abs[x],x]
Out[1]= Abs'[x]
In[2]:= Limit[(Abs[h]-0)/h,h->0,Direction->-1]
Out[2]= 1
In[3]:= Limit[Abs[h]/h,h->0,Direction->1]
Out[3]= -1
```

Mathematica では Abs[x] の微分は計算できない. そこで, 定義にもどって求める. ただし, $x = 0$ ところでは片側極限しか存在していない.

11.2 微分法の応用

11.2.1 接線の方程式

曲線 $y = f(x)$ 上の点 (x_1, y_1) における接線の方程式は,

$$y - y_1 = f'(x_1)(x - x_1).$$

接点を通り, 接線と直角に交わる直線を**法線** (normal line) といい, その方程式は

$$y - y_1 = -\frac{1}{f'(x_1)}(x - x_1).$$

例 $f(x) = \exp(-x^2)$ のグラフと $(1, f(1))$ における接線と法線を描く.

```
In[1]:= f[x_]:=Exp[-(x^2)]
In[2]:= D[f[x],x]
Out[2]= -2e^{-x^2}x
In[3]:= m=D[f[x],x] /.x->1
Out[3]= -2/e
In[4]:= Plot[{f[x],m*(x-1)+f[1],-(x-1)/m+f[1]}, {x,-2,2},
 AspectRatio->Automatic,AxesLabel->{"x","y"}]
```

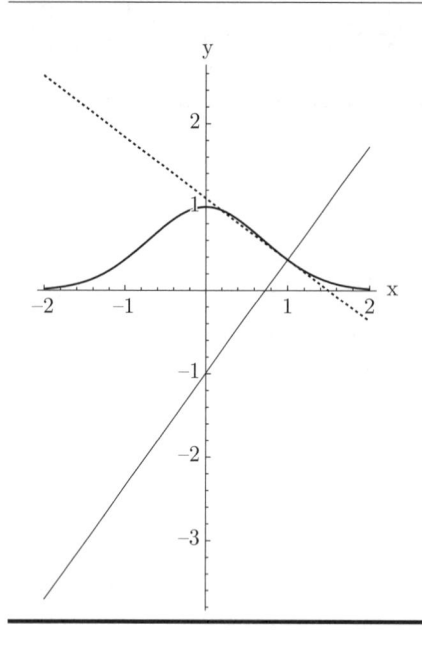

例　$f1(x)$ を定義し $(a, f1(a))$ での接線と法線のグラフを描く.

```
In[5]:= sline[x_, a_, h_] := f1[a] + (x - a)*(f1[a + h] - f1[a])/h
In[6]:= f1[x_] := x^3 - 2 x + 1
In[7]:= Plot[{f1[x], sline[x, 1.5, 0.8]}, {x, -1, 3}]
```

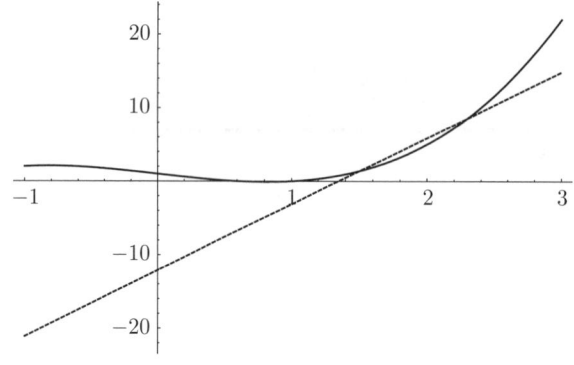

```
In[8]:= Plot[{f1[x], Limit[sline[x, 1.5, h], h -> 0]}, {x, -1, 3}]
```

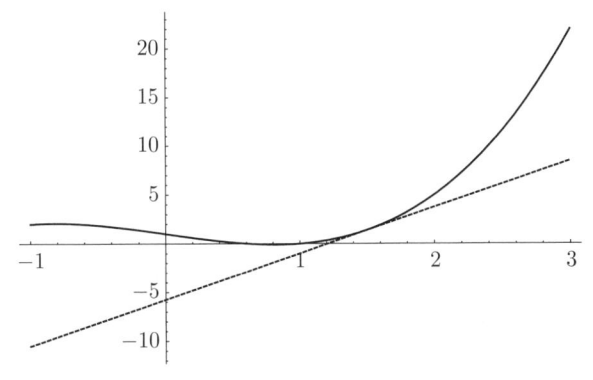

```
In[9]:= nline[x_, a_] := f1[a] - (x - a)/f1'[a]
In[10]:= secl[x_, a_] := f1[a] + (x - a)*f1'[a]
In[11]:= Plot[{f1[x], secl[x, 1.5], nline[x, 1.5]}, {x, -1, 2},
  AspectRatio -> Automatic, PlotRange -> {-1, 3}]
```

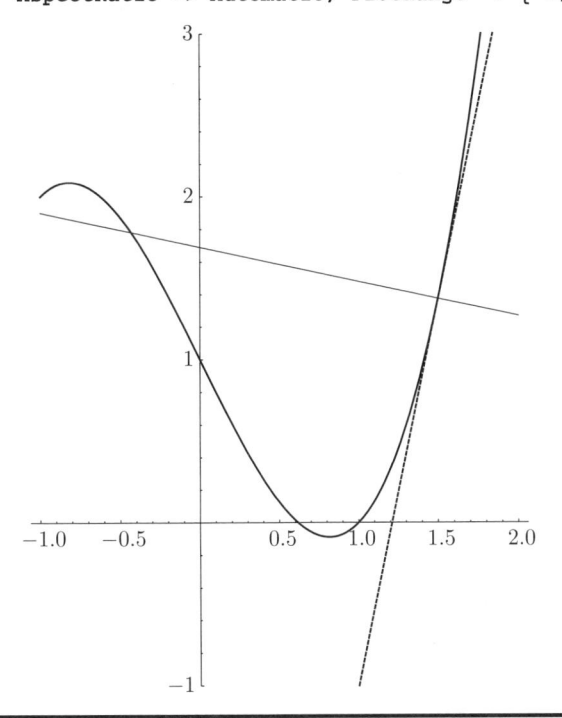

11.2.2 関数の増減

関数 $f(x)$ の定義域に属する任意の $x_1, x_2,$ について,

(i) $x_1 < x_2$ ならば, $f(x_1) \leq f(x_2)$ なる関数を**増加関数**
(increasing function),

(ii) $x_1 < x_2$ ならば, $f(x_1) < f(x_2)$ なる関数を**狭義の増加関数** (strictly increasing function)

という. また,

(i) $x_1 < x_2$ ならば, $f(x_1) \geq f(x_2)$ なる関数を**減少関数** (decreasing function),

(ii) $x_1 < x_2$ ならば, $f(x_1) > f(x_2)$ なる関数を**狭義の減少関数** (strictly decreasing function)

という.

導関数の符号により, 関数の増減が判定できる.

(i) ある区間において, つねに $f'(x) = 0$ ならば, $f(x)$ はその区間において定数である関数である.

(ii) ある区間において, $f'(x) \geq 0$ ならば, $f(x)$ はその区間において増加関数であり, $f'(x) > 0$ ならば, 狭義の増加関数である.

(iii) ある区間において, $f'(x) \leq 0$ ならば, $f(x)$ はその区間において減少関数であり, $f'(x) < 0$ ならば, 狭義の減少関数である.

例 $f(x) = x^4$ の導関数は

$$f'(x) = 4x^3.$$

$x < 0$ で, $f'(x) < 0$, $x > 0$ で $f'(x) > 0$ であるから, $x < 0$ では $f(x)$ は減少, $x > 0$ で増加している.

この関数と導関数のグラフを描く.

```
In[1]:= Plot[Evaluate[{x^4, D[x^4, x]}, {x, -2, 2}],
 PlotStyle -> {GrayLevel[0], Dashing[{0.02}]},
 AxesLabel -> {"x", "y"}, PlotLegends -> "Expressions"]
```

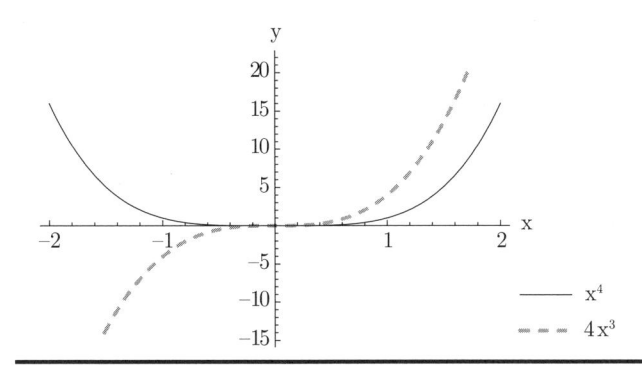

11.2.3 極値

関数 $f(x)$ が $x = a$ の近くで $x \neq a$ のとき, $f(x) < f(a)$ ならば, $f(x)$ は $x = a$ で極大であり, $f(a)$ を**極大値** (local maximum) という. また, $f(x) > f(a)$ ならば, $f(x)$ は $x = a$ で極小であり, $f(a)$ を**極小値** (local minimum) という. 極大値, 極小値を合わせて, **極値** (extreme value) という.

[極値と導関数の関係]

$f(x)$ を $x = a$ で微分可能な関数とする. この関数が $x = a$ で極値をとるならば,

$$f'(a) = 0 .$$

一般に $f'(a) = 0$ を満たす $x = a$ を関数 $f(x)$ の**停留点** (stationary point) という. ただし, $f'(a) = 0$ だからといって, $x = a$ で極値をとるとは限らない. $f'(a) = 0$ は $x = a$ で極値をとるための必要条件ではあるが十分条件ではない.

[導関数による極値の判定]

$f'(a) = 0$ であるとするとき, $x = a$ の近くで

(i) $x < a$ で $f'(x) > 0$, $x > a$ で $f'(x) < 0$ ならば,
$f(x)$ は $x = a$ で極大.
(ii) $x < a$ で $f'(x) < 0$, $x > a$ で $f'(x) > 0$ ならば,
$f(x)$ は $x = a$ で極小.

[第 2 次導関数による極値の判定]

$f'(a) = 0$ かつ $f''(a) < 0$ ならば, $f(x)$ は $x = a$ で極大.
$f'(a) = 0$ かつ $f''(a) > 0$ ならば, $f(x)$ は $x = a$ で極小.

第 11 章 微分

例 関数 $f(x) = 2x^3 - 12x^2 + 5x + 5$ について考えていく．まず，x 軸との交点を求める．

```
In[1]:= Solve[2x^3-12x^2+5x+5==0,x]
```
$Out[1]= \left\{ \{x \to 1\}, \left\{ x \to \frac{1}{2}(5 - \sqrt{35}) \right\}, \left\{ x \to \frac{1}{2}(5 + \sqrt{35}) \right\} \right\}$

次に停留点を求める．

```
In[2]:= D[2x^3-12x^2+5x+5,x]
```
$Out[2]= 5 - 24x + 6x^2$
```
In[3]:= Solve[%==0,x]//N
```
$Out[3]= \{\{x\text{->}0.220487\}, \{x\text{->}3.77951\}\}$
```
In[4]:= s=x /. %
```
$Out[4]= \{0.220487, 3.77951\}$

2 次の導関数を求めて，停留点での符号を調べる．

```
In[5]:= D[2x^3-12x^2+5x+5,{x,2}]
```
$Out[5]= -24 + 12x$
```
In[6]:= %/.x->s
```
$Out[6]= \{-21.3542, 21.3542\}$
```
In[7]:= 2x^3-12x^2+5x+5 /. x->s
```
$Out[7]= \{5.5405, -39.5405\}$

判定条件から $x = 0.220487$ で極大，$x = 3.77951$ で極小である．また，極大値は 5.5405，極小値は -39.5405 である．

以上を次のような増減表にまとめるとわかりやすい．

x		0.220487		3.77951	
$f'(x)$	+	0	−	0	+
$f''(x)$		−		+	
$f(x)$	↗	極大	↘	極小	↗

実際に，$y = 2x^3 - 12x^2 + 5x + 5$ のグラフを描いてみる．

```
In[8]:= Plot[2x^3-12x^2+5x+5,{x,-2,6},
  AxesLabel->{"x","y"}]
```

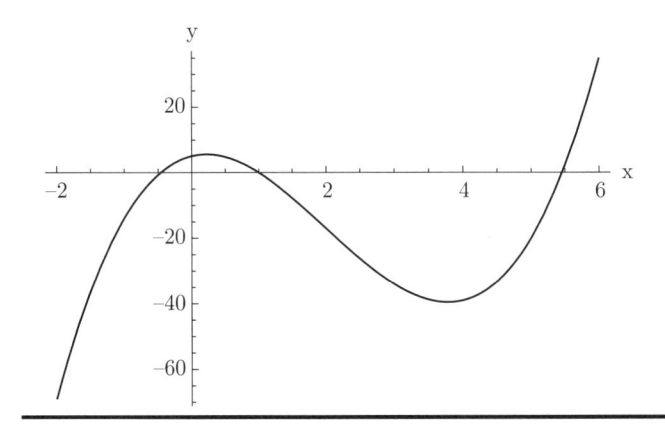

11.2.4 曲線の凹凸

関数 $f(x)$ の定義域内の区間 I におけるこのグラフ上の2点 $(x_1, f(x_1))$, $(x_2, f(x_2))$ を結ぶ線分がこのグラフの上にあるときは，曲線はこの区間において**下に凸である** (convex) といい，逆の場合は**上に凸である** (concave)，または**下に凹である**という．グラフが凹凸の変わり目を**変曲点** (point of inflection) という．

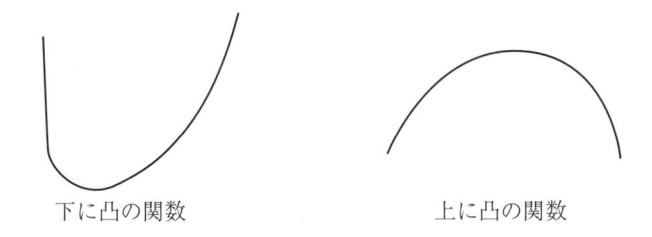

下に凸の関数　　　　　上に凸の関数

区間 I において，つねに

$f''(x) > 0$ ならば，グラフは下に凸である．

$f''(x) < 0$ ならば，グラフは上に凸である．

例　$\dfrac{d^2}{dx^2}x^2 = 2 > 0$ であるから，$y = x^2$ のグラフは下に凸である．
$\dfrac{d^2}{dx^2}(-x^2) = -2 < 0$ より，$y = -x^2$ のグラフは上に凸である．

例　$f(x) = \dfrac{x}{1+x^2}$ について，変曲点は 0 と $\pm\sqrt{3}$ である．

```
In[1]:= f[x_]:=x/(1+x^2)
In[2]:= Plot[f[x],{x,-3,3},AxesLabel->{"x","y"}]
```

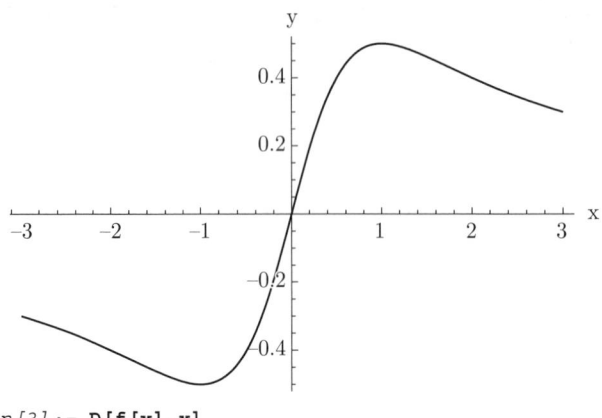

```
In[3]:= D[f[x],x]
```
$$\text{Out[3]= } -\frac{2x^2}{(1+x^2)^2} + \frac{1}{1+x^2}$$
```
In[4]:= Together[%]
```
$$\text{Out[4]= } \frac{1-x^2}{(1+x^2)^2}$$
```
In[5]:= Solve[%==0,x]
```
Out[5]= $\{\{x \to -1\}, \{x \to 1\}\}$
```
In[6]:= D[f[x],{x,2}]
```
$$\text{Out[6]= } -\frac{4x}{(1+x^2)^2} + x\left(\frac{8x^2}{(1+x^2)^3} - \frac{2}{(1+x^2)^2}\right)$$
```
In[7]:= Together[%]
```
$$\text{Out[7]= } \frac{2(-3x+x^3)}{(1+x^2)^3}$$
```
In[8]:= Solve[%==0,x]
```
Out[8]= $\{\{x \to 0\}, \{x \to -\sqrt{3}\}, \{x \to \sqrt{3}\}\}$

11.2.5 テイラー展開

テイラーの定理 (Taylor's theorem) によると，関数 $f(x)$ について，その第 $n-1$ 次導関数 $f^{(n-1)}(x)$ は区間 $[a,b]$ で連続で，$f^{(n)}(x)$ は (a,b) で存在するときは次が成り立つ．

$$f(b) = f(a) + \frac{f'(a)}{1!}(b-a) + \frac{f''(a)}{2!}(b-a)^2 + \frac{f'''(a)}{3!}(b-a)^3$$
$$+ \cdots + \frac{f^{(n-1)}(a)}{(n-1)!}(b-a)^{n-1} + R_n$$

ここで，$R_n = \frac{f^{(n)}(c)}{n!}(b-a)^n$ $(a < c < b)$ これを**剰余項**とよぶ．

$$P_n(x) = f(a) + \frac{f'(a)}{1!}(x-a) + \frac{f''(a)}{2!}(x-a)^2 + \frac{f'''(a)}{3!}(x-a)^3$$

$$+ \cdots + \frac{f^{(n)}(a)}{1!}(x-a)^n = \sum_{k=0}^{n} \frac{f^{(k)}(a)}{k!}(x-a)^k$$

を n 次の**テイラー多項式** (nth degree Taylor' polynomial) という．ただし，$f^{(0)}(a) = f(a)$ とする．

また，$\lim_{n \to \infty} R_n = 0$ となる点 x において，

$$f(x) = f(a) + \frac{f'(a)}{1!}(x-a) + \frac{f''(a)}{2!}(x-a)^2 + \frac{f'''(a)}{3!}(x-a)^3$$

$$+ \cdots + \frac{f^{(n)}(a)}{n!}(x-a)^n + \cdots = \sum_{k=0}^{\infty} \frac{f^{(k)}(a)}{k!}(x-a)^k$$

となり，この級数を**テイラー級数** (Taylor series) という．また，関数 $f(x)$ がこの形に表されているとき，$f(x)$ の $x=a$ における**テイラー展開** (Taylor expansion) という．

とくに $x=0$ におけるテイラー展開，

$$f(x) = f(0) + \frac{f'(0)}{1!}x + \frac{f''(0)}{2!}x^2 + \frac{f'''(0)}{3!}x^3$$

$$+ \cdots + \frac{f^{(n)}(0)}{n!}x^n + \cdots = \sum_{k=0}^{\infty} \frac{f^{(k)}(0)}{k!}x^k$$

を**マクローリン級数** (maclaurin series) という．

Series[$f, \{x, a, n\}$]	$f(x)$ の $x=a$ における展開
	（高次の項を $O(x-a)^{n+1}$ で表す）
Normal[展開式]	展開式の高次の項をはぶく

```
In[1]:= Clear[f]
In[2]:= Series[f[x],{x,a,3}]
```
Out[2]= $f[a] + f'[a](x-a) + \frac{1}{2}f''[a](x-a)^2 + \frac{1}{6}f^{(3)}[a](x-a)^3 + O[x-a]^4$
```
In[3]:= Normal[%]
```
Out[3]= $f[a] + (-a+x)f'[a] + \frac{1}{2}(-a+x)^2 f''[a] + \frac{1}{6}(-a+x)^3 f^{(3)}[a]$

11.2.6 いくつかの関数の展開

$In[1]:=$ `Series[Exp[x],{x,0,5}]`
$Out[1]= 1 + x + \dfrac{x^2}{2} + \dfrac{x^3}{6} + \dfrac{x^4}{24} + \dfrac{x^5}{120} + \mathrm{O}[x]^6$ $\quad (* \; e^x = 1 + x + \dfrac{x^2}{2!} + \dfrac{x^3}{3!} + \cdots + \dfrac{x^n}{n!} + \cdots \; *)$

$In[2]:=$ `Series[Log[1+x],{x,0,5}]`
$Out[2]= x - \dfrac{x^2}{2} + \dfrac{x^3}{3} - \dfrac{x^4}{4} + \dfrac{x^5}{5} + \mathrm{O}[x]^6$ $\quad (* \; \log(1+x) = x - \dfrac{x^2}{2} + \dfrac{x^3}{3} + \cdots + (-1)^{n-1}\dfrac{x^n}{n} + \cdots \; *)$

$In[3]:=$ `Series[Sin[x],{x,0,7}]`
$Out[3]= x - \dfrac{x^3}{6} + \dfrac{x^5}{120} + \dfrac{x^7}{5040} + \mathrm{O}[x]^8$ $\quad (* \; \sin x = x - \dfrac{x^3}{3!} + \dfrac{x^5}{5!} + \cdots + (-1)^{n-1}\dfrac{x^{2n-1}}{(2n-1)!} + \cdots \; *)$

$In[4]:=$ `Series[Cos[x],{x,0,7}]`
$Out[4]= 1 - \dfrac{x^2}{2} + \dfrac{x^4}{24} + \dfrac{x^6}{720} + \mathrm{O}[x]^8$ $\quad (* \; \cos x = 1 - \dfrac{x^2}{2!} + \dfrac{x^4}{4!} + \cdots + (-1)^n\dfrac{x^{2n}}{(2n)!} + \cdots \; *)$

例　e^3 の値を展開式を用いて近似してみる．項の数を増やせば近似はよくなっていくのがわかる．12次の項まで使うと小数点8桁目までは一致している．

```
In[5]:= N[E^3,20]
Out[5]= 20.085536923187667741
In[6]:= Table[Series[Exp[x],{x,0,n}],{n,1,20}]//Normal;
In[7]:= N[% /. x->3,20]
Out[7]= {4.0000000000000000000, 8.5000000000000000000,
    13.000000000000000000, 16.375000000000000000,
    18.400000000000000000, 19.412500000000000000,
    19.846428571428571429, 20.009151785714285714,
    20.063392857142857143, 20.079665178571428571,
    20.084103084415584416, 20.085212560876623377,
    20.085468593906093906, 20.085523458126694734,
    20.085534430970814899, 20.085536488379087430,
    20.085536851451135524, 20.085536911963143540,
    20.085536921517671121, 20.085536922950850258
```

例　$y = \sin x$ と3次の項までのマクローリン級数のグラフを描く．0の近くでは近似がよいことがわかる．

```
In[8]:= m3=Series[Sin[x],{x,0,3}]//Normal
```
Out[8]= $x - \dfrac{x^3}{6}$
```
In[9]:= Plot[{Sin[x],m3},{x,-3,3},
  PlotStyle->{GrayLevel[0],Dashing[{0.02}]},
  AxesLabel->{"x","y"}]
```

さらに 7 次の項までとると，近似はさらによくなっていくのがわかる．

```
In[10]:= m7=Series[Sin[x],{x,0,7}]//Normal
```
Out[10]= $x - \dfrac{x^3}{6} + \dfrac{x^5}{120} - \dfrac{x^7}{5040}$
```
In[11]:= Plot[{Sin[x],m7},{x,-3,3},
  PlotStyle->{GrayLevel[0],Dashing[{0.02}]},
  AxesLabel->{"x","y"}]
```

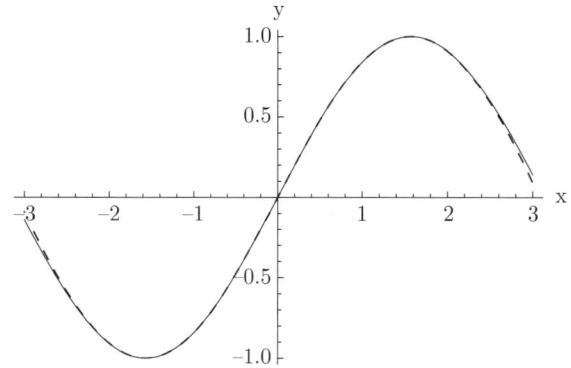

11.2.7 ロピタルの公式

$\dfrac{0}{0}, \dfrac{\infty}{\infty}, 0 \cdot \infty, \infty^0, 0^0, 1^\infty, \infty - \infty$ は**不定形** (indeterminate form) とよばれ，一般に計算ができないかたちである．

次の**ロピタルの公式** (L'Hopital's rule) によって，不定形の場合でも極限が求められることがある．

ここで，a を実数，または，$\infty, -\infty$ とし，関数 $f(x), g(x)$ は a を含む区間で微分可能であるとする．

(i) $\lim_{x \to a} f(x) = 0, \quad \lim_{x \to a} g(x) = 0$,
(ii) $\lim_{x \to a} f(x) = \pm\infty, \quad \lim_{x \to a} g(x) = \pm\infty$,

で，$\lim_{x \to a} \dfrac{f'(x)}{g'(x)} = L$ (L は実数，または，$\infty, -\infty$) ならば，

$$\lim_{x \to a} \dfrac{f(x)}{g(x)} = L .$$

例 $\lim_{x \to 1} \dfrac{x^m - 1}{x^n - 1}$ では，$\lim_{x \to 1} x^m - 1 = 0 = \lim_{x \to 1} x^n - 1$ であるから，0/0 の不定形である．

そこで，ロピタルの公式を利用して，

$$\lim_{x \to 1} \dfrac{x^m - 1}{x^n - 1} = \lim_{x \to 1} \dfrac{(x^m - 1)'}{(x^n - 1)'} = \lim_{x \to 1} \dfrac{mx^m}{nx^n} = \dfrac{m}{n}$$

```
In[1]:= Clear[m,n]
In[2]:= Limit[(x^m-1)/(x^n-1),x->1]
Out[2]= m
        ─
        n
```

例 $\lim_{x \to 1} \dfrac{\cos\left(\dfrac{\pi}{2}x\right)}{1 - x^2} = \lim_{x \to 1} \dfrac{\left(\cos\left(\dfrac{\pi}{2}x\right)\right)'}{(1 - x^2)'} = \lim_{x \to 1} \dfrac{-\dfrac{\pi}{2}\sin\left(\dfrac{\pi}{2}x\right)}{-2x} = \dfrac{\pi}{4}$．

```
In[2]:= Limit[Cos[x*Pi/2]/(1-x^2),x->1]
Out[2]= π
        ─
        4
```

例 $\lim_{x \to \infty} x^{1/x}$ では，∞^0 の不定形であるが，$y = x^{1/x}$ とおいて対数をとると，

$$\log y = \frac{1}{x} \log x,$$

$$\log y = \lim_{x \to \infty} \frac{1}{x} \log x = \lim_{x \to \infty} \frac{\log x}{x} = \lim_{x \to \infty} \frac{(\log x)'}{(x)'} = \lim_{x \to \infty} \frac{1/x}{1} = 0$$

よって,

$$\lim_{x \to \infty} x^{1/x} = \lim_{x \to \infty} y = \lim_{x \to \infty} e^{\log y} = e^0 = 1.$$

In[3]:= `Limit[x^(1/x),x->Infinity]`
Out[3]= 1

第11章 問 題

ex.11.1 次の関数について, h を 0.1 から -0.01 ずつ 0 に近づけていったときと, h を -0.1 から 0.01 ずつ 0 に近づけていったときの平均変化率

$$\frac{f(2+h) - f(2)}{h}$$

の値の表を作れ. また, 定義にしたがって, $x=2$ での微分係数を求めよ.
 (i) $f(x) = 5$　　　(ii) $f(x) = 2x - 1$　　　(iii) $f(x) = -3x$
 (iv) $f(x) = 1/x$　　(v) $f(x) = -x^2$　　(vi) $f(x) = x^4$
 (vii) $f(x) = \sqrt{x+2}$　(viii) $f(x) = 1 - x^2$

ex.11.2 次の関数の $x=3$ での接線を求めよ. また, そのグラフを描け.
 (i) $f(x) = 2x - 4$　(ii) $f(x) = (x-2)^2$　(iii) $f(x) = 1/(x-1)$
 (iv) $f(x) = e^x$

ex.11.3 次の関数の導関数を求めよ.
 (a) (i) x^2　　(ii) x^3　　(iii) x^5　　(iv) x^7　　(v) x^{10}
　　(vi) x^{25}　(vii) $-x^2$　(viii) $-x^3$　(ix) $2x^5$　(x) $-2x^7$
　　(xi) $1/x$　(xii) $-1/x$　(xiii) $-1/x^2$　(xiv) $-x^{2/5}$　(xv) $-x^{3/7}$
　　(xvi) $x^{1/2}$
 (b) (i) $x + x^2$　(ii) $x^3 + 3$　(iii) $x^3 + x^8$　(iv) $2x - x^3$
　　(v) $x + 1/x - 1/x^2 + 1$　(vi) $-2x + 2x^5 + 3x^6$
　　(vii) $2x^3 + x^{1/2} + 3/x$　(viii) $2x^{10} + x^8 - 11x^5 + 3x - 9$
 (c) (i) $e^x + 1$　　(ii) e^{-x}　　(iii) $x^3 + e^x$　(iv) $\exp(3x)$
　　(v) $\exp(-2x)$　(vi) $2x^3 + x^8 - \exp(x)$　(vii) $\exp(x^2)$
　　(viii) $\exp(-x^2)$　(ix) $\exp(x^3 + x^8 - 1)$
 (d) (i) $\log x - 3x + 1$　(ii) $\log(3x)$　(iii) $log(3x+2)$
　　(iv) $\log(x^3 + x^8)$　(v) $x^3 + x^{8/3} + \log x$
　　(vi) $-2/x^2 + \exp(x^8) - \log(2x)$

(e) (i) $\sin(2x)$ (ii) $\cos(2x)$ (iii) $\sin(-2x)$ (iv) $\cos(-x)$
(v) $\tan(2x)$ (vi) $\sin(x^2)$ (vii) $\sin(x) + \cos(x) + 1$
(viii) $\sin(3x) - x^2 + 1/x$ (ix) $2\cos(x) - 2/x^3$
(x) $1/\sin(x)$ (xi) $1/\cos(x)$

ex.11.4 次の関数の導関数を (a) そのまま，(b) 展開してから，(c) 公式を使って，微分せよ．
(i) $(x+2)^3$ (ii) $(x^3+3x+2)(x^2-6x+2)$
(iii) $(x+1+1/x)^4$ (iv) $(x-1)^2(x^3-2)$
(v) $(e^x - e^{-x})^2$ (vi) $(x+\sin(x))(x-\cos(x))$

ex.11.5 次の関数を微分せよ．
(i) $\dfrac{x+1}{x^2-1}$ (ii) $\dfrac{e^x}{x^2}$ (iii) $\sqrt{x}(x^2+3x-1)$ (iv) $\sqrt{x}e^{2x}$
(v) $e^x \cos x$ (vi) $\dfrac{\sin x}{x}$ (vii) $x \log x$ (viii) xe^x

ex.11.6 次の関数の第 2 次導関数を求めよ．
(i) x^5 (ii) $1/x$ (iii) e^x (iv) $\sin(x)$ (v) $\cos(x)$
(vi) $x^3 e^x$ (vii) $x^2 \sin(x)$ (viii) $x^5 - 2x + 1 - \log(x)$
(ix) $\sqrt{x^3+2}$

ex.11.7 次の関数の第 5 次までの導関数の表を作れ．
(i) x^4 (ii) e^x (iii) $\log(x)$ (iv) $\sin(x)$ (v) $\cos(x)$

ex.11.8 次の関数のグラフを描け．また $x=1$ における右微分係数と左微分係数を求めよ．
(i) $f(x) = |x^2 - 1|$ (ii) $f(x) = \begin{cases} x^2 & x \leq 1 \\ x & x > 1 \end{cases}$
(iii) $f(x) = \begin{cases} 4x & x \leq 1 \\ 2x^2 + 2 & x > 1 \end{cases}$ (iv) $f(x) = [x]$ （ガウス記号）

ex.11.9 次の関数の接線と法線の式を求め，また，そのグラフを描け．
(i) $f(x) = x^3$ (ii) $f(x) = \exp(-x^2)$ (iii) $f(x) = \log(1+x^2)$

ex.11.10 次の関数の極値を求めよ．
(i) $f(x) = (x+1)^3(x-1)$ (ii) $f(x) = x^3 e^{-x}$
(iii) $f(x) = x \cos x + \sin x$ $(0 \leq x \leq 4)$
(iv) $f(x) = 5x^6 - x^4 + 2x^2 - 3$ (v) $f(x) = (x^2 - 1)e^{-x}$

ex.11.11 次の関数の増減表を作れ．また，そのグラフを描け．
(i) $f(x) = x^{1/2}(1-x)^2$ $(0 < x < 1)$ (ii) $f(x) = 2\sin x + \cos 3x$
(iii) $f(x) = (x^2 + 3x + 1)e^{-x}$ (iv) $f(x) = \dfrac{x-1}{1+x^2}$
(v) $f(x) = x \log x$

ex.11.12 次の関数の 5 次の項までのマクローリン展開を求めよ．
(i) $f(x) = 3x^5 - 2x^4 + x^2 - 8x + 1$ (ii) $f(x) = \dfrac{1}{\sqrt{1+x}}$
(iii) $f(x) = log(2+x)$

ex.11.13 $f(x) = \log(1+x)$ のグラフとその 2 次の項までと 4 次の項までのマクローリン級数のグラフを比べてみよ.

ex.11.14 $f(x) = 2^x$ を $x = 0$ におけるテイラー展開を求めよ.

第 12 章
積分

```
In[1]:= <<PolyhedronOperations`
In[2]:= Show[{
  Stellate[PolyhedronData["Octahedron"],6.0],
  Graphics3D[Scale[Translate[PolyhedronData
  ["Icosahedron","Faces"],{3,3,3}],0.5,
  {1,0,0}]]} ,Boxed->False]
```

12.1 不定積分

12.1.1 不定積分の基礎

ある区間で定義された関数 $f(x)$ に対して，$F'(x) = f(x)$ となる関数 $F(x)$ を $f(x)$ の**原始関数** (antiderivative) という．$F(x)$ を $f(x)$ の 1 つの原始関数とし，C を任意の実数とすると，$F(x) + C$ もまた原始関数である．

$$\int f(x)dx = F(x) + C$$

と書き，これを**不定積分** (indefinite integral)，C を**積分定数**とよぶ．関数 $f(x)$ の不定積分を求めることを x について**積分する** (integrate) という．また，x を積分変数，$f(x)$ を**被積分関数** (integrand) という．

$$\frac{d}{dx}F(x) = f(x) \Leftrightarrow \int f(x)dx = F(x) + C$$

Integrate$[f, x]$	x についての $f(x)$ の不定積分（積分定数は省略）

例　$\int x dx = \dfrac{x^2}{2} + C.$ なぜなら

$$\frac{d}{dx}\left(\frac{x^2}{2} + C\right) = x\ .$$

In[1]:= `Integrate[x,x]`
Out[1]= $\dfrac{x^2}{2}$
In[2]:= `D[%,x]`
Out[2]= x

NOTE:　*Mathematica* では積分定数は省略されている．

12.1.2 基本的な関数の不定積分

```
In[1]:= Integrate[k,x]
Out[1]= k x
```
$\quad$ (* $\int k dx = kx + C, k$ は定数 *)

```
In[2]:= Integrate[x^a,x]
Out[2]= x^{1+a}/(1+a)
```
$\quad$ (* $\int x^a dx = \dfrac{x^{a+1}}{a+1} + C, \quad a \neq -1$ *)

```
In[3]:= Integrate[a^x,x]
Out[3]= a^x/Log[a]
```
$\quad$ (* $\int a^x dx = \dfrac{a^x}{\log a} + C, \quad a>0, a \neq 1$ *)

```
In[4]:= Integrate[1/x,x]
Out[4]= Log[x]
```
$\quad$ (* $\int \dfrac{1}{x} dx = \log|x| + C$ *)

```
In[5]:= Integrate[Exp[x],x]
Out[5]= e^x
```
$\quad$ (* $\int e^x dx = e^x + C$ *)

```
In[6]:= Integrate[Log[x],x]
Out[6]= -x + xLog[x]
```
$\quad$ (* $\int \log x dx = x \log x - x + C$ *)

```
In[7]:= Integrate[Log[a,x],x]
Out[7]= (-x + xLog[x])/Log[a]
```
$\quad$ (* $\int \log_a x dx = \dfrac{1}{\log a}(x \log x - x) + C, \ a>0, a \neq 1$ *)

```
In[8]:= Integrate[Sin[x],x]
Out[8]= -Cos[x]
```
$\quad$ (* $\int \sin x dx = -\cos x + C$ *)

```
In[9]:= Integrate[Cos[x],x]
Out[9]= Sin[x]
```
$\quad$ (* $\int \cos x dx = \sin x + C$ *)

```
In[10]:= Integrate[Tan[x],x]
Out[10]= -Log[Cos[x]]
```
$\quad$ (* $\int \tan x dx = -\log|\cos x| + C$ *)

```
In[11]:= Integrate[Sec[x]^2,x]
Out[11]= Tan[x]
```
$\quad$ (* $\int \sec^2 x dx = \tan x + C$ *)

```
In[12]:= Integrate[Csc[x]^2,x]
Out[12]= -Cot[x]
```
$\quad$ (* $\int \mathrm{cosec}^2 x dx = -\cot x + C$ *)

```
In[13]:= Integrate[1/(x^2+a^2),x]
Out[13]= ArcTan[x/a]/a
```
$\quad$ (* $\int \dfrac{1}{x^2+a^2} dx = \dfrac{1}{a} \tan^{-1} \dfrac{x}{a} + C$ *)

```
In[14]:= Manipulate[
  Grid[{{"f(x)", "F(x)"},
  {x^k, Integrate[x^k, x]}}, Frame -> All],
  {k, 1, 7, 1}, ControlType -> SetterBar]
```

f (x)	F (x)
x	$\dfrac{x^2}{2}$

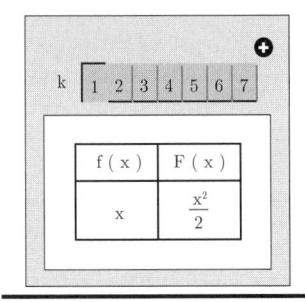

12.1.3 不定積分の性質

関数 $f(x), g(x)$ の原始関数が存在するとき，次が成り立つ（積分定数は省略）．

(i) $\displaystyle\int \{f(x)+g(x)\}dx = \int f(x)dx + \int g(x)dx$

(ii) $\displaystyle\int \{f(x)-g(x)\}dx = \int f(x)dx - \int g(x)dx$

(iii) $\displaystyle\int kf(x)dx = k\int f(x)dx$ （k は定数）

12.1.4 部分積分

2つの関数 $f(x)$ と $g(x)$ が微分可能で，$f'(x)g(x), f(x)g'(x)$ の原始関数が存在するとする．関数の積の微分の公式より，

$$(f(x)g(x))' = f'(x)g(x) + f(x)g'(x) .$$

両辺を積分して，

$$\int (f(x)g(x))'dx = \int f'(x)g(x)dx + \int f(x)g'(x)dx .$$

つまり，

$$f(x)g(x) = \int f'(x)g(x)dx + \int f(x)g'(x)dx .$$

これより，次の**部分積分法** (integration by parts) を得る（積分定数は省略）．

$$\int f'(x)g(x)dx = f(x)g(x) - \int f(x)g'(x)dx .$$

例 $f(x) = xe^x$ の不定積分を求める．

$f'(x) = e^x, g(x) = x$ とすると，

$$\int f'(x)dx = \int e^x dx = e^x, \quad g'(x) = (x)' = 1 .$$

部分積分法より，

$$\int xe^x dx = xe^x - \int e^x dx = e^x(x-1) + C \ .$$

In[1]:= `Integrate[x*Exp[x],x]`
Out[1]= $e^x(-1+x)$

例 $\log x$ の不定積分を求める．

$f'(x) = 1, g(x) = \log x$ とおくと，

$$\int \log x dx = x \log x - \int x \cdot (\log x')dx$$

$$= x \log x - \int x \cdot \frac{1}{x} dx = x \log x - x + C$$

次に，$(\log x)^2$ の不定積分を求める．

$f'(x) = 1, g(x) = (\log x)^2$ とおくと，

$$\int (\log x)^2 dx = x(\log x)^2 - \int x\{(\log x)^2\}' dx$$

$$= x(\log x)^2 - \int x \cdot 2(\log x)\frac{1}{x} dx = x(\log x)^2 - \int \log x dx$$

$$= x(\log x)^2 - 2(x \log x - x) + C \ .$$

$I_n = \int (\log x)^n dx$ とおくと，

$$I_n = \int (\log x)^n dx = x(\log x)^n - \int x\{(\log x)^n\}' dx$$

$$= x(\log x)^n - \int x \cdot n(\log x)^{n-1} \frac{1}{x} dx$$

$$= x(\log x)^n - n \int (\log x)^{n-1} dx$$

$$= x(\log x)^n - nI_{n-1}.$$

In[2]:= `Integrate[Log[x]^2,x]`
Out[2]= $2x - 2x\text{Log}[x] + x\text{Log}[x]^2$
In[3]:= `Integrate[Log[x]^3,x]`

Out[3]= $-6x + 6x\mathrm{Log}[x] - 3x\mathrm{Log}[x]^2 + x\mathrm{Log}[x]^3$

12.1.5 置換積分

$f(x)$ の原始関数を $F(x)$ とする．$g(t)$ は微分可能な関数で，$x = g(t)$ として，合成関数 $F(x) = F(g(t))$ を微分すると，

$$[F(g(t))]' = F'(g(t))g'(t) = f(g(t))g'(t) .$$

両辺を積分すると，

$$F(x) = F(g(t)) = \int f(g(t))g'(t)dt .$$

これより，次の**置換積分法** (integration by substitution) を得る．

$$\int f(x)dx = \int f(g(t))g'(t)dt$$

これは，$x = g(t), dx = g'(t)dt$ で置き換えたとみることができる．
また，同様に，

$$\int f(g(x))g'(x)dx = \int f(t)dt$$

$g(x) = t, g'(x)dx = dt$ で置き換えたとみることができる．

例 $(3x + 1)^6$ の不定積分を求める．
$3x + 1 = t$ とおくと，$x = (t-1)/3 = g(t)$. よって，$g'(t) = 1/3$. よって，

$$\int (3x+1)^6 dx = \int t^6 \cdot \frac{1}{3} dt = \frac{1}{3} \cdot \frac{t^7}{7} + C = \frac{(3x+1)^7}{21} + C .$$

このとき，$t = 3x + 1$ を x で微分すると，$\dfrac{dt}{dx} = 3$. これを形式的に $dx\dfrac{1}{3}dt$ とおいて，左辺に代入していると見ることもできる．

In[1]:= **Integrate[(3x+1)^6,x]**
Out[1]= $\dfrac{1}{21}(1 + 3x)^7$

例 $\cos 3x$ を積分する．
$3x = t$ とおくと $x = t/3$. よって，$g'(t) = 1/3$.
または，$3dx = dt$ とおいて，

$$\int \cos 3x\, dx = \int \cos t \cdot \frac{1}{3} dt = \frac{1}{3} \cdot \sin t + C = \frac{\sin 3x}{3} + C.$$

```
In[2]:= Integrate[Cos[3x],x]
```
Out[2]= $\dfrac{1}{3} \mathrm{Sin}[3x]$

例 $\displaystyle\int \frac{f'(x)}{f(x)} dx = \int \frac{1}{t} dt = \log|t| + C = \log|f(x)| + C.$
ここでは $t = f(x)$ とおき，$dt = f'(x)dx$ を代入する．

```
In[3]:= Integrate[f'[x]/f[x],x]
```
Out[3]= $\mathrm{Log}[\mathrm{f}[\mathrm{x}]]$

12.1.6 部分分数による積分

例 $\displaystyle\int \frac{dx}{x^2+4x-5} = \frac{1}{6}\{\log(x-1) - \log(x+5)\} + C = \frac{1}{6}\log\left|\frac{x-1}{x+5}\right| + C.$

```
In[1]:= Integrate[1/(x^2+4x-5),x]
```
Out[1]= $\dfrac{1}{6}\mathrm{Log}[1-x] - \dfrac{1}{6}\mathrm{Log}[5+x]$

この計算をするには，

$$\frac{1}{x^2+4x-5} = \frac{1}{6(x-1)} - \frac{1}{6(x+5)}$$

と**部分分数** (partial fraction) の形に分解してから積分をする．

```
In[2]:= Apart[1/(x^2+4x-5)]
```
Out[2]= $\dfrac{1}{6(-1+x)} - \dfrac{1}{6(5+x)}$

$$\int \left\{\frac{1}{6(x-1)} - \frac{1}{6(x+5)}\right\} dx = \int \frac{dx}{6(x-1)} - \int \frac{dx}{6(x+5)}$$

$$= \frac{1}{6}\log|x-1| - \frac{1}{6}\log|x+5| + C = \frac{1}{6}\log\left|\frac{x-1}{x+5}\right| + C$$

```
In[3]:= Integrate[%,x]
```
$Out[3]= \dfrac{1}{6}\text{Log}[1-x] - \dfrac{1}{6}\text{Log}[5+1]$

例 $\displaystyle\int \dfrac{dx}{x^3+x} = \log|x| - \dfrac{1}{2}\{\log(x^2+1)\} + C = \log\dfrac{|x|}{\sqrt{x^2+1}} + C$.

```
In[4]:= Apart[1/(x^3+x)]
```
$Out[4]= \dfrac{1}{x} - \dfrac{x}{1+x^2}$
```
In[5]:= Integrate[%,x]
```
$Out[5]= \text{Log}[x] - \dfrac{1}{2}\text{Log}[1+x^2]$

12.2 定積分

12.2.1 面積

$y=x^2$ と x 軸と $x=1$ で囲まれた部分の面積について考えてみる.

```
In[1]:= p1=Plot[x^2,{x,0,1}];
In[2]:= p2=Graphics[Table[Line[{{i/10,0},{i/10,(i/10)^2}}],
   {i,0,10}]];
In[3]:= Show[{p1,p2}]
```

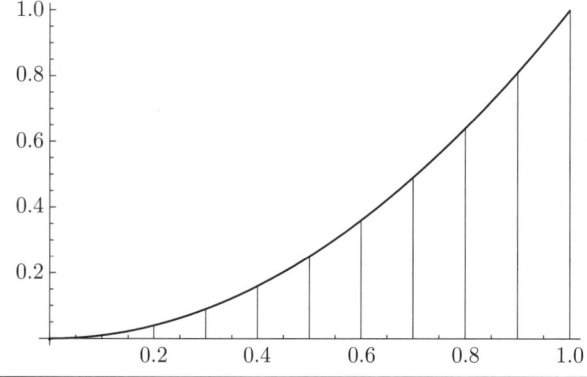

上のグラフのように求める面積を 10 等分して考えてみる. まず, 求める面積の近

似として下のような 10 個の長方形の面積を考えてみる.

```
In[4]:= p3=Graphics[Table[Line[{{i/10,(i/10)^2},
  {(i+1)/10,(i/10)^2}}],{i,0,9}]];
In[5]:= Show[{p1,p2,p3}]
```

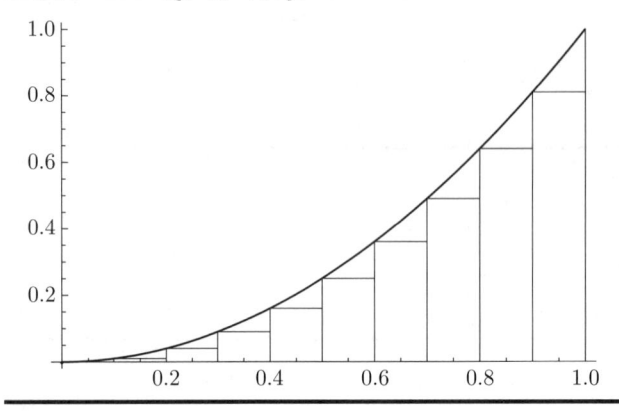

これらの長方形の面積の和は,

$$\left(\frac{1}{10}\cdot 0^2\right)+\left(\frac{1}{10}\cdot\left(\frac{1}{10}\right)^2\right)+\left(\frac{1}{10}\cdot\left(\frac{2}{10}\right)^2\right)+\cdots+\left(\frac{1}{10}\cdot\left(\frac{9}{10}\right)^2\right)=0.285.$$

```
In[6]:= Sum[0.1*(i/10)^2,{i,0,9}]
Out[6]= 0.285
```

次に, 以下のような長方形で考えてみる.

```
In[7]:= p4=Graphics[Table[Line[{{i/10,((i+1)/10)^2},
  {(i+1)/10,((i+1)/10)^2}}],{i,0,9}]];
In[8]:= p5=Graphics[Table[Line[{{i/10,0},{i/10,
  ((i+1)/10)^2}}],{i,0,10}]];
In[9]:= Show[{p1,p5,p4}]
```

12.2 定積分

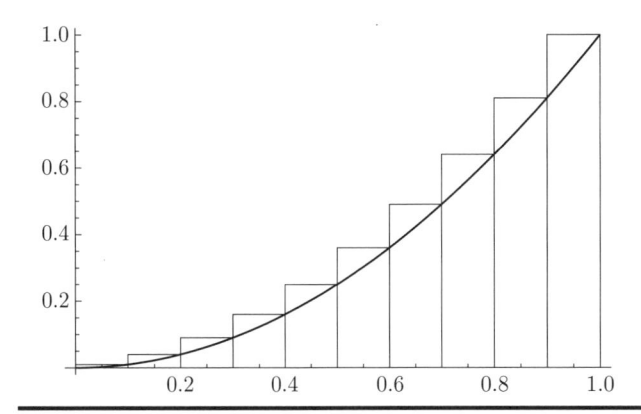

これらの長方形の面積の和は

$$\left(\frac{1}{10}\cdot\left(\frac{1}{10}\right)^2\right)+\left(\frac{1}{10}\cdot\left(\frac{2}{10}\right)^2\right)+\left(\frac{1}{10}\cdot\left(\frac{3}{10}\right)^2\right)+\cdots+\left(\frac{1}{10}\cdot\left(\frac{10}{10}\right)^2\right)$$
$$= 0.385.$$

```
In[10]:= Sum[0.1*((i+1)/10)^2,{i,0,9}]
Out[10]= 0.385
```

求めようとしている面積を A とすると，明らかに最初の長方形の面積の和は A を少なく見積もっていて，次の長方形の面積の和は多く見積もっている．つまり，

$$0.285 \leq A \leq 0.385.$$

次に20等分の場合を考えてみる．

```
In[11]:=  p6=Graphics[Table[Line[{{i/20,0},{i/20,(i/20.)^2}}],
  {i,0,20}]];
In[12]:=  Show[{p1,p6}]
```

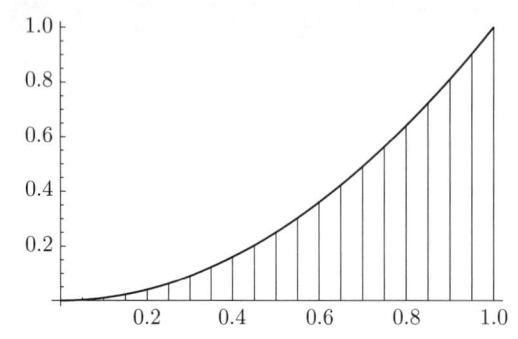

```
In[13]:= Sum[0.05*(i/20)^2,{i,0,19}]
Out[13]= 0.30875
In[14]:= Sum[0.05*((i+1)/20)^2,{i,0,19}]
Out[14]= 0.35875
```

先ほどと同様にして内側の長方形の面積の和は 0.30875, 外側の長方形の面積の和は 0.35875. つまり,

$$0.30875 \leq A \leq 0.35875.$$

一般に, n 等分した場合は次のようになる.

```
In[15]:= Sum[(1/n)*(i/n)^2,{i,0,m}] /. m->n-1
```
$$Out[15]= \frac{(1+2(-1+n))(-1+n)}{6n^2}$$
```
In[16]:= a1=Factor[%]
```
$$Out[16]= \frac{(-1+n)(-1+2n)}{6n^2}$$
```
In[17]:= Sum[(1/n)*((i+1)/n)^2,{i,0,m}] /. m->n-1
```
$$Out[17]= \frac{(3+2(-1+n))(1+n)}{6n^2}$$
```
In[18]:= a2=Factor[%]
```
$$Out[18]= \frac{(1+n)(1+2n)}{6n^2}$$

これから, 面積 A は

$$\frac{(n-1)(2n-1)}{6n^2} \leq A \leq \frac{(n+1)(2n+1)}{6n^2}.$$

n を大きくしていけば, この値は求める面積 A に近づいていく. そこで, 極限をとると, どちらも $1/3$ が極限値であることがわかる. はさみ打ちの原理から面積 A は $1/3$ である.

```
In[19]:= Limit[a1,n->Infinity]
```
Out[19]= $\dfrac{1}{3}$
```
In[20]:= Limit[a2,n->Infinity]
```
Out[20]= $\dfrac{1}{3}$

12.2.2 定積分

これをもっと一般的な場合で考えてみる．$f(x)$ を区間 $[a,b]$ で連続な関数とする．まず，区間 $[a,b]$ を下のような小区間に分ける．

$a=x_0 \quad x_1 \quad x_2 \cdots x_i \quad x_{i+1} \quad \cdots \quad x_{n-1} \quad x_n=b$

これを区間 $[a,b]$ の**分割** (partition) といい，$x_0, x_1, \ldots, x_n$ を**分点** (partition point) という．小区間 $[x_{i-1}, x_i]$ の長さを Δx_i と書く．

$$\Delta x_1 = x_1 - x_0, \quad \Delta x_2 = x_2 - x_1, \ldots, \quad \Delta x_n = x_n - x_{n-1}$$

$$\sum_{i=1}^{n} \Delta x_i = b - a = [a,b] \text{ の長さ．}$$

とくに等分割の場合は，

$$\Delta x_i = \frac{b-a}{n} \quad (i = 1, 2, \ldots, n).$$

区間 $[a,b]$ に対して，いく通りもの分割が考えられるが，そのひとつを Δ と名づけるとし，

$M_i = $ 分割 Δ の小区間 $[x_{i-1}, x_i]$ での $f(x)$ の最大値

$m_i = $ 分割 Δ の小区間 $[x_{i-1}, x_i]$ での $f(x)$ の最小値

とする．また，一番大きな小区間の長さを $\max \Delta x_i$ とする．

$$S_\Delta = \sum_{i=1}^{n} M_i \Delta x_i, \qquad s_\Delta = \sum_{j=1}^{n} m_j \Delta x_j$$

とおくと，$\max \Delta x_i$ を 0 に限りなく近づけるとき（つまり，分割を限りなく細かくしていく），それぞれ一定の値に限りなく近づく．これを

$$\overline{S} = \lim_{\max \Delta x_i \to 0} S_\Delta, \qquad \underline{s} = \lim_{\max \Delta x_i \to 0} s_\Delta$$

と表す．このとき，かならず，$\overline{S} \geq \underline{s}$ であることが示せる．

とくに，$\overline{S} = \underline{s}$ となるとき，$f(x)$ は $[a,b]$ で（定）**積分可能** (integrable) で，その共通の値を $f(x)$ の $[a,b]$ での**定積分** (definite integral) といい，

$$\int_a^b f(x)dx$$

で表す [1]．ここで，a, b をそれぞれ**下端**（かたん）(lower limit)，**上端**（じょうたん）(upper limit) という [2]．

また，変数 x は**積分変数**とよばれ，定積分の値は使われている文字に無関係である．すなわち，

$$\int_a^b f(x)dx = \int_a^b f(u)du .$$

12.2.3 リーマン和

定積分を定義するのに次のような考え方もある．

区間 $[a,b]$ の1つの分割を Δ とする．各小区間 $[x_{i-1}, x_i]$ の中の 1 点 x_i^* を選び，次のような和を求める．

$$f(x_1^*)\Delta x_1 + f(x_2^*)\Delta x_2 + \cdots + f(x_n^*)\Delta x_n = \sum_{i-1}^{n} f(x_i^*)\Delta x_i .$$

これを**リーマン和** (Riemann sum) という．

$\max \Delta x_i$ を限りなく小さくしていくとき，$x_1^*, x_2^*, \ldots, x_n^*$ の選び方にかかわらず，リーマン和の値が一定の値 L に限りなく近づくならば，

$$\lim_{\max \Delta x_i \to 0} \sum_{i=1}^{n} f(x_i^*)\Delta x_i = L$$

と書く．

このとき，$f(x)$ の $[a,b]$ での定積分は

$$\int_a^b f(x)dx = \lim_{\max \Delta x_i \to 0} \sum_{i=1}^{n} f(x_i^*)\Delta x_i$$

となる．

---

[1] 同様な考え方で有界な関数の場合も定義できる．詳しくは解析学の教科書を参照のこと．
[2] 関数 $f(x)$ が閉区間 $[a,b]$ で連続であれば，$[a,b]$ で積分可能であることが示せる．

12.2 定積分

とくに等分割を用いた場合は,

$$\int_a^b f(x)dx = \lim_{n\to 0}\sum_{i=1}^n f(x_i^*)\frac{b-a}{n}\ .$$

例　定積分 $\displaystyle\int_0^2 3x\,dx$ の値を求める.

```
In[1]:= p1=Graphics[Table[Line[{{2i/20,3(2(i+1)/20)},
  {2(i+1)/20,3(2(i+1)/20)}}],{i,0,19}]];
In[2]:= p2=Graphics[Table[Line[{{2i/20,0},
  {2i/20,3(2(i+1)/20)}}],{i,0,20}]];
In[3]:= p0=Plot[3x,{x,0,2}];
In[4]:= Show[p0, p1, p2]
```

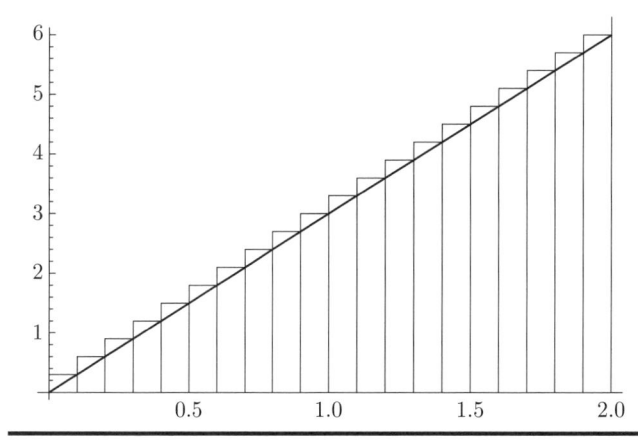

ここで, $[0,2]$ を n 等分割する.
$\Delta x_i = 2/n, x_i^* = 2i/n, i=1,2,\ldots,n$ ． $f(x_1^*) = 6i/n$ ． よって,

$$\lim_{n\to 0}\sum_{i=1}^n \left(\frac{6i}{n}\right)\frac{2}{n} = \lim_{n\to 0} 6\left(\frac{n+1}{n}\right) = 6\ .$$

```
In[5]:= Sum[(2/n)*3(2i/n),{i,1,n}]
```
$Out[5] = \dfrac{6(1+n)}{n}$
```
In[6]:= Limit[%,n->Infinity]
```
$Out[6] = 6$

12.2.4 定積分の例

| Integrate[$f, \{x, a, b\}$] | 定積分 $\int_a^b f(x)dx$ の値を求める |

例 $\int_0^2 3x\,dx = 6.$

```
In[1]:= Integrate[3x,{x,0,2}]
Out[1]= 6
```

例 $\int_0^1 x^2\,dx = \dfrac{1}{3}.$

```
In[2]:= Integrate[x^2,{x,0,1}]
Out[2]= 1/3
```

12.2.5 定積分の基本性質

関数 $f(x), g(x)$ は $[a, b]$ で積分可能であるとする．

(i) $\displaystyle\int_a^b f(x)dx = -\int_b^a f(x)dx.$

(ii) $\displaystyle\int_a^a f(x)dx = 0.$

(iii) $\displaystyle\int_a^b \{f(x) + g(x)\}dx = \int_a^b f(x)dx + \int_a^b g(x)dx\ .$

(iv) $\displaystyle\int_a^b \{f(x) - g(x)\}dx = \int_a^b f(x)dx - \int_a^b g(x)dx\ .$

(v) $\displaystyle\int_a^b kf(x)dx = k\int_a^b f(x)dx\ .$

(vi) $\displaystyle\int_a^b f(x)dx = \int_a^c f(x)dx + \int_c^b f(x)dx \quad (c\ は\ [a,b]\ 上の点).$

(vii) $[a,b]$ で $f(x) \geq 0$ ならば，$\int_a^b f(x)dx \geq 0$.

(viii) $[a,b]$ で $f(x) \geq g(x)$ ならば，$\int_a^b f(x)dx \geq \int_a^b g(x)dx$.

12.2.6 微積分学の基本定理

$f(x)$ を $[a,b]$ で連続な関数とする．**微積分学の基本定理** (the fundamental theorem of calculus) によれば，$[a,b]$ 上の点 x に対して，

$$F(x) = \int_a^x f(t)dt$$

とすると，$F(x)$ も $[a,b]$ で連続で，

$$F'(x) = f(x) .$$

つまり，$F(x)$ は $[a,b]$ における $f(x)$ の原始関数であるということで，

$$\frac{d}{dx}\int_a^x f(t)dt = F(x)$$

である（これは微分と積分が逆の関係にあることを示している）．また，$F(x)$ を $f(x)$ の1つの原始関数とすると，

$$\int_a^b f(x)dx = F(b) - F(a) .$$

このとき，右辺を $[F(x)]_a^b$ と表す．つまり，原始関数がわかっているときは定積分を計算するのに定義に戻る必要はなく，

$$\int_a^b f(x)dx = [F(x)]_a^b = F(b) - F(a)$$

で求めることができる．

例 $\int_2^5 x^2 dx = \left[\dfrac{x^3}{3}\right]_2^5 = \dfrac{5^3}{3} - \dfrac{2^3}{3} = 39$.

```
In[1]:= Integrate[x^2,{x,2,5}]
Out[1]= 39
```

例 $\int_{-2}^{3} e^x dx = [e^x]_{-2}^{3} = e^3 - e^{-2}$.

```
In[2]:= Integrate[Exp[x],{x,-2,3}]
```
$Out[2]= \dfrac{-1+e^5}{e^2}$
```
In[3]:= N[%]
Out[3]= 19.9502
```

12.2.7 定積分の簡単化

[定積分の部分積分法]

$f(x)$, $g(x)$ が $[a,b]$ で連続な導関数をもつならば,

$$\int_a^b f'(x)g(x)dx = [f(x)g(x)]_a^b + \int_a^b f(x)g'(x)dx .$$

[定積分の置換積分法]

$f(x)$ が $[a,b]$ で連続で, $x = g(t)$ が $[\alpha,\beta]$ で連続な導関数をもち, $g(\alpha) = a$, $g(\beta) = b$ ならば,

$$\int_a^b f(x)dx = \int_\alpha^\beta f(g(t))g'(t)dt .$$

12.2.8 広義積分

例 $\int_0^1 \dfrac{dx}{x^{1/3}} = \dfrac{3}{2}$.

```
In[1]:= Integrate[1/x^(1/3),{x,0,1}]
```
$Out[1]= \dfrac{3}{2}$

例 $\int_0^1 \dfrac{dx}{x}$

```
In[2]:= Integrate[1/x,{x,0,1}]
```
Integrate :idiv : $\dfrac{1}{x}$ の積分は{0, 1}で収束しません. >>

```
Out[2]= 
```
$$\int_0^1 \frac{1}{x}dx$$

このような場合，この積分は**発散する** (divergent) といわれる．

例 $\int_0^\infty xe^{-x}dx = 1$ ．

```
In[3]:= Integrate[x*Exp[-x],{x,0,Infinity}]
Out[3]= 1
```

このような積分を**広義積分**[3](improper integral) という．区間 $(a,b]$, $[a,b)$, (a,b) や $(-\infty,b]$, $[a,\infty)$, $(-\infty,\infty)$ などにおける定積分などは閉区間 $[a,b]$ における定積分の考えを拡張しているものである．

12.3 積分法の応用

12.3.1 面積への応用

(a) $f(x)$ が $[a,b]$ で連続で $f(x) \geq 0$ のとき，$x=a$, $x=b$, $y=0$, $y=f(x)$ で囲まれる面積 S は

$$S = \int_a^b f(x)dx$$

で与えられる．

(b) $f(x)$, $g(x)$ が $[a,b]$ で連続で $f(x) \geq g(x)$ のとき，$x=a$, $x=b$, $y=f(x)$, $y=g(x)$ で囲まれる面積 S は

$$S = \int_a^b \{f(x) - g(x)\}dx$$

で与えられる．

例 $x^3 - 4x$ と x 軸に囲まれる面積を求める．

$$\int_{-2}^0 (x^3 - 4x)dx + \int_0^2 -(x^3 - 4x)dx = 8 \ .$$

---

[3] 広義積分に関する詳しい説明はここではしない．

```
In[1]:= Plot[x^3-4x,{x,-2,2},AxesLabel->{"x","y"},Filling->Axis]
```

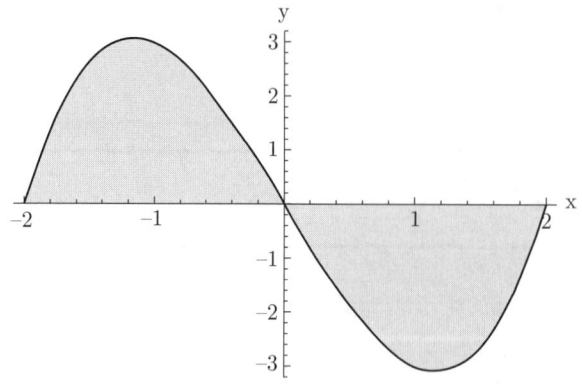

```
In[2]:= Integrate[x^3-4x,{x,-2,0}]+Integrate[4x-x^3,{x,0,2}]
Out[2]= 8
```

例 $\sqrt{x}$ と x^3 に囲まれる部分の面積を求める.

$$\int_0^1 (\sqrt{x} - x^3)dx = \frac{5}{12}.$$

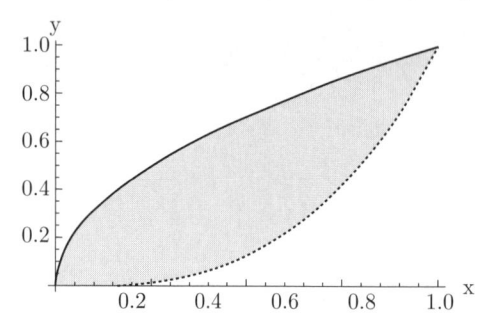

```
In[3]:= Plot[{Sqrt[x],x^3},{x,0,1},
  AxesLabel->{"x","y"},Filling->{1->{2}}]
```

```
In[4]:= Integrate[Sqrt[x]-x^3,{x,0,1}]
Out[4]= 5/12
```

12.3.2 曲線の長さ [4]

(a) 関数 $f(t)$, $g(t)$ が区間 $[a,b]$ で連続な導関数をもち，同時に 0 になることはないとする．
$x = f(t), y = g(t), a \leq t \leq b$ で定義された曲線の長さは，

$$\int_a^b \sqrt{\{f'(t)\}^2 + \{g'(t)\}^2} dt$$

で求められる．

(b) 関数 $f(x)$ が区間 $[a,b]$ で連続な導関数をもつとき，曲線 $y = f(x)$ のこの区間での長さは

$$\int_a^b \sqrt{1 + \{f'(x)\}^2} dx$$

で求めることができる．

例 $x = (t - \sin t), y = (1 - \cos t)$
で与えられる曲線の 0 から 2π までの長さを求める [5]．この曲線はサイクロイド (cycloid) といわれている．直線上をころがる半径 2 の円の円周上の一点が描く曲線である．

$$\int_0^{2\pi} \sqrt{\left(\frac{dx}{dt}\right)^2 + \left(\frac{dy}{dt}\right)^2} dt = 8 \ .$$

In[1]:= `ParametricPlot[{(t-Sin[t]),(1-Cos[t])},`
`{t,0,2Pi}, AspectRatio->Automatic]`

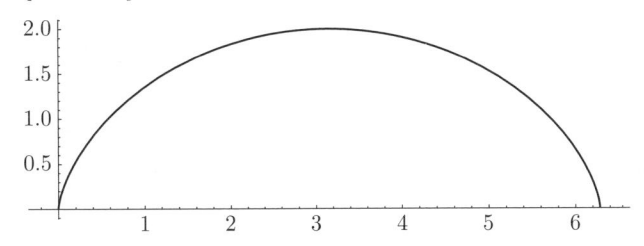

In[2]:= `Integrate[Sqrt[D[(t-Sin[t]),t]^2+`
`D[(1-Cos[t]),t]^2],{t,0,2Pi}]`
Out[2]= 8

---

[4] ArcLength を用いても曲線の長さを求めることができる．
[5] *In[1]:=* `ArcLength[{t - Sin[t], 1 - Cos[t]}, {t, 0, 2 Pi}]`

```
In[3]:= Manipulate[Show[ParametricPlot[{t - Sin[t], 1 - Cos[t]},
 {t, -0.1, k},    PlotRange -> {{-1, 7}, {0, 2.1}}],
 Graphics[{Circle[{k, 1}, 1], {PointSize[.025], Red,
  Point[{k - Sin[k], 1 - Cos[k]}]}}]] , {k, 0, 2 Pi}]
```

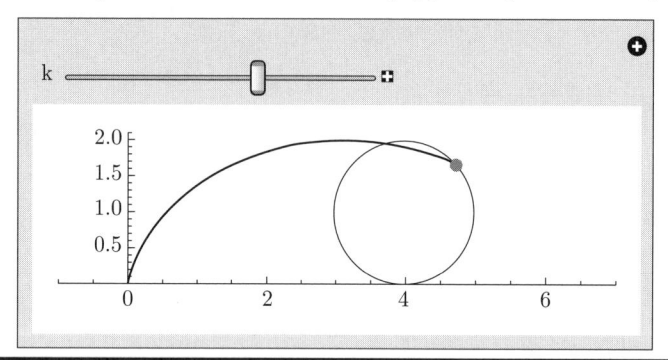

例　曲線 $y = \dfrac{1}{2}(e^x + e^{-x})$ の $0 \leq x \leq 3$ の部分の長さを求める[6]. この曲線は懸垂線 (catenary) とよばれている. 密度が一様なひもの両端を同じ高さで固定しておいて, たらしたときにできるひもの形である.

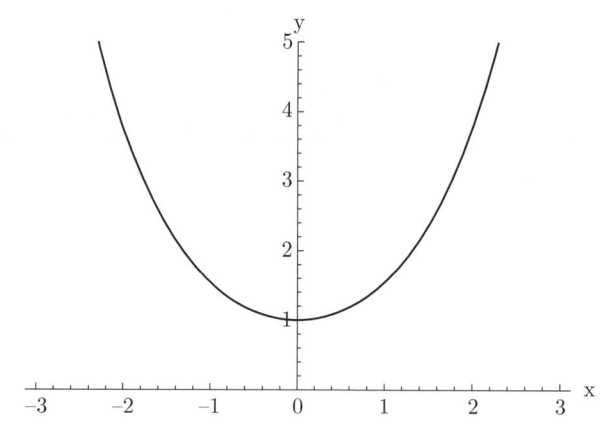

```
In[4]:= Plot[(Exp[x]+Exp[-x])/2,{x,-3,3},
 AxesLabel->{"x","y"}, AxesOrigin->{0,0},
 PlotRange->{0,5}]
```

$$\int_0^3 \sqrt{1 + \left(\frac{dy}{dx}\right)^2}\, dt = \frac{1}{2}\left[e^x - e^{-x}\right]_0^3 = \left(\frac{e^3 - e^{-3}}{2}\right).$$

---

[6] `In[1]:= ArcLength[(Exp[x]+Exp[-x])/2,{x,0,3}]`

```
In[5]:= z=D[(Exp[x]+Exp[-x])/2,x]
```
Out[5]= $\dfrac{1}{2}(-e^{-x} + e^x)$
```
In[6]:= Simplify[1+z^2]
```
Out[6]= $\dfrac{1}{4}e^{-2x}(1+e^{2x})^2$
```
In[7]:= Sqrt[%]//PowerExpand
```
Out[7]= $\dfrac{1}{2}e^{-x}(1+e^{2x})$
```
In[8]:= Integrate[%,{x,0,3}]
```
Out[8]= $\mathrm{Sinh}[3]$
```
In[9]:= N[%]
```
Out[9]= 10.0179
```
In[10]:= TrigExpand[%8]
```
Out[10]= $-\dfrac{1}{2e^3} + \dfrac{e^3}{2}$
```
In[11]:= Simplify[%]
```
Out[11]= $\dfrac{-1+e^6}{2e^3}$

12.3.3 体積への応用

(a) 関数 $y=f(x)$ が区間 $[a,b]$ で連続であるとする．この曲線を x 軸のまわりに回転させてできる回転体の体積 V は

$$V = \pi \int_a^b \{f(x)\}^2 dx .$$

(b) 立体を x 軸上の点 x で，x 軸に垂直な平面で切ったときの切り口の面積を $S(x)$ とすると，この立体の区間 $[a,b]$ における部分の体積 V は

$$V = \int_a^b S(x) dx .$$

例　$y=\sqrt{x}\sin x \ (0 \leq x \leq \pi)$ を x 軸のまわりに回転してできる回転体の体積を求める．

```
In[1]:= Plot[Sqrt[x]*Sin[x],{x,0,Pi},AxesLabel->{"x","y"}]
```

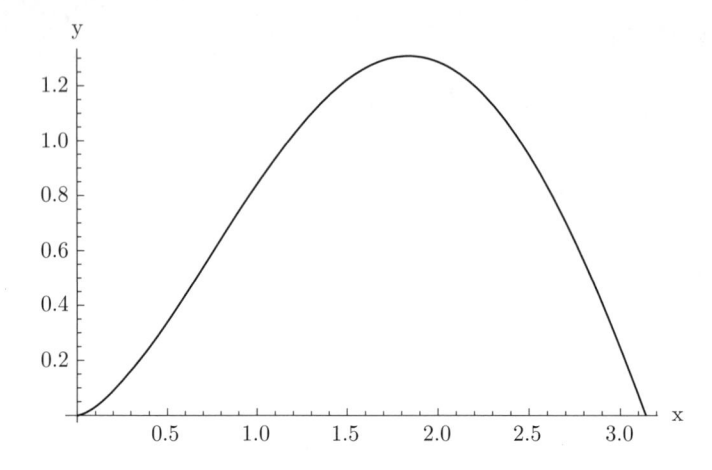

```
In[2]:= Pi*Integrate[(Sqrt[x]*Sin[x])^2,{x,0,Pi}]
```
$$Out[2] = \frac{\pi^3}{4}$$

12.3.4 数値積分

NIntegarate[$f,\{x,a,b\}$] $f(x)$ の a から b までの数値積分

例 $\int_0^2 e^{-x^4} dx = 0.906402.$

```
In[1]:= Plot[Exp[-(x^4)],{x,-2,2},AxesLabel->{"x","y"}]
```

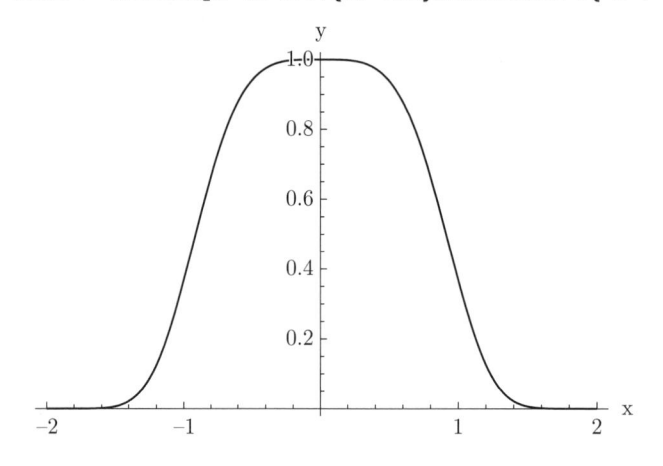

```
In[2]:= NIntegrate[Exp[-(x^4)],{x,0,2}]
Out[2]= 0.906402
```

例 $\int_2^3 |x|dx = 2.5$ グラフを描いて求める面積を考えれば値はすぐに得られる．

```
In[3]:= Integrate[Abs[x],{x,2,3}]
Out[3]= 5/2
In[4]:= NIntegrate[Abs[x],{x,2,3}]
Out[4]= 2.5
```

12.3.5 微分方程式

y を x の関数とし，y の導関数を含む方程式を（**常**）**微分方程式** (ordinary differential equation) という．$x, y, y', y'', \ldots, y^{(n)}$ に関する方程式を **n 階の微分方程式** (differential equation of n orders) という．つまり，n 次までの導関数を含み，それより高次の導関数を含まない方程式のことである．

ある関数 $y = f(x)$（または，たんに $y(x)$ と書くこともある）が微分方程式を満足するとき，$f(x)$ をその微分方程式の解といい，解を求めることを微分方程式を解くという．

例えば，1 階微分方程式 $y' = a$（a は定数）の解は $f(x) = ax + C$ の形の関数である．ここで，C は任意の定数．C の値を 1 つ定めると，解は 1 つ決まる．任意の定数を含む解を**一般解** (general solution)，定数に特定の値を入れたものを**特殊解** (particular solution) という．この微分方程式の一般解は傾き a の直線すべてで表される．特殊解を定めるために用いられた条件を**初期条件** (initial condition) という．例えば，$f(0) = 0$ という初期条件が与えられていれば，この微分方程式の特殊解は $y = ax$ である．

12.3.6 微分方程式の解法

DSolve[式, $y[x], x$]	微分方程式を $y(x)$ について解く
DSolve[式, 初期条件,$y[x], x$]	初期条件を満たす解

例 1 階微分方程式 $\dfrac{dy}{dx} = y$ を解く．
両辺を x について積分する．

$$\int \frac{1}{y} \frac{dy}{dx} dx = \int dx .$$

置換積分の公式から

$$\int \frac{1}{y} dy = \int dx .$$

これから，

$$\log |y| = x + C .$$

書き直すと，

$$y = e^x C \quad (C = \pm e^C) .$$

```
In[1]:= DSolve[y'[x]==y[x],y[x],x]
Out[1]= {{y[x] → e^x C[1]}}
```

$x = 0$ のとき，$y = 1$ であるという初期条件，すなわち，$y[0] = 1$ のときの解を求める．

$y = e^x C$ において，$y = 1, x = 0$ を代入すると，$C' = 1$ を得る．よって，特殊解は $y = e^x$．

```
In[2]:= DSolve[{y'[x]==y[x],y[0]==1},y[x],x]
Out[2]= {{y[x] → e^x}}
```

12.3.7 変数分離型

$$\frac{dy}{dx} = f(x)g(y)$$

の形の 1 階微分方程式を**変数分離型** (separation type of variables) という．

$g(y) \neq 0$ ならば，

$$\frac{1}{g(y)} \frac{dy}{dx} = f(x) .$$

両辺を x について積分する．

$$\int \frac{1}{g(y)} \frac{dy}{dx} dx = \int f(x) dx .$$

置換積分の公式から，

$$\int \frac{1}{g(y)} dy = \int f(x) dx .$$

$\frac{1}{g(y)}$ の原始関数を $G(y)$, $f(x)$ の原始関数を $F(x)$ とすれば，

$$G(y) = F(x) + C .$$

これを y について解いたものがこの微分方程式の解である．

また，$g(a) = 0$ の場合は $y = a$ が解である．

形式的には，

$$\frac{1}{g(y)} dy = f(x) dx .$$

をそれぞれの変数で積分をするということである．

例 1階微分方程式 $\dfrac{dy}{dx} = -\dfrac{x}{y}$ の解を求める．

$$y dy = -x dx$$

それぞれの変数で積分すると，

$$\int y dy = \int -x dx .$$

$$\frac{y^2}{2} = -\frac{x^2}{2} + C .$$

これを変形すると，

$$x^2 + y^2 = C$$

を得る．つまり，原点を中心とする円全体がこの微分方程式の解全体を表す．

```
In[1]:= DSolve[y'[x]*y[x]==-x,y[x],x]
```
$Out[1]= \left\{ \left\{ y[x] \to -\sqrt{-x^2 + 2C[1]} \right\}, \left\{ y[x] \to \sqrt{-x^2 + 2C[1]} \right\} \right\}$

第12章　問題

ex.12.1 次の不定積分を求めよ．また，答えを微分することによって確かめよ．

(a) (i) $\int 2x\,dx$ (ii) $\int 3x^2\,dx$ (iii) $\int x^3\,dx$ (iv) $\int t^5\,dt$ (v) $\int t^{10}\,dt$

(b) (i) $\int -x\,dx$ (ii) $\int 2x^2\,dx$ (iii) $\int \dfrac{u^3}{2}\,du$ (iv) $\int -6x^5\,dx$ (v) $\int 3x^{10}\,dx$

(c) (i) $\int (3x+1)\,dx$ (ii) $\int (x^2+2x-1)\,dx$ (iii) $\int \left(\dfrac{t}{2}+t^4-3t\right)dt$

(d) (i) $\int 2e^{2x}\,dx$ (ii) $\int e^{-2x}\,dx$ (iii) $\int e^{3x}\,dx$ (iv) $\int 2e^{8x}\,dx$

(e) (i) $\int 2\sin x\,dx$ (ii) $\int -\cos x\,dx$ (iii) $\int 3\cos x\,dx$ (iv) $\int \dfrac{\sin x}{3}\,dx$

(f) (i) $\int \dfrac{2}{x}\,dx$ (ii) $\int \dfrac{dx}{x+1}$ (iii) $\int \dfrac{dx}{2-x}$ (iv) $\int \left(x+\dfrac{1}{x}\right)dx$

(g) (i) $\int (x^2-e^x)\,dx$ (ii) $\int (x^4-\sin x)\,dx$ (iii) $\int (\cos x-2\sin x)\,dx$

(h) (i) $\int (3-2e^{3x})\,dx$ (ii) $\int \left(2+\dfrac{1}{\sqrt{x}}+\dfrac{1}{x}\right)dx$ (iii) $\int \sqrt{2x+1}\,dx$

(i) (i) $\int (x^2-2)^5\,dx$ (ii) $\int \dfrac{x}{\sqrt{x^2+9}}\,dx$ (iii) $\int \dfrac{2x}{x^2+3}\,dx$

(j) (i) $\int \left(\dfrac{1}{x-2}-\dfrac{2}{x-1}\right)dx$ (ii) $\int \dfrac{e^{2x}}{2+e^{2x}}\,dx$ (iii) $\int (e^x+1)^{2/5}e^x\,dx$

(k) (i) $\int xe^{x^2}\,dx$ (iii) $\int (e^{-x}+2)^2\,dx$

(l) (i) $\int 2^x\,dx$ (ii) $\int 3^{-x}\,dx$ (iii) $\int 2\log x\,dx$ (iv) $\int (\log x+\dfrac{1}{x})dx$

(m) (i) $\int xe^{-x}\,dx$ (ii) $\int x2^x\,dx$ (iii) $\int x(\log x+1)\,dx$ (iv) $\int (\log x)^2\,dx$

(n) (i) $\int \sin x\cos x\,dx$ (ii) $\int e^x\cos x\,dx$ (iii) $\int \sec^3 x\tan x\,dx$

(o) (i) $\int \dfrac{dx}{x^2-16}$ (ii) $\int \dfrac{x}{(x+1)(x+2)(x+3)}\,dx$ (iii) $\int \dfrac{dx}{x^2+2x+2}$

ex.12.2 $f(x)=x^3$ と x 軸と $x=2$ に囲まれた面積を (12.2.1項) のように10等分，20等分，n 等分として求めよ．

ex.12.3 次の定積分の値を求めよ．

(a) (i) $\int_0^1 x^3 dx$ (ii) $\int_0^1 2x^5 dx$ (iii) $\int_{-1}^1 t^4 dt$ (iv) $\int_{-1}^1 \frac{x^2}{3} dx$ (v) $\int_2^3 2s^3 ds$

(b) (i) $\int_0^1 (x^3 + 2x - 1) dx$ (ii) $\int_2^3 \sqrt{x} dx$ (iii) $\int_{-2}^1 (u^2 - 3) du$

(c) (i) $\int_{-1}^4 \frac{(x-3)^2}{2} dx$ (ii) $\int_0^2 t^{2/3} dt$ (iii) $\int_3^9 \frac{1}{\sqrt{x}} dx$ (iv) $\int_2^4 \frac{1}{x^3} dx$

(d) (i) $\int_1^5 3\sqrt{x+1} dx$ (ii) $\int_1^5 (\frac{2}{x^2} + x) dx$ (iii) $\int_0^1 (x^{1/3} + x^{3/4}) dx$

(e) (i) $\int_0^1 (u + u^2 + 3) du$ (ii) $\int_0^1 \frac{2x}{(x^2+3)} dx$ (iii) $\int_1^2 \frac{2x^3}{(x^4+1)} dx$

(f) (i) $\int_1^e \frac{1}{x} dx$ (ii) $\int_1^{e^3} \frac{1}{x} dx$ (iii) $\int_1^e \frac{\log x}{x} dx$ (iv) $\int_2^4 \frac{2}{x+1} dx$

(g) (i) $\int_0^2 e^x dx$ (ii) $\int_1^3 e^{2x} dx$ (iii) $\int_0^3 e^{-x} dx$ (iv) $\int_0^3 xe^{-x^2} dx$

(h) (i) $\int_0^2 \sin \pi x dx$ (ii) $\int_0^\pi \cos x dx$ (iii) $\int_0^{\pi/2} \cos^2 x dx$

(iv) $\int_0^{\pi/4} e^x \sin x dx$

(i) (i) $\int_0^{\log 2} e^{-2x} dx$ (ii) $\int_0^1 xe^x dx$ (iii) $\int_0^1 \frac{dx}{\sqrt{x+1} - \sqrt{x}} dx$

ex.12.4 曲線 $y = \frac{1}{3} \log x$ と x 軸及び直線 $y = \frac{1}{2}$ で囲まれた部分の面積を求めよ．

ex.12.5 次の曲線と x 軸と y 軸に囲まれた面積を求めよ．
(i) $y = -x^2 + 1$ (ii) $y = -3x^3 + 2x + 2$ (iii) $y = -2x^4 + 3x^3 - 2x + 1$

ex.12.6 曲線 $y = -4x^3 - x^2 + 3x + 1$ と x 軸とに囲まれた面積を求めよ．

ex.12.7 次の曲線に囲まれた面積を求めよ．また，そのグラフも描け．
(i) $y = x^2, y = 2x + 1$ (ii) $y = x^3 + x - 2, y = -5x^2 - x$
(iii) $y = x^2 + x - 2, y = \sqrt{x+3}$
(iv) $y = \sin x, y = \sin 2x$ （ただし，$0 \leq x \leq \pi$）
(v) $y = 1 - x^2, y = \exp(-3x), x = 0$

ex.12.8 次の曲線の長さを求めよ．
(i) $y = x^3$ $(0 \leq x \leq 1)$ (ii) $y = x\sqrt{x}$ $\left(0 \leq x \leq \frac{4}{3}\right)$

ex.12.9 $y = \sqrt{a^2 - x^2}(-a \leq x \leq a)$ を x 軸のまわりに 1 回転してできる立体の体積を求めよ．（これは半径 a の球である．）

ex.12.10 $y = \frac{a}{h} x (0 \leq x \leq h)$ を x 軸のまわりに 1 回転してできる立体の体積を求めよ．（これは底面が半径 a の円で，高さが h の直円すいである．）

第 13 章
ベクトルと行列

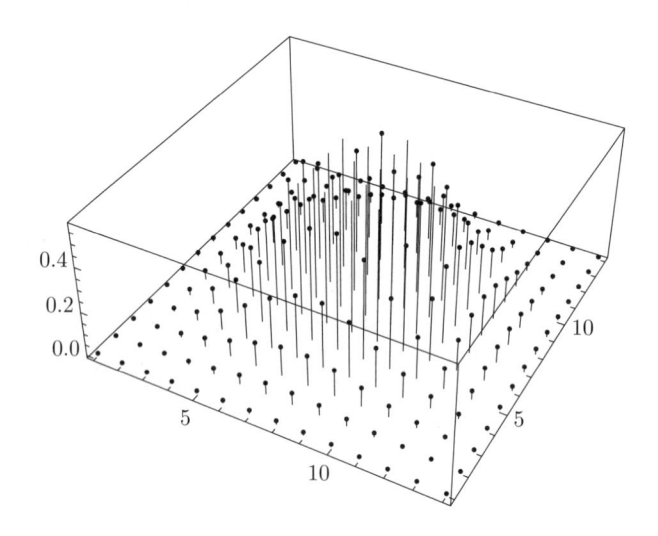

```
In[1]:= ListPointPlot3D[Table[Exp[-j^2-i^2],
 {i,-2,2,0.3},{j,-2,2,0.3}],Filling->Bottom]
```

13.1 数ベクトル

13.1.1 ベクトルの基礎

n 個の実数（または複素数），$a_1, a_2, \ldots, a_n$ を並べたもの

$$\mathbf{a} = \begin{pmatrix} a_1 \\ a_2 \\ \vdots \\ a_n \end{pmatrix}$$

を n 次元数ベクトル，または単にベクトル (vector) という．とくにこのように縦に並べられたものを縦ベクトルまたは列ベクトル (column vector) とよび，また

$$\mathbf{a} = (a_1, a_2, \ldots, a_n)$$

と横に並べられたものを横ベクトルまたは行ベクトル (row vector) とよぶことがある．

$a_1, a_2, \ldots, a_n$ をベクトル $\mathbf{a}$ の成分 (component) といい，a_i を第 i 成分という．

2 つのベクトル $\mathbf{a} = (a_1, a_2, \ldots, a_n)$ と $\mathbf{b} = (b_1, b_2, \ldots, b_n)$ について，

$$a_1 = b_1, a_2 = b_2, \ldots, a_n = b_n$$

のとき，$\mathbf{a}$ と $\mathbf{b}$ は等しいといい，$\mathbf{a}=\mathbf{b}$ と表す．

和 $\mathbf{a} + \mathbf{b}$ を次のように定義する．

$$\mathbf{a} + \mathbf{b} = (a_1 + b_1, a_2 + b_2, \ldots, a_n + b_n).$$

λ を実数とし，$\mathbf{a}$ と λ とのスカラー倍 (scalar multiple)，$\lambda\mathbf{a}$，を

$$\lambda\mathbf{a} = (\lambda a_1, \lambda a_2, \ldots, \lambda a_n)$$

で定義する．

$\mathbf{0}= (0, 0, \ldots, 0)$ を零ベクトル (zero vector) といい，$-\mathbf{a}$ を次のように定義する．

$$-\mathbf{a} = (-a_1, -a_2, \ldots, -a_n).$$

NOTE: 列ベクトルについても同様に定義される．

> $Mathematica$ ではベクトルはリストで表される.
> 　　（行ベクトル，列ベクトルの区別はない [1]）
> 　　$\{a_1, a_2, \ldots, a_n\}$　　　　　　　　ベクトル $(a_1, a_2, \ldots, a_n)$

例　$\mathbf{a} = (1, 2, 3, 4, 5), \mathbf{b} = (-2, -3, -2, -3, 0)$ とし，a+b,3a,a−b を求める．また，$\mathbf{c} = (c1, c2, c3, c4, c5)$ とし，$k\mathbf{c}, \mathbf{c} + \mathbf{b}$ を求める．

```
In[1]:= a={1,2,3,4,5}
```
$Out[1]= \{1, 2, 3, 4, 5\}$
```
In[2]:= b={-2,-3,-2,-3,0}
```
$Out[2]= \{-2, -3, -2, -3, 0\}$
```
In[3]:= a+b
```
$Out[3]= \{-1, -1, 1, 1, 5\}$
```
In[4]:= 3a
```
$Out[4]= \{3, 6, 9, 12, 15\}$
```
In[5]:= a-b
```
$Out[5]= \{3, 5, 5, 7, 5\}$
```
In[6]:= c={c1,c2,c3,c4,c5}
```
$Out[6]= \{c1, c2, c3, c4, c5\}$
```
In[7]:= k*c
```
$Out[7]= \{c1\, k, c2\, k, c3\, k, c4\, k, c5\, k\}$
```
In[8]:= c+b
```
$Out[8]= \{-2 + c1, -3 + c2, -2 + c3, -3 + c4, c5\}$

> $\text{Array}[a, n]$　　ベクトル $(a[1], a[2], \ldots, a[n])$ を作成
> $\text{ConstantArray}[c, n]$　　長さ n の定数ベクトル $(c, c, \ldots, c)$ を作成

```
In[9]:= Clear[a,b,c]
In[10]:= a1=Array[a,6]
```
$Out[10]= \{a[1], a[2], a[3], a[4], a[5], a[6]\}$
```
In[11]:= b1=Array[b,6]
```
$Out[11]= \{b[1], b[2], b[3], b[4], b[5], b[6]\}$
```
In[12]:= a1+c*b1
```

---

[1] $Mathematica$ ではリストは演算が可能な型のベクトルとしてみなされる．特に，列ベクトルが必要であれば，$\{\{a\}, \{b\}, \ldots\}$ として入力する．つまり，$n \times 1$ の行列として扱えばよい．また，行ベクトルとして定義したいときは $\{\{a, b, \ldots\}\}$ とする．つまり，$1 \times n$ の行列として扱う（13.2.1 項参照）．

```
Out[12]= {a[1] + c b[1], a[2] + c b[2],
  a[3] + c b[3], a[4] + c b[4], a[5] + c b[5], a[6] + c b[6]}
In[13]:= b2=ConstantArray[1,6]
Out[13]= {1, 1, 1, 1, 1, 1}
```

13.1.2 ベクトルの基本法則

ベクトル $\mathbf{a} = (a_1, a_2, \ldots, a_n)$, $\mathbf{b} = (b_1, b_2, \ldots, b_n)$, $\mathbf{c} = (c_1, c_2, \ldots, c_n)$ と実数 λ, μ について次が成り立つ.

(i) $\mathbf{a} + \mathbf{b} = \mathbf{b} + \mathbf{a}$ （交換法則）
(ii) $\mathbf{a} + (\mathbf{b} + \mathbf{c}) = (\mathbf{a} + \mathbf{b}) + \mathbf{c}$ （結合法則）
(iii) $\mathbf{a} + \mathbf{0} = \mathbf{0} + \mathbf{a} = \mathbf{a}$
(iv) $\mathbf{a} + (-\mathbf{a}) = \mathbf{0}$, $\mathbf{a} - \mathbf{a} = \mathbf{0}$
(v) $\lambda(\mu \mathbf{a}) = (\lambda \mu) \mathbf{a}$
(vi) $\lambda(\mathbf{a} + \mathbf{b}) = \lambda \mathbf{a} + \lambda \mathbf{b}$
(vii) $(\lambda + \mu) \mathbf{a} = \lambda \mathbf{a} + \mu \mathbf{a}$
(viii) $1 \mathbf{a} = \mathbf{a}$

13.1.3 内積

2つのベクトル $\mathbf{a} = (a_1, a_2, \ldots, a_n)$ と $\mathbf{b} = (b_1, b_2, \ldots, b_n)$ について, $\mathbf{a},\mathbf{b}$ の内積 (inner product, dot product), $\mathbf{a} \cdot \mathbf{b}$ を次のように定義する.

$$\mathbf{a} \cdot \mathbf{b} = a_1 b_1 + a_2 b_2 + \cdots + a_n b_n .$$

NOTE: ベクトルの内積は実数である.

[内積の性質]

ベクトル $\mathbf{a} = (a_1, a_2, \ldots, a_n)$, $\mathbf{b} = (b_1, b_2, \ldots, b_n)$, $\mathbf{c} = (c_1, c_2, \ldots, c_n)$ と実数 λ について次が成り立つ.

(i) $\mathbf{a} \cdot \mathbf{b} = \mathbf{b} \cdot \mathbf{a}$
(ii) $(\mathbf{a} + \mathbf{b}) \cdot \mathbf{c} = \mathbf{a} \cdot \mathbf{c} + \mathbf{b} \cdot \mathbf{c}$
(iii) $(\lambda \mathbf{a}) \cdot \mathbf{b} = \lambda (\mathbf{a} \cdot \mathbf{b})$
(iv) $\mathbf{a} \cdot \mathbf{a} \geq 0$

とくに, $\mathbf{a} \cdot \mathbf{a} = 0$ が成り立つのは $\mathbf{a} = \mathbf{0}$ のときだけである.

上の4つの性質から次の性質もわかる.

(v) $\mathbf{0}\cdot\mathbf{a}=\mathbf{a}\cdot\mathbf{0}=0$
(vi) $\mathbf{a}\cdot(\mathbf{b}+\mathbf{c})=\mathbf{a}\cdot\mathbf{b}+\mathbf{a}\cdot\mathbf{c}$
(vii) $\mathbf{a}\cdot(\lambda\mathbf{b})=\lambda(\mathbf{a}\cdot\mathbf{b})$

a.b	内積 $\mathbf{a}\cdot\mathbf{b}$

例 $\mathbf{a}=(1,2,3,4,5), \mathbf{b}=(-2,-3,-2,-3,0), \mathbf{c}=(c1,c2,c3,c4,c5)$ とし，内積 $\mathbf{a}\cdot\mathbf{b}, \mathbf{a}\cdot\mathbf{c}$ を求める．

```
In[1]:= a={1,2,3,4,5};
In[2]:= b={-2,-3,-2,-3,0};
In[3]:= a.b
Out[3]= -26
In[4]:= c={c1,c2,c3,c4,c5}
Out[4]= {c1, c2, c3, c4, c5}
In[5]:= a.c
Out[5]= c1 + 2 c2 + 3 c3 + 4 c4 + 5 c5
```

例 数の積では $xy=0$ であれば $x=0$ または $y=0$ であるが，ベクトルの内積ではゼロベクトルでないベクトル同士の内積がゼロになることもある．

```
In[6]:= x1={1,2,3};x2={-8,1,2};
In[7]:= x1.x2
Out[7]= 0
```

2つのベクトル $\mathbf{a},\mathbf{b}$ について内積 $\mathbf{a}\cdot\mathbf{b}=0$ のとき，$\mathbf{a}$ と $\mathbf{b}$ は直交 (orthogonal) するという．

例 $\mathbf{v_1}=(1,2,3,4), \mathbf{e_1}=(1,0,0,0), \mathbf{e_2}=(0,1,0,0), \mathbf{e_3}=(0,0,1,0), \mathbf{e_4}=(0,0,0,1), \mathbf{one}=(1,1,1,1)$ とする．

```
In[8]:=
  v1={1,2,3,4};e1={1,0,0,0};e2={0,1,0,0};
  e3={0,0,1,0};e4={0,0,0,1};one={1,1,1,1};
In[9]:= v1.e1
Out[10]= 1
```

```
In[11]:= v1.e3
Out[11]= 3
In[12]:= e2.e4
Out[12]= 0
In[13]:= e1.e4
Out[13]= 0
In[14]:= v1.one
Out[14]= 10
```

あるベクトル $\mathbf{v}$ と $\mathbf{e}_i$ との内積は $\mathbf{v}$ の i 番目の成分になる．また，ベクトル $\mathbf{v}$ とすべての成分が 1 のベクトルとの内積は $\mathbf{v}$ の成分の合計になる．

13.1.4 ベクトルの長さと距離

ベクトル $\mathbf{a} = (a_1, a_2, \ldots, a_n)$ の長さ（ノルム (norm)）は，

$$\|\mathbf{a}\| = \sqrt{\mathbf{a} \cdot \mathbf{a}} = \sqrt{a_1^2 + a_2^2 + \cdots + a_n^2}$$

で定義される．

[長さの性質]

(i) $\|\mathbf{a}\| \geq 0$
(ii) $\|\mathbf{a}\| = 0$ となるのは $\mathbf{a} = 0$ のときだけに限る
(iii) $\|\lambda \mathbf{a}\| \geq |\lambda| \|\mathbf{a}\|$ 　　　（λ は実数）
(iv) $\|\mathbf{a} + \mathbf{b}\| \leq \|\mathbf{a}\| + \|\mathbf{b}\|$ 　　（三角不等式）
(v) $|\mathbf{a} \cdot \mathbf{b}| \leq \|\mathbf{a}\| \|\mathbf{b}\|$ 　　　（シュワルツの不等式）

とくに長さ 1 のベクトルを単位ベクトル (unit vector) という．任意のベクトル $\mathbf{v}$ に対して，$\dfrac{\mathbf{v}}{\|\mathbf{v}\|}$ は単位ベクトルである．これをベクトル $\mathbf{v}$ の正規化 (normalize) という．

2つのベクトル $\mathbf{a} = (a_1, a_2, \ldots, a_n)$ と $\mathbf{b} = (b_1, b_2, \ldots, b_n)$ の（ユークリッド）距離 (Euclidean distance) は

$$d(\mathbf{a}, \mathbf{b}) = \|\mathbf{a} - \mathbf{b}\| = \sqrt{(a_1 - b_1)^2 + (a_2 - b_2)^2 + \cdots + (a_n - b_n)^2}$$

で定義される．

[距離の性質]

(i) $d(\mathbf{a}, \mathbf{b}) \geq 0$
(ii) $d(\mathbf{a}, \mathbf{b}) = 0$ となるのは $\mathbf{a} = \mathbf{b}$ のときに限る
(iii) $d(\mathbf{a}, \mathbf{b}) = d(\mathbf{b}, \mathbf{a})$
(iv) $d(\mathbf{a}, \mathbf{b}) \leq d(\mathbf{a}, \mathbf{c}) + d(\mathbf{c}, \mathbf{b})$ （三角不等式）

Norm[a]	ベクトル a のノルム
Normalize[a]	ベクトル a を正規化する
EuclideanDistance[a,b]	ベクトル a と b の距離

例　$\mathbf{u} = (1, 3, -2, 5), \mathbf{v} = (0, 2, 5, 1)$ の内積 $\mathbf{u} \cdot \mathbf{v}$ と $\mathbf{u}$ の長さ（ノルム），$\mathbf{u}$ と $\mathbf{v}$ との距離を求める．

```
In[1]:= u={1,3,-2,5};v={0,2,5,1};
In[2]:= u.v
Out[2]= 1                          (* 内積 *)
In[3]:= Sqrt[u.u]
Out[3]= √39                        (* 長さ（ノルム）*)
In[4]:= Sqrt[(u-v).(u-v)]
Out[4]= √67                        (* 距離 *)
In[5]:= Norm[u]
Out[5]= √39
In[6]:= Norm[u-v]
Out[6]= √67
In[7]:= EuclideanDistance[u,v]
Out[7]= √67
In[8]:= Normalize[u]
```
$\text{Out[8]}= \left\{ \dfrac{1}{\sqrt{39}}, \sqrt{\dfrac{3}{13}}, -\dfrac{2}{\sqrt{39}}, \dfrac{5}{\sqrt{39}} \right\}$
```
In[9]:= Norm[%]
Out[9]= 1
```

13.1.5　一次結合

あるベクトル $\mathbf{w}$ について，$(k_1, k_2, \ldots, k_r)$ が実数，$(\mathbf{v}_1, \mathbf{v}_2, \ldots, \mathbf{v}_r)$ がベクトルで

$$\mathbf{w} = k_1 \mathbf{v_1} + k_2 \mathbf{v_2} + \cdots + k_r \mathbf{v_r}$$

の形で表されるとき，$\mathbf{w}$ は $\mathbf{v}_1, \mathbf{v}_2, \ldots, \mathbf{v}_r$ の**一次結合** (linear combination) であるという．

例 $\mathbf{w} = (-3, 0. -7)$ は $\mathbf{v_1} = (1, 2, 3)$ と $\mathbf{v_2} = (2, 1, 5)$ の一次結合である．なぜなら，$\mathbf{w} = \mathbf{v_1} - 2\mathbf{v_2}$ ．

```
In[1]:= {1,2,3}-2{2,1,5}
Out[1]= {-3, 0, -7}
```

13.1.6 一次独立

ベクトル $(\mathbf{v_1}, \mathbf{v_2}, \mathbf{v_3}, \ldots, \mathbf{v_k})$ に対して，$c_1 = c_2 = \cdots = c_k = 0$ のときだけ

$$c_1 \mathbf{v_1} + c_2 \mathbf{v_2} + \cdots + c_k \mathbf{v_k} = 0$$

が成り立つならば，$\mathbf{v_1}, \mathbf{v_2}, \mathbf{v_3}, \ldots, \mathbf{v_k}$ は**一次独立** (linearly independent) であるといい，一次独立でないとき，それらは**一次従属** (linearly dependent) であるという．

例 $(1, 2)$ と $(0, 6)$ は一次独立である．

```
In[1]:= Solve[k1*{1,2}+k2*{0,6}==0,{k1,k2}]
Out[1]= {{k1 → 0, k2 → 0}}
```

例 $(1, 2)$ と $(3, 6)$ は一次従属である．なぜなら，$-3(1, 2) + (3, 6) = (0, 0)$．

```
In[2]:= Solve[k1*{1,2}+k2*{3,6}==0,{k1,k2}]
```
Solve::svars: 方程式はすべての "solve" 変数に対しては解を与えない可能性があります． >>
$$Out[2]= \left\{\left\{k2 \to -\frac{k1}{3}\right\}\right\}$$

例 $(1, -2, 3)$, $(5, 6, -1)$, $(3, 2, 1)$ は一次従属である．

```
In[3]:= Reduce[k1*{1,-2,3}+k2*{5,6,-1}+k3*{3,2,1}== 0, {k1,k2,k3}]
```
$Out[3]= k2 == k1\&\&k3 == -2k1$

13.2 行列

13.2.1 行列の基礎

mn 個の実数を縦に m 個, 横に n 個ずつ並べたものを $(\boldsymbol{m},\boldsymbol{n})$ (型) **行列** (matrix) または $m \times n$ 行列とよぶ.

$$\mathbf{A} = \begin{pmatrix} a_{11} & a_{12} & \cdots & a_{1n} \\ a_{21} & a_{22} & \cdots & a_{2n} \\ \vdots & \vdots & \ddots & \vdots \\ a_{m1} & a_{m2} & \cdots & a_{mn} \end{pmatrix}.$$

横の並びを**行** (row) といい, $(a_{i1}, a_{i2}, \ldots, a_{in})$ を第 i 行といい, 縦の並びを**列** (column) といい, $\begin{pmatrix} a_{1j} \\ a_{2j} \\ \vdots \\ a_{mj} \end{pmatrix}$ を第 j 列という.

行列を構成する mn 個の実数 a_{ij} をその行列の**成分** (component, element, entry) という. 第 i 行第 j 列の成分 a_{ij} を (i,j) 成分という. a_{ij} を (i,j) 成分とする行列を簡単に

$$\mathbf{A} = (a_{ij})$$

と書くこともある.

とくに, (n,n) 行列を n 次の**正方行列** (square matrix) という.

2つの行列 $\mathbf{A}, \mathbf{B}$ に対して, $\mathbf{A}, \mathbf{B}$ が同じ型であって, 対応する成分がすべて等しいとき, $\mathbf{A}$ と $\mathbf{B}$ は等しいといい,

$$\mathbf{A} = \mathbf{B}$$

と書く.

13.2 行列

> *Mathematica* では行列はリストのリストで表す
>
> $\{\{a,b\},\{c,d\}\}$ $\begin{bmatrix} a & b \\ c & d \end{bmatrix}$
>
> $\{\{a_{11},a_{12},\ldots,a_{1n}\},\{a_{21},a_{22},\ldots,a_{2n}\},\ldots,\{a_{m1},a_{m2},\ldots,a_{mn}\}\}$
>
> $\mathbf{A} = \begin{pmatrix} a_{11} & a_{12} & \cdots & a_{1n} \\ a_{21} & a_{22} & \cdots & a_{2n} \\ \vdots & \vdots & \ddots & \vdots \\ a_{m1} & a_{m2} & \cdots & a_{mn} \end{pmatrix}$
>
> MatrixForm　　　　　　　　行列の形で表示
> Dimensions[行列]　　　　　行列の行と列の個数を表示
> Array[a, {m, n}]　　　　　i,j 成分を $a[i,j]$ とする (m,n) 行列を作成
> ConstantArray[c, {m, n}]　定数成分 c からなる (m,n) 行列

例 $(2,2)$ 行列, $\mathbf{amat} = \begin{pmatrix} 1 & 2 \\ 3 & 4 \end{pmatrix}$.

In[1]:= `amat={{1,2},{3,4}}`
Out[1]= $\{\{1, 2\}, \{3, 4\}\}$
In[2]:= `MatrixForm[%]`
Out[2]//MatrixForm= $\begin{pmatrix} 1 & 2 \\ 3 & 4 \end{pmatrix}$.

例 3×4 行列, $\begin{pmatrix} 1 & 2 & 3 & 4 \\ 5 & 6 & 7 & 8 \\ 9 & 10 & 11 & 12 \end{pmatrix}$.

In[3]:= `{{1,2,3,4},{5,6,7,8},{9,10,11,12}}//MatrixForm`
Out[3]//MatrixForm=
$\begin{pmatrix} 1 & 2 & 3 & 4 \\ 5 & 6 & 7 & 8 \\ 9 & 10 & 11 & 12 \end{pmatrix}$
In[4]:= `Dimensions[%]`
Out[4]= $\{3, 4\}$

例　5×2 行列, $\begin{pmatrix} b_{11} & b_{12} \\ b_{21} & b_{22} \\ b_{31} & b_{32} \\ b_{41} & b_{42} \\ b_{51} & b_{52} \end{pmatrix}$.

In[5]:= `Array[b,{5,2}]//MatrixForm`
Out[5]//MatrixForm=
$\begin{pmatrix} b[1,1] & b[1,2] \\ b[2,1] & b[2,2] \\ b[3,1] & b[3,2] \\ b[4,1] & b[4,2] \\ b[5,1] & b[5,2] \end{pmatrix}$

In[5]:= `ConstantArray[1,{3,2}]//MatrixForm`
Out[5]//MatrixForm=
$\begin{pmatrix} 1 & 1 \\ 1 & 1 \\ 1 & 1 \end{pmatrix}$

$m[[i,j]]$	行列 m の (i,j) 要素を取り出す
$m[[i]]$	行列 m の第 i 行を取り出す
$m[[\text{All},j]]$	行列 m の第 j 列を取り出す
$\text{Take}[m, \{i_0, i_1\}, \{j_0, j_1\}]$	行列 m の i_0 行から i_1 行まで, j_0 列から j_1 列までの部分行列を取り出す
$m[[\{i_1,\ldots,i_r\},\{j_1,\ldots,j_s\}]]$	行列 m の i_1 行, …, i_r 行と j_1 列,…,j_s 列の要素からなる $r \times s$ の部分行列を取り出す
$\text{Diagonal}[m]$	行列 m の対角要素のリスト
$\text{Tr}[m]$	行列 m の対角要素の合計 (トレース)

例

In[6]:= `bm ={{1, 2, 3, 4}, {5, 6, 7, 8},{3, 3, 3, 3}, {4,3,2,1}};`
　`MatrixForm[%]`

Out[6]//MatrixForm=
$$\begin{pmatrix} 1 & 2 & 3 & 4 \\ 5 & 6 & 7 & 8 \\ 3 & 3 & 3 & 3 \\ 4 & 3 & 2 & 1 \end{pmatrix}$$
In[7]:= `bm[[2, 3]]`　　　(* 行列 bm の (2,3) 要素を取り出す *)
Out[7]= 7
In[8]:= `bm[[3]]`　　(* 行列 bm の第 3 行を取り出す *)
Out[8]= {3, 3, 3, 3}
In[9]:= `bm[[All,2]]//MatrixForm`　　　(* 行列 bm の第 2 列を取り出す *)
Out[9]//MatrixForm=
$$\begin{pmatrix} 2 \\ 6 \\ 3 \\ 3 \end{pmatrix}$$
In[10]:= `Take[bm, {2, 3},{3, 4}]// MatrixForm`
Out[10]//MatrixForm=
$$\begin{pmatrix} 7 & 8 \\ 3 & 3 \end{pmatrix}$$
In[11]:= `Diagonal[bm]`　　(* 行列 bm の対角要素を取り出す *)
Out[11]= {1, 6, 3, 1}

13.2.2　行列の和と実数倍

2つの (m, n) 行列

$$\mathbf{A} = \begin{pmatrix} a_{11} & a_{12} & \cdots & a_{1n} \\ a_{21} & a_{22} & \cdots & a_{2n} \\ \vdots & \vdots & \ddots & \vdots \\ a_{m1} & a_{m2} & \cdots & a_{mn} \end{pmatrix}, \quad \mathbf{B} = \begin{pmatrix} b_{11} & b_{12} & \cdots & b_{1n} \\ b_{21} & b_{22} & \cdots & b_{2n} \\ \vdots & \vdots & \ddots & \vdots \\ b_{m1} & b_{m2} & \cdots & b_{mn} \end{pmatrix}$$

に対し，対応する成分の和を成分とする行列を $\mathbf{A}$ と $\mathbf{B}$ の和といい，$\mathbf{A} + \mathbf{B}$ で表す．つまり

$$\mathbf{A} + \mathbf{B} = \begin{pmatrix} a_{11} + b_{11} & a_{12} + b_{12} & \cdots & a_{1n} + b_{1n} \\ a_{21} + b_{21} & a_{22} + b_{22} & \cdots & a_{2n} + b_{2n} \\ \vdots & \vdots & \ddots & \vdots \\ a_{m1} + b_{m1} & a_{m2} + b_{m2} & \cdots & a_{mn} + b_{mn} \end{pmatrix}$$

ただし，型の違う行列の和は定義されない．

(m,n) 行列 $\mathbf{A}$ に対して，各成分を実数 λ でかけたものを成分とする行列を $\mathbf{A}$ の λ 倍（スカラー倍，実数倍）といい，$\lambda\mathbf{A}$ で表す．つまり

$$\lambda\mathbf{A} = \begin{pmatrix} \lambda a_{11} & \lambda a_{12} & \ldots & \lambda a_{1n} \\ \lambda a_{21} & \lambda a_{22} & \ldots & \lambda a_{2n} \\ \vdots & \vdots & \ddots & \vdots \\ \lambda a_{m1} & \lambda a_{m2} & \ldots & \lambda a_{mn} \end{pmatrix}.$$

とくに，$(-1)\mathbf{A}$ を $-\mathbf{A}$ と書く．

各成分がすべて 0 である (m,n) 行列を**零行列** (zero matrix) といい，$\mathbf{O}$ で表す．

c^*A	スカラー倍
$A + B$	和

例 $\mathbf{A}_1 = \begin{pmatrix} 1 & 2 \\ 3 & 4 \end{pmatrix}, \mathbf{B}_1 = \begin{pmatrix} 5 & 6 \\ 7 & 8 \end{pmatrix}$ に対して，$\mathbf{A}_1 + \mathbf{B}_1, (-2)\mathbf{A}_1, \mathbf{A}_1 - \mathbf{A}_1$ を求める．

```
In[1]:= a1={{1,2},{3,4}};b1={{5,6},{7,8}};
In[2]:= a1+b1//MatrixForm
Out[2]//MatrixForm=
```
$\begin{pmatrix} 6 & 8 \\ 10 & 12 \end{pmatrix}$
```
In[3]:= -2*a1//MatrixForm
Out[3]//MatrixForm=
```
$\begin{pmatrix} -2 & -4 \\ -6 & -8 \end{pmatrix}$
```
In[4]:= a1-a1//MatrixForm
Out[4]//MatrixForm=
```
$\begin{pmatrix} 0 & 0 \\ 0 & 0 \end{pmatrix}$

13.2.3 和とスカラー倍の演算法則

$m \times n$ 行列 $\mathbf{A}, \mathbf{B}, \mathbf{C}$ と実数 λ, μ について次が成り立つ．

(i)　　$\mathbf{A} + \mathbf{B} = \mathbf{B} + \mathbf{A}$　　　　　　　　（交換法則）

(ii)　　$(\mathbf{A} + \mathbf{B}) + \mathbf{C} = \mathbf{A} + (\mathbf{B} + \mathbf{C})$　　（結合法則）

(iii)　$\lambda(\mathbf{A} + \mathbf{B}) = \lambda\mathbf{A} + \lambda\mathbf{B}$

(iv)　$(\lambda + \mu)\mathbf{A} = \lambda\mathbf{A} + \mu\mathbf{A}$

(v)　　$(\lambda\mu)\mathbf{A} = \lambda(\mu\mathbf{A})$

(vi)　$1\mathbf{A} = \mathbf{A}, \quad 0\mathbf{A} = \mathbf{O}$

(vii)　$\mathbf{A} + \mathbf{O} = \mathbf{A}, \quad \mathbf{A} - \mathbf{A} = \mathbf{O}$

13.2.4 行列の積

(k, m) 行列 $\mathbf{A}$ と (m, n) 行列 $\mathbf{B}$,

$$\mathbf{A} = \begin{pmatrix} a_{11} & a_{12} & \cdots & a_{1m} \\ a_{21} & a_{22} & \cdots & a_{2m} \\ \vdots & \vdots & \ddots & \vdots \\ a_{k1} & a_{k2} & \cdots & a_{km} \end{pmatrix}, \quad \mathbf{B} = \begin{pmatrix} b_{11} & b_{12} & \cdots & b_{1n} \\ b_{21} & b_{22} & \cdots & b_{2n} \\ \vdots & \vdots & \ddots & \vdots \\ b_{m1} & b_{m2} & \cdots & b_{mn} \end{pmatrix}$$

に対して,

$$c_{ij} = a_{i1}b_{1j} + a_{i2}b_{2j} + \cdots + a_{im}b_{mj} = \sum_{l=1}^{m} a_{il}b_{lj}$$

$$(i = 1, 2, \ldots, k;\ j = 1, 2, \ldots, n)$$

を (i, j) 成分とする $k \times n$ 行列を $\mathbf{A}$ と $\mathbf{B}$ の積といい, $\mathbf{AB}$ と表す. つまり, (i, j) 成分は $\mathbf{A}$ の第 i 行と $\mathbf{B}$ の第 j 列との内積になっている.

$$\mathbf{A} = \begin{pmatrix} a_{11} & \cdots\cdots & a_{1m} \\ & \cdots\cdots & \\ \boxed{a_{i1} & \cdots\cdots & a_{im}} \\ & \cdots\cdots & \\ a_{k1} & \cdots\cdots & a_{km} \end{pmatrix}, \quad \mathbf{B} = \begin{pmatrix} b_{11} & \cdots & \boxed{b_{1j}} & \cdots & b_{1n} \\ & \cdots & \cdots & \cdots & \\ b_{m1} & \cdots & \boxed{b_{mj}} & \cdots & b_{mn} \end{pmatrix},$$

$$\mathbf{AB} = \begin{pmatrix} c_{11} & \cdots & & \cdots & c_{1n} \\ c_{21} & \ddots & & \cdots & c_{2n} \\ \vdots & \vdots & \boxed{c_{ij}} & \ddots & \vdots \\ c_{k1} & \cdots & & \cdots & c_{km} \end{pmatrix}.$$

$((k \times m)$ 行列$)((m \times n)$ 行列$)=(k \times n)$ 行列になる.

AB が定義されたからといって, **BA** が定義されるとは限らない. また, **AB**, **BA** がどちらも定義されたからといって **AB** と **BA** が等しいとは限らない.

正方行列 **A** のベキは,

$$\mathbf{A}^1 = \mathbf{A}, \ \mathbf{A}^2 = \mathbf{AA}, \ \mathbf{A}^3 = \mathbf{AAA}, \ldots$$

で定義される.

NOTE: $(\mathbf{AB})^2 = \mathbf{ABAB}, \mathbf{A}^2\mathbf{B}^2 = \mathbf{AABB}$ であるから, 一般に

$$(\mathbf{AB})^2 \neq \mathbf{A}^2\mathbf{B}^2 .$$

A.B	行列の積 AB
MatrixPower[A, n]	行列 A の n 乗

例 $\mathbf{A}_1 = \begin{pmatrix} 1 & 2 \\ 3 & 4 \end{pmatrix}, \mathbf{A}_2 = \begin{pmatrix} 5 & 6 \\ 7 & 8 \end{pmatrix}$ とすると,

$$\mathbf{A}_1\mathbf{A}_2 = \begin{pmatrix} 19 & 22 \\ 43 & 50 \end{pmatrix}, \mathbf{A}_2\mathbf{A}_1 = \begin{pmatrix} 23 & 34 \\ 31 & 46 \end{pmatrix}.$$

つまり, $\mathbf{A}_1\mathbf{A}_2 \neq \mathbf{A}_2\mathbf{A}_1$.

```
In[1]:= a1={{1,2},{3,4}};a2={{5,6},{7,8}};
In[2]:= a1.a2//MatrixForm
Out[2]//MatrixForm=
```
$\begin{pmatrix} 19 & 22 \\ 43 & 50 \end{pmatrix}$
```
In[3]:= a2.a1//MatrixForm
Out[3]//MatrixForm=
```
$\begin{pmatrix} 23 & 34 \\ 31 & 46 \end{pmatrix}$

例 $\mathbf{B}_1 = \begin{pmatrix} 1 & 2 & 3 \\ 4 & 5 & 0 \end{pmatrix}$, $\mathbf{B}_2 = \begin{pmatrix} 1 & 0 & 1 & 1 \\ 1 & 2 & 3 & 4 \\ 0 & -2 & -1 & 0 \end{pmatrix}$ とすると,

$$\mathbf{B}_1\mathbf{B}_2 = \begin{pmatrix} 3 & -2 & 4 & 9 \\ 9 & 10 & 19 & 24 \end{pmatrix}$$

$\mathbf{B}_2\mathbf{B}_1$ は定義されない.

In[4]:= `b1={{1,2,3},{4,5,0}};`
　　　　`b2={{1,0,1,1},{1,2,3,4},{0,-2,-1,0}};`
In[5]:= `b1.b2//MatrixForm`
Out[5]//MatrixForm=
$\begin{pmatrix} 3 & -2 & 4 & 9 \\ 9 & 10 & 19 & 24 \end{pmatrix}$
In[6]:= `b2.b1`
Dot::dotsh:テンソル {{1,2,1,1},{1,2,3,4},{0,−2,−1,0}} と
　{{1,2,3},{4,5,0}} は計算できない次元を持っています. >>
Out[6]=
　{{1, 0, 1, 1}, {1, 2, 3, 4}, {0, −2, −1, 0}} .
　{{1, 2, 3}, {4, 5, 0}}

例 $\begin{pmatrix} 1 & 2 & 3 & 4 \\ 5 & 6 & 7 & 8 \\ -1 & -2 & -3 & -4 \end{pmatrix} \begin{pmatrix} 1 \\ 1 \\ 1 \\ 1 \end{pmatrix} = \begin{pmatrix} 10 \\ 26 \\ -10 \end{pmatrix}$.

第 i 成分は左の行列の第 i 行の合計になっている.

In[7]:= `mc1={{1,2,3,4},{5,6,7,8},{-1,-2,-3,-4}};mc2={1,1,1,1};`
In[8]:= `mc1.mc2//MatrixForm`
Out[8]//MatrixForm=
$\begin{pmatrix} 10 \\ 26 \\ -10 \end{pmatrix}$

例　$M_{b1} = \begin{pmatrix} 1 & 2 & 0 & 2 \\ 1 & 2 & 1 & 1 \\ 3 & 2 & 0 & -1 \\ 2 & 1 & 0 & 0 \end{pmatrix} M_{b2} = \begin{pmatrix} 1 & 1 & 1 & 1 \\ 1 & 1 & 1 & 1 \\ 1 & 1 & 1 & 1 \\ 1 & 1 & 1 & 1 \end{pmatrix}.$

$M_{b1}M_{b2}$ と $M_{b2}M_{b1}$ を求める.

```
In[9]:= mb1={{1,2,0,2},{1,2,1,1},{3,2,0,-1},{2,1,0,0}};
In[10]:= mb2 = ConstantArray[1, {4, 4}];
In[11]:= mb1.mb2 //MatrixForm
Out[11]//MatrixForm=
```
$\begin{pmatrix} 5 & 5 & 5 & 5 \\ 5 & 5 & 5 & 5 \\ 4 & 4 & 4 & 4 \\ 3 & 3 & 3 & 3 \end{pmatrix}$

```
In[12]:= mb2.mb1 //MatrixForm
Out[12]//MatrixForm=
```
$\begin{pmatrix} 7 & 7 & 1 & 2 \\ 7 & 7 & 1 & 2 \\ 7 & 7 & 1 & 2 \\ 7 & 7 & 1 & 2 \end{pmatrix}$

例　$C_1 = \begin{pmatrix} 1 & 1 & 1 \\ 1 & 1 & 1 \\ 1 & 1 & 1 \end{pmatrix}, C_1^3, C_1C_1, C_1^{10}$ を求める.

```
In[13]:= c1=ConstantArray[1,{3,3}];
In[14]:= MatrixPower[c1,3]//MatrixForm
Out[14]//MatrixForm=
```
$\begin{pmatrix} 9 & 9 & 9 \\ 9 & 9 & 9 \\ 9 & 9 & 9 \end{pmatrix}$

```
In[15]:= c1.c1
Out[15]= {{3, 3, 3}, {3, 3, 3}, {3, 3, 3}}
In[16]:= %.c1
Out[16]= {{9, 9, 9}, {9, 9, 9}, {9, 9, 9}}
In[17]:= MatrixPower[c1,10]//MatrixForm
Out[17]//MatrixForm=
```

$$\begin{pmatrix} 19683 & 19683 & 19683 \\ 19683 & 19683 & 19683 \\ 19683 & 19683 & 19683 \end{pmatrix}$$

NOTE: 間違って行列の n 乗を求めるのに `^n` を使わないこと．

```
In[18]:=  c1^3                    (* 各成分の 3 乗 *)
Out[18]= {{1, 1, 1}, {1, 1, 1}, {1, 1, 1}}
```

例　$\mathbf{v_0} = \begin{pmatrix} a \\ b \end{pmatrix}$ を 2×1 の行列として定義する．また，$\mathbf{v_1} = (x, y)$ を通常のリストとして定義し，$\mathbf{v_2} = (v, w)$ を 1×2 の行列として定義する．

```
In[19]:= Clear[a,b,v,w]
In[20]:= v0={{a},{b}};MatrixForm[v0]
Out[20]//MatrixForm=
```
$$\begin{pmatrix} a \\ b \end{pmatrix}$$
```
In[21]:= v1={x,y};MatrixForm[v1]
Out[21]//MatrixForm=
```
$$\begin{pmatrix} x \\ y \end{pmatrix}$$
```
In[22]:= v2={{v,w}};MatrixForm[v2]
Out[22]//MatrixForm=
```
$(v \quad w)$
```
In[23]:= v1.v0         (* 内積 *)
Out[23]= {a x + b y}
In[24]:= v0.v1         (* 定義されない *)
```
Dot::dotsh: テンソル {{a}, {b}} と {x, y} は計算できない次元を
　持っています． >>
```
Out[24]= {{a}, {b}} . {x, y}
In[25]:= v1.v1
Out[25]= x^2 + y^2
In[26]:= v0.v0         (* 定義されない *)
```
Dot::dotsh: テンソル {{a}, {b}} と {{a}, {b}} は計算できない次元を
　持っています． >>
```
Out[26]= {{a}, {b}} . {{a},{b}}
In[27]:= v1.v2         (* 定義されない *)
```
Dot::dotsh: テンソル {x, y} と {{v, w}} は計算できない次元を
　持っています． >>

```
Out[27]= {x, y} . {{v, w}}
In[28]:= v0.v2//MatrixForm
Out[28]//MatrixForm=
```
$$\begin{pmatrix} av & aw \\ bv & bw \end{pmatrix}$$
```
In[29]:= v2.v0
Out[29]= {{a v + b w}}
```

13.2.5 積の性質

行列 A, B, C について，

(i)   (AB)C=A(BC)   （結合法則）

(ii) A(B+C)=AB+AC   （分配法則）

(iii) (A+B)C=AC+BC   （分配法則）

(iv) AO=OA=O

NOTE: (a) もちろん，上が成り立つためには，積が定義されなければならない．例えば，(i) では A は $k \times m$, B は $m \times n$, C は $n \times l$ で，ABC は $k \times l$ 行列になる．これ以降，とくに断りがないときは，演算が定義できる型の行列について演算が行われているものとする．

(b) 一般に，$\mathbf{AB} \neq \mathbf{BA}$.

(c) A,B どちらも零行列でなくとも，$\mathbf{AB} = \mathbf{O}$ となることもある．

例 $\mathbf{A}_1 = \begin{pmatrix} 1 & 1 \\ 1 & 2 \end{pmatrix}$, $\mathbf{A}_2 = \begin{pmatrix} 1 & 0 \\ 1 & 3 \end{pmatrix}$ に対して，$\mathbf{A}_1 \mathbf{A}_2, \mathbf{A}_2 \mathbf{A}_1$ を求める．

```
In[1]:= a1={{1,1},{1,2}};a2={{1,0},{1,3}};
In[2]:= a1.a2//MatrixForm
Out[2]//MatrixForm=
```
$$\begin{pmatrix} 2 & 3 \\ 3 & 6 \end{pmatrix}$$
```
In[3]:= a2.a1//MatrixForm
Out[3]//MatrixForm=
```
$$\begin{pmatrix} 1 & 1 \\ 4 & 7 \end{pmatrix}$$

例　$\mathbf{A}_1 = \begin{pmatrix} 3 & 6 \\ 1 & 2 \end{pmatrix}$, $\mathbf{A}_3 = \begin{pmatrix} 2 & -6 \\ -1 & 3 \end{pmatrix}$ に対して，$\mathbf{A}_1 \mathbf{A}_3 = \mathbf{O}$ である．

```
In[4]:= a1={{3,6},{1,2}};a3={{2,-6},{-1,3}};
In[5]:= a1.a3//MatrixForm
Out[5]//MatrixForm=
```
$\begin{pmatrix} 0 & 0 \\ 0 & 0 \end{pmatrix}$

13.2.6　対角行列と単位行列

n 次正方行列 $\mathbf{A}$ で (i,i) 成分をとくに**対角成分** (diagonal element) という．対角成分以外はすべて 0 である行列を**対角行列** (diagonal matrix) という．

$$\mathbf{A} = \begin{pmatrix} a_{11} & 0 & \cdots & 0 \\ 0 & a_{22} & \cdots & 0 \\ \vdots & \vdots & \ddots & \vdots \\ 0 & 0 & \cdots & a_{nn} \end{pmatrix}.$$

対角成分がすべて 1 である (n,n) 対角行列を n 次**単位行列** (identity matrix) といい，$\mathbf{E_n}$ または単に $\mathbf{E}$ と書く．

$$\mathbf{E_n} = \begin{pmatrix} 1 & 0 & \cdots & 0 \\ 0 & 1 & \cdots & 0 \\ \vdots & \vdots & \ddots & \vdots \\ 0 & 0 & \cdots & 1 \end{pmatrix}.$$

どのような正方行列 $\mathbf{A}$ に対しても，

$$\mathbf{AE} = \mathbf{EA} = \mathbf{A}.$$

[三角行列]

対角成分より，下側または上側の成分がすべて 0 である行列を**三角行列** (triangular matrix) という．

IdentityMatrix[n]	n 次の単位行列
DiagonalMatrix[リスト]	リストを対角成分に持つ対角行列
UpperTriangularize [リスト]	リストを上側成分に持つ上側三角行列
LowerTriangularize [リスト]	リストを下側成分に持つ下側三角行列

```
In[1]:= mb1={{1,2,0,2},{1,2,1,1},{3,2,0,-1},{2,1,0,0}};
In[2]:= mb3=IdentityMatrix[4];
In[3]:= MatrixForm[mb3]
Out[3]//MatrixForm=
```
$$\begin{pmatrix} 1 & 0 & 0 & 0 \\ 0 & 1 & 0 & 0 \\ 0 & 0 & 1 & 0 \\ 0 & 0 & 0 & 1 \end{pmatrix}$$

```
In[4]:= mb1.mb3 //MatrixForm
Out[4]//MatrixForm=
```
$$\begin{pmatrix} 1 & 2 & 0 & 2 \\ 1 & 2 & 1 & 1 \\ 3 & 2 & 0 & -1 \\ 2 & 1 & 0 & 0 \end{pmatrix}$$

```
In[5]:= mb3.mb1 //MatrixForm
Out[5]//MatrixForm=
```
$$\begin{pmatrix} 1 & 2 & 0 & 2 \\ 1 & 2 & 1 & 1 \\ 3 & 2 & 0 & -1 \\ 2 & 1 & 0 & 0 \end{pmatrix}$$

```
In[6]:= mb2={{1,1,1,1},{1,1,1,1},{1,1,1,1},{1,1,1,1}};
In[7]:= mb4=DiagonalMatrix[{1,2,3,4}];
In[8]:= MatrixForm[mb4]
Out[8]//MatrixForm=
```
$$\begin{pmatrix} 1 & 0 & 0 & 0 \\ 0 & 2 & 0 & 0 \\ 0 & 0 & 3 & 0 \\ 0 & 0 & 0 & 4 \end{pmatrix}$$

```
In[9]:= mb2.mb4//MatrixForm
Out[9]//MatrixForm=
```

$$\begin{pmatrix} 1 & 2 & 3 & 4 \\ 1 & 2 & 3 & 4 \\ 1 & 2 & 3 & 4 \\ 1 & 2 & 3 & 4 \end{pmatrix}$$

In[10]:= `mb4.mb2 //MatrixForm`

Out[10]//MatrixForm=

$$\begin{pmatrix} 1 & 1 & 1 & 1 \\ 2 & 2 & 2 & 2 \\ 3 & 3 & 3 & 3 \\ 4 & 4 & 4 & 4 \end{pmatrix}$$

In[11]:= `MatrixPower[mb4,3]//MatrixForm`

Out[11]//MatrixForm=

$$\begin{pmatrix} 1 & 0 & 0 & 0 \\ 0 & 8 & 0 & 0 \\ 0 & 0 & 27 & 0 \\ 0 & 0 & 0 & 64 \end{pmatrix}$$

13.2.7 転置行列

(m,n) 行列 **A** の (i,j) 成分を (j,i) 成分とする (n,m) 行列を **A** の**転置行列** (transpose) といい, ${}^t\mathbf{A}, \mathbf{A}', \mathbf{A}^\mathbf{T}$ などと書く. つまり, 行列の縦と横を逆にすることを「転置」というのである.

> Transpose[行列]　行列の転置

In[1]:= `m1={{1,2,3,4},{5,6,7,8}};MatrixForm[m1]`

Out[1]//MatrixForm=

$$\begin{pmatrix} 1 & 2 & 3 & 4 \\ 5 & 6 & 7 & 8 \end{pmatrix}$$

In[2]:= `Transpose[m1]//MatrixForm`

Out[2]//MatrixForm=

$$\begin{pmatrix} 1 & 5 \\ 2 & 6 \\ 3 & 7 \\ 4 & 8 \end{pmatrix}$$

13.2.8 転置行列の性質

(i) $\ {}^t({}^t\mathbf{A}) = \mathbf{A}$

(ii) $\ {}^t(\mathbf{A} + \mathbf{B}) = {}^t\mathbf{A} + {}^t\mathbf{B}$

(iii) $\ {}^t(k\mathbf{A}) = k{}^t\mathbf{A}$ （k は実数）

(iv) $\ {}^t(\mathbf{AB}) = {}^t\mathbf{B}\,{}^t\mathbf{A}$

とくに $\mathbf{A} = {}^t\mathbf{A}$ となる行列を**対称行列** (symmetric matrix) という．

例 $\begin{pmatrix} 1 & 2 & 3 \\ 2 & 0 & 5 \\ 3 & 5 & 9 \end{pmatrix}$ は対称行列である．

```
In[1]:= m0={{1,2,3},{2,0,5},{3,5,9}};MatrixForm[m0]
Out[1]//MatrixForm=
```
$\begin{pmatrix} 1 & 2 & 3 \\ 2 & 0 & 5 \\ 3 & 5 & 9 \end{pmatrix}$

```
In[2]:= Transpose[m0]//MatrixForm
Out[2]//MatrixForm=
```
$\begin{pmatrix} 1 & 2 & 3 \\ 2 & 0 & 5 \\ 3 & 5 & 9 \end{pmatrix}$

13.2.9 トレース

正方行列 $\mathbf{A}$ の対角成分の和を $\mathbf{A}$ の**トレース** (trace) といい，$\mathrm{tr}(\mathbf{A})$ と書く．

(i) $\ \mathrm{tr}({}^t\mathbf{A}) = \mathrm{tr}(\mathbf{A})$

(ii) $\ \mathrm{tr}(\mathbf{A}+\mathbf{B}) = \mathrm{tr}(\mathbf{A}) + \mathrm{tr}(\mathbf{B})$

(iii) $\ \mathrm{tr}(k\mathbf{A}) = k\mathrm{tr}(\mathbf{A})$ （k は 実数）

(iv) $\ \mathrm{tr}(\mathbf{AB}) = \mathrm{tr}(\mathbf{BA})$

Tr[m]	行列 m のトレース

```
In[1]:= m01={{1,2,3},{4,5,6},{7,8,9}};
```

```
In[2]:= Tr[m01]
Out[2]= 15
```

13.2.10 行列式

n 次正方行列 $\mathbf{A}$ の行列式 (determinant) を $\det(\mathbf{A})$, $|\mathbf{A}|$ などで表す。

2 次の正方行列 $\mathbf{A} = \begin{pmatrix} a & b \\ c & d \end{pmatrix}$ の行列式は,

$$\det(\mathbf{A}) = ad - bc$$

で求める。

3 次の正方行列 $\mathbf{B} = \begin{pmatrix} b_{11} & b_{12} & b_{13} \\ b_{21} & b_{22} & b_{23} \\ b_{31} & b_{32} & b_{33} \end{pmatrix}$ の行列式は,

$$\det(\mathbf{B}) = b_{11}b_{22}b_{33} + b_{12}b_{23}b_{31} + b_{13}b_{21}b_{32}$$
$$- b_{11}b_{23}b_{32} - b_{12}b_{21}b_{33} - b_{13}b_{22}b_{31}$$

で求める。

Det[行列]	行列式

```
In[1]:= amat = {{1, 2}, {3, 4}};MatrixForm[amat]
Out[1]//MatrixForm=
```
$\begin{pmatrix} 1 & 2 \\ 3 & 4 \end{pmatrix}$
```
In[2]:= Det[amat]        (* (1 × 4) - (2 × 3) *)
Out[2]= -2
In[3]:= amat2={{1,0},{2,-3}};
   MatrixForm[amat2]
Out[3]//MatrixForm=
```
$\begin{pmatrix} 1 & 0 \\ 2 & -3 \end{pmatrix}$
```
In[4]:= Det[amat2]       (* (1 × (-3)) - (2 × 0) *)
Out[4]= -3
```

13.2.11 行列式の性質

(i) 行列のある行が 2 つの数の和となっているとき，その行列式の値はその和の各項を行としてできる行列の行列式の値の和と等しい．

$$\begin{vmatrix} a+s & b+t \\ c & d \end{vmatrix} = \begin{vmatrix} a & b \\ c & d \end{vmatrix} + \begin{vmatrix} s & t \\ c & d \end{vmatrix}.$$

NOTE: 1 つの行だけが違っていて，その行の成分を足したものが対応する左辺の行列の成分になっている．

一般に，$\det(\mathbf{A}+\mathbf{B}) \neq \det(\mathbf{A}) + \det(\mathbf{B})$.

In[1]:= `Clear[a,b,c,d]`
In[2]:= `Det[{{a+s,b+t},{c,d}}]`
Out[2]= $-bc + ad + ds - ct$
In[3]:= `Det[{{a, b}, {c, d}}] + Det[{{s, t}, {c, d}}]`
Out[3]= $-bc + ad + ds - ct$
In[4]:= `Det[{{a + s, b + t}, {c, d}}] ==`
  `Det[{{a, b}, {c, d}}] + Det[{{s, t}, {c, d}}]`
Out[4]= $True$

(ii) 1 つの行を t 倍すると行列式の値は t 倍される．

$$\begin{vmatrix} ta & tb \\ c & d \end{vmatrix} = t \begin{vmatrix} a & b \\ c & d \end{vmatrix}.$$

NOTE: 一般に，$\det(t\mathbf{A}) \neq t\det(\mathbf{A})$.

In[3]:= `Det[{{t*a,t*b},{c,d}}]`
Out[3]= $-bct + adt$
In[4]:= `Factor[%]`
Out[4]= $-(bc - ad)t$
In[5]:= `Det[t*{{a,b},{c,d}}]`
Out[5]= $-bct^2 + adt^2$
In[6]:= `Factor[%]`
Out[6]= $-(bc - ad)t^2$

(iii) 2つの行を入れ換えると行列式の符号が変わる.

$$\begin{vmatrix} c & d \\ a & b \end{vmatrix} = - \begin{vmatrix} a & b \\ c & d \end{vmatrix}.$$

```
In[7]:= Det[{{c,d},{a,b}}]
Out[7]= bc - ad
```

(iv) 単位行列の行列式の値は 1 である.

$$\begin{vmatrix} 1 & 0 \\ 0 & 1 \end{vmatrix} = 1.$$

(v) 2つの行が等しいときは行列式の値は 0 である.

$$\begin{vmatrix} a & b \\ a & b \end{vmatrix} = 0.$$

```
In[8]:= Det[{{a,b},{a,b}}]
Out[8]= 0
```

(vi) 成分がすべて 0 である行をもつ行列の行列式の値は 0 である.

$$\begin{vmatrix} a & b \\ 0 & 0 \end{vmatrix} = 0.$$

```
In[9]:= Det[{{a,b},{0,0}}]
Out[9]= 0
```

(vii) 1つの行の k 倍をほかの行に加えても行列式の値は変わらない.

```
In[10]:= Det[{{a-k*c,b-k*d},{c,d}}]
Out[10]= -bc + ad
```

(viii) 三角行列の行列式の値は対角要素の積の値である．

```
In[11]:= Det[{{a,b},{0,d}}]
Out[11]= ad
```

(ix) $\det(\mathbf{AB}) = \det(\mathbf{A})\det(\mathbf{B})$.

$$\begin{vmatrix} a & b \\ c & d \end{vmatrix} \begin{vmatrix} e & f \\ g & h \end{vmatrix} = \begin{vmatrix} ae+bg & af+bh \\ ce+dg & df+dh \end{vmatrix}.$$

```
In[12]:= Det[{{a,b},{c,d}}.{{e,f},{g,h}}]
Out[12]= bcfg - adfg - bceh + adeh
In[13]:= Det[{{a,b},{c,d}}]*Det[{{e,f},{g,h}}]
Out[13]= (-bc+ad)(-fg+eh)
In[14]:= Expand[%]
Out[14]= bcfg - adfg - bceh + adeh
```

(x) 行列を転置しても行列式の値は変わらない．

$$(\det(\mathbf{A}) = \det({}^{t}\mathbf{A})).$$

$$\begin{vmatrix} a & b \\ c & d \end{vmatrix} = \begin{vmatrix} a & c \\ b & d \end{vmatrix}.$$

```
In[15]:= Det[Transpose[{{a,b},{c,d}}]]
Out[15]= -bc+ad
```

これらの性質は一般の n 次の正方行列の行列式にもあてはまる．実際，(i), (ii), (iii), (iv) で完全に行列式を特徴づけている．((i), (ii) の性質を「多重線形性」，(iii) を「交代性」とよぶ．)

また，これらの性質で，行に関することがらを列におきかえても同様なことが成り立つ．

13.2.12 余因子

n 次正方行列 $\mathbf{A}$ の第 i 行と第 j 行を除いてできる $(n-1)$ 次行列の行列式 M_{ij} を $\mathbf{A}$ の第 (i,j) 小行列式 (minor) といい，$(-1)^{i+j}M_{ij}$ を $\mathbf{A}$ の第 (i,j) 余因子 (cofactor) という．

Minors[行列, k]　行列の $k \times k$ の小行列式の行列

```
In[1]:= ma={{a,b,c},{d,e,f},{g,h,i}};MatrixForm[ma]
Out[1]//MatrixForm=
```
$$\begin{pmatrix} a & b & c \\ d & e & f \\ g & h & i \end{pmatrix}$$

```
In[2]:= Minors[ma,2]//MatrixForm
Out[2]//MatrixForm=
```
$$\begin{pmatrix} -bd+ae & -cd+af & -ce+bf \\ -bg+ah & -cg+ai & -ch+bi \\ -eg+dh & -fg+di & -fh+ei \end{pmatrix}$$

```
In[3]:= mb1={{1,1,0},{2,2,2},{3,0,1}};MatrixForm[mb1]
Out[3]//MatrixForm=
```
$$\begin{pmatrix} 1 & 1 & 0 \\ 2 & 2 & 2 \\ 3 & 0 & 1 \end{pmatrix}$$

```
In[4]:= Minors[mb1,2]//MatrixForm
Out[4]//MatrixForm=
```
$$\begin{pmatrix} 0 & 2 & 2 \\ -3 & 1 & 1 \\ -6 & -4 & 2 \end{pmatrix}$$

13.2.13　行列式の余因子展開

n 次正方行列 $\mathbf{A}$ の第 (i,j) 余因子を A_{ij} とすれば，$\mathbf{A}$ の行列式は次のようにしてもとめることができる．

$$\det\mathbf{A} = \begin{cases} a_{i1}A_{i1} + a_{i2}A_{i2} + \cdots + a_{in}A_{in} \\ a_{1j}A_{1j} + a_{2j}A_{2j} + \cdots + a_{nj}A_{nj} \end{cases} \quad i,j = 1,2,\ldots,n.$$

とくに，三角行列，対角行列の場合は行列式の値は対角成分の積の値である．

```
In[1]:= Det[DiagonalMatrix[{a,b,c,d,e,f,g}]]
Out[1]= abcdefg
In[2]:= mb1={{1,2,0,2},{1,2,1,1},{3,2,0,-1},{2,1,0,0}};
In[3]:= MatrixForm[mb1]
Out[3]//MatrixForm=
```

$$\begin{pmatrix} 1 & 2 & 0 & 2 \\ 1 & 2 & 1 & 1 \\ 3 & 2 & 0 & -1 \\ 2 & 1 & 0 & 0 \end{pmatrix}$$

```
In[4]:= Det[mb1]
Out[4]= 5
In[5]:= id4=IdentityMatrix[4];
In[6]:= Det[id4]
Out[6]= 1
In[7]:= Det[4*id4]
Out[7]= 256
```

13.2.14 逆行列

n 次正方行列 $\mathbf{A}$ に対して，

$$\mathbf{AX} = \mathbf{XA} = \mathbf{E}$$

を満たす n 次正方行列 $\mathbf{X}$ が存在するとき ($\mathbf{E}$ は単位行列)，$\mathbf{A}$ は**正則行列** (nonsingular matrix) といい，$\mathbf{X}$ を $\mathbf{A}$ の**逆行列** (inverse matrix) といい，$\mathbf{A}^{-1}$ で表す．

$$\mathbf{A}\mathbf{A}^{-1} = \mathbf{A}^{-1}\mathbf{A} = \mathbf{E}.$$

正則でない行列を**特異** (singular) であるという．

Inverse[行列]　　逆行列

13.2.15 逆行列の性質

$\mathbf{A}, \mathbf{B}$ を共に正則な行列とすると，以下が成り立つ．

(i) $(\mathbf{AB})^{-1} = \mathbf{B}^{-1}\mathbf{A}^{-1}$
(ii) $(\mathbf{A}^{-1})^{-1} = \mathbf{A}$
(iii) $({}^t\mathbf{A})^{-1} = {}^t(\mathbf{A}^{-1})$

13.2.16 2次の正方行列 A の逆行列

2 次の正方行列 $\mathbf{A} = \begin{pmatrix} a & b \\ c & d \end{pmatrix}$ は，

$$ad - bc \neq 0 \quad (\text{つまり，} \det(\mathbf{A}) \neq 0)$$

であれば正則である．その逆行列は

$$\mathbf{A}^{-1} = \frac{1}{ad-bc}\begin{pmatrix} d & -b \\ -c & a \end{pmatrix}$$

で求めることができる．

In[1]:= `Inverse[{{a,b},{c,d}}]`
Out[1]= $\left\{\left\{\dfrac{d}{-bc+ad}, -\dfrac{b}{-bc+ad}\right\}, \left\{-\dfrac{c}{-bc+ad}, \dfrac{a}{-bc+ad}\right\}\right\}$
In[2]:= `mm0={{1,2,3},{4,5,6},{7,8,9}};`
In[3]:= `Inverse[mm0]`
Inverse::sing: 行列 1,2,3,4,5,6,7,8,9 は特異行列です．　>>
Out[3]= `Inverse[{{1,2,3},{4,5,6},{7,8,9}}]`
In[4]:= `Det[mm0]`
Out[4]= 0
In[5]:= `mm1={{0,2,3},{4,5,6},{7,8,9}};`
In[6]:= `mminv = Inverse[mm1]`
Out[6]= $\left\{\{-1, 2, -1\}, \{2, -7, 4\}, \left\{-1, \dfrac{14}{3}, -\dfrac{8}{3}\right\}\right\}$
In[7]:= `mminv.mm1`
Out[7]= {{1,0,0},{0,1,0}, {0,0,1}}
In[8]:= `mm1.mminv`
Out[8]= {{1,0,0},{0,1,0}, {0,0,1}}
In[9]:= `Det[mm1]`
Out[9]= 3

一般に n 次正方行列 $\mathbf{A}$ が正則であるための必要十分条件は

$$\det(\mathbf{A}) \neq 0$$

である．

13.2.17 基本変形

行列に次のような操作をすることを基本変形という．

(i) ある行（列）に 0 でない定数を掛ける．
(ii) ある行（列）をほかの行に加える．
(iii) ある行（列）の定数倍をほかの行に加える．
(iv) 2 つの行（列）を入れ換える．

［基本行列］

n 次単位行列に 1 回だけ基本変形をしてできる行列を**基本行列** (elementary matrix) という.

(I)
$$\mathbf{E}_n(i;k) = \begin{pmatrix} 1 & & & & & & \\ & \ddots & & & & & \\ & & 1 & & & & \\ & & & k & & & \\ & & & & 1 & & \\ & & & & & \ddots & \\ & & & & & & 1 \end{pmatrix} \begin{matrix} \\ \\ \\ 第\,i\,行 \\ \\ \\ \end{matrix}$$

(II)
$$\mathbf{E}_n(i,j) = \begin{pmatrix} 1 & & & & & & \\ & \ddots & & & & & \\ & & 0 & \cdots & 1 & & \\ & & & \ddots & & & \\ & & 1 & & 0 & & \\ & & & & & \ddots & \\ & & & & & & 1 \end{pmatrix} \begin{matrix} \\ \\ 第\,i\,行 \\ \\ 第\,j\,行 \\ \\ \end{matrix}$$

(III)
$$\mathbf{E}_n(i,j;k) = \begin{pmatrix} 1 & & & & & & \\ & \ddots & & & & & \\ & & 1 & \cdots & k & & \\ & & & \ddots & \vdots & & \\ & & & & 1 & & \\ & & & & & \ddots & \\ & & & & & & 1 \end{pmatrix} \begin{matrix} \\ \\ 第\,i\,行 \\ \\ 第\,j\,行 \\ \\ \end{matrix}$$

基本行列 (I), (II), (III) をかけることは次の基本変形を行うことと同じである.
(I) の基本行列を左（右）からかけると，第 i 行（列）を k 倍する.

(II) の基本行列を左（右）からかけると，第 i 行（列）と第 j 行（列）を入れ換える．(III) の基本行列を左（右）からかけると，第 j 行（列）の k 倍を第 i 行（列）に加える．

また，

(i) $\mathbf{E}_n(i;k)^{-1} = \mathbf{E}_n(i;1/k)$
(ii) $\mathbf{E}_n(i,j)^{-1} = \mathbf{E}_n(i,j)$
(iii) $\mathbf{E}_n(i,j;k)^{-1} = \mathbf{E}_n(i,j;-k)$

```
In[1]:= ma={{a,b,c},{d,e,f},{g,h,i}};
In[2]:= e113={{3,0,0},{0,1,0},{0,0,1}};
In[3]:= e113.ma//MatrixForm
Out[3]//MatrixForm=
```
$$\begin{pmatrix} 3a & 3b & 3c \\ d & e & f \\ g & h & i \end{pmatrix}$$
```
In[4]:= ma.e113//MatrixForm
Out[4]//MatrixForm=
```
$$\begin{pmatrix} 3a & b & c \\ 3d & e & f \\ 3g & h & i \end{pmatrix}$$
```
In[5]:= e12={{0,1,0},{1,0,0},{0,0,1}};
In[6]:= e12.ma//MatrixForm
Out[6]//MatrixForm=
```
$$\begin{pmatrix} d & e & f \\ a & b & c \\ g & h & i \end{pmatrix}$$
```
In[7]:= ma.e12//MatrixForm
Out[7]//MatrixForm=
```
$$\begin{pmatrix} b & a & c \\ e & d & f \\ h & g & i \end{pmatrix}$$
```
In[8]:= e13m1={{1,0,-2},{0,1,0},{0,0,1}};
In[9]:= e13m1.ma//MatrixForm
Out[9]//MatrixForm=
```
$$\begin{pmatrix} a-2g & b-2h & c-2i \\ d & e & f \\ g & h & i \end{pmatrix}$$
```
In[10]:= ma.e13m1//MatrixForm
Out[10]//MatrixForm=
```

$$\begin{pmatrix} a & b & -2a+c \\ d & e & -2d+f \\ g & h & -2g+i \end{pmatrix}$$

13.2.18 行列の階数

(m, n) 行列は基本変形を繰り返すことによって，

$$\begin{pmatrix} E_r & 0 \\ 0 & 0 \end{pmatrix}$$

の形に変形できる．このとき，対角成分にある 1 の個数 r をこの行列の**階数** (rank) という．

とくに，正則な n 次正方行列に対して，$\mathbf{E}_{(k)}, \ldots, \mathbf{E}_{(2)}, \mathbf{E}_{(1)}$ を $\mathbf{E}_{(k)} \cdots \mathbf{E}_{(2)} \mathbf{E}_{(1)} \mathbf{A} = \mathbf{E}_n$ となるような基本行列とすると，

$$\mathbf{A}^{-1} = \mathbf{E}_{(k)} \cdots \mathbf{E}_{(2)} \mathbf{E}_{(1)} \ .$$

MatrixRank[m]	行列 m の階数

```
In[1]:= MatrixRank[{{1,2,3},{4,5,6},{7,8,9}}]
Out[1]= 2
In[2]:= MatrixRank[{{0,2,3},{4,5,6},{7,8,9}}]
Out[2]= 3
```

13.2.19 連立方程式

n 個の未知数 $x_1, \ldots, x_n$ に m 個の方程式からなる連立 1 次方程式

$$\begin{cases} a_{11}x_1 + a_{12}x_2 + \cdots + a_{1n}x_n = b_1 \\ a_{21}x_1 + a_{22}x_2 + \cdots + a_{2n}x_n = b_2 \\ \quad \cdots \cdots \\ a_{m1}x_1 + a_{m2}x_2 + \cdots + a_{mn}x_n = b_m \end{cases}$$

を行列を使って次のように書くことができる

$$\mathbf{A}\mathbf{x} = \mathbf{b},$$

$$\mathbf{A} = \begin{pmatrix} a_{11} & a_{12} & \ldots & a_{1n} \\ a_{21} & a_{22} & \ldots & a_{2n} \\ \vdots & \vdots & \ddots & \vdots \\ a_{m1} & a_{m2} & \ldots & a_{mn} \end{pmatrix}, \mathbf{x} = \begin{pmatrix} x_1 \\ x_2 \\ \vdots \\ x_n \end{pmatrix}, \mathbf{b} = \begin{pmatrix} b_1 \\ b_2 \\ \vdots \\ b_m \end{pmatrix}.$$

$\mathbf{A}$ を**係数行列** (coefficient matrix) という．また

$$(\mathbf{A};\mathbf{b}) = \begin{pmatrix} a_{11} & a_{12} & \ldots & a_{1n} & b_1 \\ a_{21} & a_{22} & \ldots & a_{2n} & b_2 \\ \vdots & \vdots & \ddots & \vdots & \vdots \\ a_{m1} & a_{m2} & \ldots & a_{mn} & b_n \end{pmatrix}$$

を**拡大係数行列**という．

$\mathbf{A}$ が正則な行列であるとすると，逆行列 $\mathbf{A}^{-1}$ が存在して，

$$\mathbf{A}\mathbf{A}^{-1}\mathbf{x} = \mathbf{A}^{-1}\mathbf{b}.$$

$$\mathbf{E}\mathbf{x} = \mathbf{x} = \mathbf{A}^{-1}\mathbf{b}.$$

つまり，$\mathbf{A}\mathbf{x} = \mathbf{b}$ の解は $x = \mathbf{A}^{-1}\mathbf{b}$ である．

$\mathbf{A}$ が特異である場合は次のどちらかである．

(i) 解が存在しない，
(ii) 解が無数に存在する．

LinearSolve[A, b]　　$Ax = b$ を満たす x

$\mathbf{A}\mathbf{x} = \mathbf{0}$ である連立一次方程式を**斉次**（せいじ）または**同次** (homogeneous) であるという．この場合，$\mathbf{x} = \mathbf{0}$ は必ず解になる．これを**自明な解** (trivial solution) という．

NullSpace[A]	その一次結合が $Ax = 0$ を満たす自明でない解となるベクトルのリスト

例 $\begin{cases} 3x - 2y = 4 \\ 2x + 6y = 10 \end{cases}$ 解は $x = 2, y = 1$.

```
In[1]:= m1={{3,-2},{2,6}};b1={4,10};
In[2]:= LinearSolve[m1,b1]
Out[2]= {2, 1}
```

例 $\begin{cases} 3x + 2y = 0 \\ 2x + 4y = 0 \end{cases}$ は自明の解, すなわち, $x = 0, y = 0$ 以外の解を持たない.

```
In[3]:= NullSpace[{{3,-2},{2,6}}]
Out[3]= {}
```

例 $\begin{cases} x + 2y = 0 \\ 2x + 4y = 0 \end{cases}$ は自明な解以外にも $x = -2k, y = k$ (k は任意の実数) が解である.

```
In[4]:= NullSpace[{{1,2},{2,4}}]
Out[4]= {{-2, 1}}
In[5]:= Det[{{1,2},{2,4}}]
Out[5]= 0
```

例 $\begin{cases} 2x + y + 7z = 0 \\ x - y + 4z = 0 \\ -3x + 6y - 13z = 0 \end{cases}$ は自明な解のほかに

$(x, y, z) = k(-11, 1, 3)$ (k は任意の実数) も解である.

```
In[6]:= m3={{2,1,7},{1,-1,4},{-3,6,-13}};
```

```
In[7]:= Det[m3]
Out[7]= 0
In[8]:= NullSpace[m3]
Out[8]= {{-11, 1, 3}}
```

13.2.20 消去法

連立方程式 $\mathbf{A}\mathbf{x} = \mathbf{b}$ の拡大係数行列

$$(\mathbf{A}; \mathbf{B}) = \begin{pmatrix} a_{11} & a_{12} & \cdots & a_{1n} & b_1 \\ a_{21} & a_{22} & \cdots & a_{2n} & b_2 \\ \vdots & \vdots & \ddots & \vdots & \vdots \\ a_{m1} & a_{m2} & \cdots & a_{mn} & b_n \end{pmatrix}$$

に基本変形をくり返し行うことによって，次のような形の行列に変形して解を求める方法を**ガウスの消去法**または**掃き出し法** (Gaussian elimination method) という．

$$\mathbf{A} = \begin{pmatrix} 0 & \cdots & 0 & 1 & 0 & 0 & \cdots & 0 & d_1 \\ 0 & \cdots & 0 & 0 & 1 & 0 & \cdots & 0 & d_2 \\ 0 & \cdots & \cdots & 0 & \cdots & 1 & 0 & \cdots & d_3 \\ \vdots & \vdots & \vdots & \vdots & \ddots & \vdots & \ddots & \cdots & \vdots \\ 0 & \cdots & \cdots & \cdots & \cdots & \cdots & \cdots & \cdots & 0 \end{pmatrix} \quad (*)$$

つまり，下へいくほど左側に並ぶ 0 は多くなり，各行で最初に現れる 0 以外の数字は 1 である．

RowReduce[行列]	消去法で用いられる基本変形により簡単にされた行縮約行列 (*)

例 $\begin{cases} 4x + 3y - 2z = -4 \\ 2x - 2y - z = -16 \\ y + 2z = 24 \end{cases}$ の拡大係数行列は

$$\begin{pmatrix} 4 & 3 & -2 & -4 \\ 2 & -2 & -1 & -16 \\ 0 & 1 & 2 & 24 \end{pmatrix}.$$

これを基本変形により次のように簡単な行列にしていく.

$$\begin{pmatrix} 4 & 3 & -2 & -4 \\ 2 & -2 & -1 & -16 \\ 0 & 1 & 2 & 24 \end{pmatrix} \to \begin{pmatrix} 4 & 3 & -2 & -4 \\ 0 & -7 & 0 & -28 \\ 0 & 1 & 7 & 24 \end{pmatrix} \to \begin{pmatrix} 4 & 3 & -2 & -4 \\ 0 & 1 & 0 & -4 \\ 0 & 1 & 2 & 24 \end{pmatrix}$$

$$\to \begin{pmatrix} 4 & 3 & -2 & -4 \\ 0 & 1 & 0 & -4 \\ 0 & 0 & 2 & 20 \end{pmatrix} \to \begin{pmatrix} 4 & 3 & 0 & -4 \\ 0 & 1 & 0 & -4 \\ 0 & 0 & 1 & 10 \end{pmatrix} \to \begin{pmatrix} 4 & 3 & 0 & 16 \\ 0 & 1 & 0 & 4 \\ 0 & 0 & 1 & 10 \end{pmatrix}$$

$$\to \begin{pmatrix} 4 & 0 & 0 & 4 \\ 0 & 1 & 0 & 4 \\ 0 & 0 & 1 & 10 \end{pmatrix} \to \begin{pmatrix} 1 & 0 & 0 & 1 \\ 0 & 1 & 0 & 4 \\ 0 & 0 & 1 & 10 \end{pmatrix}$$

与えられた連立方程式は

$$\begin{cases} x & = 1 \\ y & = 4 \\ z & = 10 \end{cases}$$

つまり, $x = 1, y = 4, z = 10$ が解である.

In[1]:= **a1={{4,3,-2},{2,-2,-1},{0,1,2}};b1={-4,-16,24};**
In[2]:= **ar1=Transpose[Append[Transpose[a1],b1]];**
In[3]:= **MatrixForm[ar1]**
Out[3]//MatrixForm=
$$\begin{pmatrix} 4 & 3 & -2 & -4 \\ 2 & -2 & -1 & -16 \\ 0 & 1 & 2 & 24 \end{pmatrix}$$
In[4]:= **RowReduce[ar1]//MatrixForm**
Out[4]//MatrixForm=
$$\begin{pmatrix} 1 & 0 & 0 & 1 \\ 0 & 1 & 0 & 4 \\ 0 & 0 & 1 & 10 \end{pmatrix}$$
In[5]:= **LinearSolve[a1,b1]**
Out[5]= {1, 4, 10}

例 $\begin{cases} x + 2y - z = 2 \\ 2x + 3y + 5z = 1 \end{cases}$ の解を求める.

```
In[6]:= a2={{1,2,-1},{2,3,5}};b2={2,1};
In[7]:= ar2=Transpose[Append[Transpose[a2],b2]];
In[8]:= MatrixForm[ar2]
Out[8]//MatrixForm=
```
$$\begin{pmatrix} 1 & 2 & -1 & 2 \\ 2 & 3 & 5 & 1 \end{pmatrix}$$
```
In[9]:= RowReduce[ar2]//MatrixForm
Out[9]//MatrixForm=
```
$$\begin{pmatrix} 1 & 0 & 13 & -4 \\ 0 & 1 & -7 & 3 \end{pmatrix}$$

与えられた連立方程式の解は

$$\begin{cases} x + 13z = -4 \\ y - 7z = 3 \end{cases}$$

の解と一致する．t を任意の定数とすると，求める解は

$$x = -4 - 13t, y = 3 + 7t, z = t.$$

13.2.21 一次変換

$\mathbf{v}_1, \mathbf{v}_2$ を 3 次のベクトルとし，$\mathbf{A}$ を 3 次の正方行列とすると，

$$\mathbf{A}(\mathbf{v}_1 + \mathbf{v}_2) = \mathbf{A}\mathbf{v}_1 + \mathbf{A}\mathbf{v}_2$$

$$\mathbf{A}(k\mathbf{v}_1) = k\mathbf{A}(\mathbf{V}_1)$$

が成り立つ．

```
In[1]:= Clear[z]
In[2]:= m3=Array[z,{3,3}];
In[3]:= v1={1,2,3};v2={4,5,6};
In[4]:= m3.(v1+v2)//MatrixForm
Out[4]//MatrixForm=
```
$$\begin{pmatrix} 5z[1,1] + 7z[1,2] + 9z[1.3] \\ 5z[2,1] + 7z[2,2] + 9z[2.3] \\ 5z[3,1] + 7z[3,2] + 9z[3.3] \end{pmatrix}$$
```
In[5]:= m3.v1+m3.v2//MatrixForm
Out[5]//MatrixForm=
```

$$\begin{pmatrix} 5z[1,1] + 7z[1,2] + 9z[1.3] \\ 5z[2,1] + 7z[2,2] + 9z[2.3] \\ 5z[3,1] + 7z[3,2] + 9z[3.3] \end{pmatrix}$$

```
In[6]:= m3.(k*v1)//MatrixForm
Out[6]//MatrixForm=
```

$$\begin{pmatrix} kz[1,1] + 2kz[1,2] + 3kz[1.3] \\ kz[2,1] + 2kz[2,2] + 3kz[2.3] \\ kz[3,1] + 2kz[3,2] + 3kz[3.3] \end{pmatrix}$$

```
In[7]:= k*m3.v1//MatrixForm
Out[7]//MatrixForm=
```

$$\begin{pmatrix} k(z[1,1] + 2z[1,2] + 3z[1.3]) \\ k(z[2,1] + 2z[2,2] + 3z[2.3]) \\ k(z[3,1] + 2z[3,2] + 3z[3.3]) \end{pmatrix}$$

これは 3 次元ベクトル **v** を 3 次元ベクトルに対応させている関数とみなすことができ，**一次変換** (linear transformation) とよばれている．同様なことは n 次元の場合でもいえる．

13.2.22 固有値と固有ベクトル

n 次正方行列 **A** と実数 λ に対して，連立 1 次方程式

$$\mathbf{Ax} = \lambda \mathbf{x}$$

がゼロベクトルではない解 **x** をもつとき，λ を **A** の**固有値** (eigen value)，**x** を固有値 λ に対する**固有ベクトル** (eigen vector) という．

固有値 λ は $\det(\mathbf{A} - t\mathbf{E}) = 0$ の解である．この方程式を**固有方程式**または**特性方程式** (characteristic equation)，$\det(\mathbf{A} - t\mathbf{E})$ を**固有多項式**または**特性多項式** (characteristic polynomial) という．

Eigenvalues[行列]	行列の固有値のリスト
Eigenvectors[行列]	行列の固有ベクトルのリスト
Eigensystem[行列]	行列の固有値と固有ベクトルのリスト { 固有値, 固有ベクトル }
Eigenvalues[N[行列]]	数値による固有値
Eigenvalues[N[行列, k]]	k 桁の精度での数値による固有値
Eigenvectors[N[行列]]	数値による固有ベクトル
Eigenvectors[N[行列, k]]	k 桁の精度での数値による固有ベクトル

例　$\mathbf{M}_1 = \begin{pmatrix} 1 & 3 \\ 2 & 0 \end{pmatrix}$ の固有値と固有ベクトルを求める.

固有多項式は

$$\det(\mathbf{M}_1 - \lambda \mathbf{E}_2) = -6 - \lambda + \lambda^2 \ .$$

これを解いて, 固有値は $\lambda = -2, \lambda = 3$.

$$(\mathbf{M}_1(-2)\mathbf{E}_2)\mathbf{x} = 0 \ ,$$

$$(\mathbf{M}_1 - 3\mathbf{E}_2)\mathbf{x} = 0$$

をみたすベクトル x がそれぞれ対応する固有ベクトル.

$\lambda = -2$ に対する固有ベクトルは $x = k(-1, 1)$.

$\lambda = 3$ に対する固有ベクトルは $x = k(3, 2)$.

ここで, k は任意の定数.

```
In[1]:= m1={{1,3},{2,0}};
In[2]:= Det[m1-y*IdentityMatrix[2]]
Out[2]= -6-y+y²         (* 固有多項式 *)
In[3]:= Solve[%==0,y]
Out[3]= {{y -> -2}, {y -> 3}}     (* 固有値 *)
In[4]:= Solve[m1.{a,b}==-2*{a,b},{a,b}]
```
Solve::svars: 方程式はすべての "Solve" 変数に対しては解を与えない
　可能性があります. >>
```
Out[4]= {{a -> -b}}      (* -2 に対する固有ベクトル *)
In[5]:= Solve[m1.{c,d}==3*{c,d},{c,d}]
Out[5]= {{d -> 2c/3}}      (* 3 に対する固有ベクトル *)
In[6]:= NullSpace[m1-(-2)*IdentityMatrix[2]]
Out[6]= {{-1, 1}}     (* -2 に対する固有ベクトル *)
In[7]:= NullSpace[m1-3*IdentityMatrix[2]]
Out[7]= {{3, 2}}      (* 3 に対する固有ベクトル *)
In[8]:= Eigenvalues[m1]
Out[8]= {3, -2}
In[9]:= Eigenvectors[m1]
Out[9]= {{3, 2}, {-1, 1}}
In[10]:= Eigensystem[m1]
Out[10]= {{3, -2}, {{3, 2}, {-1, 1}}}
```

CharacteristicPolynomial[m,t]	固有多項式（変数 t）

```
In[2]:= CharacteristicPolynomial[m1, y]
```
$Out[2] = -6 - y + y^2$ (* 固有多項式 *)

例　$\mathbf{M}_2 = \begin{pmatrix} 2 & 4 & 1 \\ 3 & 1 & 0 \\ 0 & 1 & 1 \end{pmatrix}$ の固有値と固有ベクトルを求める.

```
In[11]:= m2={{2,4,0},{3,1,0},{0,1,1}};
In[12]:= Det[m2-y*IdentityMatrix[3]]
```
$Out[12] = -10 + 7y + 4y^2 - y^3$　　(* 固有多項式 *)
```
In[13]:= CharacteristicPolynomial[m2, y]
```
$Out[13] = -10 + 7y + 4y^2 - y^3$　　(* 固有多項式 *)
```
In[14]:= Solve[%==0,y]
```
$Out[14] = \{\{y \;\text{->}\; -2\},\; \{y \;\text{->}\; 1\},\; \{y \;\text{->}\; 5\}\}$　　(* 固有値 *)
```
In[15]:= NullSpace[m2-(-2)*IdentityMatrix[3]]
```
$Out[15] = \{\{3,\; -3,\; 1\}\}$　　(* -2 に対する固有ベクトル *)
```
In[16]:= NullSpace[m2-(1)*IdentityMatrix[3]]
```
$Out[16] = \{\{0,\; 0,\; 1\}\}$　　(* 1 に対する固有ベクトル *)
```
In[17]:= NullSpace[m2-(5)*IdentityMatrix[3]]
```
$Out[17] = \{\{16,\; 12,\; 3\}\}$　　(* 5 に対する固有ベクトル *)
```
In[18]:= Eigensystem[m2]
```
$Out[18] = \{\{-2,\; 1,\; 5\},\; \{\{3,\; -3,\; 1\},\; \{0,\; 0,\; 1\},\; \{16,\; 12,\; 3\}\}\}$

第13章　問　題

ex.13.1　$\mathbf{v} = (-2, 1, 4), \mathbf{w} = (-1, 2, 3), \mathbf{x} = (2, 6, 1)$ について次を計算せよ.

(i)　$2\mathbf{v}$　　　　(ii)　$-\mathbf{v}$　　　　(iii)　$-\mathbf{w}$　　　　(iv)　$\mathbf{x} + \mathbf{v}$　　　　(v)　$2\mathbf{w} - 3\mathbf{v}$
(vi)　$2\mathbf{x} - \mathbf{v} + 6\mathbf{w}$　(vii)　$\mathbf{v} \cdot \mathbf{w}$　(viii)　$\mathbf{v} \cdot \mathbf{v}$　(ix)　$\mathbf{x} \cdot \mathbf{v}$　(x)　$2\mathbf{x} \cdot \mathbf{w}$
(xi)　$\|\mathbf{v}\|$　　　(xii)　$\|\mathbf{w}\|$　　　(xiii)　$\|3\mathbf{w}\|$　　(xiv)　$\|-2\mathbf{v}\|$　(xv)　$\|\mathbf{x} + \mathbf{w}\|$
(xvi)　$\|\mathbf{x} - \mathbf{w}\|$　　　　　　　　(xvii)　$\|\mathbf{x}\| + \|\mathbf{w}\|$

ex.13.2 内積 $\mathbf{a} \cdot \mathbf{b}$ を求めよ.
(i) $\mathbf{a} = (1,0), \mathbf{b} = (0,1)$ (ii) $\mathbf{a} = (2,0), \mathbf{b} = (0,-5)$
(iii) $\mathbf{a} = (2,1), \mathbf{b} = (1,-5)$ (iv) $\mathbf{a} = (1,0,0), \mathbf{b} = (0,1,3)$
(v) $\mathbf{a} = (2,0,-1), \mathbf{b} = (1,-5,-2)$
(vi) $\mathbf{a} = (2,0,1,3), \mathbf{b} = (1,1,1,1)$
(vii) $\mathbf{a} = (2,-1,3,7), \mathbf{b} = (-1,0,1,6)$

ex.13.3 次のベクトルの長さ（ノルム）を求めよ.
(i) $(-1, 2)$ (ii) $(2, 4)$ (iii) $(2, -6, 0)$ (iv) $(1, 1, 1)$
(v) $(0, 1, 0)$ (vi) $(1, 1, 1, 1)$ (vii) $(2, 4, 0, -1)$
(viii) $(2, 1, 0, 1, 3)$ (ix) $(0, 1, 0, 0)$

ex.13.4 $\mathbf{a} = (1,3,4,0), \mathbf{b} = (1,1,2,2), \mathbf{c} = (-2,1,5,7)$ について
(i)   (13.1.2 項) の性質を確かめよ.
(ii)   (13.1.3 項) の内積の性質を確かめよ.
(iii)   (13.1.4 項) の長さと距離の性質を確かめよ.
(iv) $\mathbf{a}, \mathbf{b}, \mathbf{c}$ を単位ベクトルに直せ.

ex.13.5 $(2, 2, 2)$ を $\mathbf{a} = (2,1,3), \mathbf{b} = (-1,0,2), \mathbf{c} = (1,1,1)$ の一次結合で表せ.

ex.13.6   ベクトル $\mathbf{a}, \mathbf{b}$ に対して, 次が成り立つ.

$$\|\mathbf{a}+\mathbf{b}\|^2 + \|\mathbf{a}-\mathbf{b}\|^2 = 2(\|\mathbf{a}\|^2 + \|\mathbf{b}\|^2),$$

$$\mathbf{a} \cdot \mathbf{b} = \frac{1}{4}(\|\mathbf{a}+\mathbf{b}\|^2 + \|\mathbf{a}-\mathbf{b}\|^2)$$

これを $\mathbf{a} = (1,2,3), \mathbf{b} = (1,-2,5)$ のとき, 確かめよ.

ex.13.7 次を計算せよ（定義されれば）.
$$\mathbf{A} = \begin{pmatrix} 1 & 3 \\ -2 & 8 \end{pmatrix}, \mathbf{B} = \begin{pmatrix} 7 & 12 \\ 2 & -5 \end{pmatrix}, \mathbf{C} = \begin{pmatrix} 3 & 0 \\ 2 & 9 \end{pmatrix}$$
$$\mathbf{X} = \begin{pmatrix} 1 & 8 & 2 \\ 2 & 10 & -5 \end{pmatrix}, \mathbf{Y} = \begin{pmatrix} -8 & 1 \\ 1 & -1 \\ 5 & -4 \end{pmatrix}, \mathbf{Z} = \begin{pmatrix} 1 & 2 & 3 \\ 5 & -2 & 1 \\ 0 & 3 & 7 \end{pmatrix}$$

(a)   (i) $\mathbf{A} + \mathbf{B}$ (ii) $-\mathbf{A}$ (iii) $\mathbf{A} - \mathbf{C}$ (iv) $2\mathbf{A} + 3\mathbf{B}$ (v) $3(\mathbf{A} - \mathbf{B}) + 5\mathbf{C}$
(b)   (i) $\mathbf{AB}$ (ii) $\mathbf{BA}$ (iii) $-\mathbf{AC}$ (iv) $\mathbf{CA}$ (v) $\mathbf{ABC}$ (vi) $\mathbf{CBA}$
(c)   (i) $\mathbf{AB} - \mathbf{C}$ (ii) $\mathbf{A}^2$ (iii) $\mathbf{A}^3$ (iv) $\mathbf{A}^5$ (v) $(\mathbf{A}+\mathbf{B})^2$
(d)   (i) $\mathbf{AX}$ (ii) $\mathbf{XA}$ (iii) $\mathbf{BY}$ (iv) $\mathbf{YB}$ (v) $\mathbf{XY}$
      (vi) $\mathbf{YX}$
(e)   (i) $\mathbf{XZ}$ (ii) $\mathbf{ZY}$ (iii) $\mathbf{Z}^2$ (iv) $\mathbf{Z}^3$ (v) $\mathbf{YXZ}$
(f)   (i) ${}^t\mathbf{A}$ (ii) ${}^t(\mathbf{A}+\mathbf{B})$ (iii) ${}^t\mathbf{X}$ (iv) ${}^t\mathbf{Y}$ (v) ${}^t\mathbf{Z}$
      (vi) ${}^t\mathbf{YZ}$
(g)   (i) ${}^t\mathbf{X}{}^t\mathbf{Y}$ (ii) ${}^t(\mathbf{XY})$ (iii) ${}^t(\mathbf{YX})$ (iv) ${}^t(\mathbf{XB})$ (v) $\mathbf{Z}{}^t\mathbf{X}$

(h) (i) tr($\mathbf{A}$) (ii) tr($\mathbf{B}$) (iii) tr($\mathbf{AB}$) (iv) tr($\mathbf{Z}$) (v) tr($\mathbf{A+B}$)

ex.13.8 次を計算せよ（定義されれば）.
$$\mathbf{v} = (12, -36, 89), \mathbf{W} = \begin{pmatrix} -5 \\ 3 \\ 2 \end{pmatrix}, \mathbf{Z} = \begin{pmatrix} 1 \\ 1 \\ 1 \end{pmatrix}, \mathbf{X} = \begin{pmatrix} 3 & 2 & 1 \\ -6 & -2 & 9 \\ 1 & 1 & 0 \end{pmatrix}$$
$$\mathbf{e_1} =^t (1,0,0), \mathbf{e_2} =^t (0,1,0), \mathbf{e_3} =^t (0,0,1),$$

(a) (i) $\mathbf{vw}$ (ii) $\mathbf{wv}$ (iii) $\mathbf{vz}$ (iv) $\mathbf{zv}$ (v) $\mathbf{Xz}$ (vi) $^t\mathbf{zX}$
　　 (vii) $(1/3)\mathbf{Xz}$ (viii) $(1/3)\mathbf{vw}$ (ix) $\mathbf{vwX}$ (x) $\mathbf{Xw}$

(b) (i) $^t\mathbf{wz}$ (ii) $\mathbf{w}^t\mathbf{z}$ (iii) $\mathbf{ve_1}$ (iv) $\mathbf{ve_2}$ (v) $\mathbf{ve_3}$ (vi) $^t\mathbf{e_1e_2}$
　　 (vii) $^t\mathbf{e_1e_3}$ (viii) $^t\mathbf{e_2e_3}$ (ix) $\mathbf{Xe_1}$ (x) $\mathbf{Xe_2}$ (xi) $\mathbf{Xe_3}$

(c) (i) $^t\mathbf{vv}$ (ii) $\mathbf{v}^t\mathbf{v}$ (iii) $^t\mathbf{zz}$ (iv) $\mathbf{z}^t\mathbf{z}$ (v) $^t\mathbf{ww}$ (vi) $\mathbf{w}^t\mathbf{w}$

ex.13.9 次の行列の行列式を求めよ．また，正則であればその逆行列を求め，実際に逆行列となっているか確かめよ．
$$\mathbf{M}_1 = \begin{pmatrix} 1 & 2 \\ -2 & 4 \end{pmatrix}, \mathbf{M}_2 = \begin{pmatrix} 2 & 0 \\ 0 & -5 \end{pmatrix}, \mathbf{M}_3 = \begin{pmatrix} 12 & 0 \\ 0 & 4 \end{pmatrix}$$
$$\mathbf{M}_4 = \begin{pmatrix} 1 & 3 \\ 0 & 5 \end{pmatrix}, \mathbf{M}_5 = \begin{pmatrix} -6 & 9 \\ 0 & 2 \end{pmatrix}, \mathbf{M}_6 = \begin{pmatrix} 5 & 0 \\ -3 & 8 \end{pmatrix}$$
$$\mathbf{M}_7 = \begin{pmatrix} 3 & 1 \\ 12 & 4 \end{pmatrix}, \mathbf{M}_8 = \begin{pmatrix} 1 & 2 \\ 3 & 1 \end{pmatrix}, \mathbf{M}_9 = \begin{pmatrix} 1 & 2 & 2 \\ -2 & 8 & 1 \\ 3 & 6 & -4 \end{pmatrix}$$
$$\mathbf{M}_{10} = \begin{pmatrix} 3 & 4 & 7 \\ 0 & 2 & -1 \\ 0 & 0 & 5 \end{pmatrix}, \mathbf{M}_{11} = \begin{pmatrix} 0 & 2 & 6 \\ -3 & 0 & 8 \\ 1 & 5 & 0 \end{pmatrix}, \mathbf{M}_{12} = \begin{pmatrix} 2 & 0 & 0 \\ 0 & -1 & 0 \\ 0 & 0 & 10 \end{pmatrix}$$

ex.13.10 次が成り立つことを確かめよ．
$$\begin{pmatrix} 6 & -4 \\ 9 & -6 \end{pmatrix}^2 = \begin{pmatrix} 0 & 0 \\ 0 & 0 \end{pmatrix}$$
つまり，$\mathbf{A}$ を行列とすると $\mathbf{A}^2 = \mathbf{O}$ だからといって $\mathbf{A} = \mathbf{O}$ とは限らない．

ex.13.11 次が成り立つことを確かめよ．
$$\begin{pmatrix} 1 & 0 \\ 5 & -1 \end{pmatrix}^2 = \mathbf{E}_2$$
つまり，$\mathbf{A}$ を行列とすると $\mathbf{A}^2 = \mathbf{E}$ だからといって $\mathbf{A} = \mathbf{E}$ または $\mathbf{A} = -\mathbf{E}$ とは限らない．

ex.13.12 $\mathbf{M} = \begin{pmatrix} 0 & 1 & 2 \\ 0 & 0 & -5 \\ 1 & 0 & 0 \end{pmatrix}$ とする．$\mathbf{M}^2, \mathbf{M}^3, \mathbf{M}^4$ を求めよ．

ある自然数 n に対して，$\mathbf{A}^n = \mathbf{O}$ となる正方行列をベキ零行列 (nilpotent matrix) という．

ex.13.13 $\mathbf{M} = \begin{pmatrix} -2 & 3 \\ -2 & 3 \end{pmatrix}$ とする. $\mathbf{M}^2 = \mathbf{M}$ となることを示せ.
このような行列を**ベキ等行列** (idempotent matrix) という.

ex.13.14 次の行列 $\mathbf{M}$ について, $\mathbf{M}^t\mathbf{M} =^t \mathbf{MM} = \mathbf{E}$ となることを示せ. このような行列を**直交行列** (orthogonal matrix) という. また, 各行(列)は互いに直交していることを示せ.

$$\mathbf{M} = \begin{pmatrix} \frac{1}{\sqrt{2}} & 0 & \frac{1}{\sqrt{2}} \\ 0 & 1 & 0 \\ \frac{1}{\sqrt{2}} & 0 & -\frac{1}{\sqrt{2}} \end{pmatrix}$$

ex.13.15 Array を使って $(3, 3)$ 行列 $\mathbf{A} = (a[i, j])$ をつくれ. また,

$$\mathbf{Z} = \begin{pmatrix} 1 \\ 1 \\ 1 \end{pmatrix}, \mathbf{J} = \begin{pmatrix} 0 & 0 & 1 \\ 0 & 1 & 0 \\ 1 & 0 & 0 \end{pmatrix}, \mathbf{L} = \begin{pmatrix} 1 & 1 & 1 \\ 1 & 1 & 1 \\ 1 & 1 & 1 \end{pmatrix}$$

とする.

(a) (i) $\mathbf{Z}^t\mathbf{Z}$ (ii) $^t\mathbf{ZZ}$ (iii) $\mathbf{J}^2$ (iv) $\mathbf{J}^3$ (v) $\mathbf{J}^4$ (vi) $\mathbf{J}^5$ (vii) $\mathbf{J}^6$ (viii) $^t\mathbf{ZJ}$ (ix) $\mathbf{JZ}$ (x) $\mathbf{L}^2$
(b) (i) $\mathbf{AZ}$ (ii) $^t\mathbf{ZA}$ (iii) $\mathbf{JA}$ (iv) $\mathbf{AJ}$ (v) $\mathbf{LA}$ (vi) $\mathbf{AL}$
(c) $\mathbf{J}, \mathbf{L}$ の行列式を求めよ. また, 正則であれば, その逆行列を求めよ.
(d) $\mathbf{E}_{ij}$ を単位行列の i 行と j 行を入れ換えた行列とし, $\mathbf{R}_{ii}(a)$ を単位行列の i 番目の対角要素を a に変えた行列とする.
$\mathbf{E}_{12}\mathbf{A}, \mathbf{AE}_{12}, \mathbf{E}_{13}\mathbf{A}, \mathbf{AE}_{13}, \mathbf{R}_{22}(-5)\mathbf{A}, \mathbf{AR}_{22}(-5)$ を求めよ.

ex.13.16 クラメルの公式 (Cramer's rule)
n 次の正則行列 $\mathbf{A}$ を係数行列とする連立方程式 $\mathbf{Ax} = \mathbf{b}$ の解は $x = (x_1, x_2, \ldots, x_n)$,

$$x_j = \frac{\det(\mathbf{A}_j)}{\det(\mathbf{A})} \quad (j = 1, 2, \ldots, n)$$

である. ここで, $\mathbf{A}j$ は $\mathbf{A}$ の第 j 列を $\mathbf{b}$ で置き換えた行列である.

$$\begin{cases} -3x + 2y + 4z = 1 \\ x + 5y - 2z = 9 \\ 2x + y - 3z = -2 \end{cases}$$

の解をクラメルの公式を用いて求めよ.

ex.13.17 $\mathbf{D} = \begin{pmatrix} 0 & -2 & 1 \\ -1 & 1 & 1 \\ 2 & 5 & -5 \end{pmatrix}, \mathbf{X} = \begin{pmatrix} x \\ y \\ z \end{pmatrix}, \mathbf{b} = \begin{pmatrix} 1 \\ 2 \\ 3 \end{pmatrix}$

(a) **D** の行列式を求めよ．
(b) **DX=b** の連立方程式を

   (i) クラメルの公式を用いて解け．
   (ii) 逆行列を直接用いて解け．

ex.13.18 次の連立方程式を RowReduce を使って解け．

(i) $\begin{cases} x+y+2z=9 \\ 2x+4y-3z=1 \\ 3x+6y-5z=2 \end{cases}$ (ii) $\begin{cases} x+2y+3z=-2 \\ -x+2z=3 \\ 3x+4y+4z=5 \end{cases}$

(iii) $\begin{cases} x+2y+3z=-2 \\ 2x+-y+2z=3 \\ 3x+y+5z=1 \end{cases}$ (iv) $\begin{cases} x_1+2x_2+3x_3+x_4=3 \\ x_1-x_2-x_3+x_4=1 \\ 2x_1+x_3+2x_4=0 \end{cases}$

ex.13.19

$$\mathbf{H} = \begin{pmatrix} -2 & 2 & 10 \\ 2 & -11 & 8 \\ 10 & 8 & -5 \end{pmatrix}$$

(i) $\mathbf{H} - {}^t\mathbf{E}$ の行列式を求めよ．
(ii) その行列式を t について解け．
(iii) $\mathbf{Hx} = t\mathbf{x}$ となるようなベクトル $\mathbf{x}$ を求めよ．
(iv) Eigensystem を用いて，**H** の固有値と固有ベクトルを求めよ．

第 14 章
平面図形

```
In[1]:= Manipulate[Graphics[{
  Line[Table[{{2Cos[t],1+Sin[t]},pt},
  {t,2Pi/n,2.Pi,2Pi/n}]]},PlotRange->2],
  {{n,30},1,200,1},{pt,{-2,-2},{2,2}}]

Out[100]=
```

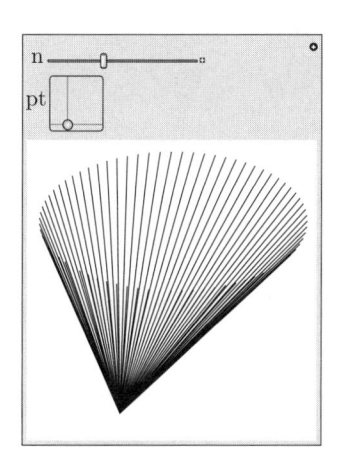

14.1 幾何ベクトル

14.1.1 平面のベクトル

平面の 2 点，P, Q に対して，P から Q へ向かう線分を**有向線分** (directed segment) といい，$\overrightarrow{PQ}$ で表す．このとき，P をこの線分の**始点** (initial point)，Q を**終点** (terminal point) という．平行移動によってこの有向線分にかさねられるものをすべて同じものと考え，これを（**幾何**）**ベクトル**という．その有向線分の向きをベクトルの**向き**，その長さをベクトルの**長さ**または**大きさ**といい，

$$\|\overrightarrow{PQ}\|, \ |\overrightarrow{PQ}|$$

などで表す．つまり，ベクトルは向きと大きさをもつ量である．また，大きさだけをもつ量を**スカラー** (scalar) という．

有向線分 $\overrightarrow{PQ}$ を含むベクトルを

$$\mathbf{v} = \overrightarrow{PQ}$$

と書く．

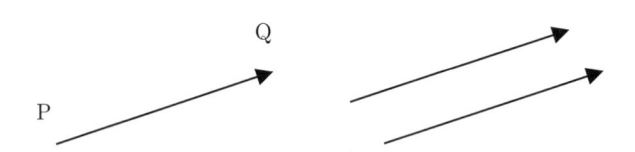

2 つのベクトル $\mathbf{v}, \mathbf{w}$ の向きが同じで大きさが等しいとき，$\mathbf{v}$ と $\mathbf{w}$ は等しいといい，

$$\mathbf{v} = \mathbf{w}$$

と表す．

とくに，大きさ 1 のベクトルを**単位ベクトル** (unit vector) とよぶ．

14.1.2 ベクトルの和，差

2 つのベクトル $\mathbf{v}, \mathbf{w}$ について，$\mathbf{v}$ の終点に $\mathbf{w}$ の始点を合わせ，$\mathbf{v}$ の始点から $\mathbf{w}$ の終点へのベクトルを $\mathbf{v}, \mathbf{w}$ の和といい，$\mathbf{v} + \mathbf{w}$ で表す．

始点と終点が一致したベクトル，つまり，大きさ 0 のベクトルを**零ベクトル**といい，**0** で表す．

ベクトル $\mathbf{v}$ の始点と終点を逆にしたものを**逆ベクトル**といい，$-\mathbf{v}$ で表す．つまり，$\mathbf{v}$ と $-\mathbf{v}$ は大きさが同じで向きが反対のベクトルである．

2つのベクトル $\mathbf{v}, \mathbf{w}$ について，その差を $\mathbf{v} - \mathbf{w}$ と表し，

$$\mathbf{v} - \mathbf{w} = \mathbf{v} + (-\mathbf{w})$$

と定義する．

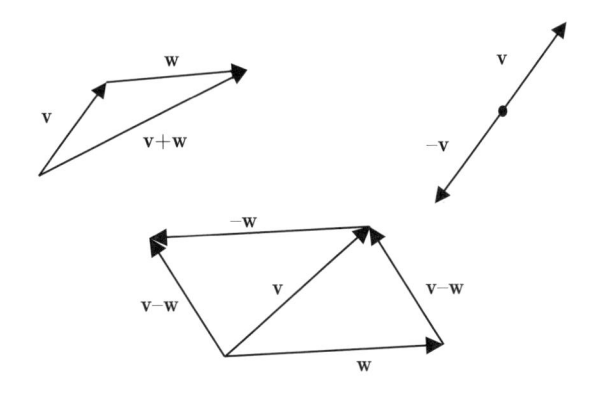

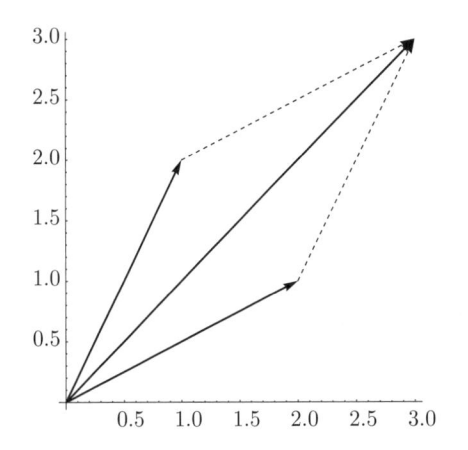

```
In[1]:= o = {0, 0};u = {2, 1};v = {1, 2};
In[1]:= Graphics[{{Arrow[{o,u}],Arrow[{o,v}],Arrow[{o, u + v}],
  {Dashed, Arrow[{u, u + v}], Arrow[{v, u + v}]}
  }}, Axes -> True]
```

14.1.3 スカラー倍（実数倍）

ベクトル $\mathbf{v}$ と実数（スカラー）k に対して，**スカラー倍（実数倍）**(scalar multiplication) を次のようなベクトルとし，$k\mathbf{v}$ と表す．

(i) 大きさは，$|k| \times \|v\|$ ($|k|\mathbf{v}$ の大きさ)

(ii) その向きは $k > 0$ のときは **v** と同じ，$k < 0$ のときは **v** と反対で，$k = 0$，または，$\mathbf{v} = \mathbf{0}$ のときは $k\mathbf{v} = \mathbf{0}$ とする．

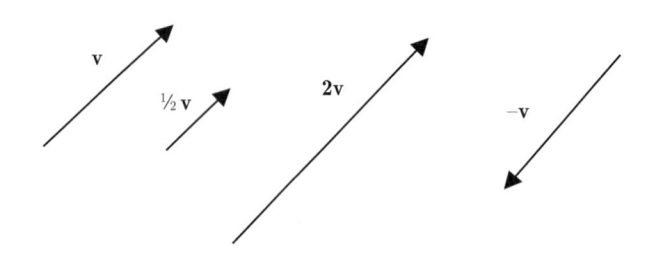

14.1.4 成分表示

座標平面においてベクトル **v** の始点を原点に合わせるとき，その終点の座標 (v_1, v_2) を **v** の**成分** (component) といい，

$$\mathbf{v} = (v_1, v_2)$$

の形で表すことをベクトルの**成分表示**という．

とくに x 軸，y 軸の正の向きの単位ベクトルを基本ベクトルといい，$\mathbf{e}_1, \mathbf{e}_2$ で表す．$\mathbf{e}_1, \mathbf{e}_2$ の成分表示は次のとおりである．

$$\mathbf{e}_1 = (1, 0), \quad \mathbf{e}_2 = (0, 1).$$

基本ベクトルを用いると，任意のベクトル **v** は

$$\mathbf{v} = v_1 \mathbf{e}_1 + v_2 \mathbf{e}_2$$

の形でただ一通りに表すことができる．このような形を $\mathbf{e}_1, \mathbf{e}_2$ の**一次結合**という．

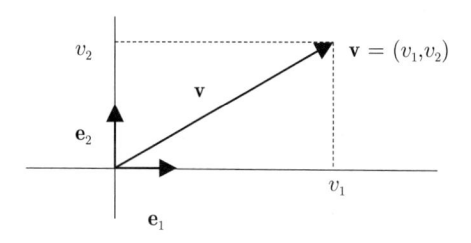

成分表示を用いて，$\mathbf{v} = (v_1, v_2)$，$\mathbf{w} = (w_1, w_2)$ とすると，ベクトルの和とスカラー倍は次のようになる．

$$\mathbf{v} + \mathbf{w} = (v_1 + w_1, v_2 + w_2).$$
$$k\mathbf{v} = (kv_1, kv_2).$$

また，ベクトルの大きさ $||\mathbf{v}||$ は

$$||\mathbf{v}|| = \sqrt{v_1^2 + v_2^2}$$

となる．また，

$$||k\mathbf{v}|| = |k|||\mathbf{v}||.$$

ベクトル $\mathbf{v}$ と $\mathbf{w}$ の距離は

$$d(\mathbf{v}, \mathbf{w}) = \sqrt{(v_1 - w_1)^2 + (v_2 - w_2)^2}.$$

14.1.5 幾何ベクトルの性質

幾何ベクトル $\mathbf{a}, \mathbf{b}, \mathbf{c}$ と実数 l, m について次が成り立つ．

- (i) $\mathbf{a} + \mathbf{b} = \mathbf{b} + \mathbf{a}$
- (ii) $\mathbf{a} + (\mathbf{b} + \mathbf{c}) = (\mathbf{a} + \mathbf{b}) + \mathbf{c}$
- (iii) $\mathbf{a} + \mathbf{0} = \mathbf{0} + \mathbf{a} = \mathbf{a}$
- (iv) $\mathbf{a} + (-\mathbf{a}) = \mathbf{a} - \mathbf{a} = \mathbf{0}$
- (v) $\lambda(\mu \mathbf{a}) = (\lambda \mu)\mathbf{a}$
- (vi) $\lambda(\mathbf{a} + \mathbf{b}) = \lambda \mathbf{a} + \lambda \mathbf{b}$
- (vii) $(\lambda + \mu)\mathbf{a} = \lambda \mathbf{a} + \mu \mathbf{a}$
- (viii) $1\mathbf{a} = \mathbf{a}$

これは 13.1.2 項でみたベクトルの性質である[1]．

14.1.6 位置ベクトル

座標軸の原点 O から点 A に対して $\overrightarrow{OA}$ の定めるベクトル $\mathbf{a} = \overrightarrow{OA}$ を点 A の位置ベクトルという．点 A の座標が (x, y) であれば $\mathbf{a}$ の成分表示は，$\mathbf{a} = (x, y)$．

2 点 A, B の位置ベクトルを $\mathbf{a}, \mathbf{b}$ とし，m, n を正数とする．

(i) 線分 AB を $m : n$ に内分する点の位置ベクトルは

$$\frac{n}{m+n}\mathbf{a} + \frac{m}{m+n}\mathbf{b}.$$

(ii) 線分 AB を $m : n$ に外分する点の位置ベクトルは

$$\frac{-n}{m-n}\mathbf{a} + \frac{m}{m-n}\mathbf{b}.$$

---

[1] 幾何ベクトル，数ベクトルはベクトル空間の考え方を通じて一般化される．詳しくは線形代数の教科書を参照．

内分　　　　　　　　　　　　外分

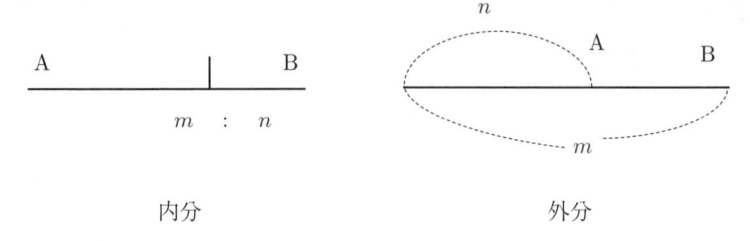

(iii) AB の中点の位置ベクトルは
$$\frac{1}{2}(\mathbf{a}+\mathbf{b}).$$

14.1.7 内積

2つのベクトル $\mathbf{v}, \mathbf{w}$ について，$\mathbf{v}$ の始点に $\mathbf{w}$ の始点を合わせたときに作られる角をベクトル $\mathbf{v}, \mathbf{w}$ の**なす角**という．ただし，$0 \leq \theta \leq \pi$.

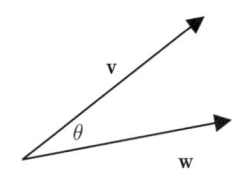

2つのベクトル $\mathbf{v}, \mathbf{w}$ の**内積** (inner product) を $\mathbf{v} \cdot \mathbf{w}$ と表し，次のように定義する．

$$\mathbf{v} \cdot \mathbf{w} = \begin{cases} \|\mathbf{v}\|\|\mathbf{w}\|\cos\theta & (\mathbf{v} \neq \mathbf{0} \text{ かつ } \mathbf{w} \neq \mathbf{0}) \\ 0 & (\mathbf{v} = \mathbf{0} \text{ または } \mathbf{w} = \mathbf{0}) \end{cases}$$

14.1.8 正弦定理と余弦定理

三角形 ABC において，∠A, ∠B, ∠C の大きさをそれぞれ A, B, C で，その対辺をそれぞれ a, b, c とする．

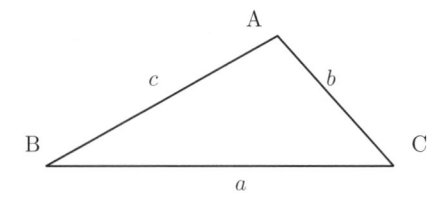

正弦定理 (the law of sines)：
$$\frac{a}{\sin A} = \frac{b}{\sin B} = \frac{c}{\sin C}.$$

余弦定理 (the law of cosines)：

$$a^2 = b^2 + c^2 - 2bc\cos A$$
$$b^2 = c^2 + a^2 - 2ca\cos B$$
$$c^2 = a^2 + b^2 - 2ab\cos C$$

14.1.9 内積の別表現

$\mathbf{v} = (v_1, v_2), \mathbf{w} = (w_1, w_2)$ とすると，余弦定理から，

$$||\overrightarrow{PQ}|| = ||\mathbf{v}||^2 + ||\mathbf{w}||^2 - 2||\mathbf{v}||||\mathbf{w}||\cos\theta.$$

$\overrightarrow{PQ} = \mathbf{w} - \mathbf{v}$ であるから，

$$||\mathbf{v}||||\mathbf{w}||\cos\theta = \frac{1}{2}\left(||\mathbf{v}||^2 + ||\mathbf{w}||^2 - ||\mathbf{w} - \mathbf{v}||^2\right).$$

内積の定義から，

$$\mathbf{v} \cdot \mathbf{w} = \frac{1}{2}\left(||\mathbf{v}||^2 + ||\mathbf{w}||^2 - ||\mathbf{w} - \mathbf{v}||^2\right).$$

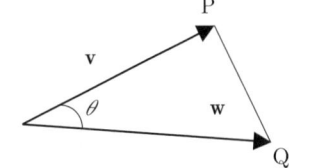

$||\mathbf{v}||^2 = v_1^2 + v_2^2, ||\mathbf{w}||^2 = w_1^2 + w_2^2, ||\mathbf{w} - \mathbf{v}||^2 = (w_1 - v_1)^2 + (w_2 - v_2)^2$ を代入すると，

$$\mathbf{v} \cdot \mathbf{w} = v_1 w_1 + v_2 w_2.$$

これは 13 章で定義した内積（13.1.3 項）と一致する．

14.1.10 内積の性質

(a) ベクトル $\mathbf{a}$, $\mathbf{b}$, $\mathbf{c}$ と実数 l について次が成り立つ．
  (i) $\mathbf{a} \cdot \mathbf{b} = \mathbf{b} \cdot \mathbf{a}$
  (ii) $(\mathbf{a} + \mathbf{b}) \cdot \mathbf{c} = \mathbf{a} \cdot \mathbf{c} + \mathbf{b} \cdot \mathbf{c}$
  (iii) $(\lambda \mathbf{a}) \cdot \mathbf{b} = \lambda(\mathbf{a} \cdot \mathbf{b})$
  (iv) $\mathbf{a} \cdot \mathbf{a} \geq 0$
  とくに $\mathbf{a} \cdot \mathbf{a} = 0$ が成り立つのは $\mathbf{a} = \mathbf{0}$ のときだけである．

(b) θ をベクトル $\mathbf{v} = (v_1, v_2), \mathbf{w} = (w_1, w_2)$ のなす角とすると，

$$\cos\theta = \frac{\mathbf{v} \cdot \mathbf{w}}{||\mathbf{v}||||\mathbf{w}||} = \frac{v_1 w_1 + v_2 w_2}{\sqrt{v_1^2 + v_2^2}\sqrt{w_1^2 + w_2^2}}.$$

  (i) θ は鋭角 (acute) $\Leftrightarrow \mathbf{v} \cdot \mathbf{w} > 0$

(ii) θ は鈍角 (obtuse) $\Leftrightarrow \mathbf{v} \cdot \mathbf{w} < 0$

(iii) θ は直角 (perpendicular) $\Leftrightarrow \mathbf{v} \cdot \mathbf{w} = 0$

(c) シュワルツの不等式 (Schwartz' inequality)

$$|\mathbf{v} \cdot \mathbf{w}| \leq ||\mathbf{v}||||\mathbf{w}||.$$

VectorAngle[u ,v]　　ベクトル u と v のなす角

例　$\mathbf{v}_1 = (1,2), \mathbf{v}_2 = (-1,3)$ のなす角は

$$\cos\theta = \frac{\mathbf{v}_1 \cdot \mathbf{v}_2}{||\mathbf{v}_1||||\mathbf{v}_2||} = \frac{5}{\sqrt{50}} = \frac{1}{\sqrt{2}}.$$

よって，$\theta = \dfrac{\pi}{4}$.

```
In[1]:= v1={1,2};v2={-1,3};
In[2]:= v1.v2/Sqrt[v1.v1*v2.v2]
```
Out[2]= $\dfrac{1}{\sqrt{2}}$

```
In[3]:= ArcCos[%]
```
Out[3]= $\dfrac{\pi}{4}$

```
In[4]:= VectorAngle[v1,v2]
```
Out[4]= $\dfrac{\pi}{4}$

```
In[5]:= o={0,0};v1={1,2};v2={-1,3};
In[5]:= Graphics[{{Arrow[{o, v1}], Arrow[{o, v2}]}}, Axes -> True,
 AspectRatio -> Automatic]
```

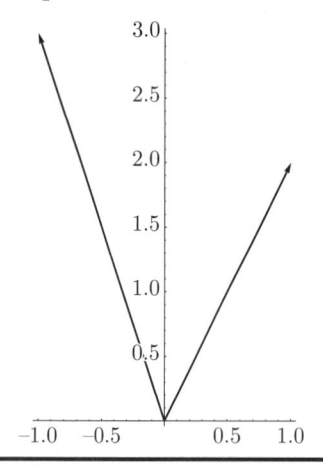

14.1.11 ベクトルの直交

2つのベクトル $\mathbf{v}, \mathbf{w}$ は $\mathbf{v} \cdot \mathbf{w} = 0$ のとき，**直交** (orthoganal) するという

$\mathbf{u}, \mathbf{v}$ を2つのゼロでないベクトルとする．$\mathbf{w}$ を $\mathbf{v}$ の実数倍（すなわち，$\mathbf{w} = t\mathbf{v}$），$\mathbf{z}$ を $\mathbf{v}$ に直交しているベクトルとする．
すると，

$$\mathbf{u} = \mathbf{w} + \mathbf{z} = t\mathbf{v} + \mathbf{z}.$$

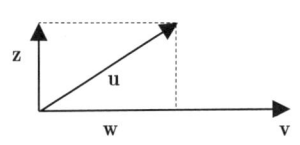

これと $\mathbf{v}$ の内積をとると

$$\mathbf{u} \cdot \mathbf{v} = (t\mathbf{v} + \mathbf{z}) \cdot \mathbf{v} = t||\mathbf{v}||^2 + \mathbf{z} \cdot \mathbf{v}.$$

$\mathbf{z}$ と $\mathbf{v}$ は直交しているので $\mathbf{z} \cdot \mathbf{v} = 0$.
よって，

$$t = \frac{\mathbf{u} \cdot \mathbf{v}}{||\mathbf{v}||^2}$$

となり，

$$\mathbf{w} = \frac{\mathbf{u} \cdot \mathbf{v}}{||\mathbf{v}||^2}\mathbf{v}, \quad \mathbf{z} = \mathbf{u} - \frac{\mathbf{u} \cdot \mathbf{v}}{||\mathbf{v}||^2}\mathbf{v}.$$

$\mathbf{w}$ をベクトル $\mathbf{u}$ のベクトル $\mathbf{v}$ への**正射影** (orthogonal projection of $\mathbf{u}$ on $\mathbf{v}$) という．

Projection[u, v]	ベクトル u のベクトル v への射影

例 ベクトル $\mathbf{a}_1 = (3, -2), \mathbf{a}_2 = (6, 9)$ は直交している．

In[1]:= `a1={3,-2};a2={6,9};`
In[2]:= `a1.a2`
Out[2]= 0
In[3]:= `VectorAngle[a1,a2]`
Out[3]= $\dfrac{\pi}{2}$
In[4]:= `o = {0,0};a1={3,-2};a2 = {6,9};`
In[4]:= `Graphics[{{Arrow[{o, a1}], Arrow[{o, a2}]}}, Axes -> True, AspectRatio -> Automatic]`

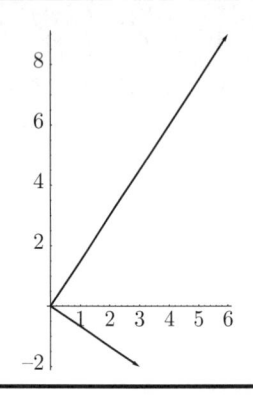

例　ベクトル $\mathbf{a}_1 = (3, -2)$ の $\mathbf{a}_3 = (1, 0)$ への正射影は

$$\frac{\mathbf{a}_1 \cdot \mathbf{a}_3}{\|\mathbf{a}_3\|^2} \mathbf{a}_3 = (3, 0).$$

これは x 軸への正射影であり，$\mathbf{a}_1$ はこれと

$$\mathbf{a}_1 - \frac{\mathbf{a}_1 \cdot \mathbf{a}_3}{\|\mathbf{a}_3\|^2} \mathbf{a}_3 = (0, -2)$$

の和として分解できる．つまり，ここでは x 軸と y 軸へ分解したわけである．

```
In[6]:= a1={3,-2};a3={1,0};
In[7]:= a1.a3
Out[7]= 3
In[8]:= (a1.a3/Sqrt[a3.a3])*a3
Out[8]= {3, 0}
In[9]:= a1-%
Out[9]= {0, -2}
In[10]:= Projection[a1, a3]
Out[10]= {3, 0}
In[11]:= o={0, 0};a1={3, -2};a2={1, 0}; a3 = Projection[a1,a3];
In[12]:= Graphics[{{Arrow[{o, a1}], Arrow[{o, a2}],
  {Dashed, Arrow[{a1, a3}]}}},Axes -> True,
  AspectRatio -> Automatic]
```

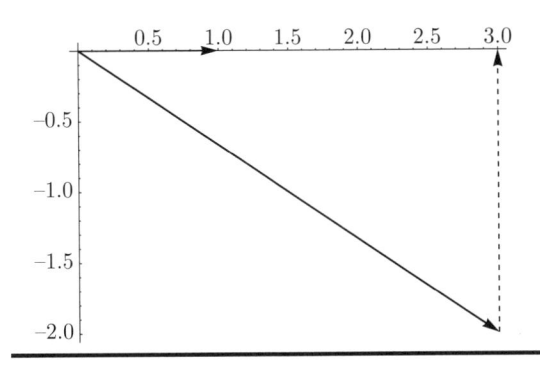

14.1.12 一次独立と一次従属

2つのベクトル $\mathbf{v}, \mathbf{w}$ はどちらか一方が，もう一方の実数倍として表せるとき，**一次従属**であるという．つまり，

$$\mathbf{v} = t\mathbf{w}$$

となるような実数 t が存在するときに**一次従属**であるという．一次従属なベクトルは平行である．これを書き換えると，

$$\mathbf{v} + (-t)\mathbf{w} = 0$$

で，$\mathbf{v}$ の係数は 1, $\mathbf{w}$ の係数は $(-t)$ である．ベクトル $\mathbf{v}$ と $\mathbf{w}$ が平行であるとき $\mathbf{v}//\mathbf{w}$ と表す．

一次従属でないとき，2つのベクトルは**一次独立**であるという．

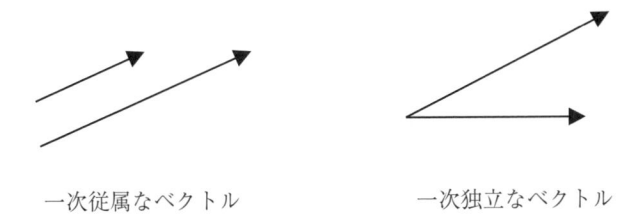

一次従属なベクトル　　　　一次独立なベクトル

ゼロベクトルはどのベクトルとも一次従属になる．

14.1.13 座標系

$\mathbf{a}_1$ と $\mathbf{a}_2$ を一次独立なベクトルとし，点 O' を原点，$\mathbf{a}_1, \mathbf{a}_2$ に沿った直線を x' 軸，y' 軸とする．座標平面上の点 P をとって，x' 軸と y' 軸に平行な直線を引き，x' 軸との交点を a, y' 軸との交点を b とすると，点 P に対応して 1 組の実数の組 (a,b) が決まる．

このようにすると平面上のすべての点に対して，実数の組が1対1で対応する．これを原点 O' と x' 軸と y' 軸に関する座標と考えることができ，**座標系** (coordinate system)，$\{O'; \mathbf{a}_1, \mathbf{a}_2\}$ という．

とくに，$\mathbf{a}_1, \mathbf{a}_2$ が直交しているとき，**直交座標系**という．今までみてきた座標系 $\{O; \mathbf{e}_1, \mathbf{e}_2\}$ は直交座標系である．

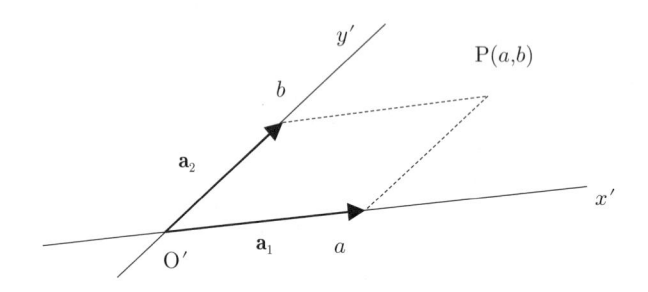

14.1.14 極座標

平面上に点 O をとり，そこから半直線 OX をひく．平面上の点 P に対して OP の長さを r，OX を OP に重ねる回転角を θ とすると，平面上のすべての点に対して組 (r, θ) が対応する．このとき，r を P の**動径** (radius) といい，θ を点 P の**偏角** (polar angle)，(r, θ) を点 P の**極座標** (polar coordinate) という．また，O を**極** (pole)，または，**原点**といい，OX を**始線** (polar axis) という．

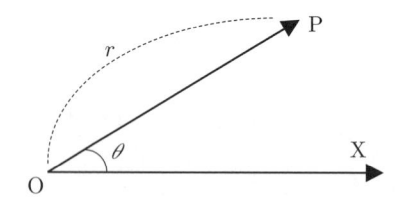

極座標系の極 O を原点とし，始線 OX を直交座標系の x 軸の正の部分とすると点 P の直交座標 (x, y) と極座標 (r, q) の間には次の関係がある．

$$x = r\cos\theta, \quad y = r\sin\theta$$

これより，

$$r = \sqrt{x^2 + y^2}, \quad \cos\theta = \frac{x}{r}, \quad \sin\theta = \frac{y}{r}, \quad \tan\theta = \frac{y}{x}.$$

| ToPolarCoordinates[#座標#] | 直交座標に対応する極座標 $\{r, \theta\}$ |
| FromPolarCoordinates [$\{r, \theta\}$] | 極座標 $\{r, \theta\}$ に対応する直交座標 |

例

In[1]:= `ToPolarCoordinates[{x, y}]`
Out[1]= $\left\{\sqrt{x^2+y^2}, \arctan[x, y]\right\}$
In[2]:= ToPolarCoordinates[$\{1, 1\}$]
Out[2]= $\left\{\sqrt{2}, \dfrac{\pi}{4}\right\}$
In[3]:= `FromPolarCoordinates[{r, t}]`
Out[3]= $\{r\,\text{Cos}[t],\ r\,\text{Sin}[t]\}$
In[4]:= `FromPolarCoordinates[{Sqrt[2], Pi/4}]`
Out[4]= $\{1, 1\}$

14.2 直線

14.2.1 直線の方程式

点 P の位置ベクトルを **a** とすると，P を通り，ベクトル **v** に平行な直線は

$$\mathbf{x} = \mathbf{a} + t\mathbf{v} \quad (-\infty < t < \infty)$$

で表される．

また，$\mathbf{x} = (x, y)$, $\mathbf{a} = (a_1, a_2)$, $\mathbf{v} = (v_1, v_2)$ とすると，

$$\begin{cases} x = a_1 + tv_1 \\ y = a_2 + tv_2 \end{cases} \quad (-\infty < t < \infty)$$

これを直線の**媒介変数表示** (parametric representation) という．また，この方程式を**媒介変数方程式** (parametric equation) という．

この式から t を消去すると，

$$\frac{x - a_1}{v_1} = \frac{y - a_2}{v_2}.$$

これを平行座標に関する直線の方程式といい，$v_1 : v_2$ を**方向比** (direction ratio) という．とくに，$v_1^2 + v_2^2 = 1$ (つまり，$\|\mathbf{v}\| = 1$) となるとき，v_1, v_2 を**方向余弦**という．一般に方向比が $v_1 : v_2$ である直線の方向余弦は

$$\lambda = \frac{v_1}{\sqrt{v_1^2 + v_2^2}}, \quad \mu = \frac{v_2}{\sqrt{v_1^2 + v_2^2}}.$$

2点 A, B の位置ベクトルをそれぞれ $\mathbf{a} = (a_1, a_2)$ と $\mathbf{b} = (b_1, b_2)$ とすると，A, B を通る直線は

$$x = (1-t)\mathbf{a} + t\mathbf{b},$$

または，

$$\frac{x - a_1}{b_1 - a_1} = \frac{y - a_2}{b_2 - a_2}$$

で表される．

一般に直線は

$$ax + by + c = 0$$

の 1 次方程式で表される．この直線の方向比は $b : -a$ であり，傾きは $-a/b$ である．

y 軸上の点 $(0, b)$ を通る傾き m の直線は

$$y = mx + b$$

点 (x_1, x_2) を通り，ベクトル $\mathbf{v} = (a, b)$ に垂直な直線の方程式は

$$a(x - x_1) + b(y - y_1) = 0.$$

このとき，$\mathbf{v} = (a, b)$ をこの直線の**法線ベクトル**という．

14.2.2 2つの直線

$$l_1 : \frac{x - x_1}{u_1} = \frac{y - y_1}{u_2}, \quad l_2 : \frac{x - x_2}{v_1} = \frac{y - y_2}{v_2}$$

が平行であるための条件は

$$u_1 : u_2 = v_1 : v_2$$

l_1 と l_2 の間の角を θ とすると，

$$\cos\theta = \frac{u_1 v_1 + u_2 v_2}{\sqrt{u_1^2 + u_2^2}\sqrt{v_1^2 + v_2^2}}.$$

これらの直線が直交するための条件は

$$u_1 v_1 + u_2 v_2 = 0.$$

2 つの直線 $a_1 x + b_1 y + c_1 = 0, a_2 x + b_2 y + c_2 = 0$ について，

(i) 平行であるための条件は

$$a_1 : b_1 = a_2 : b_2,$$

(ii) 直交するための条件は

$$a_1 a_2 + b_1 b_2 = 0.$$

点 (x_1, y_1) から直線 $ax + by + c = 0$ の距離 d は

$$d = \frac{|ax_1 + by_1 + c|}{\sqrt{a^2 + b^2}}$$

で与えられる.

14.2.3 ヘッセの標準形

直線 $ax + by + c = 0$ を書き換えて,

$$\pm \frac{a}{\sqrt{a^2 + b^2}} x \pm \frac{b}{\sqrt{a^2 + b^2}} y = \mp \frac{c}{\sqrt{a^2 + b^2}}$$

をヘッセの標準形 (Hessian hormal form) という. ただし, 符号は右辺が正になるようにとる.

14.3　2次曲線

14.3.1　2次曲線

a, b, c, f, g, h を定数とする.

$$ax^2 + 2hxy + by^2 + 2gx + 2fy + c = 0$$

を満たす (x, y) の表す曲線を **2次曲線** (quadratic curve) という. 以下で, いろいろな2次曲線を紹介しよう.

14.3.2　円

中心の位置ベクトルが $\mathbf{a} = (a, b)$ で, 半径 r の円は次のとおりである.

$$(\mathbf{x} - \mathbf{a}) \cdot (\mathbf{x} - \mathbf{a}) = r^2.$$

または, $\mathbf{x} = (x, y)$ とすると,

$$(x - a)^2 + (y - b)^2 = r^2.$$

2次方程式

$$x^2 + y^2 + 2gx + 2fy + c = 0$$

を変形すると,

$$(x+g)^2 + (y+f)^2 = g^2 + f^2 - c$$

となり，中心 $(-g, -f)$, 半径 $\sqrt{g^2 + f^2 - c}$ の円を表す．ただし，$g^2 + f^2 - c > 0$ のとき**実円**, $g^2 + f^2 - c = 0$ のとき**点円**, $g^2 + f^2 - c < 0$ のとき**虚円**を表す．

媒介変数表示は

$$\begin{cases} x = a + r\cos\theta \\ y = b + r\sin\theta \end{cases}$$

である．

例 中心 $(1, 2)$, 半径 1 の円の媒介変数表示は

$$\begin{cases} x = 1 + \cos\theta \\ y = 2 + \sin\theta \end{cases}$$

```
In[1]:= ParametricPlot[{1+Cos[x],2+Sin[x]},
 {x,0,2Pi},AspectRatio->Automatic,
 AxesLabel->{"x","y"}]
```

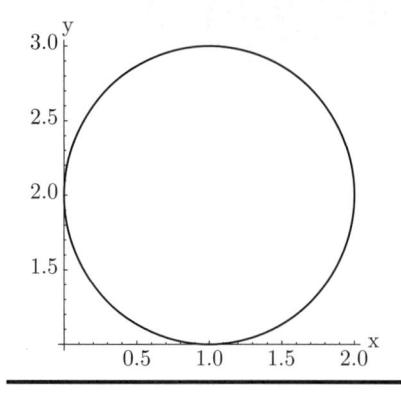

14.3.3 陰関数

円の方程式 $x^2 + y^2 = r^2$ では y は x の陰関数の形で与えられている.

> 陰関数で与えられている曲線を描くには
>   ContourPlot [式, $\{x, xmin, xmax\}, \{y, ymin, ymax\}$]
> とする.

例　$(x-1)^2 + (y-2)^2 = 1$ の曲線を描く.

```
In[1]:= ContourPlot[(x-1)^2+(y-2)^2==1,
  {x,0,2},{y,1,3},AxesLabel->{"x","y"}]
```

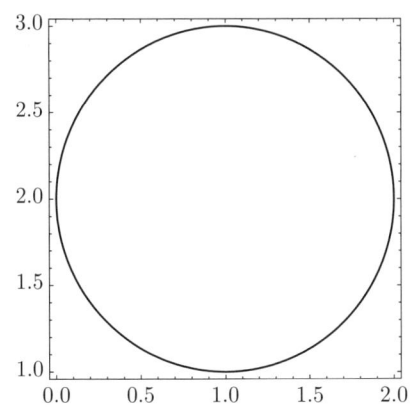

14.3.4 極座標系の円

極座標系において，中心が (r_0, θ_0)，半径 R の円の極方程式は

$$t^2 + r_0^2 - 2tr_0 \cos(\theta - \theta_0) = R^2$$

を満たす点 (t, θ) 全体である.

とくに，中心が始線上にあり極を通る半径 R の円の方程式は

$$t = 2R \cos \theta.$$

> PolarPlot[式, $\{q, qmin, qmax\}$]　　動径の式で表されている曲線を角 $qmin$ から $qmax$ まで描く

例 始線上に中心のある半径 3 の円を極座標での方程式を使って描く．

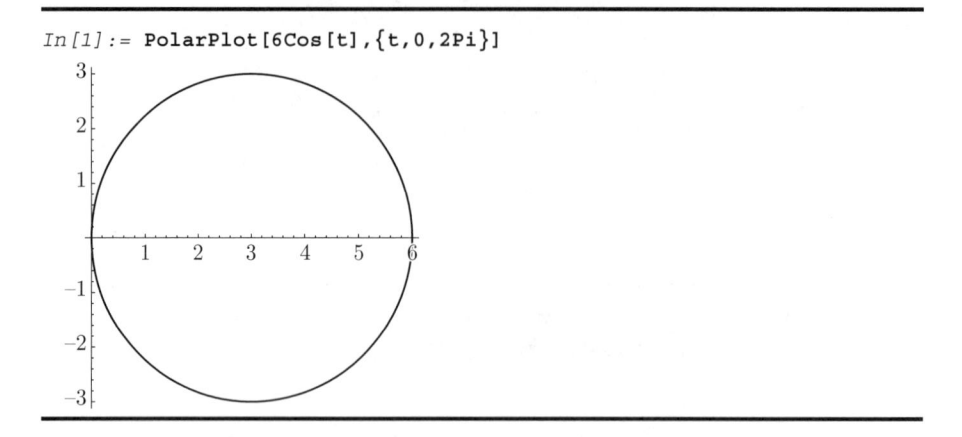

```
In[1]:= PolarPlot[6Cos[t],{t,0,2Pi}]
```

14.3.5 円上の接線

中心が (a,b) で，半径 r の円

$$(x-a)^2 + (y-b)^2 = r^2$$

上の 1 点 (x_1, y_1) を通る接線の方程式は

$$(x_1-a)(x-a) + (y_1-b)(y-b) = r^2.$$

14.3.6 楕円

平面上の 2 定点までの距離の和が一定の点全体の集まりを**楕円** (ellipse) という．このとき定点を**焦点** (focus) とよぶ．

焦点 F, F′ を x 軸上の点 $\mathrm{F}(c,0), \mathrm{F}'(-c,0)$ にとり，F, F′ からの距離の和が $2a$ である楕円は次の方程式で与えられる．

$$\frac{x^2}{a^2} + \frac{y^2}{b^2} = 1 \quad (ただし, b^2 = a^2 - c^2)$$

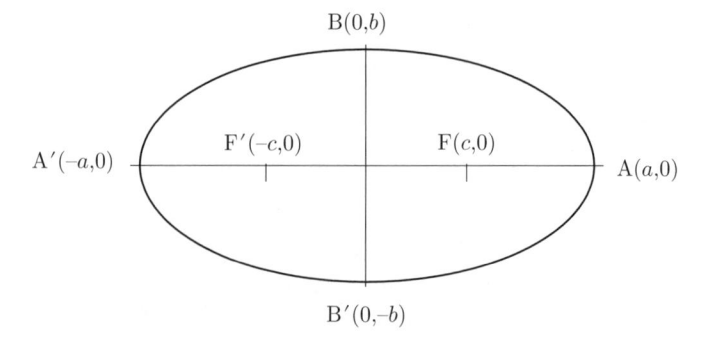

14.3 2次曲線

図のように，この曲線が x 軸と交わる点を A, A′, y 軸と交わる点を B, B′ とする．AA′ を**長軸** (major axis), BB′ を**短軸** (minor axis) という．つまり，長軸の長さは $2a$，短軸の長さは $2b$ である．長軸と短軸の交わる点を**中心**といい，長軸，短軸が楕円と交わる点を**頂点**という．

例 長軸の長さ 4, 短軸の長さ 1 の楕円．

```
In[1]:= ContourPlot[x^2/2^2+y^2==1,{x,-2,2},
 {y,-1,1},AspectRatio->Automatic,
 Axes->True,AxesLabel->{"x","y"}]
```

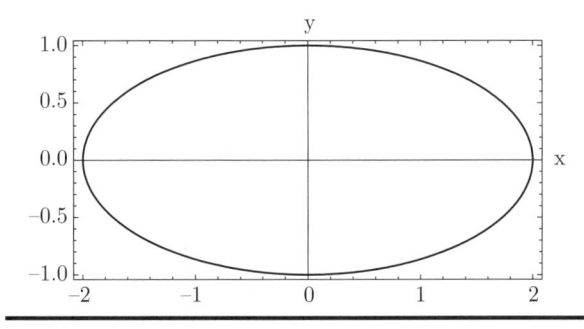

楕円の媒介変数表示は次で与えられる．

$$\begin{cases} x = a\cos\theta \\ y = b\sin\theta \end{cases}$$

例 長軸の長さ 6, 短軸の長さ 4 の楕円．

```
In[1]:= ParametricPlot[{3Cos[x],2Sin[x]},{x,0,2Pi},
 AspectRatio->Automatic,AxesLabel->{"x","y"}]
```

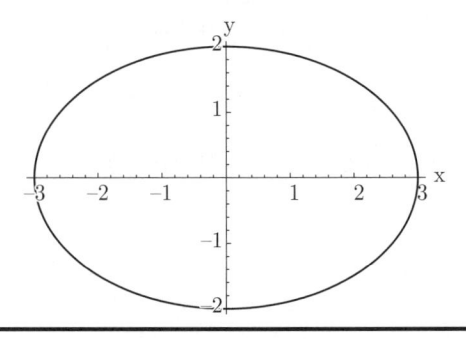

原点を極, x 軸を始線にとったときの極座標における方程式は

$$r^2 = \frac{a^2 b^2}{b^2 \cos^2 \theta + a^2 \sin^2 \theta}.$$

例 長軸の長さ 6, 短軸の長さ 4 の楕円.

```
In[1]:= PolarPlot[Sqrt[36/(4 Cos[t]^2+9 Sin[t]^2)],{t,0, 2Pi}]
```

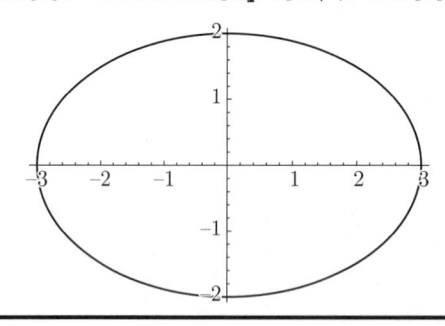

楕円

$$\frac{x^2}{a^2} + \frac{y^2}{b^2} = 1$$

上の 1 点 (x_1, y_1) における接線の方程式は

$$\frac{xx_1}{a^2} + \frac{yy_1}{b^2} = 1.$$

14.3.7 放物線

平面上の定点 F までの距離とこの定点を通らない定直線 g までの距離が等しい点全体からできている曲線を**放物線** (parabola) という. この定点 F を放物線の**焦点**, g を**準線** (directrix) という.

焦点を F$(p, 0)$ とし, 準線を $x = -p$ とすると, 放物線の方程式は

$$y^2 = 4px \qquad (p > 0).$$

このとき, 原点はこの放物線の**頂点**といわれ, x 軸はこの放物線の**軸**であるという.

例 焦点を $(1, 0)$, 準線を $x = -1$ とする放物線を描く.

```
In[1]:= ContourPlot[y^2==4x,{x,0,5},{y,-4,4},
  AspectRatio->Automatic,AxesLabel->{"x","y"}]
```

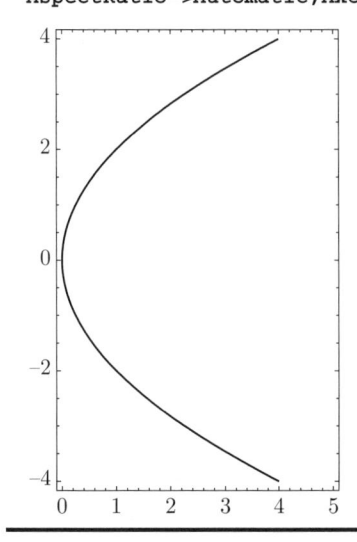

媒介変数表示は次で与えられる．

$$\begin{cases} x = pt^2 \\ y = 2pt \end{cases} \quad (-\infty < t < \infty)$$

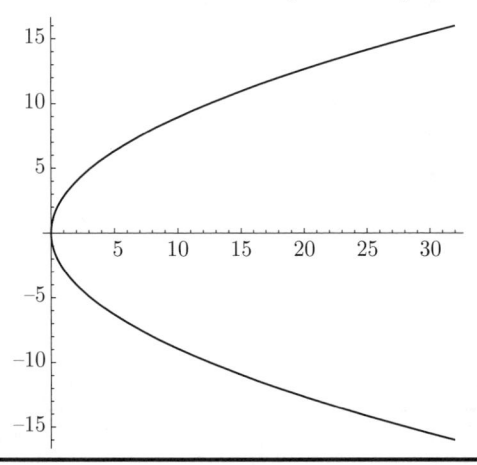

```
In[2]:= ParametricPlot[{2*t^2,4t},{t,-4,4},AspectRatio->Automatic]
```

放物線

$$y^2 = 4px \quad (p > 0)$$

上の 1 点 (x_1, y_1) における接線の方程式は

$$y_1 y = 2p(x + x_1).$$

14.3.8 双曲線

平面上の 2 定点までの距離の差が一定の点全体の集まりを**双曲線** (hyperbola) という．このとき定点を**焦点** (focus) とよぶ．

焦点 F, F$'$ を x 軸上の点 F$(c, 0)$, F$'(-c, 0)$ にとり，そこまでの距離の差が $2a$ である楕円は次の方程式で与えられる．

$$\frac{x^2}{a^2} - \frac{y^2}{b^2} = 1 \quad (a > 0;\ b > 0;\ b^2 = c^2 - a^2).$$

直線 FF$'$ を双曲線の**横軸** (transverse axis)，線分 FF$'$ の垂直 2 等分線を**共役線** (conjugate axis) という．両方をあわせて，**主軸** (principal axis) という．また，横軸の中点を**中心**といい，

$$y = \frac{b}{a}x, \quad y = -\frac{b}{a}x$$

を双曲線の**漸近線**という．

例 $\dfrac{x^2}{2^2} - \dfrac{y^2}{1^2} = 1$ の双曲線．

```
In[1]:= ContourPlot[x^2/2^2-y^2==1,{x,-6,6},
 {y,-3,3},AspectRatio->Automatic,
 Axes->True,AxesLabel->{"x","y"}]
```

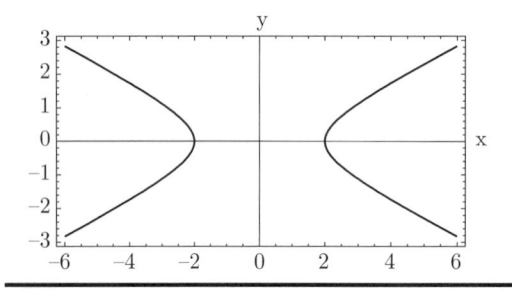

媒介変数表示は次で与えられる．

$$\begin{cases} x = a\sec\theta \\ y = b\tan\theta \end{cases}$$

```
In[2]:= ParametricPlot[{2 Sec[x],Tan[x]},
 {x,0,2Pi},AspectRatio->Automatic]
```

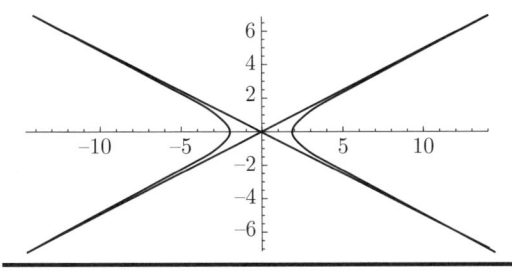

原点を極, x 軸を始線とする極座標系での方程式は

$$r^2 = \frac{a^2 b^2}{b^2 \cos^2\theta - a^2 \sin^2\theta}.$$

双曲線

$$\frac{x^2}{b^2} - \frac{y^2}{b^2} = 1$$

上の 1 点 (x_1, y_1) における接線の方程式は

$$\frac{xx_1}{a^2} - \frac{yy_1}{b^2} = 1.$$

14.3.9 アステロイド

$$x^{2/3} + y^{2/3} = a^{2/3} \qquad (a > 0)$$

媒介変数表示は次で与えられる.

$$\begin{cases} x = a\cos^3\theta \\ y = a\sin^3\theta \end{cases}$$

```
In[1]:= ParametricPlot[{Cos[x]^3,Sin[x]^3},
 {x,0,2Pi},AspectRatio->Automatic]
```

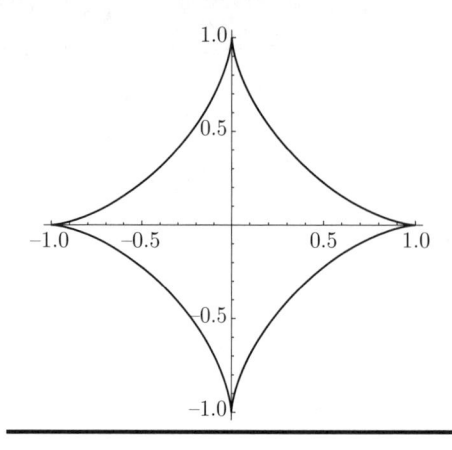

14.3.10 デカルトの正葉線

$$x^3 + y^3 - 3axy = 0 \quad (a > 0)$$

媒介変数表示は次で与えられる．

$$\begin{cases} x = \dfrac{3at}{1+t^2} \\ y = \dfrac{3at^2}{1+t^2} \end{cases} \quad (-\infty < t < \infty)$$

```
In[1]:= ContourPlot[x^3+y^3-3x*y==0,{x,-3,3},
  {y,-3,3},Axes->True,AspectRatio->Automatic]
```

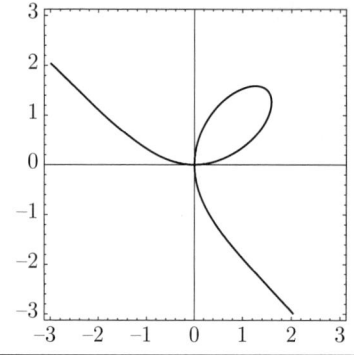

14.3.11 サイクロイド

媒介変数表示は次で与えられる $(a > 0)$．

$$\begin{cases} x = a(\theta - \sin\theta) \\ y = a(1 - \cos\theta) \end{cases}$$

```
In[1]:= g1=ParametricPlot[{t-Sin[t],
 1-Cos[t]},{t,0,2Pi},AspectRatio->Automatic];
In[2]:= g2=ParametricPlot[{Cos[t],
 1+Sin[t]},{t,0,2Pi},AspectRatio->Automatic];
In[3]:= Show[g1,g2,PlotRange->All]
```

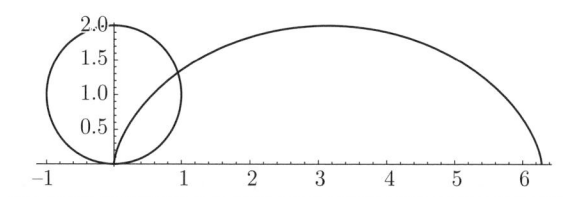

14.3.12 アルキメデスの螺旋（らせん，スパイラル）

極方程式は次で与えられる．

$$r = k\theta \qquad (k > 0)$$

```
In[1]:= PolarPlot[0.5t,{t,0,12}]
```

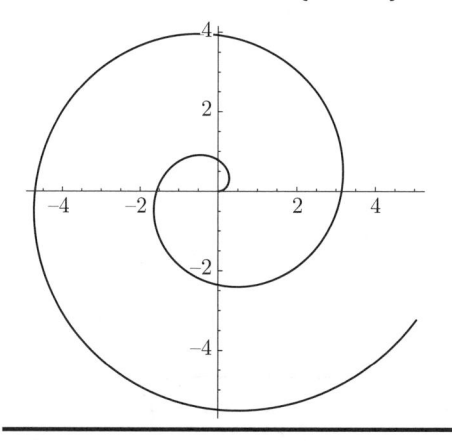

14.3.13 カージオイド

極方程式は次で与えられる．

$$r = a(1 + \cos\theta) \qquad (a > 0)$$

```
In[1]:= PolarPlot[1+Cos[t],{t,0,2Pi}]
```

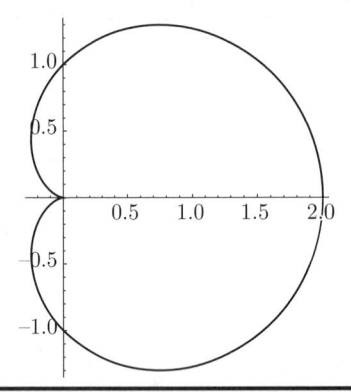

14.3.14 バラ曲線

極方程式は次で与えられる.

$$r = a \sin n\theta \qquad (a > 0)$$

```
In[1]:= PolarPlot[Sin[6t],{t,0,2Pi}]
```

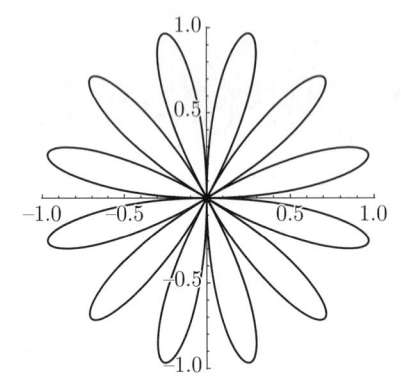

```
In[2]:= Manipulate[PolarPlot[Sin[a*t],
 {t,0,2Pi}],{a,0,30}]
```

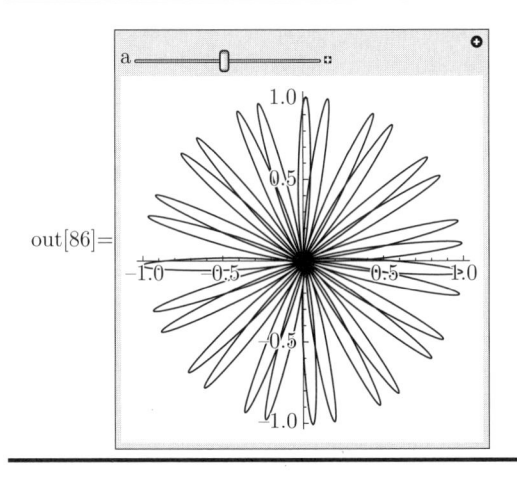

14.4 平面上の変換

14.4.1 平行移動

座標平面上の点 P(x, y) を x 軸の正の向きへ a, y 軸の正の向きへ b だけ平行移動した点を P′ とし，その座標を (x', y') とすると，P と P′ の間には次の関係が成り立つ．

$$\begin{cases} x' = x + a \\ y' = y + b \end{cases}$$

$\mathbf{x} = (x, y), \mathbf{x}' = (x', y'), \mathbf{a} = (a, b)$ とベクトルで表すと，

$$\mathbf{x}' = \mathbf{x} + \mathbf{a}.$$

これは，原点を $\mathbf{O}'(a, b)$ に移し，x 軸，y 軸を平行移動させてできる新しい座標系の座標と見ることができる．

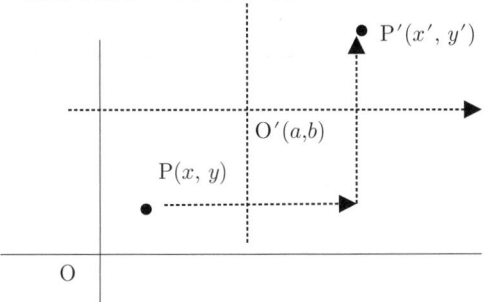

このように平面上の点 P を平面上の 1 点 P′ に対応させることを平面上の点の**変**

換という．これを

$$T : \mathrm{P} \to \mathrm{P}'$$

などと書く．これは平面上の点と点を対応させている規則であるから「関数」ということである．

例 p1 = (3, 1) を x 軸の正の向きへ 1，y 軸の正の向きへ 2 だけ平行移動した点の座標は

$$\begin{pmatrix} 3 \\ 1 \end{pmatrix} + \begin{pmatrix} 1 \\ 2 \end{pmatrix} = \begin{pmatrix} 4 \\ 3 \end{pmatrix}.$$

```
In[1]:= p1={3,1};
In[2]:= p2=p1+{1,2}
Out[2]= {4, 3}
In[3]:= Graphics[{PointSize[0.02], Point[p1],
  Point[p2], Dashed, Line[{{-1, 2}, {4, 2}}],
  Line[{{1, -1}, {1, 3}}]},
  AspectRatio -> Automatic, Axes -> True, PlotRange -> All]
```

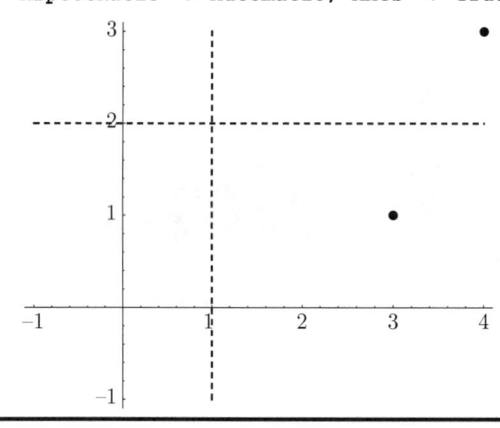

14.4.2 一次変換

点 $\mathrm{P}(x, y)$ の $\mathrm{P}'(x', y')$ への変換 f が次のように表せるとき，

$$\begin{cases} x' = ax + by \\ y' = cx + dy \end{cases}$$

これを一次変換という．これを，行列を用いて書くと，

$$\begin{pmatrix} x' \\ y' \end{pmatrix} = \begin{pmatrix} a & b \\ c & d \end{pmatrix} \begin{pmatrix} x \\ y \end{pmatrix}.$$

また，$\mathbf{x}' = \begin{pmatrix} x' \\ y' \end{pmatrix}$, $\mathbf{x} = \begin{pmatrix} x \\ y \end{pmatrix}$, $\mathbf{A} = \begin{pmatrix} a & b \\ c & d \end{pmatrix}$ とすると，

$$\mathbf{x}' = \mathbf{A}\mathbf{x}$$

と表せる．このとき，$\mathbf{A}$ を変換 T の**行列**という．

14.4.3 特殊な変換

(i) 恒等変換： $\mathbf{A} = \begin{pmatrix} 1 & 0 \\ 0 & 1 \end{pmatrix}$

自分自身へ移す変換である．

(ii) ゼロ変換： $\mathbf{A} = \begin{pmatrix} 0 & 0 \\ 0 & 0 \end{pmatrix}$

すべての点を原点 $(0,0)$ へ移す変換

(iii) 原点に関する点対称変換： $\mathbf{A} = \begin{pmatrix} -1 & 0 \\ 0 & -1 \end{pmatrix}$

例　$p1 = (3,1)$ の原点に関する点対称変換．

```
In[1]:= p1={3,1};
In[2]:= p2={{-1,0},{0,-1}}.p1
Out[2]= {-3,-1}
In[3]:= Graphics[{PointSize[0.02],Point[p1],Point[p2]},
 AspectRatio->Automatic,
 Axes->True,PlotRange->All]
```

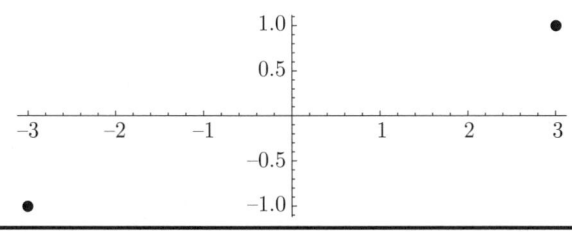

(iv) x 軸に関する線対称変換： $\mathbf{A} \begin{pmatrix} 1 & 0 \\ 0 & -1 \end{pmatrix}$.

例　$p1 = (3,1)$ の x 軸に関する線対称変換．

```
In[4]:= p1={3,1};
In[5]:= p2={{1,0},{0,-1}}.p1
Out[5]= {3,-1}
In[6]:= Graphics[{PointSize[0.02],Point[p1],Point[p2]},
  AspectRatio->Automatic,Axes->True,
  PlotRange->All]
```

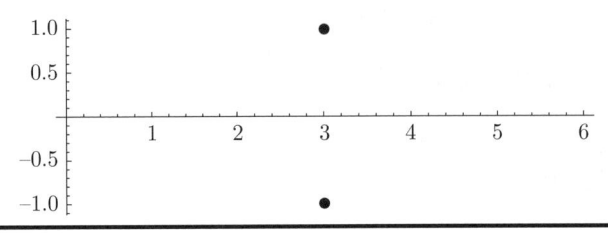

(v) y 軸に関する線対称変換：$\mathbf{A} = \begin{pmatrix} -1 & 0 \\ 0 & 1 \end{pmatrix}$.

(vi) 直線 $y = x$ に関する線対称変換：$\mathbf{A} = \begin{pmatrix} 0 & 1 \\ 1 & 0 \end{pmatrix}$.

例 $\text{p1} = (3,1)$ の直線 $y = x$ に関する線対称変換.

```
In[7]:= p1={3,1};
In[8]:= p2={{0,1},{1,0}}.p1
Out[8]= {1,3}
In[9]:= Graphics[{PointSize[0.02],Point[p1],Point[p2],
  Line[{{-1,-1},{3,3}}]},
  AspectRatio->Automatic,Axes->True,
  PlotRange->All]
```

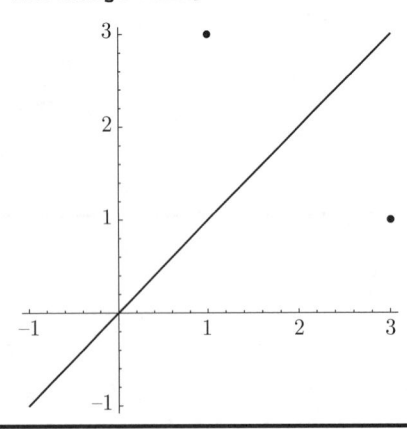

(vii) 原点を中心とし，x 軸の正の向きに a 倍，y 軸の正の向きに b 倍する変換：

$$\mathbf{A} = \begin{pmatrix} a & 0 \\ 0 & b \end{pmatrix}$$

14.4.4 合成変換

点 P を変換 f で P′ に移し，P′ を変換 g で P″ に移すとすると，点 P は点 P″ に移ったと考えられる．この変換を f に g を合成させて得られる**合成変換**といい，

$$g \circ f(\mathrm{P}) = g(f(\mathrm{P}))$$

と表す．

$\mathbf{A}$ を変換 f の行列，$\mathbf{B}$ を変換 g の行列とすると，合成変換 $g \circ f$ の行列は

$$\mathbf{BA}$$

である．

14.4.5 逆変換

点 P を点 P′ に移す変換を f とし，点 P′ に対応するもとの点がただ 1 つであれば，点 P′ を点 P に移す変換も考えられる．これを f の**逆変換**といい，f^{-1} で表す．

変換 f の行列が $\mathbf{A}$ であるとすると，$\mathbf{A}$ の逆行列が存在すれば，f の逆変換の行列は $\mathbf{A}^{-1}$ である．

14.4.6 回転

点 P(x, y) を原点を中心にして軸を角 θ だけ回転させて，点 P′(x', y') に移動する変換の行列は

$$\mathbf{A} = \begin{pmatrix} \cos\theta & -\sin\theta \\ \sin\theta & \cos\theta \end{pmatrix}$$

である．

例　$\mathbf{A} = \begin{pmatrix} \cos\pi & -\sin\pi \\ \sin\pi & \cos\pi \end{pmatrix} = \begin{pmatrix} -1 & 0 \\ 0 & -1 \end{pmatrix}$．180 度回転させる変換．つまり，これは原点に関する点対称の変換の行列である．

```
In[1]:= o1[t_]={{Cos[t],-Sin[t]},{Sin[t],Cos[t]}}
```
$Out[1]= \{\{\mathrm{Cos}[t], -\mathrm{Sin}[t]\}, \{\mathrm{Sin}[t], \mathrm{Cos}[t]\}\}$
```
In[2]:= o1[Pi]
```

$$\begin{pmatrix} \cos\theta & -\sin\theta \\ \sin\theta & \cos\theta \end{pmatrix}^t \begin{pmatrix} \cos\theta & -\sin\theta \\ \sin\theta & \cos\theta \end{pmatrix}$$

$$= {}^t\!\begin{pmatrix} \cos\theta & -\sin\theta \\ \sin q & \cos\theta \end{pmatrix} \begin{pmatrix} \cos\theta & -\sin\theta \\ \sin\theta & \cos\theta \end{pmatrix} = \begin{pmatrix} 1 & 0 \\ 0 & 1 \end{pmatrix}$$

つまり，転置行列が逆行列となっている．このような性質を持つ行列を**直交行列** (orthogonal matrix) という．

```
In[3]:= o1[t].Transpose[o1[t]]
```
Out[3]= $\{\text{Cos}[t]^2 + \text{Sin}[t]^2, 0\}, \{0, \text{Cos}[t]^2 + \text{Sin}[t]^2\}$
```
In[4]:= % /. Cos[x_]^2+Sin[x_]^2->1
```
Out[4]= $\{\{1, 0\}, \{0, 1\}\}$
```
In[5]:= Transpose[o1[t]].o1[t]
```
Out[5]= $\{\text{Cos}[t]^2 + \text{Sin}[t]^2, 0\}, \{0, \text{Cos}[t]^2 + \text{Sin}[t]^2\}$
```
In[6]:= Simplify[%]
```
Out[6]= $\{\{1, 0\}, \{0, 1\}\}$

例 $p1 = (3, 1)$ を 60 度回転する．

```
In[7]:= o1[t_]={{Cos[t],-Sin[t]},{Sin[t],Cos[t]}};
In[8]:= p1={3,1};
In[9]:= p2=o1[Pi/3].p1
```
Out[9]= $\left\{ \dfrac{3}{2} - \dfrac{\sqrt{3}}{2}, \dfrac{1}{2} + \dfrac{3\sqrt{3}}{2} \right\}$
```
In[10]:= Graphics[{PointSize[0.02],Point[p1],Point[p2],
  Line[{{0,0},p1}],Line[{{0,0},p2}]},
  AspectRatio->Automatic,Axes->True,
  PlotRange->All]
```

第14章 問題

ex.14.1 ベクトル $\mathbf{u} = (1,3), \mathbf{v} = (2,9), \mathbf{w} = (-3,1)$ について

(a) (i) $2\mathbf{u}$ (ii) $-3\mathbf{v}$ (iii) $(0.6)\mathbf{w}$ (iv) $\mathbf{u}+\mathbf{v}$ (v) $3\mathbf{u}-5\mathbf{v}$
 (vi) $\mathbf{v}-\mathbf{w}$ (vii) $\mathbf{u}+\mathbf{w}$ (viii) $2\mathbf{u}+\mathbf{v}-\mathbf{w}$ (ix) $2(\mathbf{u}+\mathbf{v})-\mathbf{w}$

の成分とその大きさを求めよ.

(b) 次のベクトルの長さを求めよ.
 (i) $\mathbf{u}$ (ii) $\mathbf{v}$ (iii) $\mathbf{w}$ (iv) $2\mathbf{u}$ (v) $-3\mathbf{v}$ (vi) $\mathbf{u}+\mathbf{v}$ (vii) $\mathbf{u}-\mathbf{v}$

(c) 次の2つのベクトルの内積とそのなす角，距離を求めよ.
 (i) $\mathbf{u}, \mathbf{v}$ (ii) $\mathbf{u}, \mathbf{w}$ (iii) $\mathbf{v}, \mathbf{w}$ (iv) $2\mathbf{u}, \mathbf{v}$ (v) $-\mathbf{u}, \mathbf{v}$

ex.14.2 次の直線を描け.

(i) 点 $(0,0)$ を通り，方向比が $2:1$
(ii) 点 $(1,1)$ を通り，方向比が $-2:1$
(iii) 点 $(1,1)$ と点 $(-3,2)$ を通る
(iv) 点 $(1,1)$ を通り，傾きが -5
(v) $4x+6y-2=0$
(vi) $\dfrac{x-6}{3} = \dfrac{y+1}{5}$
(vii) $\begin{cases} x = -1+2t \\ y = 1-3t \end{cases}$
(viii) $2x-5y+1=0$ と直交する

ex.14.3 方程式 $3x-2y+2=0$ をヘッセの標準形に直せ.

ex.14.4 点 $(2,1)$ から直線 $x-2y+3=0$ にいたる距離を求めよ.

ex.14.5 原点から 2 点 $(1,1)$, $(-1,0)$ を結ぶ直線にいたる距離を求めよ.

ex.14.6 直線 $-x+3y+1=0$ と直線 $2x+y+1=0$ のなす角を求めよ.

ex.14.7 2 つの直線 $x+2y-3=0$, $x+y-3=0$ を描き，それらのなす角を求めよ.

ex.14.8 点 $(-1,1)$ と直線 $3x-4y+5=0$ の距離を求めよ.

ex.14.9 2 つの直線 $y=m_1x+b$ と $y=m_2x+c$ が平行であるための条件は

$$m_1=m_2$$

であり，直交するための条件は

$$m_1m_2=-1$$

である.

点 $(1,2)$ を通って，$y=2x-1$ と平行な直線と直交する直線を求めよ.

ex.14.10 点 $(a,0)$ と $(0,b)$ を通る直線は

$$\frac{x}{a}+\frac{y}{b}=0$$

で与えられる．(ただし，$a \neq 0, b \neq 0$.)

点 $(-2,0),(0,2)$ を通る直線を描け.

ex.14.11 中心 $(-1,2)$, 半径 3 の円を描け.

ex.14.12 焦点が $(2,3)$ で準線が $x=-1$ の放物線を描け.

ex.14.13 $y^2=2x$ 上の点 $(2,2)$ における接線を求め，それらを描け.

ex.14.14 焦点が $(2,0),(-2,0)$ にあり，長軸の長さが 8 の楕円を描け.

ex.14.15 次の 2 次方程式の表す曲線を描け.
 (i) $x^2+y2-4x+2y=0$
 (ii) $2x^2+y^2=2x+y$
 (iii) $x^2-16y^2=25$
 (iv) $2x^2-6xy+3y^2+2x+y-12=0$

ex.14.16 点 $(1,3)$ を原点のまわりに次の角度だけ回転した点を描け.
 (i) $30°$ (ii) $45°$ (iii) $\pi/2$ (iv) $2\pi/3$

第 15 章
立体図形

```
In[1]:= Manipulate[Plot3D[Sin[n *x]+Cos[m*y],
 {x,-2,3},{y,-3,3}],{n,1,10},{m,1,10}]
```

Out[108]=

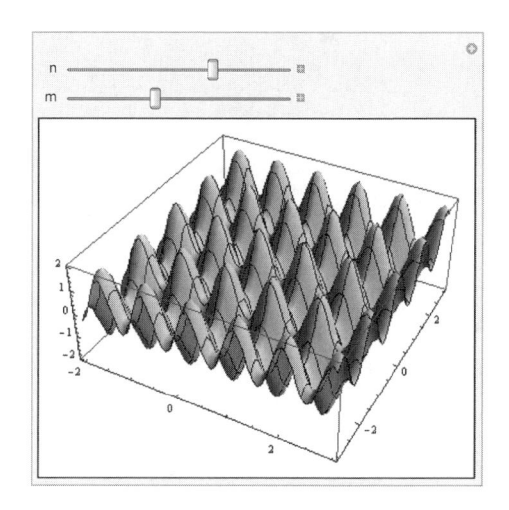

15.1 空間のベクトル

15.1.1 空間座標

空間に 1 点 O を取り，O を通り，互いに垂直に交わる直線を 3 本引く．それぞれの直線を x 軸，y 軸，z 軸とよび，それぞれの軸に正の方向に 1 の長さを定める．ここで，O を**原点** (origin) とよぶ．

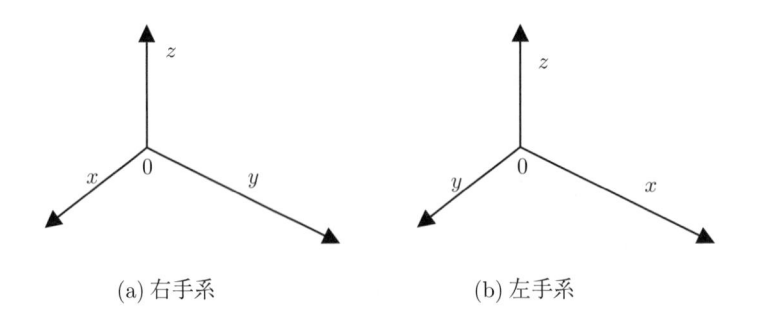

(a) 右手系　　　　　　　(b) 左手系

このとき，x 軸，y 軸，z 軸がそれぞれ，右手の親指，人差し指，中指の方向となっていると，この座標系を**右手系** (right handed coordinate system) といい，左手の親指，人差し指，中指の方向となっていれば，この座標系を**左手系** (left handed coordinate system) という．

x 軸と y 軸で定められる平面を xy 平面 (xy-plane)，x 軸と z 軸で定められる平面を xz 平面 (xz-plane)，y 軸と z 軸で定められる平面を yz 平面 (yz-plane) といい，これらを**座標平面** (coordinate plane) という．

空間の 1 点 P を通り，各座標平面に平行な平面が x 軸，y 軸，z 軸と交わる点をそれぞれ X, Y, Z とする．このとき，OX, OY, OZ の長さとその向きによって符号を付けたものを a, b, c で表すことにする．この a, b, c をそれぞれ点 P の x 座標，y 座標，z 座標とよび，(a, b, c) を点 P の**座標**という．

このように 1 点で垂直に交わる直線を利用して，座標を決めているので，これを**直交座標系**という．

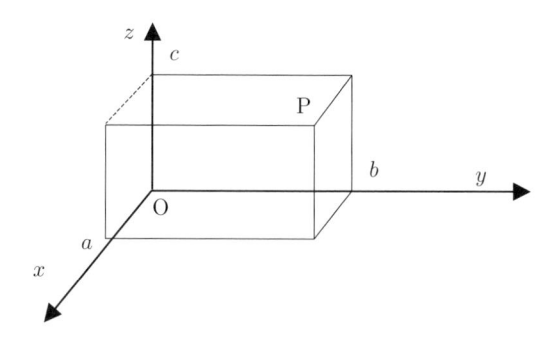

15.1.2 空間のベクトル

空間のベクトルについても平面のときと同様に，和，差，実数倍，ゼロベクトル，単位ベクトルなどが定義される．

いま，ベクトル $\mathbf{v}$ の始点を原点に合わせると，その終点は空間の 1 点に対応する．終点の座標を (v_1, v_2, v_3) とすると，v_1, v_2, v_3 をベクトル $\mathbf{v}$ の**成分** (component) といい，

$$\mathbf{v} = (v_1, v_2, v_3)$$

と表したものをベクトルの**成分表示**という．このようにして，空間のすべての点とベクトルが 1 対 1 で対応する．

x 軸，y 軸，z 軸の正の向きにとった単位ベクトルを**基本ベクトル**といい，$\mathbf{e}_1, \mathbf{e}_2, \mathbf{e}_3$ で表す．

$$\mathbf{e}_1 = (1, 0, 0), \quad \mathbf{e}_2 = (0, 1, 0), \quad \mathbf{e}_3 = (0, 0, 1).$$

任意のベクトル $\mathbf{v} = (v_1, v_2, v_3)$ は $\mathbf{e}_1, \mathbf{e}_2, \mathbf{e}_3$ の一次結合で表すことができる．

$$\mathbf{v} = v_1 \mathbf{e}_1 + v_2 \mathbf{e}_2 + v_3 \mathbf{e}_3.$$

成分表示を用いると，平面のときと同様にベクトルの演算は次のようになる．
$\mathbf{v} = (v_1, v_2, v_3), \mathbf{w} = (w_1, w_2, w_3)$ とすると，

(i) $\mathbf{v} = \mathbf{w} \Leftrightarrow v_1 = w_1, v_2 = w_2, v_3 = w_3$
(ii) $\mathbf{v} + \mathbf{w} = (v_1 + w_1, v_2 + w_2, v_3 + w_3)$
(iii) $k\mathbf{v} = (kv_1, kv_2, kv_3)$ （k は実数）
(iv) 長さ（ノルム） $||\mathbf{v}|| = \sqrt{v_1^2 + v_2^2 + v_3^2}$
(v) （ユークリッド）距離

$$d(\mathbf{v}, \mathbf{w}) = ||\mathbf{v} - \mathbf{w}|| = \sqrt{(v_1 - w_1)^2 + (v_2 - w_2)^2 + (v_3 - w_3)^2}$$

```
In[1]:= o={0, 0, 0}; u={2, 1, 1}; v={1, 2, 1};
In[1]:= Graphics3D[{Arrow[{o, u}], Dashed, Arrow[{o, v}]},
 Boxed -> True,  Axes -> True]
```

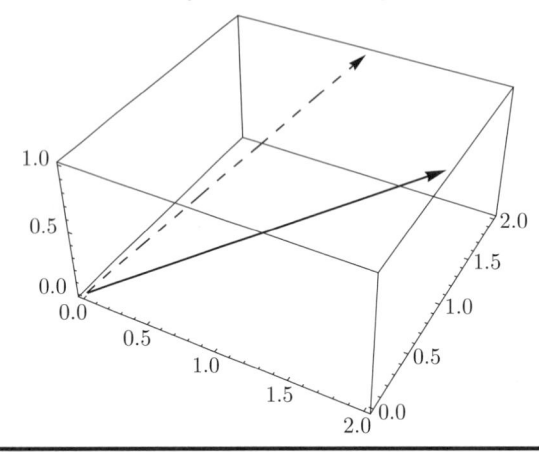

15.1.3 内積

2つのベクトル $\mathbf{v}$ と $\mathbf{w}$ の内積は次のとおりである．

$$\mathbf{v} \cdot \mathbf{w} = \begin{cases} ||\mathbf{v}||\,||\mathbf{w}||\cos\theta & \mathbf{v} \neq \mathbf{0} \text{ かつ } \mathbf{w} \neq \mathbf{0} \\ 0 & \mathbf{v} = \mathbf{0} \text{ または } \mathbf{w} = \mathbf{0} \end{cases}$$

15.1.4 外積

2つのベクトル $\mathbf{u} = (u_1, u_2, u_3)$, $\mathbf{v} = (v_1, v_2, v_3)$ について次のように定義されたベクトルを $\mathbf{u}$ と $\mathbf{v}$ の**外積** (cross product) または**ベクトル積** (vector product) という．

$$\mathbf{u} \times \mathbf{v} = (u_2 v_3 - u_3 v_2,\ u_3 v_1 - u_1 v_3,\ u_1 v_2 - u_2 v_1).$$

これは，行列式を使うと，

$$\mathbf{u} \times \mathbf{v} = \left(\begin{vmatrix} u_2 & u_3 \\ v_2 & v_3 \end{vmatrix}, -\begin{vmatrix} u_1 & u_3 \\ v_1 & v_3 \end{vmatrix}, \begin{vmatrix} u_1 & u_2 \\ v_1 & v_2 \end{vmatrix} \right)$$

と表すこともできる．

また，$\mathbf{i} = (1,0,0), \mathbf{j} = (0,1,0), \mathbf{k} = (0,0,1)$ とすると，

$$\mathbf{u} = u_1 \mathbf{i} + u_2 \mathbf{j} + u_3 \mathbf{k}.$$

$$\mathbf{v} = v_1 \mathbf{i} + v_2 \mathbf{j} + v_3 \mathbf{k}.$$

$$\mathbf{u} \times \mathbf{v} = \begin{vmatrix} u_2 & u_3 \\ v_2 & v_3 \end{vmatrix} \mathbf{i} - \begin{vmatrix} u_1 & u_3 \\ v_1 & v_3 \end{vmatrix} \mathbf{j} + \begin{vmatrix} u_1 & u_2 \\ v_1 & v_2 \end{vmatrix} \mathbf{k}.$$

これを行列式の展開公式と見なし，形式的に次のように表すこともある．

$$\mathbf{u} \times \mathbf{v} = \begin{vmatrix} \mathbf{i} & \mathbf{j} & \mathbf{k} \\ u_1 & u_2 & u_3 \\ v_1 & v_2 & v_3 \end{vmatrix} = \begin{vmatrix} u_2 & u_3 \\ v_2 & v_3 \end{vmatrix} \mathbf{i} - \begin{vmatrix} u_1 & u_3 \\ v_1 & v_3 \end{vmatrix} \mathbf{j} + \begin{vmatrix} u_1 & u_2 \\ v_1 & v_2 \end{vmatrix} \mathbf{k}.$$

NOTE: 内積では実数が得られるが，外積ではベクトルが得られる．

Dot$[u,v]$ （または，$u.v$)	u,v の内積
Cross $[u,v]$	u,v の外積
Norm$[u]$	u の長さ
VectorAngle$[u,v]$	ベクトル u と v のなす角
Projection$[u,v]$	ベクトル u のベクトル v への射影

例　$(1,2,-1)$ と $(4,0,1)$ の外積と内積を求める．

```
In[1]:= Det[{{2,-1},{0,1}}]
Out[1]= 2
In[2]:= Det[{{1,-1},{4,1}}]
Out[2]= 5
In[3]:= Det[{{1,2},{4,0}}]
Out[3]= -8
In[4]:= Cross[{1,2,-1},{4,0,1}]
Out[4]= {2, -5, -8}
In[5]:= Dot[{1,2,-1},{4,0,1}]
Out[5]= 3
```

15.1.5　外積の性質

(a)　(i)　$\mathbf{u} \times \mathbf{v}$ は $\mathbf{u}, \mathbf{v}$ と直交している．

　　　　$(\mathbf{u} \times \mathbf{v}) \cdot \mathbf{u} = 0$, $(\mathbf{u} \times \mathbf{v}) \cdot \mathbf{v} = 0$

　　(ii)　$\mathbf{u} \times \mathbf{v} = -(\mathbf{v} \times \mathbf{u})$.

　　(iii)　$\mathbf{u} \times \mathbf{u} = \mathbf{0}$.

(iv) $\mathbf{u} \times (\mathbf{v} + \mathbf{w}) = (\mathbf{u} \times \mathbf{v}) + (\mathbf{u} \times \mathbf{w})$.
(v) $(\mathbf{u} + \mathbf{v}) \times \mathbf{w} = (\mathbf{u} \times \mathbf{w}) + (\mathbf{v} \times \mathbf{w})$.
(vi) $k(\mathbf{u} \times \mathbf{w}) = (k\mathbf{u}) \times \mathbf{w} = \mathbf{u} \times (k\mathbf{w})$.
(vii) $\mathbf{u} \times \mathbf{0} = \mathbf{0} \times \mathbf{u} = \mathbf{0}$.
(viii) $||\mathbf{u} \times \mathbf{v}||^2 = (\mathbf{u} \times \mathbf{v}) \cdot (\mathbf{u} \times \mathbf{v}) = ||\mathbf{u}||^2 ||\mathbf{v}||^2 - (\mathbf{u} \times \mathbf{v})^2$.

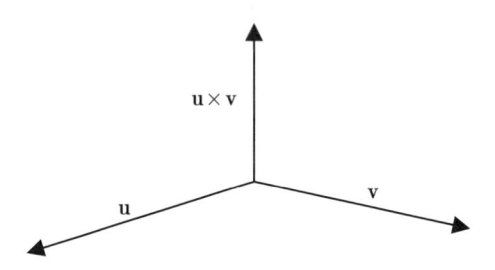

$\mathbf{u}$ と $\mathbf{v}$ に対して $\mathbf{u} \times \mathbf{v}$ は垂直であり，その向きは，$\mathbf{u}$ が右手の人差し指に，$\mathbf{v}$ が右手の中指にそうようにおいたときの親指の向きになる.

(b) $\mathbf{u}, \mathbf{v}$ をゼロベクトルでないとし，それらのなす角を θ とすると，

$$\mathbf{u} \cdot \mathbf{v} = ||\mathbf{u}|| ||\mathbf{v}|| \cos \theta.$$

これを上の (a)(ix) に代入すると，

$$||\mathbf{u} \times \mathbf{v}||^2 = ||\mathbf{u}||^2 ||\mathbf{v}||^2 - (\mathbf{u} \times \mathbf{v})^2$$
$$= ||\mathbf{u}||^2 ||\mathbf{v}||^2 - ||\mathbf{u}||^2 ||\mathbf{v}||^2 \cos^2 \theta$$
$$= ||\mathbf{u}||^2 ||\mathbf{v}||^2 (1 - \cos^2 \theta) = ||\mathbf{u}||^2 ||\mathbf{v}||^2 \sin^2 \theta$$

つまり，

$$||\mathbf{u} \times \mathbf{v}|| = ||\mathbf{u}|| ||\mathbf{v}|| \sin \theta.$$

これは $\mathbf{u}, \mathbf{v}$ で作られる平行四辺形 (parallelogram) の面積を表している.

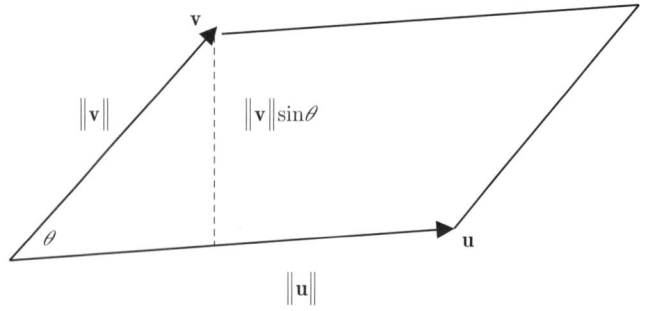

```
In[1]:= v={1,2,-1};w={4,0,1};
In[2]:= vw=Cross[v,w]
Out[2]= {2, -5, -8}
In[3]:= vw.v
Out[3]= 0
In[4]:= vw.w
Out[4]= 0
In[5]:= Cross[w,v]
Out[5]= {-2, 5, 8}
In[6]:= Cross[v,v]
Out[6]= {0, 0, 0}
```

例 $\mathbf{i}=(1,0,0), \mathbf{j}=(0,1,0), \mathbf{k}=(0,0,1)$ とすると,

$\mathbf{i} \times \mathbf{i} = \mathbf{j} \times \mathbf{j} = \mathbf{k} \times \mathbf{k} = 0.$

$\mathbf{i} \times \mathbf{j} = \mathbf{k}, \quad \mathbf{j} \times \mathbf{k} = \mathbf{i}, \quad \mathbf{k} \times \mathbf{i} = \mathbf{j}.$

$\mathbf{j} \times \mathbf{i} = -\mathbf{k}, \quad \mathbf{k} \times \mathbf{j} = -\mathbf{i}, \quad \mathbf{i} \times \mathbf{k} = -\mathbf{j}.$

15.1.6 円柱座標系

O を原点とする直交座標系における空間の 1 点 P の座標を (x,y,z) とする. この点から xy 平面に下ろした垂線の足を Q とする. OQ の長さを r, OQ が x 軸の正の向きとなす角を θ とする. このとき, P を (r,θ,z) で表すことができる. これを P の**円柱座標** (cylindrical coordinate) という.

つまり, xy 平面で Q の座標を O を極, Ox を始線とする極座標で表し, OQ の長さは r を用いて表したものである.

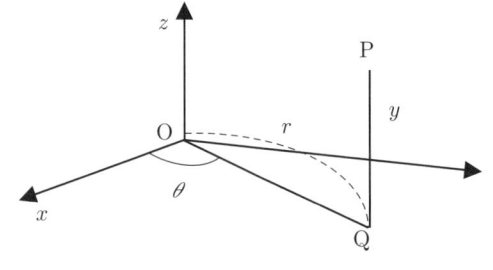

点 P の円柱座標 (r,θ,z) と直交座標 (x,y,z) の関係は次のようになる.

$x = r\cos\theta, \quad y = r\sin\theta, \quad z = z,$
$r = \sqrt{x^2+y^2}, \quad \tan\theta = \dfrac{y}{x}, \quad z = z.$

15.1.7 極座標系

O を原点とする直交座標系における空間の 1 点 P の座標を (x,y,z) とする．この点から xy 平面に下ろした垂線の足を Q とする．OP の長さを r，OP が z 軸と正の向きとなす角を φ，OQ が x 軸の正の向きとなす角を θ とする．このとき，(r,θ,φ) を点 P の**極座標**（球座標）という．φ を**天頂角** (zenith angle)，θ を**方位角** (azimuth) とよぶ．なお通常，$r \geq 0, 0 \leq \varphi \leq \pi, -\pi \leq \theta \leq \pi$ とする．

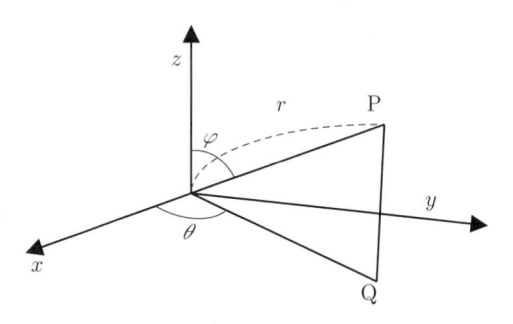

また，点 P の極座標 (r,θ,φ) と直交座標 (x,y,z) との関係は次のようである．

$$x = r\sin\varphi\cos\theta, \quad y = r\sin\varphi\sin\theta, \quad z = r\cos\varphi,$$
$$r = \sqrt{x^2+y^2+z^2}, \quad \tan\varphi = \frac{\sqrt{x^2+y^2}}{z}, \quad \tan\theta = \frac{y}{x}.$$

15.2 直線と平面

15.2.1 直線

点 $P_0(x_0, y_0, z_0)$ を通り，ベクトル $\mathbf{v} = (u,v,w)$ に平行な直線の方程式は

$$\frac{x-x_0}{u} = \frac{y-y_0}{v} = \frac{z-z_0}{w}.$$

ただし，u,v,w のどれかが 0 のときは，その分子も 0 とする．

例えば，$u=0, v \neq 0, w \neq 0$ のときは，

$$x = x_0, \quad \frac{y-y_0}{v} = \frac{z-z_0}{w}.$$

ここで，$u:v:w$ を**方向比**という．とくに，$u^2+v^2+w^2 = 1$（つまり，$\|\mathbf{v}\|=1$）となるとき，u,v,w を**方向余弦**という．一般に方向比が $u:v:w$ である直線の方向余弦は

$$\lambda = \frac{u}{\sqrt{u^2+v^2+w^2}}, \quad \mu = \frac{v}{\sqrt{u^2+v^2+w^2}}, \quad \nu = \frac{w}{\sqrt{u^2+v^2+w^2}}.$$

この直線の方程式を t とおけば，次の媒介変数方程式を得る．

$$\begin{cases} x = x_0 + ut \\ y = y_0 + vt \\ z = z_0 + wt \end{cases}$$

点 P_0 の位置ベクトルを **a** とすると，直線上の点の位置ベクトル **x** は

$$\mathbf{x} = \mathbf{a} + t\mathbf{v}, \quad -\infty < t < \infty.$$

例 点 $(1, 1, 1)$ を通り，方向比が $1 : 2 : 3$ の直線．

```
In[1]:= ParametricPlot3D[{1+t,1+2t,1+3t},
 {t,-2,2},AxesLabel->{"x","y","z"}]
```

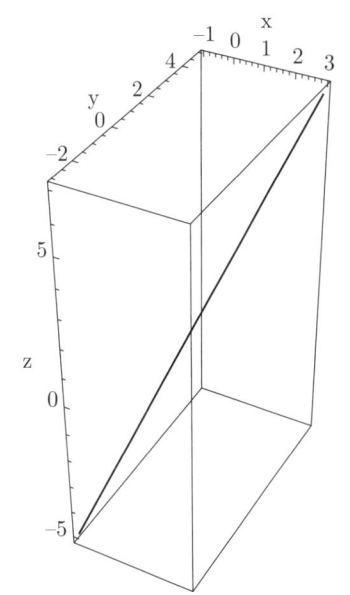

2点 $P_1(x_1, y_1, z_1), P_2(x_2, y_2, z_2)$ を通る直線の方程式は次のとおりである．

$$\frac{x - x_1}{x_1 - x_2} = \frac{y - y_1}{y_1 - y_2} = \frac{z - z_1}{z_1 - z_2}.$$

媒介変数方程式は次で与えられる．

$$\begin{cases} x = x_1 + (x_2 - x_1)t \\ y = y_1 + (y_2 - y_1)t \\ z = z_1 + (z_2 - z_1)t \end{cases}$$

15.2.2 平面

平面に垂直なベクトルをその平面の**法線ベクトル** (normal) という．点 $P_0 = (x_0, y_0, z_0)$ を通り，法線ベクトルが $\mathbf{v} = (a, b, c)$ である平面の方程式は

$$a(x - x_0) + b(y - y_0) + c(z - z_0) = 0.$$

P_0 の位置ベクトルを $\mathbf{a} = (x_0, y_0, z_0)$ とすると，この方程式は

$$\mathbf{v} \cdot (\mathbf{x} - \mathbf{a}) = 0$$

と表すことができる．

一般に x, y, z の1次方程式

$$ax + by + cz + d = 0$$

は，法線ベクトルが (a, b, c) の平面を表す（ただし，a, b, c のどれかは 0 でないものとする）．$a : b : c$ はこの平面の**方向比**という．つまり，平面の法線の方向比がその平面の方向比である．

2 つの直線 g_1, g_2,

$$g_1 : \frac{x - x_1}{u_1} = \frac{y - y_1}{v_1} = \frac{z - z_1}{w_1}, \quad g_2 : \frac{x - x_2}{u_2} = \frac{y - y_2}{v_2} = \frac{z - z_2}{w_2}[]$$

のなす角を θ とすると，

$$\cos \theta = \frac{u_1 u_2 + v_1 v_2 + w_1 w_2}{\sqrt{u_1^2 + v_1^2 + w_1^2}\sqrt{u_2^2 + v_2^2 + w_2^2}}$$

直線 g_1, g_2 が垂直であるための条件は

$$u_1 u_2 + v_1 v_2 + w_1 w_2 = 0$$

直線 g_1, g_2 が平行であるための条件は

$$\frac{u_1}{u_2} = \frac{v_1}{v_2} = \frac{w_1}{w_2}.$$

平面 $ax + by + cz + d = 0$ を書き換えた

$$\pm \frac{ax + by + cz}{\sqrt{a^2 + b^2 + c^2}} = \mp \frac{d}{\sqrt{a^2 + b^2 + c^2}}$$

を**ヘッセの標準形** (Hessian normal form) という．ただし，符号は右辺が正となるようにとる．

点 $P(x_0, y_0, z_0)$ から平面 $ax + by + cz + d = 0$ に下ろした垂線の長さは

$$\frac{|ax_0 + by_0 + cz_0 + d|}{\sqrt{a^2 + b^2 + c^2}}.$$

2 つの平面 m_1, m_2,

$$m_1 : a_1 x + b_1 y + c_1 z + d_1 = 0, \quad m_2 : a_2 x + b_2 y + c_2 z + d_2 = 0$$

のなす角は

$$\cos\theta = \frac{a_1 a_2 + b_1 b_2 + c_1 c_2}{\sqrt{a_1^2 + b_1^2 + c_1^2}\sqrt{a_2^2 + b_2^2 + c_2^2}}.$$

平面 m_1, m_2 が垂直になる条件は

$$a_1 a_2 + b_1 b_2 + c_1 c_2 = 0.$$

平面 m_1, m_2 が平行になる条件は

$$\frac{a_1}{a_2} = \frac{b_1}{b_2} = \frac{c_1}{c_2}.$$

直線 l

$$l : \frac{x - x_1}{u} = \frac{y - y_1}{v} = \frac{z - z_1}{w}$$

と平面 m

$$m : ax + by + cz + d = 0$$

とのなす角は

$$\sin\theta = \frac{|au + bv + cw|}{\sqrt{a^2 + b^2 + c^2}\sqrt{u^2 + v^2 + w^2}}.$$

直線 l が平面 m に垂直な条件は

$$\frac{a}{u} = \frac{b}{v} = \frac{c}{w}$$

直線 l が平面 m に平行な条件は

$$au + bv + cw = 0$$

15.3 2次曲面

15.3.1 2次曲面の基礎

$a, b, c, f, g, h, l, m, n, d$ を定数とする．2 次方程式

$$ax^2 + by^2 + cz^2 + 2fyz + 2gzx + 2hxy + 2lx + 2my + 2nz + d = 0$$

を満足する点 $P(x,y,z)$ 全体のなす曲面を **2 次曲面** (quadratic surface) という．以下で，いろいろな 2 次曲面を紹介しよう．

15.3.2 球

中心 $A(a,b,c)$，半径 r の**球** (sphere) の方程式は

$$(x-a)^2 + (y-b)^2 + (z-c)^2 = r^2.$$

球は中心から一定の距離 r にある点全体の集合である．
A の位置ベクトルを $\mathbf{a} = (a,b,c)$ とすると，ベクトル方程式は

$$(\mathbf{x} - \mathbf{a}) \cdot (\mathbf{x} - \mathbf{a}) = r^2.$$

原点を中心とする半径 r の球の媒介変数方程式は

$$\begin{cases} x = r \sin\theta \cos\varphi \\ y = r \sin\theta \sin\varphi \\ z = r \cos\theta \end{cases}$$

で与えられる．

例 原点を中心とする半径 2 の球[1]．

```
In[1]:= ParametricPlot3D[{2Sin[t]*Cos[s],
 2Sin[t]*Sin[s],2Cos[t]},{t,0,2Pi},{s,0,2Pi}]
```

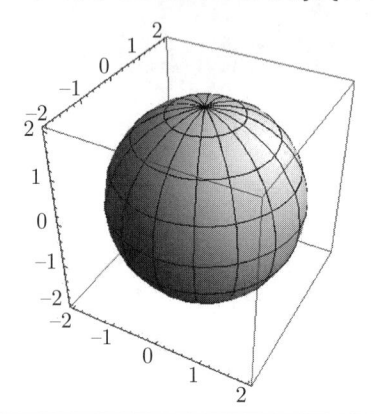

---

[1] 3 次元プロットをカラーで描くのは比較的時間がかかるので，要注意．`ColorFunction -> Gray` や `Lighting -> "Neutral"` のオプションなどでモノクロ表示にすることもできる．

15.3.3 楕円面

楕円面 (ellipsoid) の方程式は次のとおりである.

$$\frac{x^2}{a^2} + \frac{y^2}{b^2} + \frac{z^2}{c^2} = 1 \quad (a > 0, b > 0, c > 0).$$

この媒介変数方程式は次で与えられる.

$$\begin{cases} x = a \sin\theta \cos\varphi \\ y = b \sin\theta \sin\varphi \\ z = c \cos\theta \end{cases}$$

それぞれ, yz 平面, zx 平面, xy 平面との交わりは次の楕円である.

$$\frac{y^2}{b^2} + \frac{z^2}{c^2} = 1, \quad \frac{z^2}{c^2} + \frac{x^2}{a^2} = 1, \quad \frac{x^2}{a^2} + \frac{y^2}{b^2} = 1.$$

```
In[1]:= ParametricPlot3D[{2Sin[t]*Cos[u],
  3Sin[t]*Sin[u],Cos[t]},{t,-Pi,Pi},{u,0,2Pi},ColorFunction->Gray]
```

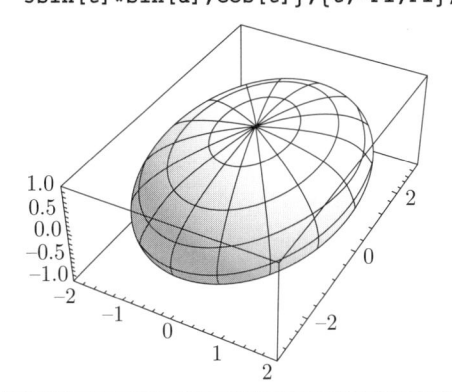

15.3.4　1葉双曲面

1葉双曲面 (hyperboloid of one sheet) の方程式は次のとおりである.

$$\frac{x^2}{a^2} + \frac{y^2}{b^2} - \frac{z^2}{c^2} = 1 \quad (a>0, b>0, c>0)$$

この媒介変数方程式は次で与えられる.

$$\begin{cases} x = a\sqrt{1+\dfrac{u^2}{c^2}}\cos\theta \\ y = b\sqrt{1+\dfrac{u^2}{c^2}}\sin\theta \\ z = u \end{cases}$$

それぞれ, yz 平面, zx 平面との交わりは双曲線, xy 平面との交わりは楕円である.

$$\frac{y^2}{b^2} - \frac{z^2}{c^2} = 1, \quad \frac{z^2}{c^2} - \frac{x^2}{a^2} = 1, \quad \frac{x^2}{a^2} + \frac{y^2}{b^2} = 1.$$

```
In[1]:= ParametricPlot3D[{2Sqrt[1+u^2]*Cos[t],
  2Sqrt[1+u^2]*Sin[t],u},{t,-Pi,Pi},{u,-2,2}]
```

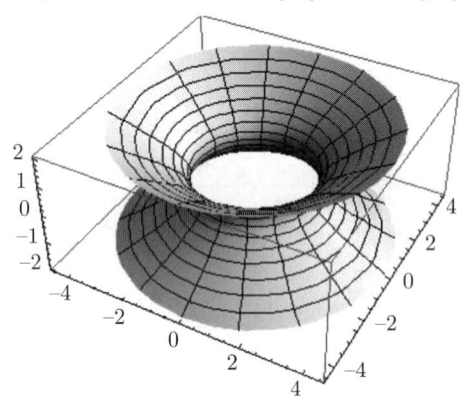

15.3.5 2葉双曲面

2葉双曲面 (hyperboloid of two sheets) の方程式は次のとおりである.

$$\frac{x^2}{a^2} + \frac{y^2}{b^2} - \frac{z^2}{c^2} = -1$$

この媒介変数方程式は次で与えられる.

$$\begin{cases} x = a((e^u - e^{-u})/2)\cos\theta \\ y = b((e^u - e^{-u})/2)\sin\theta \\ z = c(e^u + e^{-u})/2 \end{cases}$$

および,

$$\begin{cases} x = a((e^u - e^{-u})/2)\cos\theta \\ y = -b((e^u - e^{-u})/2)\sin\theta \\ z = -c(e^u + e^{-u})/2 \end{cases}$$

それぞれ, yz 平面, zx 平面との交わりは次の双曲線で, xy 平面とは交わらない.

$$\frac{y^2}{b^2} - \frac{z^2}{c^2} = -1, \quad \frac{z^2}{c^2} - \frac{x^2}{a^2} = 1.$$

```
In[1]:= ParametricPlot3D[{(Exp[u]-Exp[-u])*Cos[t],2(Exp[u]-
    Exp[-u])*Sin[t],3(Exp[u]+Exp[-u])/2},{t,0,2Pi},{u,-1,1}]
```

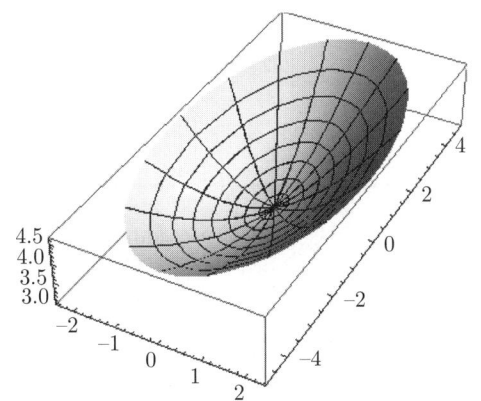

15.3.6 楕円放物面

楕円放物面 (elliptic paraboloid) の方程式は次のとおりである.

$$2cz = \frac{x^2}{a^2} + \frac{y^2}{b^2} \qquad (a \neq 0, b \neq 0, c \neq 0)$$

それぞれ，yz 平面，zx 平面との交わりは次の放物線である．

$$y^2 = 2cb^2 z, \qquad x^2 = 2ca^2 z.$$

z 軸と垂直な平面 $z = z_0$ との交わりは次の楕円である．

$$\frac{x^2}{2ca^2 z_0} + \frac{y^2}{2cb^2 z_0} = 1.$$

In[1]:= `ParametricPlot3D[{x,y,x^2/1.3^2+y^2/1.5^2},{x,-2,2}, {y,-2,2}]`

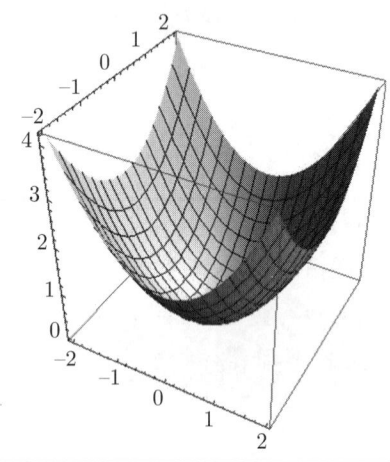

15.3.7 双曲放物面

双曲放物面 (hyperbolic paraboloid) の方程式は次のとおりである.

$$2cz = \frac{x^2}{a^2} - \frac{y^2}{b^2} \quad (a>0, b>0, c \neq 0)$$

それぞれ, yz 平面, zx 平面との交わりは次の放物線である.

$$y^2 = -2cb^2 z, \qquad x^2 = 2ca^2 z,$$

z 軸と垂直な平面 $z = z_0$ との交わりは次の双曲線である.

$$\frac{x^2}{2ca^2 z_0} - \frac{y^2}{2cb^2 z_0} = 1.$$

```
In[1]:= ParametricPlot3D[{x,y,x^2/1.3^2-y^2/1.5^2},
 {x,-2,2},{y,-2,2}]
```

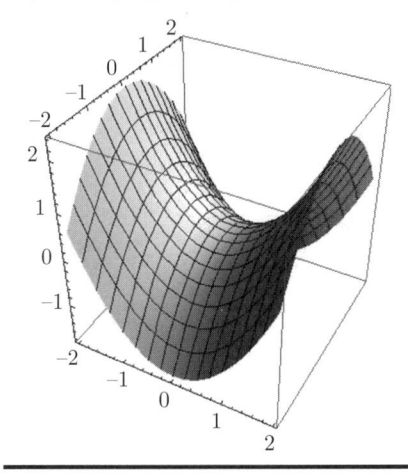

15.4 空間における変換

15.4.1 平行移動
$\mathbf{a} = (a, b, c)$ として，

$$\mathbf{x}' = \mathbf{x} + \mathbf{a}$$

は $\mathbf{a}$ の向きへ，その大きさだけ平行移動した点である．

15.4.2 一次変換
$\mathbf{x} = (x_1, x_2, x_3)$, $\mathbf{x}' = (x_1', x_2', x_3')$, $\mathbf{A} = \begin{pmatrix} a_1 & a_2 & a_3 \\ b_1 & b_2 & b_3 \\ c_1 & c_2 & c_3 \end{pmatrix}$ とすると，

$$\mathbf{x}' = \mathbf{A}\mathbf{x}$$

の形の変換を一次変換といい，$\mathbf{A}$ を一次変換の**行列**という．

15.4.3 特殊な変換

(i) 恒等変換： $\mathbf{A} = \begin{pmatrix} 1 & 0 & 0 \\ 0 & 1 & 0 \\ 0 & 0 & 1 \end{pmatrix}$

(ii) ゼロ変換： $\mathbf{A} = \begin{pmatrix} 0 & 0 & 0 \\ 0 & 0 & 0 \\ 0 & 0 & 0 \end{pmatrix}$

(iii) 相似変換： $\mathbf{A} = \begin{pmatrix} k & 0 & 0 \\ 0 & k & 0 \\ 0 & 0 & k \end{pmatrix}$

(iv) xy 平面に関して面対称： $\mathbf{A} = \begin{pmatrix} 1 & 0 & 0 \\ 0 & 1 & 0 \\ 0 & 0 & -1 \end{pmatrix}$

例　$P_1(1,1,1)$ に xy 平面に関して面対称な変換を行う．

```
In[1]:= p1={1,1,1};
In[2]:= p2={{1,0,0},{0,1,0},{0,0,-1}}.p1
Out[2]= {1, 1, -1}
In[3]:= Graphics3D[{PointSize[0.05],Point[p1],Point[p2]},
 Axes->True,AxesLabel->{"x","y","z"}]
```

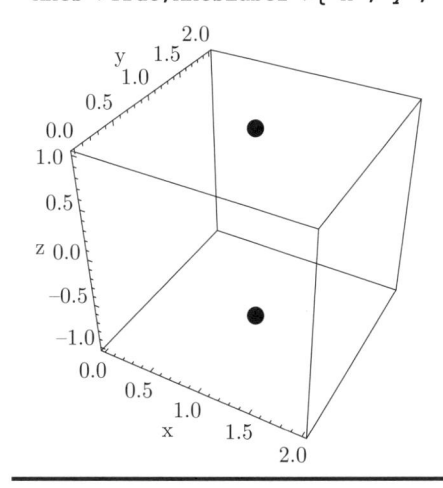

15.4.4 回転

(i) z 軸のまわりに角 θ だけ回転する．

$$\mathbf{A} = \begin{pmatrix} \cos\theta & -\sin\theta & 0 \\ \sin\theta & \cos\theta & 0 \\ 0 & 0 & 1 \end{pmatrix}$$

例　点 $P_1(1,1,1)$ を z 軸のまわりに 60 度だけ回転する．

```
In[1]:= o3[x_]:={{Cos[x],-Sin[x],0},{Sin[x],Cos[x],0},{0,0,1}};
In[2]:= p1={1,1,1};
In[3]:= p2=o3[Pi/3].p1
```
$Out[3]= \left\{\dfrac{1}{2}-\dfrac{\sqrt{3}}{2}, \dfrac{1}{2}+\dfrac{\sqrt{3}}{2}, 1\right\}$
```
In[4]:= Graphics3D[{Dashing[{0.02,0.02}],
 Line[{{-1,0,0},{1,0,0}}],
 Line[{{0,-1,0},{0,1,0}}],Line[{{0,0,-1},
 {0,0,1}}],Dashing[{1}],Line[{{0,0,0},p1}],
 Line[{{0,0,0},p2}],PointSize[0.05],
```

```
Point[p1],Point[p2] },Axes->True]
```

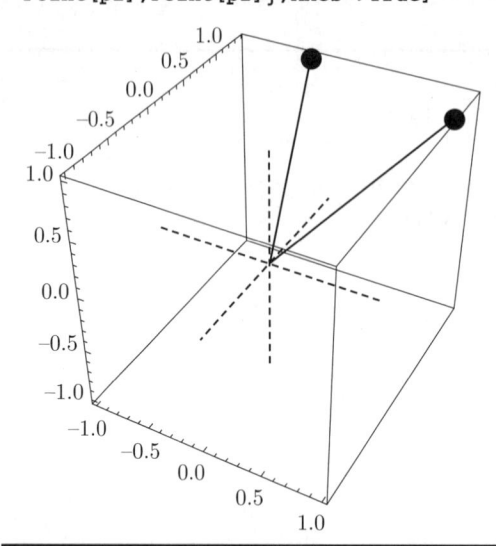

また，この形をしている行列は直交行列である．つまり，

$$A^t A = {}^t A A = E.$$

```
In[5]:= o3[x].Transpose[o3[x]]
```
$Out[5]= \{\{\text{Cos}[x]^2+\text{Sin}[x]^2,0,0\},\{0,\text{Cos}[x]^2+\text{Sin}[x]^2,0\},\{0,0,1\}\}$
```
In[6]:= Simplify[%]
```
$Out[6]= \{\{1, 0, 0\}, \{0, 1, 0\}, \{0, 0, 1\}\}$
```
In[7]:= Transpose[o3[x]].o3[x] // Simplify
```
$Out[7]= \{\{1, 0, 0\}, \{0, 1, 0\}, \{0, 0, 1\}\}$

(ii) x 軸のまわりに角 θ だけ回転する．

$$\mathbf{A} = \begin{pmatrix} 1 & 0 & 0 \\ 0 & \cos\theta & -\sin\theta \\ 0 & \sin\theta & \cos\theta \end{pmatrix}$$

(iii) z 軸のまわりに角 θ だけ回転する.
$$\mathbf{A} = \begin{pmatrix} \cos\theta & 0 & -\sin\theta \\ 0 & 1 & 0 \\ \sin\theta & 0 & \cos\theta \end{pmatrix}$$

第15章 問題

ex.15.1 $\mathbf{v} = (1,1,2), \mathbf{u} = (-2,1,0), \mathbf{w} = (-3,1,1)$ について,次を求めよ.
(a) (i) $\mathbf{u} + \mathbf{v}$ (ii) $\mathbf{u} + \mathbf{w}$ (iii) $\mathbf{v} + \mathbf{w}$ (iv) $3\mathbf{u} - 2\mathbf{v}$
(v) $\mathbf{u} + \mathbf{v} - 2\mathbf{w}$ (vi) $3\mathbf{u} + 2\mathbf{v} - \mathbf{w}$
(b) (i) $\mathbf{u} \cdot \mathbf{v}$ (ii) $\mathbf{u} \cdot \mathbf{w}$ (iii) $\mathbf{u} \cdot (\mathbf{v} + \mathbf{w})$ (iv) $(\mathbf{u} + \mathbf{v}) \cdot \mathbf{w}$
(v) $\mathbf{v} \cdot (-\mathbf{w})$ (vi) $3\mathbf{v} \cdot \mathbf{w}$
(c) 次の2つのベクトルの内積,そのなす角,距離を求めよ.
(i) $\mathbf{u}, 2\mathbf{v}$ (ii) $\mathbf{u}, -3\mathbf{w}$ (iii) $\mathbf{v}, \mathbf{w}$ (iv) $(\mathbf{u}+2\mathbf{v}), \mathbf{w}$ (v) $\mathbf{u}+\mathbf{v}, \mathbf{u}-\mathbf{v}$
(d) 次のベクトルの長さを求めよ.
(i) $\mathbf{u}$ (ii) $\mathbf{v}$ (iii) $\mathbf{w}$ (iv) $3\mathbf{u}$ (v) $\mathbf{v}+\mathbf{w}$ (vi) $\mathbf{v}-\mathbf{w}$
(e) 次を求めよ.
(i) $\mathbf{u} \times \mathbf{v}$ (ii) $\mathbf{u} \times \mathbf{w}$ (iii) $\mathbf{v} \times \mathbf{w}$ (iv) $\mathbf{v} \times \mathbf{u}$ (v) $\mathbf{w} \times \mathbf{v}$
(vi) $(\mathbf{u}+\mathbf{v}) \times \mathbf{w}$ (vii) $\mathbf{u} \cdot (\mathbf{u} \times \mathbf{v})$ (viii) $\mathbf{v} \times \mathbf{v}$ (ix) $\mathbf{u} \times (\mathbf{v} \times \mathbf{w})$
(x) $(\mathbf{u} \times \mathbf{v}) \times \mathbf{w}$

ex.15.2 次の直線を描け.
(i) 点 $(1,0,1)$ を通り,方向比が $1:-1:2$.
(ii) 2点 $(2,1,1)$, $(-1,0,3)$ を通る.
(iii) $\dfrac{x-2}{3} = y = \dfrac{z+1}{-2}$
(iv) $\begin{cases} x = -2t \\ y = -2t + 1 \\ z = 1 + 2t \end{cases}$

ex.15.3 次の2つの直線のなす角を求めよ.
$$g_1 : \dfrac{x-1}{2} = y+2 = \dfrac{z-2}{3}, \quad g_2 : x+1 = \dfrac{y+1}{-2} = \dfrac{z-1}{2}$$

ex.15.4 点 $(1,1,1)$ と平面 $x+2y+3z-4=0$ の距離を求めよ.

ex.15.5 平面 $2x+3y-z+1=0$ と平面 $-x+y+z+3=0$ のなす角を求めよ.

ex.15.6 次の直線と平面のなす角を求めよ.
$$g: \dfrac{x}{2} = \dfrac{y-2}{5} = \dfrac{z-8}{6}, \quad m: 3x-y+4z-2=0$$

ex.15.7 原点を中心とする半径3の球を描け.

ex.15.8 次の媒介変数表示で与えられている曲線，曲面を描け．

(i) $\begin{cases} x = 3\cos\theta \\ y = 3\sin\theta \\ z = 0.2\theta \end{cases}$ $(0 \leq \theta \leq 4\pi)$

(ii) $\begin{cases} x = e^{0.05t}\cos t \\ y = e^{0.05t}\sin t \\ z = 0.4t \end{cases}$ $(0 \leq t \leq 12\pi)$

(iii) $\begin{cases} x = u^3 \\ y = v^3 \\ z = uv \end{cases}$ $(-4 \leq u \leq 4, -4 \leq v \leq 4)$

(iv) $\begin{cases} x = u \\ y = v \\ z = u^3 - 3uv^2 \end{cases}$ $(-1.2 \leq u \leq 1.2, -1.2 \leq v \leq 1.2)$

(v) $\begin{cases} x = 2\cos u \cos v \\ y = 3\sin u \cos v \\ z = 0.5\sin v \end{cases}$ $(0 \leq u \leq \pi, 0 \leq v \leq \pi)$

(vi) $\begin{cases} x = u \\ y = v \\ z = u^2 + v^2 \end{cases}$ $(-1.2 \leq u \leq 1.2, -1.2 \leq v \leq 1.2)$

(vii) $\begin{cases} x = u\cos v \\ y = u\sin v \\ z = u^2 \end{cases}$ $(0 \leq u \leq 2, 0 \leq v \leq 2\pi)$

(viii) $\begin{cases} x = \cos u \cos v \sin v \\ y = \sin u \cos v \sin v \\ z = \sin v \end{cases}$ $(0 \leq u \leq 2, -\pi/2 \leq v \leq \pi/2)$

(ix) $\begin{cases} x = uv \\ y = u \\ z = v^2 \end{cases}$ $(-2 \leq u \leq 2, -2 \leq v \leq 2)$

付録
A, B, C, D

```
In[1]:= Sound[{SoundNote["C"],SoundNote["E"],
  SoundNote["G"],SoundNote["C5"],
  SoundNote[{"C","E","A"},1.5,"Organ"],
  SoundNote[{"C","E","G","C5"},2,"Strings"]}]
```

Out[118]=

A. $Mathematica$ の基本操作

A.1 起動と終了

起動　　$Mathematica$ のアイコンをダブルクリックする．

終了　　メニューの「ファイル」→「終了」を選ぶ．
（他のアプリケーションと同様．）

入力の実行　　Shift+ Enter
　　　　　　　またはキーパッドの Enter

複数行（改行）　　Return (Enter)

空白は関数名などのキーワードの途中以外の区切りとしていくつでも挿入できる．

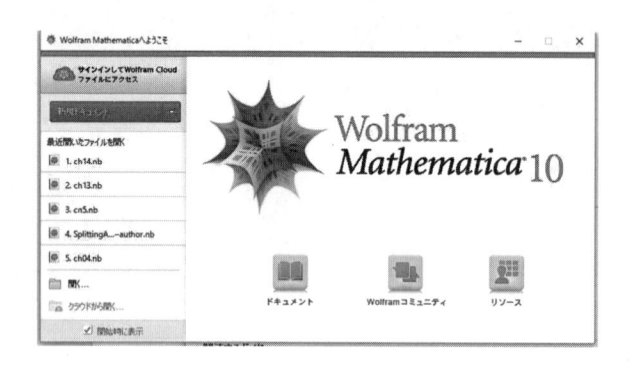

起動すると上のようなウェルカムスクリーンが画面に現れる．セッションを新しく始めるには，「新規ドキュメント」をクリックする．次のような新規のノートブックが現れる．（メニューの「ファイル」→「新規作成」→「ノートブック」で新たな

ノートブックが現れる．）

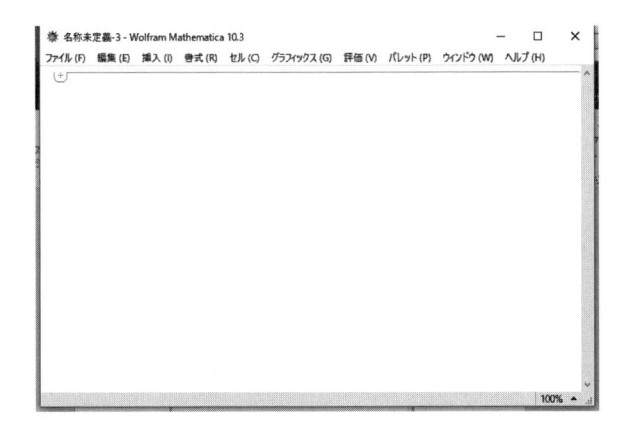

入力を始めて実行すると，In[1]=が行の先頭に表示され，実行すると，Out[1]=が挿入され結果が表示される．

最近のバージョンでは初期設定で次のようなサジェスチョンバーが表示される．

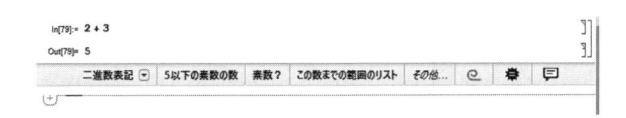

これは，入力した内容に依存するが，関連した事柄をマウスで選択できるようになっている．

画面表示などを含めた環境設定は

  メニューの「編集 (E)」 → 「環境設定 ... (S)」

を選択して変更する．

例えば，サジェスチョンバーを表示させないようにするには，

  メニューの「編集 (E)」 → 「環境設定 ... (S)」

を選択して「インターフェース」のタブをクリックし，「最後の出力の後にサジェスチョンバーを表示する」のチェックをはずす．

1つの関連した入力，出力をセルとよび，右端にセルブラケットが表示される．実行すると，グループブラケットが右端に表示される．

ブラケットをダブルクリックするとセルグループを開閉する．

また，ブラケットを右クリックするとポップアップメニューが現れる．

入力セル、セルブラケット、出力セル、グループブラケット
In[1]:= 2+3
Out[1]= 5

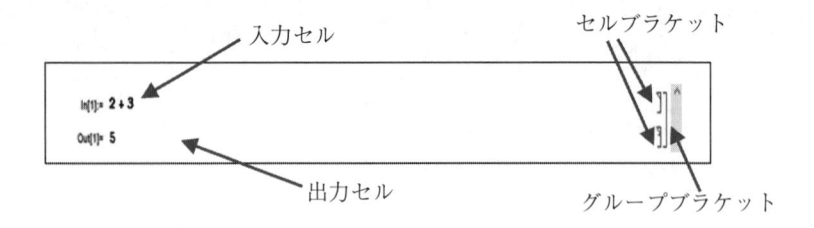

詳しくは，ドキュメントセンターの「システムの操作と設定」の「ノートブックインターフェース」を参照．

A.2 計算の中断

何らかの理由で途中で計算を中断する場合は，

メニューの「評価」→「評価を放棄」を選ぶ．または，Alt + . で実行中の計算を放棄する

「評価」→「カーネルを終了」を選ぶと，フロントエンドは立ち上げたままカーネルを終了する

A.3 保存，印刷

```
ファイルを新規保存する
    メニューの「ファイル」→「別名で保存...」を選ぶ．
ファイルを上書き保存する
    メニューの「ファイル」→「保存」を選ぶ
保存してあるファイルを開く
    メニューの「ファイル」→「開く...」を選ぶ
ファイルを印刷する
    メニューの「ファイル」→「印刷...」を選ぶ．
```

A.4 パレット

メニューの「パレット」→「基本数学アシスタント」で左のような，メニューの「パレット」→「数学授業アシスタント」で右のようなパレットが現れ，マウス操作で数式入力などが可能である．

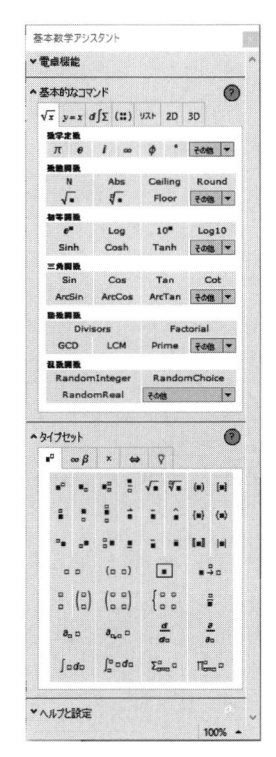

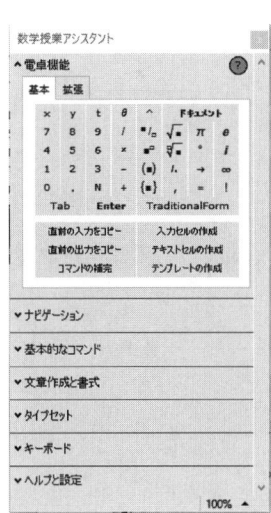

また，メニューの「パレット」→「文章作成アシスタント」で下のようなパレットが現れる．

この中の数学の記号やギリシャ文字などのボタンをクリックすると，その記号や文字がノートブックに表示される．

詳しくは，ドキュメントセンターで「パレット」,「特殊文字」,「タイプセット」などで検索する．

B. プログラミング

B.1 組込み関数

> 引数 x に関数を適用する．
> 関数名 [x]
> x//関数名
> 関数名 @ x

引数が複数ある場合は，カンマで区切る．引数がリストの場合もある．

```
In[2]:= Sqrt[4]      (* √4 を求める *)
Out[2]= 2
In[2]:= 4//Sqrt
Out[2]= 2
In[3]:= Sqrt @ 4
Out[3]= 2
```

B.2 純関数

関数の独立変数に明示的に名前を付けなくても#を用いて関数を定義することができる．最後に&を付けて純関数であることを示す．

Function[x, 式]	形式的な引数 x を持つ式の関数の定義
式 &	引数が1つなら#，複数なら，#1,#2, .. などを用いて定義

```
In[1]:= Function[x, x^2 - x + 1][3]
                   (* 純関数 fa(x) = x2 − x + 1 を定義し， x に 3 を代入 *)
Out[1]= 7
In[1]:= fa = #^2 - # + 1 &
                   (* 純関数 fa(x) = x2 − x + 1 を定義する *)
Out[1]= #1² − #1 + 1&
In[2]:= fa[3]           (* fa(3) を求める *)
Out[2]= 7
In[3]:= fa'[x]          (* fa(x) の微分をする *)
Out[3]= −1 + 2 x
In[4]:= fb = Exp[#^2] & (* fb(x) = exp(x²) を定義する *)
Out[4]= Exp[#1²]&
In[5]:= fb[2]           (* fb(2) を求める *)
Out[5]= e⁴
In[6]:= ff := #1 - #2^2 + 2 &   (* 関数 ff(x,y) = x − y2 + 2 を定義する *)
In[7]:= ff[2, 3]        (* ff(2,3) を求める *)
Out[7]= −5
In[8]:= ff2=Function[{x,y},x-y^2+2]
Out[8]= Function[{x, y}, x − y² + 2]
In[9]:= ff2[2, 3]
Out[9]= −5
```

B.3 ループ

Do[$expr, \{i, n\}$]	$i = 1$ から n まで $expr$ を繰り返す
Do[$expr, \{i, a, n, d\}$]	$i = a$ から n まで d の幅で増やしていき $expr$ を繰り返す
Print[$expr$]	$expr$ を表示
While[条件, 処理]	条件が真 (True) の間，処理を繰り返す
For[$start$, 条件, d, 処理]	$start$ から d ずつ増やしていき，条件が真 (True) の間，処理を繰り返す

In[1]:= `Do[Print[(x+y)^i],{i,4}]`
$x+y$
$(x+y)^2$
$(x+y)^3$
$(x+y)^4$

In[2]:= `For[i=1,i<=4,i=i+1,Print[(x+y)^i]]`
$x+y$
$(x+y)^2$
$(x+y)^3$
$(x+y)^4$

In[3]:= `i=1;`
  `While[i<=4,(Print[(x+y)^i];i=i+1)]`
$x+y$
$(x+y)^2$
$(x+y)^3$
$(x+y)^4$

In[4]:= `Table[(x+y)^i,{i,4}]`
Out[4]= $\{x+y,(x+y)^2,(x+y)^3,(x+y)^4\}$

B.4 条件文

If[条件, 処理1, 処理2]	条件が真 (True) であれば,処理1,偽であれば処理2を実行
If[条件, 処理1, 処理2, 処理3]	条件が真 (true) であれば,処理1,偽であれば処理2,どちらでもなければ処理3
Which[条件1, 処理1, 条件2, 処理2, ...]	最初に条件 i が真 (True) になるときの処理 i を実行
Switch[*expr*, 形1, 値1, 形2, 値2, ...]	*expr* を形 i を比べ,等しいときその値 i を返す
Switch[*expr*, 形1, 値1, 形2, 値2, ..., _, 値0]	*expr* を形 i を比べ,等しいときその値 i を返し,どれとも等しくないとき値0を返す.

```
In[1]:= If[2>1,a+b,a-b]
Out[1]= a + b            (* 条件が真なので a+b を実行 *)
In[2]:= If[0>2,a+b,a-b]
Out[2]= a - b            (* 条件が偽なので a-b を実行 *)
In[3]:= f[a_,b_]:=If[a>b,a+b,a-b]  (* a > b ならば a+b, a ≤ b ならば
                                      a-b となる関数 *)
In[4]:= f[2,1]
Out[4]= 3
In[5]:= f[3,5]
Out[5]= -2
In[6]:= g[x_]:=Which[x<0,-x,x==0,0,x>0,x]   (* x < 0 ならば -x,
                                               x = 0 ならば 0, x > 0 ならば x となる関
                                               数 *)
In[7]:= g[2]
Out[7]= 2
In[8]:= g[-2]
Out[8]= 2
In[9]:= h[x_,y_]:=Switch[x-y,1,x,0,x+y,-1,y,_,0]
                         (* x-y が 1 ならば x, 0 ならば x+y, -1 な
                            らば y, それ以外は 0 となる関数 *)
In[10]:= h[2,3]
Out[10]= 3
In[11]:= h[3,2]
Out[11]= 3
In[12]:= h[3,3]
Out[12]= 6
In[13]:= h[2,5]
Out[13]= 0
```

B.5 特殊な代入

$i++$	i で実行し, i に 1 加える
$i--$	i で実行し, i から 1 引く
$++i$	i に 1 加えてから実行
$--i$	i から 1 引いてから実行

$i\mathrel{+}=d$	$i=i+d$
$i\mathrel{-}=d$	$i=i-d$
$x\mathrel{*}=c$	$x=x*c$
$x\mathrel{/}=c$	$x=x/c$

```
In[1]:= i=2;Print[i++]
2
In[2]:= i
Out[2]= 3
In[3]:= i=2;Print[i--]
2
In[4]:= i
Out[4]= 1
In[5]:= i=2;Print[++i]
3
In[6]:= i
Out[6]= 3
In[7]:= i=2;Print[--i]
1
In[8]:= i
Out[8]= 1
In[9]:= x=2;x+=10;x
Out[9]= 12
In[10]:= x=2;x-=10;x
Out[10]= -8
In[11]:= x=2;x*=10;x
Out[11]= 20
In[12]:= x=2;x/=10;x
Out[12]= 1/5
```

C. ファイルの入出力

C.1 ディレクトリ

Directory[]	現在の作業ディレクトリ
SetDirectory["*Dir*"]	*Dir* を作業ディレクトリに設定
SetDirectory[]	ユーザのホームディレクトリへ戻す
$HomeDirectory	ユーザのホームディレクトリ名
$UserName	ユーザのログイン名

```
In[1]:= Directory[]
Out[1]= C:\Users\miyaoka
In[2]:= SetDirectory["C:+\Users"]
Out[2]= C:\Users
In[3]:= Directory[]
Out[3]= C:\Users
In[4]:= SetDirectory[$TemporaryDirectory]
Out[4]= C:\Users\miyaoka\AppData\Local\Temp
In[5]:= SetDirectory[]
Out[5]= C:\Users\miyaoka
In[6]:= $HomeDirectory
Out[6]= C:\Users\miyaoka
In[7]:= $UserName
Out[7]= miyaoka
```

C.2 ファイルからのコマンドの入力

関数などをエディターなどを使って書いてファイルに保存しておき（例えば，そのファイルの名は $file$ であるとする），そのファイルを $Mathematica$ で呼び込むには次のようにする．

> << $file$ （または，Get[$"file"$]）　$file$ という名のファイルからの入力
> FilePrint[$"file"$]　$file$ という名のファイルの内容を表示する

NOTE: ファイルを保存するディレクトリを注意すること．現在のディレクトリは，Directory[] で，パスは\$Path でわかる．

例 fact.txt という名のファイルの内容が次のようであり，C:\Users\miyaoka というディレクトリに保存されているとする．

```
fact[0]:=1;
fact[n_]:=n*fact[n-1] /; n>0
```

これを $Mathematica$ で読むと，fact という名の関数が使えることになる[2]．

```
In[1]:= SetDirectory["C:\Users\miyaoka"]
                  (* ディレクトリを C:\Users\miyaoka 似設定 *)
Out[1]= C:\Users\miyaoka
In[2]:= FilePrint["fact.txt"]   (* fact.txt の内容を表示 *)
  fact[0]:=1;    @@
  fact[n_]:=n*fact[n-1] /; n>0
In[3]:= <<fact.txt           (* fact.txt を読み込む *)
In[4]:= ?fact
                (* fact という関数が定義されているかを確かめる *)
Global'fact
  fact[0] := 1
  fact[n_] := n*fact[n - 1] /; n > 0
```

---

[2] パスを直接指定すると
FilePrint["C:\Users\miyaoka\fact.txt"]
特に，パスを指定しない場合は「ホーム」ディレクトリを使用する．（Directory[] で確認できる．）

```
In[5]:= fact[10]                    (* fact[10] を計算する *)
Out[5]= 3628800
```

C.3 ファイルへの結果の出力

ノートブックフロントエンドを使っている場合は Menu から保存 (Save) を選べば，保存できる．また，コピー，ペースト機能を使ってファイルへ張り付けることもできる．

また，テキスト型フロントエンドの場合は *Mathematica* で行った結果をファイルとして保存しておくには次のようにする．

> 式 >> *file*（または Put[式, *file*]）　　　*file* という名のファイルへ式の結果を出力
>
> 式 >>> *file*（または PutAppend[式, *file*]）　*file* という名のファイルへ式の結果を出力を付け加える

```
In[1]:= Expand[(x+y+z)^3]>>out1   (* out1 というファイルへ結果を保存 *)
In[2]:= FilePrint["out1"]         (* out1 の内容を表示 *)
x^3 + 3*x^2*y + 3*x*y^2 + y^3 + 3*x^2*z + 6*x*y*z + 3*y^2*z +
3*x*z^2 + 3*y*z^2 + z^3
In[3]:= 1/2+3/5>>>out1             (* out1 に結果を付け加える *)
In[4]:= FilePrint["out1"]          (* out1 の内容を表示 *)
x^3 + 3*x^2*y + 3*x*y^2 + y^3 + 3*x^2*z + 6*x*y*z + 3*y^2*z +
3*x*z^2 +3*y*z^2 + z^3
11/10
```

C.4 定義をした関数のファイルへの保存

Mathematica を実行中に定義した関数をファイルに保存しておくことができる．そのファイルを読み込むことによって，別のセッションでもその関数が使えるようになる．

| Save["file", s1, s2, …] | fileという名のファイルに関数 s1, s2, … を保存する |

```
In[1]:= myf[x_]:=x^3+2x-1     (* myf という関数を定義する *)
In[2]:= Save["myfunction",myf]   (* 関数 myf を myfunction
                                    というファイルへ保存する *)
In[3]:= FilePrint["myfunction"]  (* myfunction の内容を表示す
                                    る *)
myf[x_] := x^3 + 2*x - 1
In[4]:= myf[x]
```
$Out[4] = -1 + 2x + x^3$
```
In[5]:= Clear[myf]    (* 関数 myf を削除する *)
In[6]:= myf[x]
```
$Out[6] = \mathrm{myf}[x]$
```
In[7]:= <<myfunction    (* ファイル myfunction を読み込む *)
In[8]:= myf[x]          (* 関数 myf が再び使えるようになる *)
```
$Out[8] = -1 + 2x + x^3$

C.5 ファイルからデータの入力

例えば，1.1, 1.3, 2.5, 3.6, −1.9 という数字が *file* という名のファイルに書き込まれているとする．このファイルを *Mathematica* に読み込んで，これらの数字をリストとして使うには次のようにする．

| ReadList["file", type, オプション] | fileという名のファイルから type で指定された型のデータを読み込む |
| ReadList["file", {type1, type2, …, typek}] | k 個のデータを 1 組として読み込む |

型 (*type*):
    Number   数
    Real   実数（浮動小数点付き小数）
    Character   文字
    String   文字列

オプション		
RecordLists->	False	
	True	もとのリストの形のまま
WordSeparators	{" ","\t"}	個々のデータの区切りはスペースまたはタブ

例 次のデータを持つ外部ファイル "data1.out" と "data2.out" を用意する [3].

"data1.out"

1.1 1.3 2.5 3.6 - 1.9 4.1

"data2.out"

```
1 65    43
2 87    90
3 25    100
4 90    24
5 50    100
6 20    10
```

In[1]:= `FilePrint["data1.out"]`　(* 外部ファイル "data1.out" を表示 *)
1.1 1.3 2.5 3.6 -1.9 4.1
In[2]:= `ReadList["data1.out", Number]`
Out[2]= {1.1, 1.3, 2.5, 3.6, −1.9, 4.1}
In[3]:= `ReadList["data1.out",{Number,Number}]`
Out[3]= {{1.1, 1.3}, {2.5, 3.6}, {−1.9, 4.1}}
In[4]:= `ReadList["data1.out",{Number,Number,Number}]`
Out[4]= {{1.1, 1.3, 2.5}, {3.6, −1.9, 4.1}}
In[5]:= `FilePrint["data2.out"]`
165 43
287 90
325 100
490 24
550 100
620 10
In[6]:= `ReadList["data2.out",{Number,Number,Number}]`
Out[6]= {{165, 43, 287}, {90, 325, 100}, {490, 24, 550}, {100, 620, 10}}
In[7]:= `ReadList["data2.out",Number,RecordLists->True]`

---

[3] ここでは，「ホーム」ディレクトリに保存する．(Directory[] で確認できる．)

```
Out[7]= {{165, 43}, {287, 90}, {325, 100}, {490, 24},
  {550, 100}, {620, 10}}
```

詳しくは，ドキュメントセンターで「外部インターフェースと接続」の「ファイル」を参照する．

> Import["ファイル名","フォーマット"]　　ファイルから指定した
>   フォーマットで読み込む
> Export["ファイル名", list, "List"]　　1次元のデータとして *list* を
>   ファイルに書き出す
>
> フォーマット；
> "List", "able", "Text", "Lines", "Words", "Data",
>   "EPS", "TIFF", "GIF", "JPEG", "PDF", ."AI", "PCL",
> "PICT", "WMF", "MPS", "BMP"
> サウンドも同様にして書きだしたり，読み込んだりできる．
>   サウンドフォーマット:"WAV", "AU", "SND", "AIFF", "Wave64"

D. 動的な可視化

最近のバージョンでは，インタラクティブに実行することができる．

詳細は，それぞれの関数を参照．

```
Manipulate
Animate
ListAnimate
TabView
SlideView
FlipView
MenuView
PopupView
Tooltip
Button
```

詳しくは，ドキュメントセンターで「可視化とグラフィックス」の「動的な可視化」を参照する．

```
In[1]:= Grid[{{a, b, c, d}, {Style[Sqrt[x]/2], Text[y^2/3],
    Style["abcdef", FontFamily -> "Symbol"],
    Text[Style["abcd", 26, Italic]]}}, Frame -> All, ItemSize -> 6]
In[2]:= Plot[{Tooltip[-x^2 + 1, "f"], Tooltip[Cos[x], "g"],
    Tooltip[Exp[-Abs[x]], "h"]}, {x, -2, 2}]
```

```
In[3]:= Manipulate[
  Text[Grid[{{"n", "n!", "n!!"}, {n, n!, n!!}}, Dividers -> All,
   ItemSize -> 7]], {n, 1, 10, 1}] (* n と n! と n!! を表形式で出力 [4] *))
```

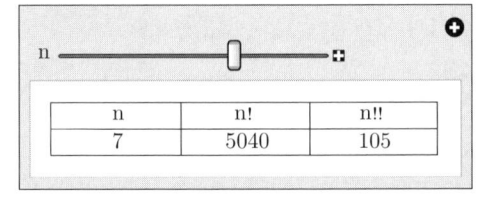

n	n!	n!!
7	5040	105

```
In[4]:= TabView[{a -> x, b -> y, c -> 6}]
```

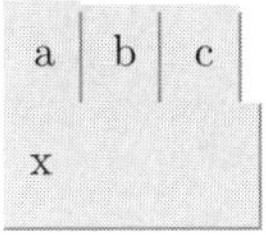

```
In[5]:= TabView[Table[f[x] -> Plot[f[x], {x, -Pi, Pi}],
  {f, {Sin, Cos, Tan}}]]
```

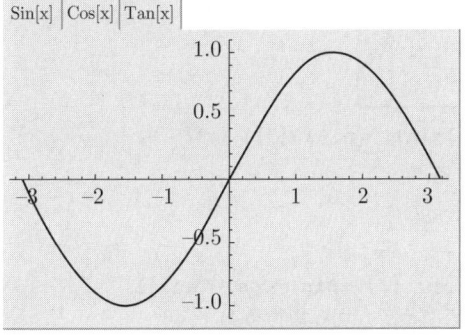

```
In[6]:= SlideView[Table[f[x] -> Plot[f[x], {x, -Pi, Pi}],
  {f, {Sin, Cos, Tan}}]]
```

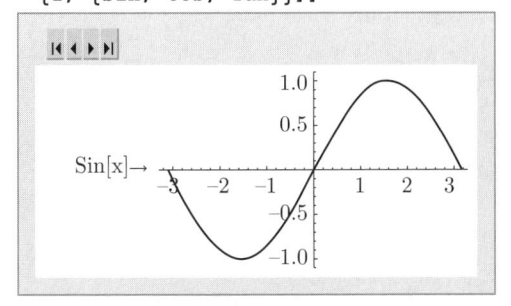

```
In[7]:= MenuView[Table[f[x] -> Plot[f[x], {x, -Pi, Pi}],
```

---

[4] 2 重階乗 (double factorial). 自然数 n に対して,
  $(2n)!! = 2n \times (2n-2) \times \cdots \times 4 \times 2$
  $(2n+1)!! = (2n+1) \times (2n-1) \times \cdots \times 3 \times 1$
  $0!! = 1, 1!! = 1$

```
  {f, {Sin, Cos, Tan}}]]
```

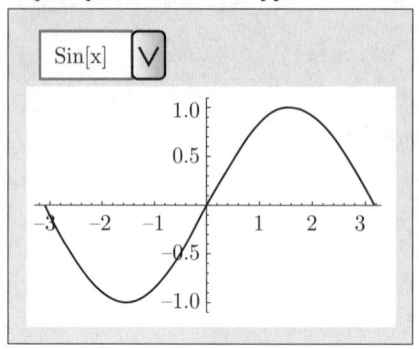

[sine curve plot with Sin[x] popup selector]

In[8]:= `PopupView[Table[f[x] -> Plot[f[x], {x, -Pi, Pi}],`
`  {f, {Sin, Cos, Tan}}]]`

[sine curve plot with Sin[x]→ label and V selector]

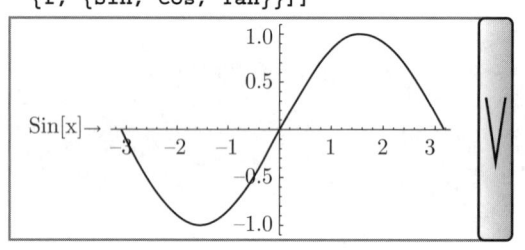

In[9]:= `Button["階乗", Print[Table[n!, {n, 10}]]]`

Out[7]= 階乗 (* ボタンをクリックする *)
{1,2,6,24,120,720,5040,40320,362880,3628800}

In[10]:= `FlipView[Table[`
`  f[x] -> Plot[f[x], {x, -Pi, Pi}], {f, {Sin, Cos, Tan}}]]`
(* グラフをクリックするごとに表示するグラフが切り換わる *)

In[11]:= `Manipulate[x, {x, {-1, 1}, {2, 2}},`
`  ControlType -> Slider2D}]`

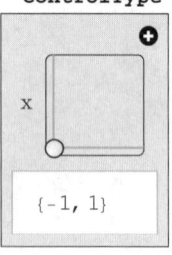

[2D slider control showing x with {-1, 1}]

(* マウスで点をドラッグするとその座標が表示される *)

In[12]:= `Manipulate[`
`  NumberLinePlot[t, PlotRange -> {-10, 10}], {{t, 0}, -10, 10}]`

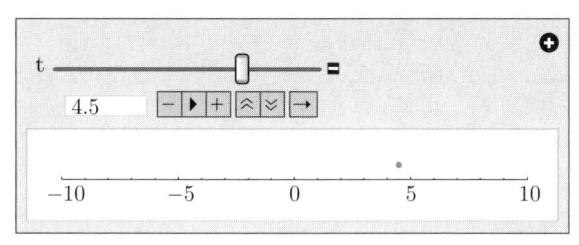

```
In[13]:= Manipulate[Graphics[{Red, Triangle[pt]}, PlotRange -> 2],
 {{pt, {{0, 0}, {0, 1}, {1, 1}}}, Locator}]
```

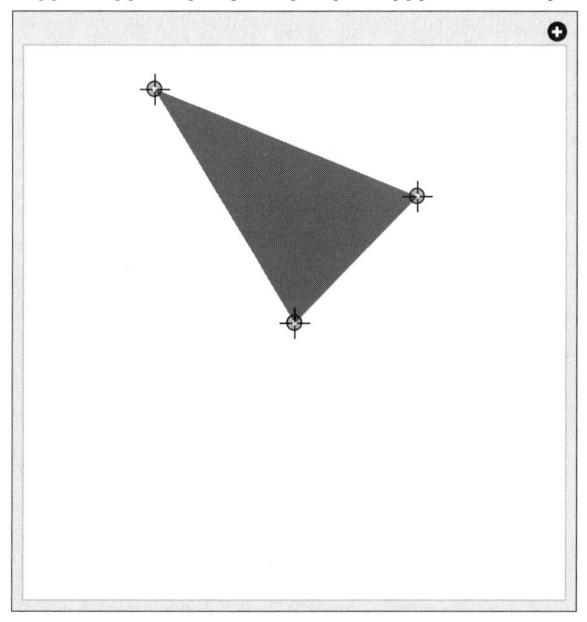

(* ロケータをドラッグするとグラフも移動する *)

参考文献

数学一般

[1] 安達忠次, 『線形代数と解析幾何』, 森北出版.
[2] アントン (Anton, H.), 『やさしい線型代数 (*Elementary Linear Algebra*)』, 現代数学社.
[3] 大矢 雅則・戸川 美郎, 『高校–大学 数学公式集: 第 I 部, 第 II 部』, 近代科学社.
[4] 志賀浩二, 『微分・入門 30 講』, 朝倉書店.
[5] 志賀浩二, 『解析入門 30 講』, 朝倉書店.
[6] ギルバート ストラング (著), 松崎公紀・新妻弘 (共訳)『ストラング: 線形代数イントロダクション』, 近代科学社.
[7] 高木貞治, 『解析概論, 改訂第 3 版』, 岩波書店.
[8] 竹之内脩, 『入門 集合と位相』, 実教出版.
[9] 田島一郎, 『解析入門』, 岩波書店.
[10] 遠山啓, 『微分と積分』, 日本評論社.
[11] 斎藤正彦, 『線形代数入門』, 東京大学出版.
[12] 中岡稔・服部晶夫 (代表), 『線形代数入門』, 紀伊国屋書店.
[13] 永田雅宜 (代表), 『線形代数の基礎』, 紀伊国屋書店.
[14] 一松信, 『代数学入門第一課』, 近代科学社.
[15] 矢野健太郎, 『平面解析幾何学』, 裳華房.
[16] 矢野健太郎, 『立体解析幾何学』, 裳華房.

Mathematica 関連

[17] Boccara, N., *Essentials of Mathematica*, Springer.
[18] ブラックマン (Blachman, N.), 『Mathematica 実践的アプローチ』, プレンティスホール トッパン.
[19] Coombes,K., Hunt,B., Lipsman,R., Osborn, J., Stuck, G., 『Mathematica プライマー』, オーム社出版局.
[20] グレイ, グリン (Gray, T. and Glynn, J.), 『Mathematica ビギナーズガイド』, アジソン ウェスレイ トッパン.
[21] Hastings, C., Mischo, K., Morrison, M., *Hands-On Start to Wolfram Mathematica : and Programming with the Wolfram Language*, Wolfram Media.
[22] ワゴン (Wagon, S.), *Mathematica® in Action, 3rd ed.*, Springer.
[23] ウルフラム (Wolfram, S.), 『Mathematica ブック, Third Edition』, トッパン.
[24] ウルフラム (Wolfram, S.), 『Mathematica ブック, 追加項目集』, トッパン.
[25] Torrence, B.R. and Torrence, E.A., *The Student's Introduction to Mathematica (2nd ed.)*, Cambridge.
[26] 日本 Mathematica ユーザー会, 『入門 Mathematica』, 東京電機大学出版.
[27] Stephen Wolfram, *An Elementary Introduction to the Wolfram Language*, Wolfram Media.

その他

- [28] ル・ルヨネ (Le Lionnais, F.),『何だこの数は？』, 東京図書.
- [29] ペレリマン,『数のはなし』, 東京図書.
- [30] 聖文社編集部（編）,『曲線　グラフ総覧』, 聖文社.
- [31] 一松信　伊藤雄二（監訳）,『数学事典』, 朝倉書店.

組込み関数と記号索引

! 25
!= 25, 166
!p 166
∗ 11
(* *) 5
( ) 12
+ 11
++ 422
− 11
−− 422
. 6, 19, 326, 395
/ 11
/. 18, 20, 135
// 16, 419
//. 20
/; 25, 79
/@ 80
; 5
< 25, 166
<< 425
<= 25, 166
= 6, 18
== 25, 166
> 25, 166
>= 25, 166
>> 426
? 3, 79
?? 3
@ 182
[[ ]] 322
$HomeDirectory 424
$Path 425
$UserName 8, 424
% 2
%%···% 2
%n 3
&& 25
_Complex 23, 79
_Integer 23, 79
_List 23, 79
_Real 23, 79

_Symbol 23, 79
" 7
^ 11
|| 25
"@" 419

A

a.b 316
AASTriangle 102
Above 52
Abs 15
AbsoluteDashing 97
AbsolutePointSize 95
AbsoluteThickness 97
Animate[plot] 63
Apart 131
Append 72
Apply 80
ArcCos 213
ArcSin 213
ArcTan 213
Arg 117
Array 314, 321
ASATriangle 102
AspectRatio 37, 94
Automatic 47, 94, 106
Axes 35
AxesLabel 35

B

Back 52
Background 94
Below 52
Binomial 176
Block 22
Boxed 49
BoxRatios 49

C

Cancel 131
Cases 78

Ceiling 15
Center 84
Circle 100
Clear 6, 19, 21
Coefficient 126
Collect 126
ColorFunction 49
Column 84
Complement 161
ComplexInfinity 13
Cone 107
Conjugate 117
ConstantArray 314, 321
ContourPlot 56, 225, 373
ContourPlot3D 57
Contours 56
ContourShading 56
Cos 15, 204
Cot 204
Count 76, 78
Cross 395
Csc 204
Cuboid 106
Cylinder 107

D

D 262
Dashed 47
Dashing 47, 97
DayCount 29
DayName 29
DayPlus 29
Delete 72
DeleteCases 78
DensityPlot 56
Det 335
DiagonalMatrix 332
DigitQ 77
Dimensions 321
Direction 248
Directory 424
Disk 100
Divisors 120
Do 420
Dot 395
DotDashed 47
Dotted 47
Drop 72
DSolve 307

E

E 13

Eigensystem 350
Eliminate 147
EngineeringForm 8
EuclideanDistance 318
Evaluate 46, 89
EvenQ 24, 77
Exp 221
Expand 17, 126
ExpandAll 131
ExpandDenominator 131
ExpandNumerator 131
Export 429

F

f' 262
FaceGrids 49
Factor 17, 127
FactorInteger 122
FactorTerms 127
FilePrint 425
Filling 82
filling 58
FindRoot 143, 147
First 71
FixedPoint 89
Flatten 81
FlattenAt 81
Floor 15
Fold 90
FoldList 90
For 420
Frame 44, 94
FrameLabel 44
FrameTicks 44
FreeQ 76
Front 52
FullSimplify 17, 210
Function 420

G

GCD 120
Graphics 94
Graphics3D 106
GrayLevel 47, 96
GridLines 45

H

HiddenSurface 49
Hue 47, 96

I

I 13, 117
IdentityMatrix 332
If 421
Im 117
Import 429
In[ ] 2
Indeterminate 13
Infinity 13
Insert 72
IntegerQ 24, 77
Integrate 285, 298
Intersection 161
Inverse 340

J

Join 74, 161
Joined 82

L

Last 71
LCM 120
Left 52, 84
Length 70, 161
LetterQ 77
Lighting 49
Limit 245
Line 94, 106
LinearSolve 345
ListLinePlot 82
ListPlot 82
Log 219, 221
LowerCaseQ 77
LowerTriangularize 332

M

Manipulate[*plot*] 63
Map 80, 182
MatrixForm 321
MatrixPower 326
MatrixQ 77
MatrixRank 344
Max 15
MemberQ 76
Mesh 49
Min 15
Minors 339
Mod 120
Module 22
most 72
Multinomial 177

N

N 2, 14
$n!$ 173
N[ ] 3
NameQ 77
Negative 24, 77
Nest 89
NestList 89
NextPrime 122
NIntegarate 306
NonNegative 24, 77
Norm 318, 395
Normal 277
Normalize 318
NSolve 142, 147
NullSpace 346
NumberForm 9
NumberQ 77

O

OddQ 24, 77
Out[ ] 2
Outer 163

P

p && *q* 166
p || *q* 166
Pad 72
PadLeft 72
PadRight 72
Parallelogram 95
ParametricPlot 53
ParametricPlot3D 54
Part 71
Permutations 173
Pi 13
Plot 34
Plot3D 48
PlotLabel 35
PlotPoints 46, 49
PlotRange 37, 94
PlotStyle 47
Plus 80
Point 94, 106
PolarPlot 373
Polygon 94, 106
PolynomialGCD 129
PolynomialLCM 129
PolynomialQuotient 129
PolynomialRemainder 129

440 組込み関数と記号索引

Position 76, 78
Positive 24, 77
PossibleZeroQ 24
PowerExpand 124
PowerRange 76
Prepend 72
Prime 122
PrimePi 122
PrimeQ 77, 122
Print 420
Product 230
Projection 365, 395
Put 426
PutAppend 426

Q

Quantity 28
Quotient 120

R

Range 74
Raster 95
Rationalize 114
Re 117
ReadList 427
Rectangle 94
Reduce 135, 147, 151
RegionFunction 49
RegionPlot 59
RegionPlot3D 59
Remove 21
ReplacePart 74
Rest 72
Reverse 70
RevolutionPlot3D 61
RGBColor 47, 96
Right 52, 84
RotateLabel 45
Round 15
RowReduce 347

S

SASTriangle 102
Save 427
ScientificForm 8
Sec 204
Select 77
Series 277
SetDirectory 424
SetOptions 48
Shading 49

Show 38
Sign 15
Simplify 17, 131, 210
Sin 15, 204
Solve 135, 147
Sort 70
Sphere 108
Sqrt 15
SSSTriangle 102
Style 98
Subdivide 75
Subsets 161
Sum 229
Switch 421

T

Table 84
TableForm 84
TableHeadings 84
Take 72, 322
Tan 15, 204
Text 95, 98, 106
Thickness 47, 97
Ticks 44
Times 80
Together 131
Tr 322, 334
Traiangle 102
Transpose 84, 333
TrigExpand 210
TrigFactor 210
TrigReduce 210
Tube 108
Tuples 163

U

Union 161
UnitConvert 28
UpperCaseQ 77
UpperTriangularize 332

V

ValueQ 77
VectorAngle 364, 395
VectorQ 77
ViewCenter 106
ViewPoint 50
ViewVertical 106

W

Which 421

While 420

X

Xor 25

Xor[p, q] 166

用語索引

ギリシャ文字

π 13

A

A.B 326
absolute value 115
ArcLength 303

C

Centigrade 32

D

Degree 204

E

e 13

F

Fahrenheit 32
False 25

K

Kelvin 32

N

negative 113

P

PointSize 95
positive 113

S

square root 115

T

True 25

あ行

アステロイド 379
アニメーション 63
アルキメデスの螺旋 381
1次関数 (linear function) 182
一次結合 (linear combination) 319, 360
一次従属 (linearly dependent) 319, 367
一次独立 (linearly independent) 319, 367
一次変換 (linear transformation) 349, 350, 384, 408
1次方程式 (linear equation) 135
1対1(one-to-one) 194
位置ベクトル 361
1葉双曲面 (hyperboloid of one sheet) 404
一般解 (general solution) 307
一般角 202
一般項 (general term) 228
入れ子 (nest) 81
色 96
陰関数 225, 373
因数 (factor) 119
因数定理 129
因数分解 17, 127
上に凸 (concave) 275
右極限値 (right-hand limit) 248
裏 168
鋭角 (acute) 363
n 次導関数 267
円 100, 371
円弧 100
円周率 13
円上の接線 374
円錐 107
円柱座標 (cylindrical coordinate) 397
円柱の体積 223
円筒 108
黄金比 (golden ratio) 37, 92, 240
大きさ 358, 361
大文字 5
オプション 4, 34

か行

カージオイド　381
解 (solution)　135
開区間 (open interval)　159
階乗 (factorial)　172
階数 (rank)　344
外積 (cross product)　394
外積の性質　395
回転　387, 409
解と係数の関係　141
解の公式　137
外分　361
ガウス記号 (Gauss' symbol)　31
角　362
拡大係数行列　345
掛け算 (multiply)　11
数　113
数ベクトル　313
片側微分係数　268
形　79
傾き (slope)　182
下端 (lower limit)　296
かつ　25, 166
加法定理　210
空集合 (empty set)　158
関係演算子　25
関数 (function)　21, 181
関数の極限　252
関数のグラフ　34
完全数 (perfect number)　123
簡約　17
偽 (false)　164
（幾何）ベクトル　358
奇関数 (odd function)　208
記号計算　17
規則　18, 19
基本行列 (elementary matrix)　342
基本ベクトル　360, 393
逆　168
逆関数 (inverse function)　194
逆関数の微分　265
逆行列 (inverse matrix)　340
逆正弦関数 (arcsine)　212
逆正接関数 (arctangent)　212
逆ベクトル　358
逆変換　387
逆余弦関数 (arccosine)　212
球 (sphere)　108, 402
級数 (series)　241
狭義の減少関数 (strictly decreasing function)　272
狭義の増加関数 (strictly increasing function)　272
共通部分 (intersection)　161
行ベクトル (row vector)　313
共役 (conjugate)　117
共役軸 (conjugate axis)　378
行列 (matrix)　320, 324
行列式 (determinant)　335
行列式の余因子展開　339
行列の積　325
行列の和　323
虚円　372
極 (pole)　368
極限値　244, 252
極座標 (polar coordinate)　368, 398
極座標系　398
極小値 (local minimum)　273
局所変数 (local variable)　22
曲線の凹凸　275
曲線の長さ　303
極大値 (local maximum)　273
極値 (extreme value)　273
虚軸 (imaginary axis)　117
虚数　116
虚数解　138
虚数単位 (imaginary unit)　13, 116, 117
極形式 (polar form)　118
虚部 (imaginary part)　116
距離 (Euclidean distance)　317, 361, 393
切り上げ　15
切り下げ　15
近似　14, 114, 142, 229, 230
空間座標　392
偶関数 (even function)　208
区間 (interval)　159
組合せ (combination)　174
組込み関数　15, 419
グラフ　181
グラフィックス要素　94, 106
グレーレベル　96
係数 (coefficient)　125
係数行列 (coefficient matrix)　345
結合法則　315, 325
元　157
原始関数 (antiderivative)　285
減少関数 (decreasing function)　272
懸垂線 (catenary)　304
原点　392
項 (term)　228
交換法則　315, 325
広義積分 (improper integral)　301

公差 (common difference) 231
高次導関数 266
高次方程式 141
合成関数 (composite function) 193, 263
合成関数の微分 263
合成数 (composite number) 121
合成変換 387
恒等変換 385, 408
公倍数 (common multiple) 120
公比 (common ratio) 232
公約数 128
コーシー-シュワルツの不等式 153
弧度法 (radian measure) 201
コメント 5
小文字 5
固有多項式 350
固有値 (eigen value) 350
固有ベクトル (eigen vector) 350
固有方程式 350
根 (root) 135

さ行

再帰的な関数 (recursive function) 26
サイクロイド (cycloid) 303, 380
最小 15
最小公倍数 (least common multiple) 120, 128
最小の整数 15
最大 15
最大公約数 128
最大の整数 15
作業ディレクトリ 424
左極限値 (left-hand limit) 248
作表の範囲 36
座標 360, 392
座標系 (coordinate system) 368
座標軸 35
座標平面 (coordinate plane) 392
三角関数 (trigonometric function) 204
三角行列 (triangular matrix) 331
三角形 102
三角不等式 (triangle inequality) 116, 318
3次元グラフ 48
3次元グラフィックス要素 106
色相 96
式の演算 17
シグマ 228
四捨五入 15
指数 124
次数 (degree) 125, 128

指数関数 (exponential function) 217, 221
始線 (initial line) 202
始線 (polar axis) 368
自然数 (natural number) 113, 157
自然対数 (natural logarithm) 219, 221
自然対数の底 13
四則演算 11
下に凸 (convex) 275
実円 372
実解 138
実軸 (real axis) 117
実数 (real number) 79, 113, 157
実数解 138
実数倍 323
実部 (real part) 116
視点 106
始点 (initial point) 358
自明な解 345
写像 (mapping) 181
重解 138
周期関数 (periodic function) 208
集合 (set) 157
集合の演算 163
重根 138
収束 244, 250
従属変数 (dependent variable) 181
終点 (terminal point) 358
十分条件 (sufficient condition) 167
主軸 (principal axis) 378
シュワルツの不等式 (Schwartz' inequality) 364
純関数 (pure function) 26, 419
純虚数 (purely imaginary number) 117
準線 (directrix) 376
順列 (permutation) 172
商 (quotient) 120, 128
小行列式 (minor) 338
消去法 347
象限 203
条件付きの関数 24
条件文 421
乗根 (root, power root) 214
上端 (upper limit) 296
焦点 (focus) 374, 376, 378
剰余（余り）(remainder) 120, 128
常用対数 (common logarithm) 219
剰余の定理 129
初期条件 (initial condition) 307
初期設定値 4
初等整数論の基本定理 (fundamental theorem of elementary theory of numbers) 121

真 (true)　164
真部分集合 (proper subset)　158
シンボル　79
真理値 (truth value)　164
真理値表 (truth table)　164
数値積分　306
数直線 (real line)　114
数表　84
数列 (sequence)　228
数列の極限　250
数列の積　229
数列の和　228
スカラー (scalar)　358
スカラー倍 (scalar multiple)　313, 324
スカラー倍（実数倍）(scalar multiplication)　359
図の再描画　38
スペース　11
正割　203
正規化 (normalize)　317
正弦　203
正弦関数　15
正弦定理 (law of sines)　362
斉次　345
整式　124, 125
整式の除法　128
正射影　365, 366
整数 (integer)　79, 113, 157
正接　203
正接関数　15
正則行列 (nonsingular matrix)　340
成分 (component)　313, 320, 360, 393
成分表示　360, 393
正方行列 (square matrix)　320
積 (product)　229
積の法則　171
積分可能 (integrable)　296
積分する (integrate)　285
積分定数　285
積分変数　296
積和，和積公式　211
接線 (tangent)　261, 269
絶対値 (absolute value)　15, 115, 118
切片 (intercept)　182
セミコロン　5
ゼロ変換　385, 408
漸化式 (recurrence formula)　239
漸近線 (asymptote)　190, 378
線種　97
全体集合 (universal set)　160
線対称変換　385

素因数分解 (factorization into prime factors)　121
増加関数 (increasing function)　271
相加平均 (arithmetic mean)　152
双曲線 (hyperbola)　190, 378
双曲放物面 (hyperbolic paraboloid)　407
相似変換　408
相乗平均 (geometric mean)　152
添字 (index, suffix)　228
素数 (prime number)　121

た行

大域的変数 (global variable)　22
対角行列 (diagonal matrix)　331
対角成分 (diagonal element)　331
対偶　168
対称行列 (symmetric matrix)　334
対数 (logarithm)　218
代数学の基本定理 (Fundamental theorem of algebra)　141
対数関数 (logarithmic function)　219
対数の性質　220
対数微分法　264
体積　305
代入　18
楕円 (ellipse)　100, 374
楕円放物面 (elliptic paraboloid)　406
楕円面 (ellipsoid)　403
互いに素 (relatively prime)　120, 128, 161
多角形　95, 106
多項係数 (multinomial coefficient)　177
多項式 (polynomial)　125
多項式関数 (polynomial function)　182, 188
多項定理　177
足し算 (add)　11
縦ベクトル　313
多変数関数 (function of several variables)　223
単位円 (unit circle)　203
単位行列　332
単位ベクトル (unit vector)　317, 358
単項式 (monomial)　125
短軸 (minor axis)　375
値域 (range)　181, 223
置換積分 (integration by substitution)　289, 300
中間値の定理 (intermediate value theorem)　255
中点　362
長軸 (major axis)　375

頂点　375
重複解　138
重複組合せ　175
長方形　94, 95
長方形の面積　223
調和級数 (harmonic series)　243
直積 (Cartesian product, direct product)
　163
直線　94, 106, 369, 398
直方体　106
直方体の体積　223
直角 (perpendicular)　364
直交　371
直交 (orthoganal)　365
直交 (orthogonal)　316
直交行列 (orthogonal matrix)　388, 410
直交座標系　368, 392
底 (base)　217, 218
定義域 (domain)　181, 222
定積分 (definite integral)　296, 298
底の変換公式　220
テイラー級数 (Taylor series)　277
テイラー多項式 (degree Taylor' polynomial)
　277
テイラー展開 (Taylor expansion)　277
テイラーの定理 (Taylor's theorem)　276
停留点 (stationary point)　273
デカルトの正葉線　380
デフォルト値　4
テーブル　84
点　94, 106
点円　372
展開　17, 126
点対称変換　385
転置行列 (transpose)　333
天頂角　398
度 (degree)　201
導関数 (derivative)　261
動径 (radius)　202, 368
等号　6, 18, 25
等高線グラフ　56
等高線図　223
等差数列 (arithmetic progression)　231
同次　345
等比数列 (geometric progression)　232
特異 (singular)　340
特殊解 (particular solution)　307
特性多項式 (characteristic polynomial)　350
特性方程式 (characteristic equation)　350
独立変数 (independent variable)　181
凸　183

ド・モルガンの法則 (Law of de Morgan)　165
トレース (trace)　322, 334
鈍角 (obtuse)　364

な行

内積 (inner product, dot product)　315,
　362, 394
内分　361
長さ　358
長さ（ノルム (norm)）　317
二項係数 (binomial coefficient)　176
二項定理 (binomial theorem)　176
2次関数 (quadratic function)　183
2次曲線 (quadratic curve)　371
2次曲面 (quadratic surface)　402
2次方程式 (quadratic equation)　137
二重否定 (double negative)　164
2変数関数 (bivariate function)　222
2葉双曲面 (hyperboloid of two sheets)　405

は行

パイ　229
媒介変数表示 (parametric representation)
　53, 369
倍角，半角公式　211
倍数 (multiple)　119, 128
排他的または　25, 166
排他的論理和　165
排反 (disjoint)　161
掃き出し法 (Gaussian elimination method)
　347
破線　97
パターン　79
パッケージ　27
発散する (divergent)　301
バラ曲線　382
判定条件　77
判別式 (discriminat)　139
引き算 (minus)　11
引数　16
微積分学の基本定理 (fundamental theorem of
　calculus)　299
被積分関数 (integrand)　285
ピタゴラス数 (Pythagoras number)　133
左手系 (left handed coordinate system)　392
左微分係数 (left derivative)　268
左連続 (left continuous)　254
必要十分条件 (necessary and sufficient
　condition)　167

必要条件 (necessary condition)　167
否定　166
否定命題 (negative proposition)　164
微分可能 (differentiable)　261
微分係数 (differential coefficient, derivative)　261
微分する (differentiate)　262
微分の公式　263
微分方程式 (ordinary differential equation)　307
標準形 (Hessian normal form)　371
フィボナッチ数列 (Fibonacci sequence)　239
フェルマー数 (Fermat number)　133
複素数 (complex number)　79, 116, 157
複素平面 (complex plane)　117
符号関数 (signum function)　15, 25
不定 (indeterminate)　13, 135, 146
不定形 (indeterminate form)　280
不定積分 (indefinite integral)　285
不等式　150
不能 (inconsistent)　135, 146
部分集合 (subset)　158
部分積分 (integration by parts)　287, 300
部分分数 (partial fraction)　132, 290
部分和 (partial sum)　241
分割 (partition)　295
分子 (numerator)　130
分数関数 (fractional function)　190
分数式 (fractional expression)　130
分点 (partition point)　295
分母 (denominator)　130
平均変化率 (average rate of change)　259
閉区間 (closed interval)　159
平行　371
平行移動　383, 408
平行四辺形 (parallelogram)　95, 396
平方根　15, 115
平面　400
ベキ (power)　11, 124
ベクトル (vector)　313
ベクトル積 (vector product)　394
ヘッセの標準形 (Hessian normal form)　400
ヘルプ　3
ヘロンの公式 (Heron's formula)　31
偏角 (argument)　118
偏角 (polar angle)　368
変換　383, 408
変曲点　275
ベン図 (Venn diagram)　158
変数 (variable)　6
変数分離型 (separation type of variables)　308
方位角　398
方眼　45
方向比　369
方向余弦　369
法線 (normal line)　269
法線ベクトル (normal)　370, 400
放物線 (parabola)　183, 376
補集合 (complement)　160
ホームディレクトリ　424

ま行

マクローリン級数 (maclaurin series)　277
または　25, 166
丸括弧　12
右手系 (right handed coordinate system)　392
右微分係数 (right derivative)　268
右連続 (right continuous)　254
密度グラフ　56
無限数列 (infinite sequence)　228
無限大　13
無限等比級数の和　242
無理関数 (irrational function)　196
無理数 (irrational number)　113
命題 (proposition)　164
命題関数 (propositional function)　169
目盛り　44
メルセンヌ数 (Mersenne number)　122
面積　301
面対称　408
文字列　7, 95, 106

や行

約数 (divisor)　119
約数（因子）　128
有限数列 (finite sequence)　228
有向線分 (directed segment)　358
有理数 (rational number)　113, 157
余因子 (cofactor)　338
要素 (element)　69, 157
余割　203
余弦　203
余弦関数　15
余弦定理 (law of cosines)　362
横軸 (transverse axis)　378
横ベクトル　313
余接　203

ら行

ラジアン (radian)　201
リーマン和 (Riemann sum)　296
リスト (list)　69, 79, 161, 314
リストの演算　69
リストの操作　70
累乗　124
ルール　18
ループ　420
零ベクトル (zero vector)　313, 358
列ベクトル (column vector)　313
連続 (continuous)　254
連続関数 (continuous function)　254
連立 1 次方程式 (simultaneous linear equations)　146
連立方程式　146, 344
60 分法 (sexagesimal measure)　201
ロピタルの公式 (L'Hopital's rule)　280
論理積 (logical product)　164
論理的等号　166
論理的不等号　166
論理和 (logical sum)　165

わ行

和 (sum)　228, 358
枠　44
和集合 (union)　161
和の法則　169
割り算 (divide)　11

著者略歴

宮岡悦良（みやおか　えつお）
1987 年　　カリフォルニア大学バークレー校大学院博士課程修了
現　　在　　東京理科大学名誉教授 Ph. D.

数学の道具箱 *Mathematica*
基本編

© 2016 Etsuo Miyaoka　　　　Printed in Japan

2016 年 4 月 30 日　　初版第 1 刷発行
2023 年 10 月 31 日　　初版第 3 刷発行

著　者　　宮　岡　悦　良
発行者　　大　塚　浩　昭
発行所　　株式会社 近代科学社
〒101-0051　東京都千代田区神田神保町 1-105
https://www.kindaikagaku.co.jp

藤原印刷　　　　ISBN978-4-7649-0507-8

定価はカバーに表示してあります。

近代科学社の本

高校 - 大学 数学公式集：第Ⅰ部
高校の数学
著者：大矢雅則・戸川美郎
菊判・276ページ
定価：本体2,800円＋税

高校 - 大学 数学公式集：第Ⅱ部
大学の数学
著者：大矢雅則・戸川美郎
菊判・272ページ
定価：本体2,800円＋税

大学数学スポットライト・シリーズ①
シローの定理
著者：佐藤隆夫
A5判・168ページ
定価：本体2,400円＋税

大学数学スポットライト・シリーズ②
論理数学
著者：太原育夫
A5判・160ページ
定価：本体2,400円＋税